21世纪高等学校计算机类课程创新规划教材 · 微课版

Java程序设计教程

微课 · 实训 · 课程设计

◎ 张延军 主编 王保民 何月梅 司玲玲 乔德军 副主编

清华大学出版社
北京

内 容 简 介

本书主要面向高校 Java 程序设计教学和实训要求，以培养 Java 软件工程师为教学目标，教学内容包括 Java 语言基本语法、面向对象程序设计、Java 常用类的使用、Java I/O 技术、GUI 编程技术、多线程技术、网络编程技术、JDBC 编程技术等。

本书基于 Java 8 编写，坚持够用、实用、简单、直接的教学理念，对教学内容进行精心设计和选择，通过 142 个示例程序、100 个程序编写任务、60 个微视频、8 个难度和工作量适宜的课程设计为学生构建全方位立体化、全过程支持、科学合理的 Java 学习路线图，构建了包含微视频、编程、实验、课程设计在内的 Java 实训教学体系。

图书在版编目(CIP)数据

Java 程序设计教程：微课・实训・课程设计/张延军主编. —北京：清华大学出版社，2017(2021.9重印)
(21 世纪高等学校计算机类课程创新规划教材・微课版)
ISBN 978-7-302-45974-3

Ⅰ. ①J…　Ⅱ. ①张…　Ⅲ. ①JAVA 语言－程序设计－高等学校－教材　Ⅳ. ①TP312

中国版本图书馆 CIP 数据核字(2016)第 313002 号

责任编辑：付弘宇　王冰飞
封面设计：刘　键
责任校对：梁　毅
责任印制：丛怀宇

出版发行：清华大学出版社
网　　址：http://www.tup.com.cn，http://www.wqbook.com
地　　址：北京清华大学学研大厦 A 座　　**邮　　编**：100084
社 总 机：010-62770175　　**邮　　购**：010-83470235
投稿与读者服务：010-62776969，c-service@tup.tsinghua.edu.cn
质量反馈：010-62772015，zhiliang@tup.tsinghua.edu.cn
课件下载：http://www.tup.com.cn,010-83470236
印 装 者：三河市君旺印务有限公司
经　　销：全国新华书店
开　　本：185mm×260mm　　**印　　张**：26　　**字　　数**：630 千字
版　　次：2017 年 5 月第 1 版　　**印　　次**：2021 年 9 月第 7次印刷
印　　数：10901～12400
定　　价：59.00 元

产品编号：069250-01

前　言

经过二十几年的发展，Java语言已经成为计算机史上影响深远的编程语言。不但如此，Java已经超出了编程语言的范畴，发展成为一个开发平台、一个产业、一种思想、一种文化。

"Java程序设计"是计算机科学与技术专业的一门专业基础必修课程。在教育部计算机基础课程教学指导委员会制定的白皮书中，"Java程序设计"课程被列为核心课程。Java软件开发方向是我国目前IT行业计算机类专业学生的重要的就业方向。

1. 高校IT人才培养的背景

(1) 经济社会的高速发展对IT产业(尤其是软件产业)提出了更高的要求，对Java软件开发人才从数量和质量方面也都提出了更高的要求。

(2) 智能手机操作系统——Android的市场占有率一路攀升。Android系统采用Java语言来开发手机应用程序，这给Java带来新的发展机遇。

(3) 教育技术的进步和移动互联网时代的到来打破了高校进行知识传播的技术壁垒，大量的资本和风险投资涌进IT培训产业。达内、东软、传智播客等实体IT培训机构，开课吧、慕课网、极客网等在线IT培养机构引入了先进的教学理念、强大的技术支持，再加上商业化运作，给高校IT人才培养带来巨大的挑战和竞争的压力。

(4) 教学理念、教学模式的发展：CDIO、MOOC、翻转课堂、混合式教学、案例式教学、目标驱动、问题导向等教学理念、教学模式迅速渗透到每一个传统课堂。传统的"单向封闭"的教学环境开始走向开放，传统的"以教师为中心"的师生关系开始变为"以学生为中心"，传统课堂中的教师从知识传授者和课堂管理者转变为学习指导者、教学资源开发者、教学帮助者和促进者，传统课堂中的学生则由"被动接受者"转变为主动研究者。

(5) 教学环境的变化：教室、实验室硬件配置齐全，实现了高速、稳定的Internet接入；笔记本和手机等互联网接入设备日渐普及，这些都为先进教学理念和教学模式的实施提供了硬件和软件上的准备。

(6) 教育参与者：教师正在树立"教育就是服务"的教育观念，正在贯彻工程教育的教育理念，从注重"教师教什么"转移到"学生学到了什么"。学生作为数字原住民，对新鲜事物、新技术、新教学方式(人性化学习、泛在学习等)有着天然的渴望。

IT产业、软件技术、软件人才培养竞争、教学理念、教学模式、教学环境、教学对象等因素的发展和变化使得高校必须进行教学改革，教师必须围绕以上因素进行课程教学改革，教材建设也是势在必行。

2. Java教材存在的问题

教材作为人才培养的重要载体，是主要的教学资源之一，是教与学的重要凭借，是教学理念、教学特色、教学方法、教学内容、教学资源等的全面体现。以纸质教材为中心，构建支持学生学习全过程、线上线下相结合的全新生态系统，是国内外教材发展的最新趋势。鉴于 Java 技术的市场地位，Java 教材从国外原版教材到翻译教材再到本土化教材，呈现出百家齐放、百家争鸣的良好局面。目前，Java 教材也存在以下问题：教学理念、教学模式不能紧跟时代潮流，教学内容的选择和呈现过于单一，对学生的学习过程支持不够，特色不够鲜明，等等。

3. 本书的内容

根据市场定位和面向受众不同，Sun 公司把 Java 技术分成 Java ME、Java SE 和 Java EE 几个平台。显然，Java 最成功的领域是 Java EE。学习 Java 应该从 Java SE 入手，为后续学习打下坚实的基础，然后才能学习 Java EE 和 Java ME。

本书主要面向 Java SE，基于 JDK 1.8 和 Eclipse IDE 环境，对教学内容进行重新选择和设计，删除了使用频率少或已经淘汰的技术，如 Applet 等；加入 JDK 1.5、JDK 1.6、JDK 1.7、JDK 1.8 等版本的语言新特性；加强 Eclipse IDE 环境的使用；加强 swing GUI 编程技术教学，引入了 swing 开发插件——WindowBuilder；加强多线程技术教学，介绍了 Concurrency 开发库技术；加强 Java 网络编程技术、JDBC 编程技术。本书分为上篇、中篇和下篇 3 个部分，分别介绍如下。

(1) 上篇“Java 编程基础”：本篇通过 Java 发展介绍、Java 开发环境的构建、Java 语言基础、流程控制、数组、类和对象、包装类、Java 文档注释、UML、接口、内部类、异常处理等内容使读者能够快速掌握 Java 语言语法、Java 编程基本技巧和面向对象编程思想，为以后编程奠定坚实的基础。

(2) 中篇“Java 高级编程”：本篇首先介绍 java.lang 包中的常见类、java.util 包中的常见类、java.text 包中的常见类、集合类框架、枚举、泛型、正则表达式，然后分别介绍 Java I/O 技术、Java GUI 编程技术、Java 多线程技术、Java 网络编程技术、JDBC 编程技术等。通过本篇的学习，读者能够具备进行 Java 应用开发的技术基础。

(3) 下篇“课程设计”：本篇采用 CDIO“做中学”的教学理念，通过下达项目任务、项目设计、项目学中做、总结提高等步骤介绍了 8 个工作量适中、综合性强、能解决实际问题的 Java 课程设计。课程设计将本书的内容进一步融会贯通，使读者在解决实际问题的过程中加深对技术的理解和应用。

在教学时教师可以根据学时、教学对象、教学目的等因素对教学内容进行选择、组合和取舍。

4. 本书的特色

编者投入了大量精力，力求使本书体现以下特色。

(1) 强调“简单、直接、实用、够用”的教学理念，贯彻“以服务为宗旨，以应用为目的，以实用为主，理论够用为度”的教学原则，以培养学生应用能力为主线，通过一个知识点“知识准备、示例程序、总结提高”的步骤来讲解程序的编写、调试和运行。

(2) 案例式教学：强调“用 Java 语言讲解 Java 语言”的教学理念，根据教学内容精选 142 个示例程序，强调示例程序的针对性、实用性、关联性，让学生通过阅读和调试示例程序迅速理解理论知识，并达到实践效果。本书所有示例程序均经过反复调试，确保风格统一、注解翔实、代码规范、正确高效。

(3) 编程任务：本书在每章结束时均提供了和教学内容对应的编程实践任务，分不同的难度等级，并给出编程提示。本书共提供了 100 个编程实践任务。

(4) 低成本微课的录制：编者认为动辄几个吉字节、几十个小时的教学全程录像是高成本、低效率的，而且没有必要，通过仔细阅读即可理解的内容没有必要录制成视频。但Java教学过程中的重/难点、编程实践等内容非常有必要使用Camtasia Studio软件进行屏幕录像、编辑后通过网络提供给学生。这种方法对于教师来说是低成本、低门槛、高效率的，教师简单学习后即可上手，无须求助他人。每段微视频(微课)限制在25分钟左右，集中讲解一个知识点或一个程序的编写，详细展现编程实现的思维过程。本书免费提供60段微视频(微课)，总时长上千分钟，可扫描二维码观看，详细列表见前言的最后。

(5) 强调JDK文档的阅读：Java类库(又称为Java应用程序编程接口API)由编译器厂商、独立软件供应商等以Jar文件和文档的形式提供。通过API文档来了解类库中类和方法的使用是一个程序员必须掌握的技巧。

(6) 强调英文的阅读：英文软件的汉化不尽如人意，因此读者在学习Java的过程中对英文的阅读是一个不可回避的问题，如JDK英文文档的阅读、Eclipse纯英文IDE环境、英文标识符的命名、SCJP全英文试题的阅读等(关于SCJP考试的说明请参阅附录A)，本书在各章的自测题中引入了全英文的SCJP选择题，在附录中增加了在Eclipse英文版中进行Java应用开发的内容，并给出Eclipse常见提示错误的中文翻译。

(7) 基于CDIO的课程设计：在学完Java技术之后，读者只是具备了Java编程基础，如果没有课程设计环节，知识和能力也就做不到真正的融会贯通，因此，本书以工程教育理念为指导，遵循CDIO教学模式，采用项目导向的方式，充分体现"做中学"的理念，提供了8个任务要求明确、工作量适中、综合性强的Java应用项目。

(8) 本书以"学生学习Java技术"的角度进行知识的呈现，而不像传统教材那样仅仅站在教师教学的角度，并强调支持和服务要贯穿学生的整个学习过程。同时，本书为教师实施翻转课堂教学提供了支持，为评价学生学习能力提供了数量足够的素材和题库。

5. 本书的使用

(1) 第1章的例程要求安装JDK 1.8后在DOS命令行下完成Java程序的编写、调试和运行。

(2) 从第2章开始，要求安装Eclipse或MyEclipse，构建Java软件开发环境；要求在Eclipse/MyEclipse IDE中完成Java程序的编写、调试和运行。请读者详细阅读附录B，掌握Eclipse/MyEclipse的基本使用技巧。

(3) Java编程实训作业以Java Project的形式提交，具体要求请参考2.7节。

(4) 为减少篇幅，本书中的Java示例程序有以下特点：

- 省略了import语句；
- 省略了部分注释；
- 异常处理由try…catch捕获异常改为在方法首部用throws声明异常；
- 省略了Getter和Setter方法。

(5) 语法格式有以下约定。

- [ ]：代表本项为可选；
- <>：代表本项为必选；
- |：代表左、右两项可选其中一个；
- …：代表前面一项可以重复多次；

• 列表：代表本项可以有多个，用逗号分隔。

(6) 本书的配套课件、微视频、习题答案、示例及编程任务参考源代码等各类资源可以从清华大学出版社网站(www.tup.com.cn)下载，关于本书与资源下载、使用中的问题请联系本书责任编辑(fuhy@tup.tsinghua.edu.cn)。

6. 作者与致谢

本书由张延军主编，参与教材编写、资料整理、书稿校对、课件制作等工作的有王保民、何月梅、司玲玲、乔德军、闫双双、刘艳辉、张玉霞等老师。王保民负责审稿。以上人员为本书的顺利出版提供了宝贵的意见，付出了大量的劳动，在此表示感谢。另外感谢付弘宇编辑专业和严谨的工作。

在培养 Java 人才的过程中要强调工匠精神，我们可以从以下 3 个层面来理解工匠精神。

• 思想层面：爱岗敬业、无私奉献；

• 行为层面：开拓创新、持续专注；

• 目标层面：精益求精、追求极致。

忽然想起同仁堂的一副对联：炮制虽繁必不敢省人工，品味虽贵必不敢减物力。愿以此与诸君共勉！

编　者

2017 年 1 月

附表

表 1　本书视频二维码索引列表(共 60 个)

序号	视频内容说明	视频二维码位置	所在页码
1	JDK 的下载、安装与配置	1.2.3 节	9
2	第一个 Java 程序：HelloWorld	1.3.1 节	11
3	标准 ASCII 码表的输出	【编程作业 2-1】	51
4	以阶乘为例来演示方法调用	【编程作业 2-2】	51
5	判断一个整数是不是水仙花数	【示例程序 2-3】	28
6	判断一个整数是不是回文数	【编程作业 2-3】	51
7	斐波那契数列的输出	【编程作业 2-4】	52
8	利用异或运算实现字符串的加密和解密	【编程作业 2-5】	52
9	输入年月，输出该月天数	【编程作业 2-6】	52
10	判断一个整数是否是素数	【编程作业 2-7】	52
11	用筛法输出指定整数范围内的所有素数	【编程作业 2-8】	53
12	卡拉 OK 问题	【编程作业 2-9】	53
13	随机生成 100 个六位随机密码	【编程作业 2-10】	53
14	菱形图案的输出	【编程作业 2-11】	54
15	统计撒 1000 次骰子各面出现的次数	【编程作业 2-12】	54
16	一维数组应用示例	【编程作业 2-13】	54
17	杨辉三角形的输出	【编程作业 2-14】	55
18	用多重循环实现二维矩阵乘法	【编程作业 2-15】	55

续表

序号	视频内容说明	视频二维码位置	所在页码
19	求两个整数的最大公约数和最小公倍数	【编程作业 2-17】	55
20	输入一个数字，打印其所有因子	【编程作业 2-18】	59
21	约瑟夫问题的 Java 实现	【编程作业 2-19】	59
22	输入一个小数，输出金额的大写形式	【编程作业 2-20】	59
23	三角形类	【编程作业 3-3】	85
24	汉诺塔问题	【编程作业 3-5】	86
25	根据 UML 图编写 Java 程序	【编程作业 3-6】	87
26	静态语句块和非静态语句块的执行时机	【示例程序 4-5】	98
27	权限修饰符可见性的编程验证	图 4-3 之后	108
28	重新定义对象的相等、大小和排序规则	【示例程序 5-2】	124
29	String 类应用示例	【示例程序 5-11】	134
30	StringBuffer 类应用示例	【示例程序 5-13】	136
31	输入年月，输出该月的月历	【编程作业 5-5】	161
32	集合的并、交、差集运算	【编程作业 5-6】	161
33	用 LinkedList 实现栈 Stack 并测试	【编程作业 5-7】	161
34	输入字符串中各个字符出现次数的统计	【编程作业 5-11】	162
35	dir 命令的模拟实现	【示例程序 6-2】	168
36	用四种方法实现文件的复制	6.2.2 节	170
37	Java 八种基本类型数据的文件读写	【示例程序 6-7】	172
38	对象的序列化与反序列化应用示例	【示例程序 6-8】	174
39	英文文本文件中各个英文单词出现次数的统计	【示例程序 6-12】	178
40	用户登录窗口	【编程作业 7-1】	244
41	颜色调整器	【编程作业 7-2】	245
42	用户注册程序	【示例程序 7-11】	214
43	用 Timer 实现 GUI 界面的时钟	【示例程序 7-22】	236
44	利用 WindowBuilder Pro 进行 swing 应用开发	7.6 节	243
45	利用 JTable 实现用户信息的增加、修改、删除、显示、排序等功能	【编程作业 7-4】	247
46	通过继承 Thread 类和实现 Runnable 接口来实现线程应用示例	【示例程序 8-2】	254
47	定时器 Timer 应用示例	【示例程序 8-6】	259
48	生产者消费者问题	【示例程序 8-11】	265
49	用信号量机制实现停车场管理	【编程作业 8-5】	280
50	Fork/Join 框架实现并行计算的应用示例	【示例程序 8-19】	276
51	传统单线程 Socket 编程	9.3.1 节	289
52	多线程多客户端 Socket 编程	9.3.2 节	292
53	UDP 通信编程	9.4 节	295
54	MySQL 下载、安装、配置	10.2.2 节	307
55	Navicat for MySQL 的安装和使用	10.2.3 节	310
56	静态 SQL 语句的编程	【示例程序 10-1】	313
57	带参数 SQL 语句的编程	【示例程序 10-2】	314
58	MySQL 存储过程编程	10.3.5 节	316
59	在 Eclipse 中进行 Java 应用开发	第 12 章	384
60	JDK 文档的使用	附录 B	390

目录

上篇 Java编程基础

中篇 Java 高级编程

下篇 课程设计

上篇　Java编程基础

第1章 走进 Java 世界

在本章我们将一起学习以下内容：

- Java 语言的简介、发展简史和特点。
- JDK 的下载、安装和环境变量的配置。
- 在记事本中编辑 Java 程序。
- DOS 命令行下 Java 应用程序的编译、调试和运行。
- 常用 Java 集成开发环境(IDE)。

1.1 Java 语言简介

Java 语言是一种面向对象的程序设计语言，Java 语言的发明公司是 **Sun Microsystems**。**James Gosling** 是 Java 语言的共同创始人之一，后来他被称为 Java 之父。

1.1.1 Java 发展简史

1991 年，Sun 公司启动了由 James Gosling 领导的 Green 项目，准备为智能消费型电子产品编写一个通用控制系统。该系统原来准备用 C++ 语言来编写，但 C++ 语言太复杂，在 API 等方面存在很大问题，所以决定创造一种全新的语言——Oak 语言。这个项目最终被取消，但 Oak 语言却无心插柳柳成荫，迅速流行。因为 Oak 这个商标已被注册，所以改名为 Java 语言，如图 1-1 所示。

图 1-1 Sun 公司的 Logo 和 Java 商标

Java 语言采用 **C/C++ 语法**，吸收了 C++ 的各种优点，去掉了难以理解、容易出错的**指针**、**多重继承**等成分，统一了各种数据类型在计算机中的长度，增加了垃圾回收机制、多线程、分布式等功能。Java 语言拥有一颗像 Smalltalk 般纯洁的面向对象之心，对软件工程技术有很强的支持。Java 语言程序运行时提供了平台的独立性，可以在 **UNIX/Linux/Solaris**、**Windows**、**Macintosh** 或其他操作系统上使用完全相同的代码，即"**Write Once, Run Anywhere!**"

Sun 公司于 1995 年正式对外公布 Java 语言，发布了 JDK 1.0。Java 语言被 *PC Magazine* 杂志评为 1995 年十大优秀科技产品之一，Microsoft 公司总裁 Bill Gates 说："Java 语言是有史以来最卓越的计算机程序设计语言。" IBM、Microsoft、Apple、DEC、Adobe、HP、Oracle、Toshiba、Netscape 等公司相继购买了 Java 许可证。

1998 年 12 月,Sun 公司发布了 **JDK 1.2**,同时还发布了 **JSP/Servlet**、EJB 等规范,并将 Java 分成 **J2EE**、**J2SE**、**J2ME** 几个版本。

2002 年 2 月,Sun 公司发布了最为成熟的版本 **JDK 1.4**。在此期间,Java 语言在企业应用领域获得巨大的成功。**Struts**、WebWork、**Hibernate**、**Spring** 等 Java 开源框架相继推出并普及; IBM、BEA 等公司也推出了自己的企业级商业应用服务器,例如 WebLogic、WebSphere、JBoss 等。

2004 年 9 月,Sun 公司发布代号为 Tiger 的 **JDK 1.5**,后改名为 **Java SE5**。相应地,J2EE、J2ME 分别改名为 **Java EE 和 Java ME**。

2006 年 4 月,Sun 公司发布了代号为 Mustang 的 **Java SE6**。与 JDK 1.5 相比,Mustang 在性能方面有了不错的提升,在脚本、WebService、XML、编译器 API、数据库、JMX、网络等方面都有不错的新特性和功能加强。

2007 年 11 月,Google 公司宣布推出基于 Linux 的开源智能手机操作系统——**Android**,并迅速占领市场。Android 使用 Java 语言来开发应用程序(源程序采用 *.dex 作为扩展名),使用类似 JVM 的 **Dalvik 虚拟机**来运行程序,这给了 Java 一个新的发展和推广机遇。

图 1-2 James Gosling"悼念"Sun 公司

2009 年,Oracle 公司宣布以 74 亿美元价格收购 Sun 公司。James Gosling 在自己的博客发布了一个图片来"悼念"这个伟大的公司,如图 1-2 所示。

Oracle 公司加快了 JDK 的发布速度,2011 年 7 月,Oracle 公司发布 **Java SE7**。

2014 年 3 月,Oracle 公司发布 **Java SE8**。Oracle 公司即将发布 **Java SE9**。

1.1.2 Sun 与 Microsoft

Microsoft 公司于 1996 年 3 月申请并获得了 Java 许可证,加入到 Java 语言阵营中。Microsoft 公司在 Visual Studio 中提供了 Visual J++,并在其中掺入自己的私有扩展,另立标准,从而破坏了 Java 的纯洁性。1997 年,Sun 公司对 Microsoft 提出了法律诉讼。这场旷日持久的官司最终在 2001 年 1 月以双方达成和解告终。

Microsoft 公司开始站在 Java 阵营的对立面。2001 年 7 月,Microsoft 公布新版的 Windows XP 将不再支持 Sun 公司的 JVM,并且推出了 **.NET 平台**与 Java 分庭抗礼。.NET 是 Microsoft 公司为了与 Sun 公司的 Java、Java EE、EJB 技术竞争,于 2000 年 6 月提出来的一种跨语言、跨平台、支持组件编程的新计算技术。.NET 平台采用 **C#** 作为编程的首选语言。C#是基于 Windows 操作系统、源于 C++、专门为.NET 设计、类似 Java 的面向对象编程语言,C#在 Windows 环境下比 C++更安全,比 Java 更高效。但 Java 和 C#在技术上有 90%的重叠。Java 与.NET 的比较如表 1-1 所示。

表 1-1　Java 与.NET 的比较

项　目	Sun	Microsoft
软件编程技术	Java	.NET
虚拟机	JVM	CLI/CLR
编程语言	Java	VB.NET、C#、J#
应用服务器	Tomcat、Weblogic、Websphere 等	IIS
脚本语言	JSP	ASP.NET
理念	一种语言，多个平台	一个平台，多种语言

1.1.3　Java 的影响力

Java 语言经过二十几年的发展已经成为人类计算机史上影响深远的编程语言。Java 语言所崇尚的开源、自由等精神吸引了世界顶尖软件公司和无数优秀的程序员，衍生出许多应用服务器和开源框架。因此，Java 已经超出了编程语言的范畴，发展为一个**开发平台**、一个**产业**、一种**思想**、一种**文化**。Java 技术具有卓越的**通用性**、**高效性**、**平台可移植性和安全性**，广泛应用于个人 PC、数据中心、游戏控制台、超级计算机、移动电话和互联网，同时拥有全球最大的**开发者专业社群和开源生态系统**。Java 语言拥有一套十几年积累、许多软件公司倾力打造、经无数软件工程项目测试的庞大且完善的**类库**，内置了其他语言需要操作系统才能支持的功能。自 2001 年 6 月 **TIOBE 编程榜**发布以来，总共有 13 个编程语言曾经进入前十名，而 Java 语言多年来一直高居榜首。

Oracle 声称，全球共有 **900 万 Java 程序员**；全球至少有 15 亿台 PC、31 亿部手机上运行着 Java 程序，25 亿张智能卡基于 Java；全球至少 50%的网页是用 Java 语言写出来的。

根据 IDC 的统计数字，在所有软件开发类人才的需求中，对 Java 工程师的需求达到全部需求量的 60%～70%。关于 Java 软件人才的国内需求情况，读者可以从智联招聘、51Job、中华英才网等招聘网站查阅。

1.1.4　Java 语言的特点

1. 使用简单、高效

Java ＝"C 和 C++"－"复杂性和奇异性"＋"安全性和可移植性"

Java 去掉了 C 和 C++中最难正确应用的指针和最难理解的多重继承等技术；通过垃圾自动回收机制简化了程序内存管理；对数据类型进行精简和统一，在不同字长的计算机上占用字节数相同，在 C 语言中 sizeof()函数失去用途；基本 Java 系统所占的空间不足 250KB，基本解释程序和类库支持只占 40KB 的空间，附加的基本标准类库和多线程支持也只占 175KB 的空间，力求用最小的系统完成尽可能多的功能。

2. 完全面向对象

面向对象是一种模拟人类社会中人解决实际问题的编程模型。它更符合人们的思维习惯，而且容易扩充和维护，从而提高了程序的可重用性。

3. 自动内存管理

Java 采用**自动垃圾回收机制(Auto Garbage Collection)**实现了内存分配和回收的自动管理，效率和安全性大大提高。在 C 语言中用 malloc()申请内存，用 free()释放内存空间。

4. 平台无关性与可移植性

Java 采用解释与编译相结合,先经编译成 *.class 字节码,然后再由 JVM 解释执行,实现了程序运行效率和不同操作系统之间可移植性的完美结合。

5. 鲁棒性

鲁棒性(Robust)即程序运行的稳定性。Java 在编译和运行的过程中都会进行比较严格的检查,以减少错误的发生。Java 不提供指针,从而杜绝了开发人员对指针的操作失误而造成系统崩溃的可能性。

6. 安全性

Java 从低层设计上就强调网络环境下的安全性,Java 采用公钥加密算法为基础的验证技术,而且从环境变量、类加载器、文件系统、网络资源等方面实施安全策略。

7. 分布计算

Java 语言可以轻松实现基于 TCP/IP 的分布式应用系统。

8. 多线程

Java 在语言级别而不是操作系统级别上支持多线程程序设计。

9. 异常处理

Java 采用面向对象的异常处理机制,使正常代码和错误处理代码分开,程序的业务逻辑更加清晰明了,并且能够简化错误处理任务。

1.2 Java 开发环境的构建

1.2.1 高级语言的运行机制

高级语言的程序运行机制有以下两种。

1. 编译(Compilation)

针对特定平台(CPU 和操作系统),使用编译器将某种**高级语言源程序**一次性"翻译"组装成可在该平台直接运行的**机器语言**。在 Windows 操作系统中一般为 *.exe。编译有较高的运行效率,缺点是可移植性差。C、C++、PASCAL、FORTRAN 等高级语言都属于编译型语言。

Windows 下 C 语言的运行过程示意图如图 1-3 所示。

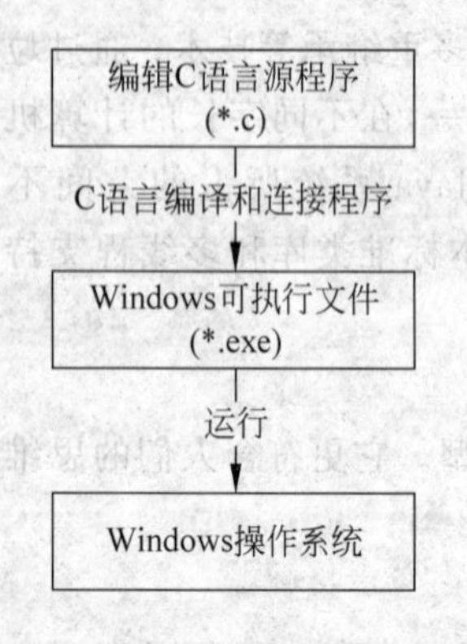

图 1-3　Windows 下 C 语言的运行过程

2. 解释(Interpretation)

使用专门的解释器将某种高级语言源程序逐条解释成特定平台的机器码指令并立即执行,解释一句执行一句。解释相当于翻译中的"口译",缺点是执行效率低,且不能脱离解释器独自执行;优点是可移植性强,跨平台。Basic、Ruby、Python 等都属于解释型语言。

一般来说,**程序的可移植性和执行效率存在矛盾,此消则彼长,难以同时达到最优**。Java 语言根据自身的实际需要采用了一种灵活的机制:编译型和解释型的结合。这也正是 Java 能跨平台的根本原因。

Java 语言的运行过程如图 1-4 所示。

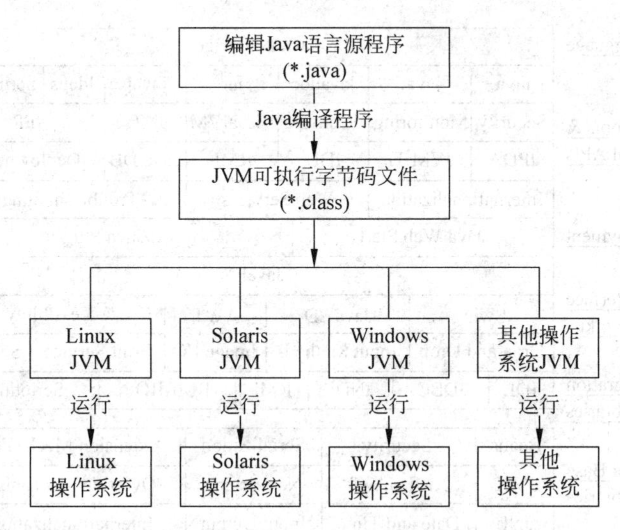

图 1-4 Java 语言的运行过程

1.2.2 JVM、JRE 和 JDK

1. JVM

JVM(Java Virtual Machine)指可以运行 Java 字节码(*.class)的虚拟计算机。和真正的计算机一样,JVM 具有自己的指令集并使用不同的存储区域,负责执行指令和管理内存与寄存器。Sun 公司为 Solaris、Windows、Linux、Mac 等不同的操作系统和硬件开发了不同的 JVM,这样字节码文件就可以在不同的操作系统 JVM 支持下运行。Java.exe 会调用 C:\Program Files\Java\jdk1.8.0_131\jre\bin\clienta 或 server 中的 jvm.dll 来运行字节码文件。

2. JRE

JRE(Java Runtime Environment)**面向 Java 程序的使用者**,提供 Java 运行环境,主要由 **JVM、API 类库、发布技术** 3 个部分构成。如果只想运行别人开发的 Java 程序,只安装 JRE 即可。

3. JDK

JDK(Java Development Kit)**面向 Java 程序的开发者**,提供 Java 的开发环境和运行环境,主要由 **JRE 和编译、运行、调试 Java 应用程序的各种工具和资源包**构成。如果想开发 Java 程序,请安装相应版本的 JDK。

除了 Sun 公司发布的 JDK 外,IBM、Oracle 等公司也发布了自己的 JDK 版本。

安装基于 Java 技术开发的软件可能会自动安装 JDK 或 JRE。例如,Oracle 9i 会自动安装 JDK 1.3,Oracle 10g 会自动安装 JDK 1.4,MyEclipse 6.5 会自动安装 JDK 1.5。

为了更好地适应开发的需要,Java 的设计者为我们提供了 3 种 Java 平台。

- **Java ME(Java Micro Edition)**:为机顶盒、移动电话、智能卡、PDA 等嵌入式消费电子设备提供 Java 解决方案。随着移动开发平台的普及,Java ME 渐渐退居二线。
- **Java SE(Java Standard Edition)**:Java 平台的基础,主要用来开发桌面应用,如图 1-5 所示。JDK 1.5 以前称为 J2SE。
- **Java EE(Enterprise Edition)**:JDK 1.5 以前称为 J2EE,Java EE 构建在 Java SE 之上,主要用来构建大规模基于 Web 的企业级应用和分布式网络应用程序。从应用上讲,Java EE 是目前企业级应用最出色的平台和最成功的解决方案。

JDK	Java Language	Java Language
	Tools & Tool APIs	java | javac | javadoc | jar | javap | jdeps | Scripting
		Security | Monitoring | JConsole | VisualVM | JMC | JFR
		JPDA | JVM TI | IDL | RMI | Java DB | Deployment
		Internationalization | Web Services | Troubleshooting
JRE	Deployment	Java Web Start | Applet/Java Plug-in
	User Interface Toolkits	JavaFX
		Swing | Java 2D | AWT | Accessibility
		Drag and Drop | Input Methods | Image I/O | Print Service | Sound
	Integration Libraries	IDL | JDBC | JNDI | RMI | RMI-IIOP | Scripting
	Other Base Libraries	Beans | Security | Serialization | Extension Mechanism
		JMX | XML JAXP | Networking | Override Mechanism
		JNI | Date and Time | Input/Output | Internationalization
	Lang and util Base Libraries	lang and util
		Math | Collections | Ref Objects | Regular Expressions
		Logging | Management | Instrumentation | Concurrency Utilities
		Reflection | Versioning | Preferences API | JAR | Zip
	Java Virtual Machine	Java HotSpot Client and Server VM

Java SE API（从 User Interface Toolkits 到 Lang and util Base Libraries）；Compact Profiles（从 Other Base Libraries 到 Lang and util Base Libraries）

图 1-5　Java SE 的组成

1.2.3　JDK 的下载和安装

从 Oracle 官方网站(如图 1-6 所示)www. oracle. com 可以下载 JDK、JRE、JDK Docs、Demos and Samples、MySQL 等。下面以 JDK 8u131 为例讲解 JDK 的安装。

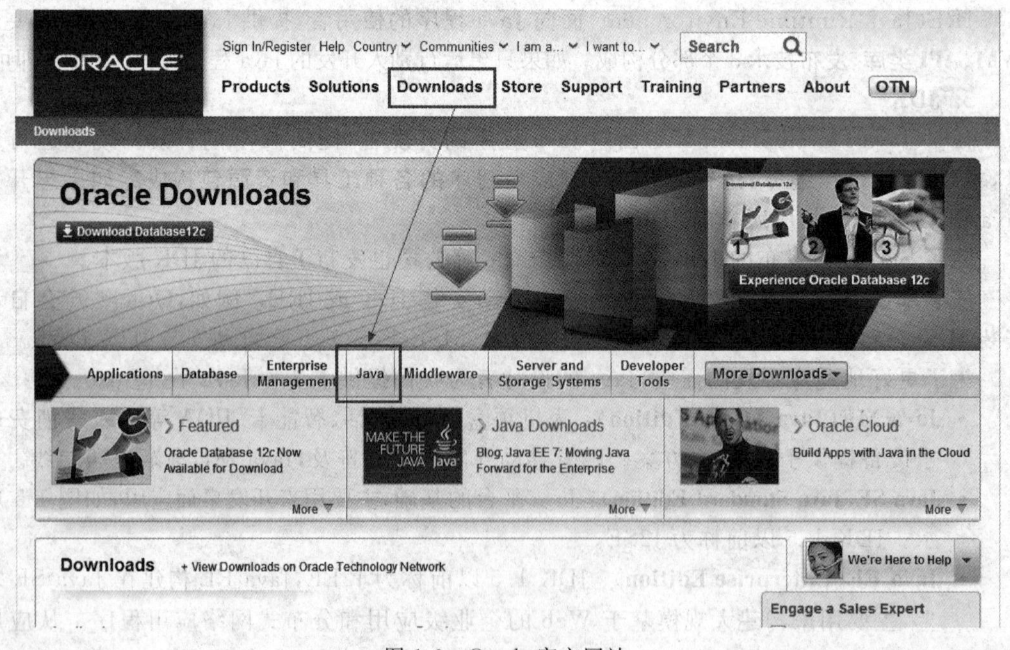

图 1-6　Oracle 官方网站

根据自己的操作系统和 CPU 的类型选择要下载的 JDK 版本，如图 1-7 所示。

Java SE Development Kit 8u131

You must accept the Oracle Binary Code License Agreement for Java SE to download this software.

Thank you for accepting the Oracle Binary Code License Agreement for Java SE; you may now download this software.

Product / File Description	File Size	Download
Linux ARM 32 Hard Float ABI	77.87 MB	jdk-8u131-linux-arm32-vfp-hflt.tar.gz
Linux ARM 64 Hard Float ABI	74.81 MB	jdk-8u131-linux-arm64-vfp-hflt.tar.gz
Linux x86	164.66 MB	jdk-8u131-linux-i586.rpm
Linux x86	179.39 MB	jdk-8u131-linux-i586.tar.gz
Linux x64	162.11 MB	jdk-8u131-linux-x64.rpm
Linux x64	176.95 MB	jdk-8u131-linux-x64.tar.gz
Mac OS X	226.57 MB	jdk-8u131-macosx-x64.dmg
Solaris SPARC 64-bit	139.79 MB	jdk-8u131-solaris-sparcv9.tar.Z
Solaris SPARC 64-bit	99.13 MB	jdk-8u131-solaris-sparcv9.tar.gz
Solaris x64	140.51 MB	jdk-8u131-solaris-x64.tar.Z
Solaris x64	96.96 MB	jdk-8u131-solaris-x64.tar.gz
Windows x86	191.22 MB	jdk-8u131-windows-i586.exe
Windows x64	198.03 MB	jdk-8u131-windows-x64.exe

图 1-7　JDK 下载页面

双击下载的 JDK 安装文件，按照安装向导进行安装，JDK 默认安装路径为 C:\Program Files\Java\jdk1.8.0_131。安装完毕后，将 jdk-8u131-windows-i586-demos.zip 解压缩到安装文件夹中。

JDK 的下载、安装与配置的演示视频可扫描二维码观看。

1.2.4　JDK 环境变量的配置

JDK 环境变量包括 java_home、path、classpath。在 Windows 操作系统中，在“我的电脑”上右击“属性”，在弹出的对话框中选择“高级”选项卡，然后单击“环境变量”按钮，设置环境变量即可。

1. java_home

指向 JDK 的安装路径。Tomcat、Eclipse 等软件根据 java_home 来查找 JDK 的安装路径。将 java_home 环境变量设置为 C:\Program Files\Java\jdk1.8.0_131。

2. path

设置操作系统寻找可执行文件的路径(java.exe、javac.exe 等)。在 path 环境变量中增加 C:\Program Files\Java\jdk1.8.0_131\bin 或%java_home%\bin。

3. classpath

设置 JVM 寻找.class 的路径。

如果使用 1.5 以上版本的 JDK，完全可以不用设置 classpath，JVM 会自动在当前文件夹、%Java_HOME%\jre\lib\rt.jar、%Java_HOME%\lib\tools.jar 中寻找.class，然后载入内存执行。

JDK 环境变量配置成功后可以在 DOS 命令行中输入以下命令进行测试：

- java -version

- javac -version

1.2.5 JDK 安装文件夹介绍

JDK 安装文件夹结构如图 1-8 所示。

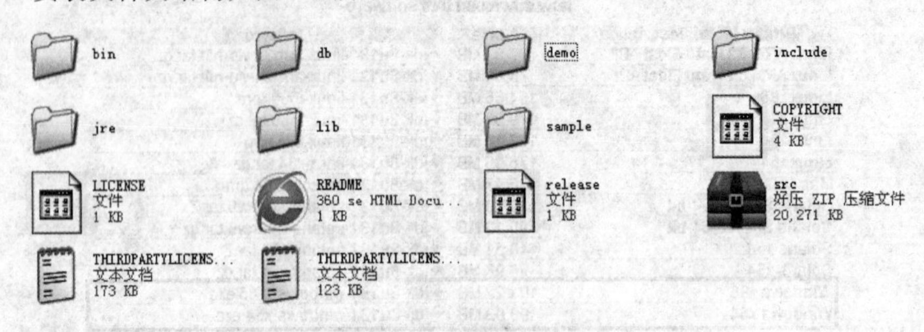

图 1-8　JDK 安装文件夹结构

(1) **\bin 文件夹**：用来存放 Java 开发中的常用工具。

- **javac.exe**：**Java 编译器**，负责将 Java 源代码(.java)编译为字节码(.class)文件。
- **java.exe**：**Java 解释器**，负责解释执行 Java 字节码(.class)文件。
- **javadoc.exe**：**Java 语言文档生成器**，将源程序中的文档注释(/** … */)提取成 HTML 格式文档。
- **jar.exe**：**Java 语言归档工具**，可以将包含包结构在内的.class、.java、配置文件、资源文件等压缩成以.jar 为扩展名的归档文件。

(2) **\demo 文件夹**：JDK 关于 Applet、JFC、swing 等方面的演示程序(含源代码)。

(3) **\include 文件夹**：包含 C 语言的头文件，支持 Java 本地接口和 Java 虚拟机调试程序接口的本地代码编程。

(4) **\jre 文件夹**：Java 运行时环境。

(5) **\lib 文件夹**：Java 开发使用的 Jar 文件及其他文件。JDK 有两个重要的 Jar 文件：\jre\lib\rt.jar 和\lib\tools.jar，用户可以用解压缩软件打开 Jar 文件查看其中的内容。

(6) **\db 文件夹**：一个纯 Java 实现、开源的数据库管理系统(Java 内嵌数据库)。

(7) **\sample 文件夹**：包含某些 Java API 的样例代码。

(8) **\src.zip**：JDK API 的所有类、接口的源码压缩文件。

请注意 **rt.jar(.class)**、**src.zip(.java)**和 **JDK 文档**之间的对应关系。

1.3 Java 程序的编辑、编译和运行

Java 程序通常要经过**编辑**、**编译**、**加载**、**验证**和**运行** 5 个步骤来运行。

1.3.1 第一个 Java 程序(HelloWorld.java)

1. 在文本编辑器输入示例程序 1-1

【示例程序 1-1】　第一个 Java 程序(HelloWorld.java)

功能描述：输出信息到控制台上。

```
01  package zyj.chap01;
02  //本文件中定义的 class、interface 均放在 zyj.chap1 包下
03  import java.lang.*;
04  //引入 java.lang 包下所有的.class 文件,编译器默认引入,可以省略
05  //定义一个 public class
06  public class HelloWorld {
07      public static void main(String args[]){
08          System.out.println("Hello World!");
09          System.out.printf("%s","何以解忧,唯有 Java!");
10          //与 C 语言的 printf 方法基本相同
11      }
12  }
```

2. 编译 Java 源程序(.java)为字节码文件(.class)

请注意控制台输出的编译信息,不用全部阅读,要抓住关键字句,迅速定位错误。

- **编译错误(Error)**:多为语法错误,不能通过编译。
- **运行时错误(Runtime)**:程序在运行过程中出现错误,不能通过编译。
- **警告(Warning)**:带有警告信息的程序,不影响编译和运行。

单击"开始"|"运行",输入"cmd",回车,进入 DOS。

- **javac HelloWorld.java**:无 package 语句。
- **javac -d. HelloWorld.java**:有 package zyj.chap1 语句。

Java 编译器自动在当前文件夹下建立 zyj/chap1 文件夹,然后在 chap1 文件中生成编译.class 文件。

3. 运行.class 文件

- **java HelloWorld**:无 package 语句的运行。
- **java zyj.chap1.HelloWorld**:有 package zyj.chap1 语句的运行。

4. 初学者可能遇到的问题

- //及其后面的内容是 Java 单行注释语句,与 C 语言相同。
- import 语句相当于 C 语言的#include 语句。
- 一个 Java 源文件中允许定义多个类或接口,但公共类或公共接口只能定义一个,且公共类或公共接口的名字必须和所在的 Java 源文件名相同。Java 源文件编译后定义的每一个类或接口都将生成一个独立的.class 文件。
- 分隔符(Java 程序的小数点、分号、{ }、[ ]、( )、双引号、单引号、运算符等)必须采用英文半角,否则会出现非法字符的错误提示。
- main 方法是 Java Application 的入口,必须严格按照 public static void main(String args[])语法格式书写,否则可能由于方法的重载在运行时出现找不到 main 方法的错误提示信息。
- 在命令行中输入"java HelloWorld"命令回车,当 JVM 找不到 HelloWorld 类时会出现 NoClassDefFoundError 的错误提示信息。

示例程序 1-1 的讲解视频可扫描二维码观看。

1.3.2 显示命令行参数(CommArg.java)

在文本编辑器中输入示例程序 1-2 并编译运行。

【示例程序 1-2】 显示命令行参数程序(CommArg. java)

功能描述:循环输出命令行参数,如果没有则输出“No arguments!”。

```
01  package zyj.chap01;
02  public class CommArg{
03      public static void main(String args[]){
04          int i;
05          if( args.length > 0 ) {
06              for( i = 0; i < args.length; i ++ ){
07                  System.out.println("arg[" + i + "]  =  " + args[i]);
08              }
09          }else{
10              System.out.println("No arguments!");
11          }
12      }
13  }
```

1. 程序解释

- 03 行:String 数组 args 自动存放 Java Application 的命令行参数。
- 05 行:args. length 存放数组元素的个数,数组元素的下标从 0 开始。
- 07 行:当+两边的参数至少有一个为 String 类型时,则另一个参数自动转换为 String 类型,然后再进行连接操作。

2. 编译 Java 源程序为字节码文件

javac -d. CommArg. java

3. 运行字节码文件

- java zyj. chap01 CommArg
- java zyj. chap01 CommArg AAA BBB CCC

程序运行及输出结果如图 1-9 所示。

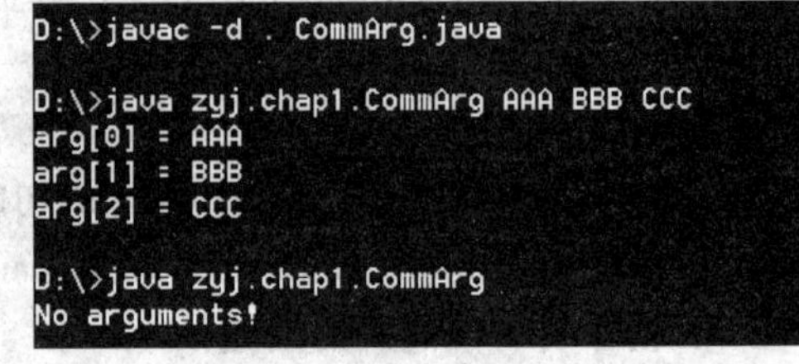

图 1-9 CommArg. java 的编译和运行

1.3.3 Java 程序的各种形态

在不同的环境中 Java 程序呈现出不同的形态,但万变不离其宗,都是以 class 的形式存在的。

1. Java Application

Java Application 指可以运行在各种操作系统的 JVM 上的 Java 应用程序,分为 **CUI**(Character User Interface)和 **GUI**(Graphics User Interface)两种。

2. Applet

Applet 是用 Java 语言编写的小应用程序。在 HTML 文件中可以用标记< applet >和</applet>来包含 Applet 程序。当支持 Java 的浏览器解释 HTML 文件时,若遇到这对标记,将下载相应的小应用程序代码并在浏览器 JVM 上执行该 Applet。因为 Applet 技术基本上已经被淘汰,本书中不再介绍。

3. JSP/Servlet

JSP/Servlet 运行在应用服务器端的 **Servlet** 容器中。

4. JavaBean

JavaBean 是用 Java 语言写成的可重用组件。

1.4 Java IDE 介绍

软件工程的规模越来越大，程序的复杂程度也越来越高。集成开发环境(IDE)的应用将大大提高软件开发人员的工作效率。在计算机开发语言的历史中，从来没有哪种语言像 Java 这样受到如此众多厂商的支持，有如此多的开发工具。

目前比较流行的 Java IDE 工具有 **Eclipse/MyEclipse**、**NetBeans**、**JBuilder**、**JDeveloper**、**IntelliJ** 等。据国外权威调查机构显示，当前 Eclipse 的市场份额占 45%、NetBeans 占 30%、JBuilder 占 15%、其他 IDE 占 10%。

1. Eclipse/MyEclipse

Eclipse 是 IBM 公司"日食计划"的产物。在 2001 年 6 月，IBM 公司将价值 4000 万美元的 Eclipse 捐给了开源组织。Eclipse 是一个**免费的**、**开放源代码的**、**基于 Java** 的可扩展开发平台。经过几年的发展，**Eclipse 已经成为目前最流行的 Java IDE，成为业界的工业标准**。

MyEclipse(MyEclipse Enterprise Workbench)是基于 Eclipse 进行扩展的商业软件，提供了功能丰富的 Java EE 集成开发环境，包括完备的编码调试、测试、发布以及应用程序服务器的整合，完全支持 HTML、Struts、JSP、CSS、JavaScript、Spring、SQL、Hibernate 等，能够极大地提高工作效率。MyEclipse 是一个商业收费软件。

2. JBuilder

JBuilder 是 **Borland 公司**开发的 Java IDE。使用 JBuilder 可以快速、有效地开发各类 Java 应用。Borland 公司的著名产品有 **Turbo C**、**Turbo Pascal**、**C++ Builder**、**Delphi**、**JBuilder** 等。由于商业收费、代码编辑器和其他辅助书写代码的工具功能强大但外观从未改变，迅速被 Eclipse 和 NetBeans 超越。

2006 年，JBuilder 终于脱离了 Borland 而正式成为 CodeGear 公司的主力 Java 开发工具。CodeGear 终于能够指正 Borland 犯下的错误，让 JBuilder 有机会重返 Java 开发工具王者的地位。JBuilder 从 2006 版开始使用 Eclipse 作为其核心开发，最新版本为 JBuilder 2008R2，支持最新的 EJB 3.0 规范以及 JPA 技术。

3. NetBeans

NetBeans 是 Sun 公司发布的开源 Java IDE。随着 Eclipse 的逐渐兴起，Sun 公司也在试探性地向 Eclipse 靠拢，但同时又在不遗余力地开发自己的 Java IDE：NetBeans。

NetBeans 在功能上和 Eclipse 类似，但存在区别：

- Eclipse 的 GUI 库使用 SWT，而 NetBeans 使用的是纯正的 swing/AWT；
- NetBeans 版本的更新速度比 Eclipse 快；
- NetBeans 的性能比 Eclipse 高；
- 多语言支持：NetBeans 开始支持 C/C++。

4. JCreator

JCreator 是一个轻量型的 Java IDE。JCreator 提供了 Java 程序的编辑、编译、调试和运行，支持语法着色，运行速度快，并且占用的资源少。

1.5 本章小结

本章主要介绍了Java语言的简介、发展简史和特点,JDK的下载、安装和环境变量的配置,在DOS命令行下Java应用程序的编辑、编译和运行,常用Java集成开发环境等内容。

通过本章的学习,读者应该从Internet上下载JDK,在计算机上完成JDK的安装和配置,构建Java开发环境。然后以HelloWorld.java和CommArg.java程序为例,使用记事本编辑Java程序,熟练掌握在DOS命令行下Java程序的编译、调试和运行。

1.6 自测题

一、填空题

1. Java平台分为3个版本:______、______、______。
2. JDK安装后一般设置三个环境变量:______、______、______。
3. Java源程序应该写在扩展名为.______的文本文件中。
4. 有"package zyj.chap1;"语句的HelloWorld.java的编译命令是______,运行命令是______。
5. ______.exe:Java编译器,负责将Java源代码(.java)编译为字节码(.class)文件;______.exe:Java解释器,负责解释执行Java字节码(.class)文件;______.exe:Java语言文档生成器,将源程序中的文档注释(/** … */)提取成HTML格式文档;______.exe:Java语言归档工具,可以将包含包结构在内的.class、.java、配置文件、资源文件等压缩成以.jar为扩展名的归档文件。
6. Java程序运行的5个步骤:______、______、______、______、______。

二、简答题

1. 简述Java的特点。
2. 简述JVM、JRE、JDK之间的区别和联系。

1.7 编程实训

【实际操作1-1】 观看微视频"1.1 JDK的下载、安装和配置",在计算机上完成JDK的下载、安装和环境变量配置,构建Java应用程序开发环境。

【实际操作1-2】 观看微视频"1.2 第一个Java程序:HelloWorld",以记事本为文本编辑器,在DOS命令行下完成示例程序1-1 HelloWorld.java的编辑、编译和运行,掌握JDK常用命令javac、java,学会根据错误提示信息迅速定位错误,并进行程序的修改。

【实际操作1-3】 以记事本为文本编辑器,在DOS命令行下完成示例程序1-2 CommArg.java的编辑、编译和运行,学会命令行参数的输入。

第2章 Java语言基础

在本章我们将一起学习以下内容：

- 提前接触面向对象编程，掌握Java应用程序的基本构成。
- Java标识符、关键字、分隔符、数据类型、运算符、表达式等语法成分。
- Java流程控制语句。
- Java语言编程的基本技巧。
- Java数组。

与所有的程序设计语言一样，Java语言也是由**语言规范**(Java Specification)和**API**(Application Programming Interface，应用程序编程接口)组成的，学习Java语言也必须从这两个方面入手，可以从网上下载JDK语言规范和JDK帮助文档，以备随时查阅。

鉴于集成开发环境的日益普及，建议读者从本章开始采用Eclipse作为IDE环境进行Java应用程序的编写、开发和调试。Eclipse的使用说明可参考第12章，请读者提前学习。

2.1 Java程序的构成

Java语言主要由**标识符**、**关键字**、**分隔符**、**数据类型**、**运算符**、**表达式**、**语句**、**方法**、**类**、**包**等元素组成。

【示例程序2-1】 如何在控制台输入和输出数据(JavaIPO.java)

功能描述：利用Scanner类实现从控制台输入各种类型的数据，利用System.out.println()和System.out.printf()方法实现数据的控制台输出。

```
01  package zyj.chap02;
02  import java.util.Scanner;
03  public class JavaIPO {
04      public static void main(String[] args) {
05          Scanner sc = new Scanner(System.in);
06          System.out.print("请依次输入一个整数、一个小数和一个字符串,中间用空格
            分开: ");
07          int n = sc.nextInt();
08          double d = sc.nextDouble();
09          String str = sc.nextLine();
10          System.out.println("[n = " + n + ",d = " + d + ",str = " + str + "]");
11          System.out.printf("[n = %d,d = %f,str = %s",n,d,str);
```

```
14          }
15      }
```


找出示例程序2-1程序的语言成分。

(1) **标识符(Identifier)**：用户用来标识包(package)、类(class)、接口(interface)、对象(object)、成员变量(field)、方法(method)、局部变量(local variable)、常量(constant)等语法成分。

(2) **关键字(KeyWord)或保留字(Reserved Word)**：计算机编程语言专用的标识符。

(3) **分隔符：要求用英文半角字符。**

- **空格(space)**：主要用于关键字、标识符之间。
- **跳格(tab)**：常用于代码缩进，一般设置为4个空格。
- **小数点(Decimal Point)**：用于包路径的分隔符(用在包和包、包和类、类和方法、对象和方法、类和属性、对象和属性等成分之间)。
- **分号(Semicolon)**：**每条Java语句以“;”结束**。Java允许将一个长语句写到多行中，但前提是不能断开关键字和String常量。
- { }：用于定义类体、方法体、语句块、数组静态初始化等成分。
- [ ]：用于数组的定义。
- ( )：用于方法的定义或方法的调用。
- 双引号" "：用于字符串String常量中。
- 单引号' '：用于字符常量中。

(4) **运算符(Operator)**：如12行的“+”号。

(5) **表达式(Expression)**：由常量、变量、方法、运算符、括号等成分组成的合法的有意义的式子。

(6) **语句(Statement)**：构成程序的基本单位，可以对计算机发出操作指令。每个Java语句要求以“;”结束。Java的主要语句如下：

- **方法调用语句**。
- **赋值语句**。
- **复合语句或语句块**{ …; …; }。
- **流程控制语句**。
- **package、import语句**。
- **注释(Comment)语句**：单行注释//…；多行注释/ * … * /；文档注释/ ** … * /。

(7) **方法(Method)**：方法由一条一条语句构成，负责执行任务并在任务完成后返回一些信息，包括类方法和对象方法。

(8) **类(class)**：类是Java编程的基本单位，是属性和方法的集合体。

(9) **接口(interface)**：接口是实现多继承的途径，是常量和抽象方法的集合体。

(10) **包(package)**：包用来分类存放类和接口，相当于文件夹的概念。

2.1.1 标识符

标识符是用户用来标识包(package)、类(class)、接口(interface)、枚举(enum)、注解

(annotation)、对象(object)、成员变量(field)、方法(method)、局部变量(local variable)、常量(constant)等语法成分的名字。Java 标识符在命名时应尽量体现各自描述的事物的属性、功能等。Sun 公司发布的 ***Java Code Convention*** 中详细规定了 Java 标识符的命名规则。

Java 标识符的命名规则如下：

(1) 标识符是由字母、下画线、$、数字组成的字符混合序列，不能以数字开头。

(2) 不能用 Java 的关键字或保留字做标识符。

(3) Java 标识符区分大小写。

(4) 出于对兼容性的考虑，标识符中尽量不要使用汉字。

一般性命名约定如下：

(1) 尽量使用完整的英文单词或确有通用性的英文缩写。

(2) 词组中采用大小写混合，使之更易于识别。

(3) 避免使用过长的标识符，一般控制在 15 个字符以内。

具体命名惯例如下：

(1) 包名应为名词或名词性短语，全部小写。

(2) 类名、接口名应为名词或名词性短语，各单词首字母大写。

(3) 方法名应为动词或动宾短语，首字母小写，其余各单词首字母大写。

(4) 变量名应为名词或名词性短语，首字母小写，其余各单词首字母大写。

(5) 常量名应全部大写。

举例如下：

```
01  package cn.edu.hdc;
02  import java.util.StringTokenizer;
03  private static final double PI = 3.14159;
04  public class PrintStream extends FilterOutputStream implements
05  Appendable, Closeable
06  public boolean equalsIgnoreCase(String anotherString)
```

2.1.2 关键字和保留字

关键字是 Java 语言本身使用的系统标识符，全部采用小写字母，有特定的语法含义，不能用作标识符。**Java 语言共有 50 个关键字，如表 2-1 所示，其中 const 和 goto 作为保留字。** Java 的所有数据类型的长度都固定，且与平台无关，因此没有 sizeof 保留字。

表 2-1 Java 关键字

关 键 词					
abstract	assert	boolean	break	byte	case
catch	char	class	const	continue	default
do	double	else	enum	extends	final
finally	float	for	goto	if	implements
import	instanceof	int	interface	long	native
new	package	private	protected	public	return
strictfp	short	static	super	switch	synchronized
this	throw	throws	transient	try	void
volatile	while				

关键字是学习计算机语言的主线，几乎涉及 Java 语言的方方面面，下面先讲解如下。

1. 访问权限修饰符

Java 有 3 个访问修饰符，但有 4 种访问控制级别。

- **public**：使一个类、方法、属性可以被任何位置的方法访问。
- **protected**：使一个方法、变量只能被同一个包中的类或该类的子类访问。
- 没有访问修饰符修饰时为 friendly。
- **private**：使一个方法或变量只能被同一个类访问。

在 Java 编程的基本单位中，类(class)可以比喻为人，包(package)可以比喻为人组成的家庭。3 个访问修饰符、4 种访问控制级别可以类比如下：

- 门牌号码可以设置为 public，全部可见；
- 手机号码可以设置为 protected，在家庭和朋友、同学、亲戚等范围内可见；
- 汽车、电视、家具可以设置为默认级别，在家庭成员范围内可见；
- 银行卡、密码等隐私信息可以设置为 private，只是自己可见。

2. 类、方法、变量修饰符

- **abstract**：修饰类时该类为不能被实例化的抽象类；修饰方法时为抽象方法(只有方法声明，没有方法实现)。
- **final**：修饰类时该类不能被继承；修饰方法时该方法不能被覆盖；修饰变量时为常量。
- **class**：用来定义一个类。
- **enum**：用来定义一个枚举。
- **interface**：用来定义一个接口。
- **extends**：表示一个类(接口)是另一个类的子类(子接口)。
- **implements**：表示一个类必须实现的接口。
- **new**：通过调用构造方法来实例化一个对象。
- **static**：修饰方法(变量)时该方法(变量)由实例方法(变量)变为类方法(变量)。
- **strictfp**：用于修饰类或方法，但不能修饰变量或接口中的方法，指示 Java 编译器以及 JRE 严格依照浮点规范 IEEE-754 来执行，浮点运算更加精确，跨平台、一致性好。
- **synchronized**：指示该方法一个时刻只能被一个线程访问。
- **transient**：当对象被序列化时防止 transient 属性被序列化。
- **volatile**：修饰变量。在每次被线程访问时都强迫从共享内存中重读该成员变量的值，而且当成员变量发生变化时强迫线程将变化值回写到共享内存，这样在任何时刻两个不同的线程总是看到某个成员变量的同一个值。
- **native**：方法修饰符。native 方法是由另外一种语言(如 C/C++、FORTRAN、汇编)实现的本地方法。

3. 流程控制语句

- **if-else**：实现二选一的分支语句。
- **switch-case-default-finally**：实现多选一的分支语句。
- **for、while、do-while**：循环语句。

- **break/continue**：跳出循环/继续下一次循环语句。
- **return**：从一个方法中返回(不执行余下的代码)，可以返回一个变量。

4. 异常处理

- **try-catch-finally**：异常处理语句。
- **throw**：抛出异常语句。
- **throws**：声明可能抛出的异常。

5. 包控制

- **import**：将包或类引入到当前代码中。
- **package**：指定当前 Java 源文件中定义的所有类或接口属于哪个包。

6. 基本数据类型

- **byte**：8 位二进制(bits)带符号整数。
- **short**：16 位二进制(bits)带符号整数。
- **int**：32 位二进制(bits)带符号整数。
- **long**：64 位二进制(bits)带符号整数。
- **float**：32 位二进制(bits)带符号小数。
- **double**：64 位二进制(bits)带符号小数。
- **char**：16 位二进制(bits)Unicode 字符或 16 位无符号整数，与 short 等价。
- **boolean**：8 位二进制(bits)布尔型，只能取 true 或 false。
- **void**：只能用在方法返回值的位置，表示方法不返回任何数据类型。

7. 引用类型变量(32bits)

- **super**：指向当前类的直接父类。
- **this**：指向当前类的对象。
- **instanceof**：用来判断一个对象是否为一个类或接口的对象，在类型上溯造型或下溯造型情况下经常使用。

2.1.3 Java 注释

现在，传统的手工作坊已经变成大规模、工程化、团队协作的软件开发模式，团队成员之间的沟通交流变得越来越重要，程序的可读性已经取代运行效率成为第一重要的因素。

程序注释是程序的重要组成部分，企业级编码规范要求注释占全部代码量的1/3之上。

注释(Comment)：程序中的说明性文字(程序的功能、结构、版权等信息)，可增强程序的可读性和易维护性，有下面 3 种形式。

- //…：单行注释。
- /*…*/：多行注释，注释内容可以换行，可以嵌套单行注释，但多行注释不能嵌套。
- /**…*/：文档注释，会被 Javadoc.exe 文档工具读取，生成标准的 HTML 帮助文档。

2.2 Java 数据类型、常量和变量

2.2.1 Java 数据类型

数据类型决定了数据的表示方式、定义了数据的集合以及在这个集合上可以进行的运算。Java 数据类型如图 2-1 所示。

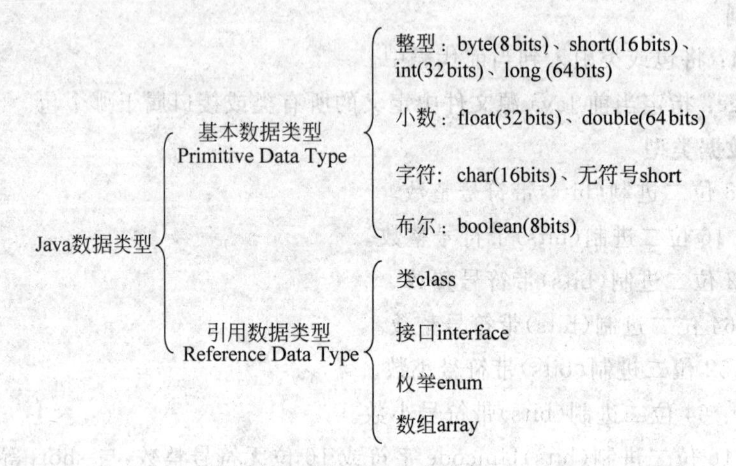

图 2-1 Java 数据类型

Java 基本数据类型包括 8 种。引用类型指除 8 种基本数据类型以外的所有类型，包括类、接口、数组、枚举 enum 等。Java 语言没有无符号整数、指针、结构体 struct、联合 union 等数据类型，这使得 Java 简单易学，但功能丝毫没有减弱。

2.2.2 常量

常量有两种形式：直接表示数据的**普通常量**和**标识符常量**。前者如 3.14159、100、'A'、'\n'、true、false、null 等；后者有 **final 修饰的变量，只能赋值一次**，举例如下：

```
01  int n = 3 + 5;
02  final double PI = 3.14159;
03  PI = 3.14;//再次赋值时编译出错
```

1. 整型常量

Java 根据字节长度和取值范围分为 **byte、short、int、long** 几种，常量的写法是相同的，只是允许的整数范围不同，如表 2-2 所示。

表 2-2 整型数据的数值范围

类 型	占用内存大小	数 值 范 围
byte	1byte	$-2^7 \sim 2^7-1$
short	2byte	$-2^{15} \sim 2^{15}-1$
int	4byte	$-2^{31} \sim 2^{31}-1$
long	8byte	$-2^{63} \sim 2^{63}-1$

在表达式中整数类型默认为 int 类型，long 常量必须以 L 或 l 做结尾，为避免混淆，推荐以大写字母 L 结尾。整型常量可以用十六进制、十进制、八进制的形式写出。

很长的数字可读性不好，从 JDK 1.7 开始在 int 和 long 中支持**下画线分隔**，支持使用二进制字面量的表示方式。举例如下：

```
01  int ix = 0xff;                              //十六进制以 0x 开头
02  int i10 = 126;                              //十进制数不能以 0 开头，0 除外
03  int i8 = 067;                               //八进制以 0 开头
04  int n = 1_234_5678;                         //下画线分隔
05  int binary = 0b1001_1001_1011_1111;         //二进制字面量的表示方式
```

2. 浮点型常量

Java 语言有**单精度 float(32bits)、双精度浮点数 double(64bits)**两种类型。浮点型有下面两种表示形式。

(1) **小数形式**：12.37F、－0.5234D。

(2) **指数形式**：2.5E4、2.1E-7。

注意：浮点型常量默认为 double，如果要指定单精度浮点数类型请在浮点数后加 F(f)。举例如下：

```
01  float f1 = 3.14;                            //错误
02  float f2 = 1.0f;
03  float f3 = (float)3.14;                     //强制转换
```

3. 字符型(char)

Java 采用双字节的 Unicode 编码，取值范围为 0～65 535。Unicode 字符集的前 128 个字符与标准 ASCII 字符集完全相同。**在算术表达式中，char 型常量经常自动转换为整型的 Unicode 码参加运算**。在标准 ASCII 码中，0～31 及 127(共 33 个)是控制字符或通信专用字符，其余为可显示字符。请读者记住以下常用字符的 ASCII 码：**NULL＝0、BEL＝7、TAB＝9、LF＝10、CR＝3、space＝32、'0'＝48、'A'＝65、'a'＝97**。

举例如下：

```
01  System.out.println((char)65);               //输出编码为 65 的字符 A
02  System.out.println('\u2666');               //输出编码为 2666 的字符◆
03  System.out.println('A' + 5);                //输出 70,'A'自动转换为 65 运算
04  System.out.println('A' + 'a');              //输出 162,相当于 65 + 97
05  System.out.println('9'-'0');                //输出 9,相当于 57 - 48
```

字符型常量可采用以下 4 种表示形式。

- 单引号括起来的单个字符：如'A'、'中'。
- 转义字符：以\开头的控制字符，如'\t'、'\n'，如表 2-3 所示。
- '\XXX'：如'\123'，3 位八进制 Unicode 编码要求在 0～255。
- '\uXXXX'：如'\u1234'，4 位十六进制 Unicode 编码。

表 2-3 转义字符列表

转义字符	含 义	转义字符	含 义
'\n'	换行	'\''	单引号
'\t'	制表符 Tab	'\"'	双引号
'\\'	反斜杠	'\uxxxx'	4 位十六进制 Unicode 编码对应的字符

补充内容：关于字符集编码问题

- **标准 ASCII 码**：美国标准信息交换码，7 位二进制编码，高位为 0，由 128 个字符组成。
- **扩展 ASCII 码**：8 位二进制编码，由 256 个字符组成。
- **ISO 8859-1(Latin 1)**：拉丁字符表，8 位二进制编码，把位于 128～255 的字符用于拉丁字母表中特殊语言字符的编码。
- **GB 2312—1980**：信息交换用汉字编码字符集，于 1980 年发布的中文信息处理的国家标准。兼容 ASCII 码，每个英文占一个字节，中文占两个字节，GB 码共收录 6763 个简体汉字、682 个符号。
- **GBK(Chinese Internal Code Specification)**：汉字内码扩展规范。GBK 是我国于 1995 年 12 月制订的新的中文编码扩展国家标准。GBK 编码标准兼容 ASCII 和 GB 2312，每个英文字符占一个字节，中文字符占两个字节。GBK 编码共收录 21 003 个汉字、883 个符号，增加了大量不常用汉字，并提供了 1894 个造字码位，简、繁体字融于一库。GBK 编码已经在 Windows、Linux 等多种操作系统中被实现。
- **BIG5**：中文繁体字编码，共收录 13 060 个汉字，在中国香港、台湾、澳门等地的应用较为广泛。
- **Unicode**：国际标准码，为每种语言中的每个字符设定了统一并且唯一的二进制编码，以满足跨语言、跨平台进行文本转换、处理的要求。每个字符占两个字节，于 1994 年正式公布。
- **UTF-8**：可变长 Unicode 编码，UTF-8 编码用 1～6 个字节进行字符编码。

4. 字符串常量(String)

String 常量是用双引号括起来的 Unicode 字符序列。String 类型不属于 8 种基本类型，而属于引用类型，String 与 char 数组有着非常紧密的联系。

举例如下：

```
01  Strings1 = new String("abc");
02  Strings2 = "abc";                     //与上一行写法等价
03  char[] ca = s1.toCharArray();         //将字符串 s1 转换为字符数组
04  char c = s2.charAt(0);                //将字符串 s2 中第 0 位的字符赋给字符变量 c
```

关于字符串的内容请参考 5.2.3 节。

5. 布尔常量(boolean)

布尔常量只有 **true 和 false** 两种取值，**长度为 1Byte**。与 C 语言不同，true 和 false 不对应任何 0 和非 0 的数值。关系表达式和逻辑表达式的运算结果为布尔类型。

6. null

null 表示空,引用类型的指针不指向任何对象。

2.2.3 变量

与常量不同,变量是在程序运行过程中允许改变值的量。**变量具有 4 个基本属性,即变量名、变量的类型、变量的长度、变量的值**。Java 变量的定义和初始赋值通常合二为一,语法格式如下:

```
变量修饰符 数据类型 变量名[ = 初始值];
```

例如:

```
int i = 0;
```

注意:

(1) 变量名的命名规则见 Java 标识符的命名规则,变量名代表某一内存存储单元的地址。

(2) 变量的类型可以是 Java 的 8 种基本类型和引用类型之一。

(3) 变量的长度由变量的类型决定,即为变量分配的内存存储单元的个数。

(4) 变量的值指内存存储单元中存储的二进制数据。

(5) 可用在成员变量前的修饰符有 static、final、public、protected、private、transient 等。

(6) 可用在局部变量前的修饰符 final 说明了一个常量,只能赋一次值,在程序运行过程中不能改变常量的值。

根据变量的作用域不同,Java 变量可分为局部变量和成员变量。

1. 局部变量(Local Variable)

- 方法的形式参数:在整个方法内有效。
- 在方法体中定义的局部变量:在整个方法内有效。
- 在复合语句{}中定义的局部变量:在{}内有效。

2. 成员变量(Member Variable,也称 Field、Atrribute、Property)

成员变量指在类内部、方法外部定义的变量,其在整个类中有效。

- **类变量**:有 static 修饰的成员变量属于类,为该类的所有方法、对象所共享。在静态方法和非静态方法中可以直接通过“**类名.变量名**”的方式访问。
- **对象变量**:没有 static 修饰的成员变量属于对象,在访问时需要先构造该类的一个对象,然后通过“**对象名.变量名**”的方式来访问。

3. 异常处理参数

异常处理参数指 catch 子句中定义的异常类型的变量,有效范围是 catch 子句。举例如下:

```
01  try{
02  …
03  }catch(Exception e){
```

```
04    …
05    }finally{
06    …
07    }
```


【示例程序 2-2】 变量有效范围示例程序(VariableTest. java)

功能描述:类变量、对象变量和局部变量的用法及作用范围。

```
01  publicclass VariableTest {
02      static final double PI = 3.14159;               //类成员变量 PI
03      int score = 100;                                //对象成员变量 score
04      double factorial(int n) {                       //对象成员方法
05          //方法的形式参数 n 相当于局部变量,在整个方法内有效
06          double fac = 1;                             //fac 是局部变量,在整个方法内有效
07          for (int i = 1;i <= n;i ++ ) {              //i 只在本 for 语句中有效
08              fac = fac * i;
09          }
10          return fac;
11      }
12      public static void main(String[ ] args) {       //类方法
13          //以类名.变量名的形式访问类成员变量,当前类可以省略
14          System.out.println(VariableTest.PI);
15          //以对象名.变量名的形式访问对象成员变量
16          VariableTest vd = new VariableTest();
17          System.out.println(vd.score);
18          //以对象名.方法名的形式访问对象成员方法,当前对象可以省略
19          System.out.println(vd.factorial(10));
20          System.out.println(java.lang.Math.abs( -100));
21          System.out.println(Math.abs( - 100));
22      }
23  }
```

注意事项:应遵守"**先定义,再初始化,后使用**"的原则,无论是系统定义还是用户自定义的变量都要预先定义,在使用变量之前必须先对变量进行初始化,否则不能通过编译。当然,初始化工作可能是系统自动进行的,如类载入内存时对类成员变量(静态语句块)的初始化,用 new 构造方法()实例化对象时对对象变量的初始化。

2.2.4 基本数据类型的转换

Java 语言的数据类型转换包括**基本数据类型转换和引用类型转换**,这里主要讨论基本数据类型转换,如图 2-2 所示,引用类型转换请参照 4.7 节相关内容。

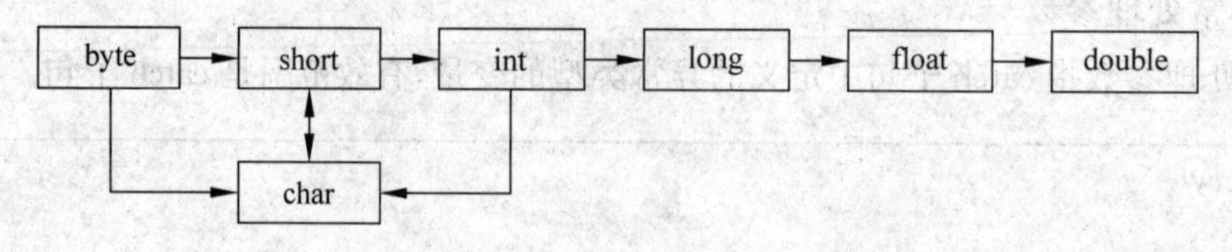

图 2-2 Java 基本数据类型转换

1. 自动隐含的类型转换

要求类型兼容,在计算机中占位少的类型向占位多的类型可以自动转换。注意,char 在算术表达式中自动转换为无符号 short 类型。

2. 表达式类型转换

Java 整型、浮点型、字符型数据可以混合运算,在运算之前,不同类型的数据先转换为同一种类型然后再进行计算。举例如下:

```
01  int i = 'A';                           //将'A'的 Unicode 编码 65 赋值给变量 i
02  System.out.println(10 + 'a' + 3.0);    //控制台输出 110.0(double 类型)
```

3. 强制转换

强制转换是指从在计算机中占位多的类型向占位少的类型方向转换,这种转换可能导致计算精度的下降和数据溢出(Overflow)。

语法格式:

(低级数据类型)高级类型数据

举例如下:

```
01  int a = 65;
02  System.out.println((char)a);           //将 a 强制转换为 char 类型
03  float f = (float)3.14;
04  int sum = 0;
05  sum = sum + (int)Math.pow(2,3);
```

2.2.5 基本数据类型的对象包装类

为了兼容非面向对象语言,Java 语言保留了基本数据类型(不携带属性,没有方法可调用)。沿用它们只是为了迎合人类根深蒂固的习惯,并能简单、有效地进行常规数据处理。与此同时 Java 语言也为各种基本数据类型提供了相应的包装类(Wrapper Class),对象包装类以对象的方式提供了很多实用方法和常量,方便在基本数据类型和引用类型之间进行转换,如表 2-4 所示,详细内容请读者查阅 Java API 文档。

表 2-4 Java 基本数据类型及其对象包装类

序号	基本数据类型	对应对象包装类
1	byte	Byte
2	short	Short
3	int	Integer
4	long	Long
5	float	Float
6	double	Double
7	char	Character
8	boolean	Boolean

1. 基本数据类型和包装类之间的转换

举例如下：

```
01  //基本数据类型->包装类
02  Integer iObj1 = new Integer(10);
03  //JDK 1.5 增加的自动装箱功能(AutoBoxing)可以直接将 int 赋值给 Integer 变量
04  Integer iObj2 = 10;
05  //包装类->基本数据类型
06  int j = iObj1.intValue();
07  //JDK 1.5 增加的自动拆箱功能(AutoUnBoxing)可以直接将 Integer 赋值给 int 变量
08  int k = iObj2;
```

2. Integer 类的常用方法

- public static String toBinaryString(int *i*)：将指定的整数 *i* 转换为二进制数字符串。
- public static String toHexString(int *i*)：将指定的整数 *i* 转换为十六进制数字符串。
- public static int parseInt(String *s*,int radix)：将指定的字符串转换为整数，其中 radix 指字符串 *s* 的进制数。

其他包装类的常用方法依此类推，请读者自己学习和查阅文档。

3. String 和基本数据类型之间的转换

举例如下：

```
01  String s = "127";
02  //用对应包装类.parseXxx(s)方式实现
03  byte b = Byte.parseByte(s);                //String->byte
04  short t = Short.parseShort(s);             //String->short
05  int i = Integer.parseInt(s);               //String->int
06  long l = Long.parseLong(s);                //String->long
07  float f = Float.parseFloat(s);             //String->float
08  double d = Double.parseDouble(s);          //String->double
09  String s1 = "11111111";
10  int ib = Integer.parseInt(s1,2);           //将二进制形式的字符串转换为十进制整型
11  //基本数据类型转换为 String
12  int n = 100;
13  String str1 = String.valueOf(i);
14  String str2 = String.valueOf(false);
15  //利用"+"的自动转换功能
16  String str = n + "";
```

2.3 Java 运算符、表达式、语句和程序

2.3.1 运算符

运算符按照操作数的数目可分为 3 类，即一元运算符、二元运算符和三元运算符，如表 2-5 所示。

表 2-5　按操作数的数目分类

分　类	运　算　符
单目运算符	+、-、++、--、!、~
双目运算符	%、+、-、*、/、<、<=、>、>=、!=、&&、&、‖、|、^、>>、>>>、<<、=、+=、-=、*=、/=、&=、|=、%=、<<=、>>=、>>>=
三目运算符	?:

按运算功能划分，运算符可分为 7 类，如表 2-6 所示。

表 2-6　按运算功能分类

分　类	运　算　符
算术运算符	+、-、*、/、++、--、%
关系运算符	<、<=、>、>=、==、!=
逻辑运算符	&&、&、‖、|、!、^
位运算符	&、|、~、^、>>、>>>、<<
赋值运算符	=、+=、-=、*=、/=、&=、|=、%=、<<=、>>=、>>>=
条件运算符	?:
其他运算符	(类型)、.、[]、()、instanceof、new

1. 算术运算符

算术运算符包括+、-、*、/、++、--、%。操作数要求是除逻辑类型之外的基本数据类型。需要单独说明和总结的运算符如下，其余不再赘述。

- /：当操作数均为整数类型时，商自动取整。

举例如下：

```
01  int c = 10/3;                    //c = 3,两个整数相除只取整数部分
02  int i = 3/6 * 12;                //i = 0
03  double d = 16.0/3.2;             //d = 5.0,而不是 5
04  int j = i/0;
05  //04 行可以通过编译,但运行时会出现异常。ArithmaticException: /by zero
```

【示例程序 2-3】　输出 100～999 之间的所有水仙花数

功能描述：水仙花数指一个 n 位数($n \geqslant 3$)，其每位上的数字的 3 次幂之和等于它本身。例如 $153=1^3+5^3+3^3$，153 是水仙花数。

```
01  public class Flower {
02      public static void main(String[ ] args) {
03          for(int i = 100;i <= 999;i++){
04              int n1 = i % 10;
05              int n2 = (i/10) % 10;
06              int n3 = i/100;
07              if(i == Math.pow(n1, 3) + n2 * n2 * n2 + n3 * n3 * n3){
08                  System.out.println(i + "\t");
09              }
10          }
```

```
11          System.out.println();
12      }
13  }
```


示例程序 2-3 的编写演示视频可扫描二维码观看。

- **+的 3 种含义**：正负号中的正号；算术运算中的加法，如 20+10；字符串表达式的连接操作，只要+两侧的操作数中有一个为字符串类型，则先将另一个操作数转换为字符串，然后再进行连接操作，相当于 String 的 concat()方法。

举例如下：

```
01  System.out.println(10 + " * " + 20);       //控制台输出：10 * 20
02  System.out.println(10 + 20 + " * ");       //控制台输出：30 *
03  System.out.println(10 + 20 + ' * ');       //控制台输出：72
04  System.out.println(" * " + 10 + 20);       //控制台输出： * 1020
```

注：' * '的 ASCII 码为 42。

- **++和--**：前置运算先进行自增或自减运算，再使用操作数变量的值；后置运算先使用操作数变量的值，再进行自增或自减运算。

【示例程序 2-4】 ++和--测试程序(PlusMinusTest.java)

功能描述：本程序主要测试++、--运算符左边和右边的变量在赋值或运算时的区别。

```
01  public class PlusMinusTest {
02      public static void main(String[] args) {
03          int a = 10;
04          int b = a++;                        //b = 10;a = 11;
05          a = 10;
06          b = ++a;                            //b = 11;a = 11;
07          a++;                                //与 a = a + 1 只是结果上等价,效率上不等价
08          int c  =  15;
09          int d  =  ++c + 10;                 //int d = 10 + c++;
10          System.out.println(d);
11          int i = 5,j = 6;
12          System.out.println(i++ * j++);
13          i = 5; j = 6;
14          System.out.println(++i * ++j);
15      }
16  }
```

2. 关系运算符

关系运算符包括<、<=、>、>=、==、!=，主要用于比较两个操作数的大小。

注意：

(1) 当操作数是基本数据类型时直接比较它们的值。

(2) 当操作数是引用类型时要注意是比较对象的地址还是比较对象的内容。

(3) 对象的大小是根据对象的排序规则，详见 5.1.1 节。

补充内容：==和 equals()的区别

(1) 当==两边是基本数据类型时指两个操作数的值是否相等。

(2) 当==两边是引用类型变量时代表比较地址是否相等。Object 类中的 equals()方法是比较两个引用变量的地址是否相等。

(3) 为了比较对象的内容，大部分类通过覆盖 Object 类的 equals()方法来实现，如 String 类、StringBuffer 类等。

【示例程序 2-5】 演示如何比较 String 对象的地址和值(RelationTest.java)

功能描述：本程序演示 String 变量值和地址引用的比较，即如何用 equals 方法比较两个 String 变量的值。

```
01  public class RelationTest {
02      public static void main(String[ ] args) {
03          int i = 5;
04          int j = 7;
05          System.out.println(i == j);                   //输出 true
06          String s1 = "China";
07          String s2 = "china";
08          String s5 = s1;                               //把对象 s1 的地址赋给 s5
09          System.out.println(s1 == s2);
10          //比较 s1 和 s2 的地址,输出 false
11          System.out.println(s1.equals(s2));
12          //比较字符串对象 s1 和 s2 的内容,输出 false
13          System.out.println(s1.equalsIgnoreCase(s2));
14          //比较字符串对象 s1 和 s2 的内容,输出 true
15      }
16  }
```

3. 逻辑运算符

逻辑运算符包括与运算符 &、或运算符|、短路与 &&、短路或 ||、取反运算符!、异或运算符^。

注意：

(1) &(|)用在整型(byte、short、char、int、long)之间是位运算符，用在逻辑数据之间是逻辑运算符。

(2) 短路与 &&(短路或 ||)的两侧必须是布尔表达式。

(3) &(与)和 &&(短路与)之间的区别：短路与判断第一个条件为 false，那么第二个条件不用再计算和判断。

(4) |(或)和 ||(短路或)之间的区别：短路或判断第一个条件为 true，那么第二个条件不用再计算和判断。

举例如下：

```
01  int x = 2;
02  boolean flag1 = --x > 0&& --x > 0&& --x > 0;
03  System.out.println(flag1 + ":" + x);
04  x = -1;
05  boolean flag2 = --x > 0&& --x > 0&& --x > 0;
06  System.out.println(flag2 + ":" + x);
```

控制台输出信息：

```
false:0
false:-2
```

【示例程序 2-6】 交换两个变量值的几种办法(SwapTest.java)

功能描述：用多种方法实现两个变量值的交换。

```
01  public class SwapTest {
02      public static void main(String[] args) {
03          int a = 10;
04          int b = 20;
05          //利用中间变量 t,适用于所有类型两个变量值的交换
06          int temp = a;
07          a = b;
08          b = temp;
09          System.out.println("a = " + a + ";b = " + b);
10          //不用中间变量,只适用于数值类型变量值的交换
11          a = a + b;
12          b = a - b;
13          a = a - b;
14          System.out.println("a = " + a + ";b = " + b);
15          //不用中间变量,只适用于数值类型变量值的交换,这是效率最高的一种方法
16          a = a ^ b;
17          b = a ^ b;
18          a = a ^ b;
19          System.out.println("a = " + a + ";b = " + b);
20      }
21  }
```

4. 位运算符

在 Java 中采用补码形式进行机器数的存储，位运算符只能对 byte、short、char、int、long 类型的数据进行运算，低于 int 型的操作数自动转换为 int。Java 中的位运算符如下。

- ~：按位取反。
- &：按位与。
- |：按位或。
- ^：按位异或。
- <<：左移一位(带符号)，如 $a<<b$，将二进制形式的 a 左移 b 位，低位补 0，相当于扩大 2^b。
- >>：右移一位(带符号)，如 $a>>b$，将二进制形式的 a 右移 b 位，高位补符号位。
- >>>：右移一位(不带符号)，如 $a>>>b$，将二进制形式的 a 右移 b 位，高位补 0。

【示例程序 2-7】 移位运算符演示(ShiftTest.java)

功能描述：移位运算符的应用示例。

```
01  public class ShiftTest {
02      public static void main(String[] args) {
```

```
03          int a = 0b1001_1101;                    //十进制 157
04          int b = 0b0011_1001;                    //十进制 57
05          System.out.println(a << 3);             //控制台输出: 1256
06          System.out.println(a >> 3);             //控制台输出: 19
07          System.out.println(a >>> 3);            //控制台输出: 19
08          System.out.println(a&b);                //控制台输出: 25
09          System.out.println(a|b);                //控制台输出: 189
10          System.out.println(~a);                 //控制台输出: -158
11          System.out.println(a ^ b);              //控制台输出: 164
12          System.out.println(Integer.toBinaryString(-13));
13          //控制台输出: 1111 1111 1111 1111 1111 1111 1111 0011
14          //负数采用补码,了解即可
15          System.out.println(-13 >> 2);           //控制台输出: -4
16          System.out.println(-13 >>> 2);          //控制台输出: 1073741820
17      }
18  }
```

5. 赋值运算符

语法格式:

变量名 = 表达式;

注意:

(1) 先计算表达式,后赋值。

(2) 注意等号==和赋值号=不要混淆。

(3) 等号左右的数据类型相容,否则需要强制转换。

补充:赋值表达式的值

举例如下:

```
01  int a = 5;
02  System.out.println(a = 5);                 //控制台输出: ________;
03  System.out.println(a == 5);                //控制台输出: ________;
04  System.out.println(flag = false);          //控制台输出: ________;
05  System.out.println(flag == false);         //控制台输出: ________;
```

6. 条件运算符

语法格式:

逻辑表达式 1?表达式 2:表达式 3

功能:先判断逻辑表达式 1 的值,若为 true,则结果为表达式 2 的值,否则取表达式的 3 的值。举例如下:

```
01  boolean flag = true;
02  System.out.println(flag?"左岸":"右岸");              //控制台输出: ________;
03  System.out.println(i % 2 == 1?"奇数":"偶数");        //控制台输出: ________;
```

7. 其他运算符

- **括号运算符**:用来改变表达式的优先级。

- **new 运算符**：用来实例化对象。
- **分量运算符.**：用在包和包、包和类、类和方法、对象和方法、类和属性、对象和属性之间的分隔符。
- **instanceof** 运算符：判断一个对象是否为某个类的实例。

8. 运算符的优先级

自增自减运算符、算术运算符、位运算符、关系运算符、逻辑运算符、赋值运算符的优先级依次递减，如表 2-7 所示，容易混淆时请用户通过加小括号来准确地反映自己的意图。

表 2-7 运算符的优先级

序号	运算符
1	.、[]、()
2	++、--、~、!、(数据类型)
3	*、/、%
4	+、-
5	<<、>>、>>>
6	<、>、<=、>=
7	==、!==
8	&
9	^
10	|
11	&&
12	‖
13	?:
14	=、*=、/=、%=、+=、==、<<=、>>=、>>>=、&=、^=、|=

2.3.2 表达式

表达式是用运算符将操作数(常量、变量和方法等)连接起来有确定值符合 Java 语法规则的式子。

2.3.3 语句和程序

Java 程序的层次：包(package)、类(class)、接口(interface)、方法、语句块、语句、表达式、常量、变量、运算符。

方法由一条一条语句构成，负责执行任务并在任务完成后返回一些信息。

Java 语句是构成程序的基本单元，可以对计算机发出操作指令。Java 语句要求以“;”结束。常见的 Java 语句如下。

- 方法调用语句；
- 表达式语句；
- 复合语句：{ …; …; }；
- 控制语句；

• package、import 语句。

2.3.4 Java 程序的书写风格

Sun 公司估计在标准代码段的整个生命周期中 20% 的工作量用于原始代码的创建和测试，80% 的工作量用于后续的代码维护和增加。认同和编制一组编码标准有助于减少测试、维护和增加任何代码段所涉及的工作。

2.4 Java 流程控制语句

结构化程序实际上是由有限个**顺序**、**分支和循环** 3 种基本结构排列、嵌套而成的。

2.4.1 顺序结构

顺序结构是 3 种结构中最简单的一种，即语句按照书写的顺序依次执行。顺序结构流程图如图 2-3 所示。

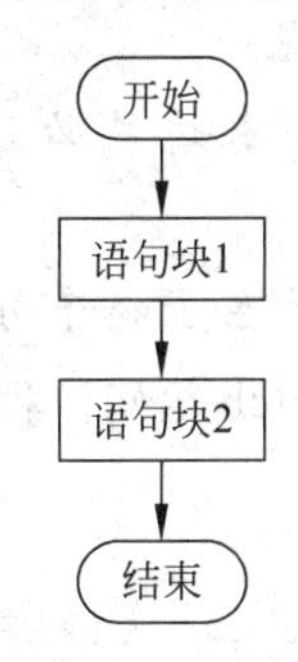

图 2-3 顺序结构流程图

2.4.2 分支结构

分支结构又称为选择结构，它将根据计算所得的表达式的值来判断应选择执行哪一个流程的分支。Java 中提供的分支语句有 **if 语句和 switch 语句**。

1. if 语句

if 语句能根据条件从两个分支中选择一个执行。利用 if 语句的嵌套可以实现从多个分支中选择一个执行。if 语句的语法格式如下：

```
if(条件表达式){
    语句 1;
    …
}[else{
    语句 2;
    …
}]
```

注意事项：

(1) 条件表达式的值应为布尔类型。

(2) 建议语句块 1、语句块 2 即使只有一句也用{}括起来。

if 语句流程图如图 2-4 所示。

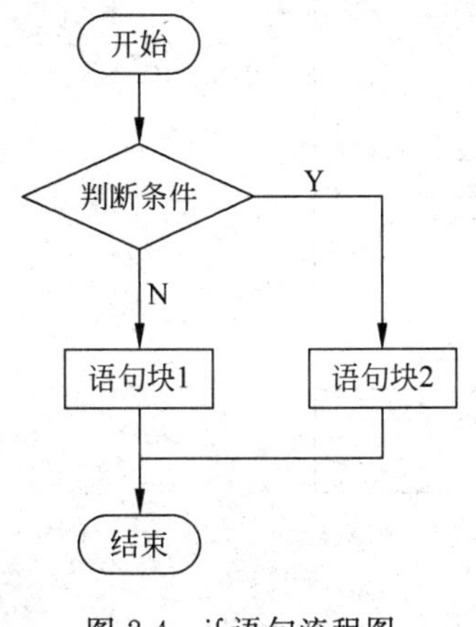

图 2-4 if 语句流程图

举例如下：

```
01  if(grade >= 60) {
02          System.out.println("passed");
03  }else{
04          System.out.println("failed");
05  }
```

2. switch 语句

switch 语句用于多分支选择结构。

语法格式：

```
switch(表达式){
    case 常量 1: 语句 1;break;
    case 常量 2: 语句 2;break;
        …
    case 常量 n: 语句 n;break;
    [default:其他语句;break;]
}
```

注意：

(1) 表达式必须是 int、byte、char、short、enum 类型之一，JDK 1.7 中增加了 String 类型。

(2) 在 case 子句中给出的必须是一个常量，且 case 子句中的常量值各不相同。

switch 语句流程图如图 2-5 所示。

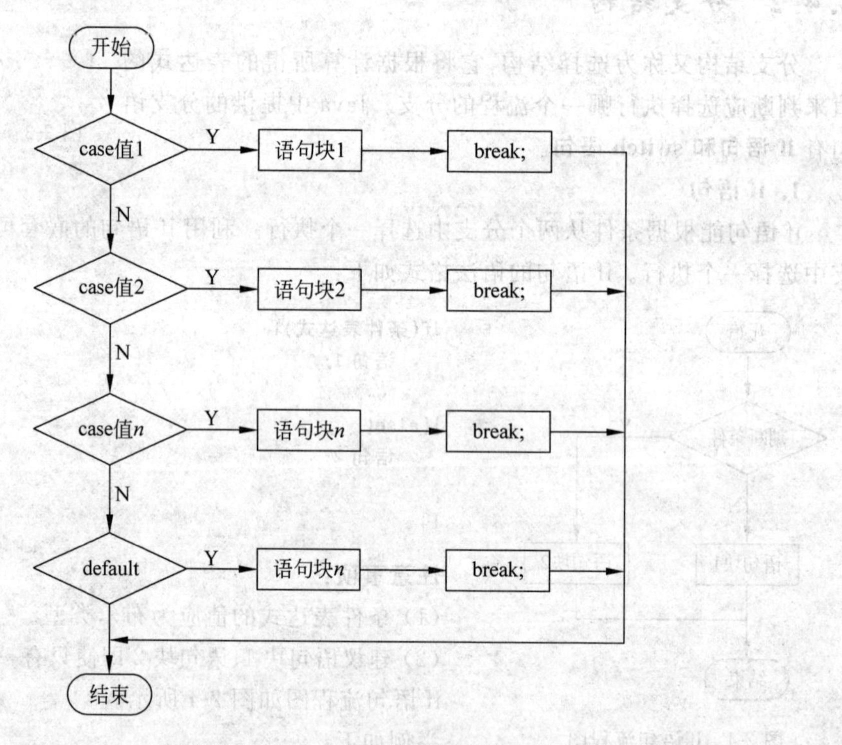

图 2-5　switch 语句流程图

【示例程序 2-8】　根据年份和月份输出该月的天数(Days.java)

功能描述：本程序演示了利用 switch 语句实现根据年份和月份输出该月的天数的功能。万年历规定 1、3、5、7、8、10、12 月有 31 天，4、6、9、11 月有 30 天，闰年的 2 月有 29 日，其他年份 2 月有 28 日。闰年指能被 4 整除不能被 100 整除或者能被 400 整除的年份。

```
01  public class Days {
02      public static void main(String[ ] args) {
03          int year = 2000;
04          int month = 2;
05          int days = 0;
06          switch (month) {
07          case 1:
08          case 3:
09          case 5:
10          case 7:
11          case 8:
12          case 10:
13          case 12:
14              days = 31;
15              break;
16          case 4:
17          case 6:
18          case 9:
19          case 11:
20              days = 30;
21              break;
22          case 2:
23              if ((year % 4 == 0&&year % 100!= 0) || year % 400 == 0){
24                  days = 29;
25              } else {
26                  days = 28;
27              }
28              break;
29          }
30          System.out.printf("%d年%d月有%d天!",year,month,days);
31      }
32  }
```

注意：

(1) case 子句中丢失 break 后会出现“穿越现象”。

(2) 利用 java.util.Calandar 类提供的方法 isLeapYear()可以直接判断一个年份是否为闰年。

(3) 利用 java.util.Calandar 类提供的方法 public int getActualMaximum(Calendar.DAY_OF_MONTH)取给定时间域的最大可能值。

【示例程序 2-9】 switch 语句丢失 break 子句的测试(SwitchBreakTest.java)

功能描述：本程序演示了 switch 语句丢失 break 子句后会发生的“穿越现象”，请读者自行写出程序的运行结果。

```
01  public class SwitchBreakTest {
02      public static int switchIt(int x){
03          int j = 1;
04          switch(x){
```

```
05              case 1:j++;
06              case 2:j++;
07              case 3:j++;
08              case 4:j++;
09              case 5:j++;
10              default:j++;
11          }
12          return j + x;
13      }
14      public static void main(String[ ] args) {
15          System.out.println("Vaule = " + switchIt(4));
16      }
17  }
```

控制台输出信息：

```
Vaule = 8
```

2.4.3 循环结构

循环结构是在一定条件下反复执行一段语句的流程结构。

1. for 语句

for 语句一般用于已知循环次数的情况下。for 语句的特点是先判断，后执行；循环体的执行次数>=0；当循环条件为真时执行。for 语句的语法格式如下：

```
for(设定循环变量初值;循环条件; 修改循环变量表达式){
    循环体代码
}
```

for 语句示意图如图 2-6 所示。

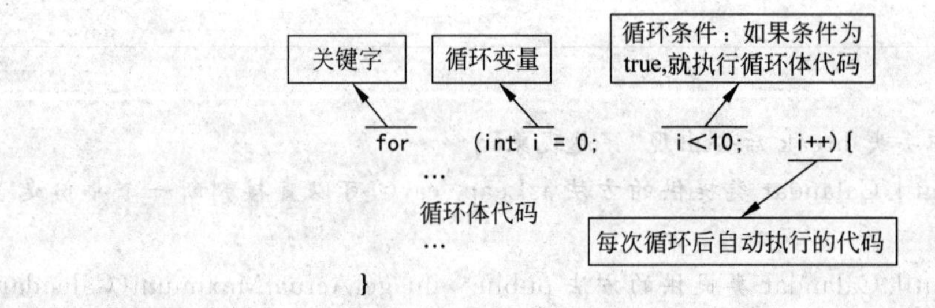

图 2-6　for 语句示意图

for 语句的应用示例代码如下：

```
01  //求 1 + 2 + … + 100 的和
02  int sum = 0;
03  for(int i = 1;i <= 100;i ++ ){
04      sum += i;
05  }
06  //用 for 语句实现无限循环
```

```
07  for(;;){
08  }
```

在 JDK 1.5 中 for 语句有所增强，这个新的语法结构减少了遍历集合与数组时所带来的烦琐和出错概率。

【示例程序 2-10】 用 for 语句增强输出数组(EnhancedForTest.java)

功能描述：本程序演示了如何用 for 循环和 for 语句增强两种方式循环输出数组元素。

```
01  public class EnhancedForTest {
02      public static void main(String[ ] args) {
03          String[ ] sa = {"何以","解忧,","唯有 Java!"};
04          for (int i = 0;i < sa.length;i++){
05              System.out.println(sa[i]);
06          }
07          for (String s:sa) {     //s 必须在括号中声明,要求与集合类元素类型相同
08              System.out.print(s);
09          }
10      }
11  }
```

2. while 语句

while 语句用于已知循环条件的情况。while 语句的特点是先判断,后执行;循环体的执行次数>=0;当循环条件为真时执行。while 语句的语法格式如下:

```
[循环前初始化语句]
while(循环条件){
    循环体
    [修改循环变量的表达式]
}
```

while 语句流程图如图 2-7 所示。

while 语句的应用示例代码如下:

```
01  //求 1 + 2 + … + 100 的和
02  int sum = 0;
03  int i = 1;
04  while(i <= 100){
05      sum += i;
06      i ++ ;
07  }
08  //用 while 语句实现无限循环
09  while(true){
10  }
```

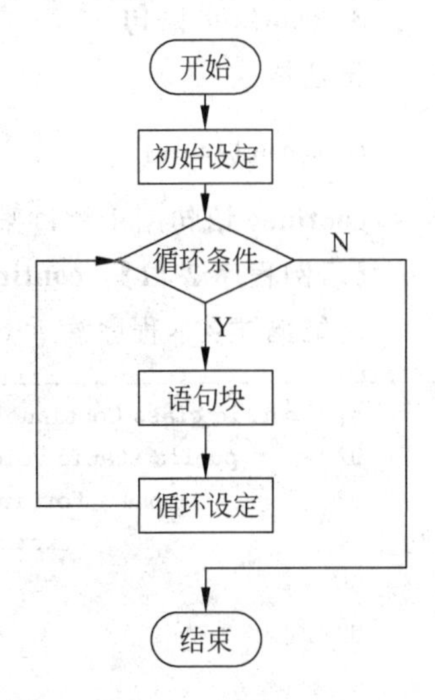

图 2-7 while 语句流程图

3. do…while 语句

do…while 语句的特点是先执行,后判断;循环体的执行次数>=1;当循环条件为真时执行。do…while 语句的语法格式如下:

```
[循环前初始化语句]
do{
    循环体
    [修改循环变量表达式]
} while(循环条件)
```

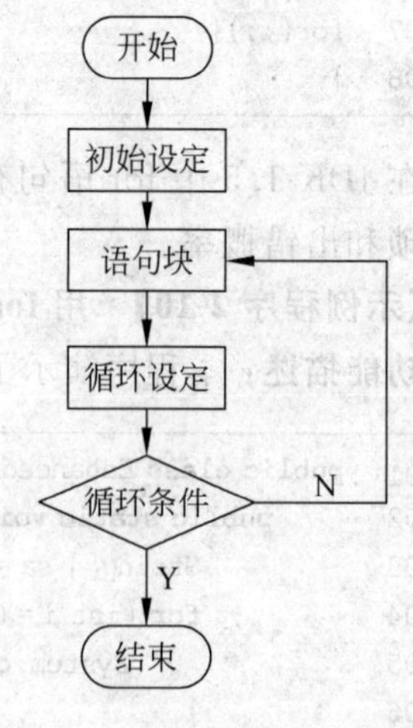

图 2-8 do…while 语句流程图

do…while 语句流程图如图 2-8 所示。

举例如下：

```
01  //求 1 + 2 + … + 100 的和
02  int sum = 0;
03  int i = 0;
04  do{
05      sum += i;
06      i ++ ;
07  } while(i <= 100)
```

2.4.4 break 和 continue 语句

1. break 语句

语法格式：

```
break [lable];
```

break 语句用于终止某个语句块的执行，跳转到该语句块后的第一个语句开始执行。break 也可用在 switch 语句中。

当 break 语句出现在多层嵌套的语句块中时，可以通过为各层语句块添加标签，并用 break 带相应标签的方式指明要终止的是哪一层语句块，实现 GOTO 的功能。

2. 标签语句

标签语句由 Java 标识符加冒号组成。

3. continue 语句

语法格式：

```
continue [lable];
```

continue 语句用于跳过某个循环语句块的一次执行，直接执行下一次循环。

【示例程序 2-11】 continue 和标签语句的演示(ContinueTest.java)

功能描述：本程序演示 continue 和标签语句的用法。

```
01  public class ContinueTest{
02      public static void main(String args[]){
03          one : for(int i = 0;i < 3;i++){
04              two: for(int j = 10;j < 30;j += 10){
05                  System.out.println(i + j);
06                  if(i > 0){
07                      continue one;
08                  }
```

```
09                    }
10                }
11        }
12  }
```

控制台输出信息：

```
10
20
11
12
```

2.5　Java语言编程的基本技巧

输入数据、输出数据和程序运行时间是Java语言编程要反复使用的基本技巧，根据“急用先学”的理念，请读者提前学习，在此节中介绍如下。

2.5.1　Java数据的输出

1. 标准输出方法：System.out.println()

System.out代表标准输出设备(显示器)。System.out.println方法可以将提示信息输出到DOS命令行或Eclipse中的控制台Console。

示例代码如下：

```
01  //先计算括号中表达式的值,然后输出结果但不回车
02  System.out.print(表达式1+表达式2+…);
03  //先计算括号中表达式的值,然后输出结果但回车
04  System.out.println(表达式1+表达式2+…);
05  //代表回车换行
06  System.out.println();
```

注：请参考前面的“+的3种含义”。

2. 标准出错输出方法：System.err.println()

System.err代表标准出错设备，System.err.println方法用于显示错误、异常或状态信息到DOS命令行或Eclipse中的控制台Console。它和System.out.println方法的唯一区别：在Eclipse控制台上**System.err.println方法**输出的信息为红色。

```
01  //先计算括号中表达式的值,然后输出结果但不回车
02  System.err.print(表达式1+表达式2+…);
03  //先计算括号中表达式的值,然后输出结果但回车
04  System.err.println(表达式1+表达式2+…);
```

3. JDK 1.5增加的printf()

printf方法提供了比println()方法更加强大的输出数据控制功能。

语法格式：

```
public PrintStream printf(String format,Object … args)
```

format 格式控制部分的语法格式如下：

```
%[参数索引$][对齐标志][总场宽][.小数位数]数据类型
```

格式控制部分的参数说明如下。

- **参数索引**：指定输出数据的位置(1～n)。例如 2$ 代表 args 中的第 2 个表达式，省略时%和后面的表达式一一对应。
- **对齐标志**：指定当总场宽大于数据的长度时输出数据的对齐方式，省略时右对齐，负号时左对齐。
- **总场宽.小数位数**：指定输出数据的总场宽和数值型数据的小数位数，例如%6.2f 代表总场宽 6 位、小数位两位，%.2f 代表总场宽按实际长度、小数位两位。
- **数据类型**：用一个字符代表被格式化数据的类型，d(Decimal)对应十进制整型数据，o(Octal)对应八进制整型数据，x(heX)对应十六进制整型数据，c(Char)对应字符型数据，f(Float)对应小数类型数据(float 和 double)，s(String)对应字符串类型。

示例代码如下：

```
01  System.out.printf("n1 = %.2f\tn2 = %6.2f\n",100,200);
02  //控制台输出信息: n1 = 100.00      n2 = 200.00
03  System.out.printf("E = %2$.2f\tPI = %1$6.4f\n",Math.PI,Math.E);
04  //控制台输出信息: E = 2.72      PI = 3.1416
05  System.out.printf("%2$d\t%1$d\n",100,200);
06  //控制台输出信息: 200   100
```

【示例程序 2-12】 在控制台输出九九乘法表(Table99.java)

功能描述：本程序在控制台利用双重循环输出九九乘法表，外层 i 从 1 循环到 9，外层 j 从 1 循环到 i。

```
01  public class Table99{
02      public static void main(String[] args) {
03          //九九乘法表
04          for(int i = 1;i <= 9;i++){
05              for(int j = 1;j <= i;j++){
06                  //System.out.printf("%d*%d = %2d\t",i,j,i*j);
07                  System.out.print(i + "*" + j + " = " + i*j + "\t");
08              }
09              System.out.println();       //回车
10          }
11
12      }
13  }
```

2.5.2 Java 数据的输入

1. 在命令行输入

用户可以在命令行用 java.exe 运行字节码文件时同时输入数据。Java 应用程序的入口方法 public static void main(String[] args)的形式参数"args 数组"用来保存命令行参数,详见示例程序 1-2 CommArg.java。

在 Eclipse 集成开发环境中,用户可以通过 **Run|Run Configurations|**(x=)Arguments 输入命令行参数。

2. 用输入流实现从标准输入设备输入数据

用输入流可以实现从标准输入设备 System.in 输入字符串数据,举例如下:

```
01  InputStreamReader iin = new InputStreamReader(System.in);
02  BufferedReader bin = new BufferedReader(iin);
03  System.out.print("请输入一个整数: ");
04  String s = bin.readLine();
05  //将 String 转换为需要的数据类型
06  int n = Integer.parseInt(s);
```

3. JDK 1.5 增加的 Scanner 类

JDK 1.5 增加的 java.util.Scanner 类简化了用户数据的输入(可能来自标准输入设备、文件、内存或网络)。**Scanner 类是一个可以使用正则表达式来解析基本类型和字符串的简单文本扫描器**。通常调用 Scanner 对象的 haveNext()来循环判断是否还有用户输入,可以调用 **nextByte()、nextShort()、nextInt()、nextLong()来读取整数数据,用 nextDouble()、nextFloat()来读取小数类型数据,用 nextLine()来读取 String 类型数据**。

举例如下:

```
01  Scanner sc = new Scanner(System.in);
02  System.out.print("请依次输入一个整数、一个小数和一个字符串,中间用空格分开: ");
03  int i = sc.nextInt();
04  double d = sc.nextDouble();
05  String s = sc.nextLine();
```

2.5.3 用 JOptionPane 类实现各种对话框

使用 javax.swing.JOptionPane 类可以方便地弹出各种类型的输入信息或输出信息的标准对话框。JOptionPane 类的常用方法如下。

- public static void **showMessageDialog**(Component parentComponent, Object message, String title,int messageType):弹出一个指定父组件(独立对话框指定为 null)、指定输出信息、指定标题栏和图标类型的信息提示框,如图 2-9 所示,单击"确定"按钮关闭。
- public static int **showConfirmDialog**(Component parentComponent, Object message, String title, int optionType):弹出一个指定父组件(独立对话框指定为 null)、指定输出信息、指定标题栏和图标类型的信息确认框,如图 2-10 所示,单击"是"、

图 2-9 信息提示框

"否"、"取消"按钮关闭对话框并分别返回 0、1、2。

- public static String **showInputDialog** (Component parentComponent, Object message, String title, int messageType)：弹出一个指定父组件(独立对话框指定为 null)、指定输出信息、指定标题栏和图标类型的信息输入框，如图 2-11 所示，单击"确定"按钮返回文本框中输入的字符串。

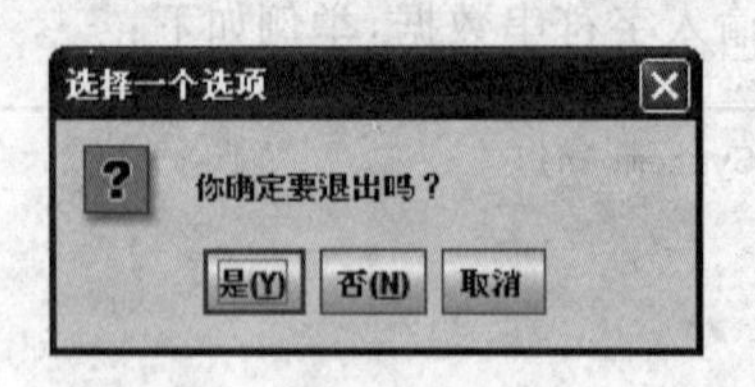

图 2-10 信息确认框

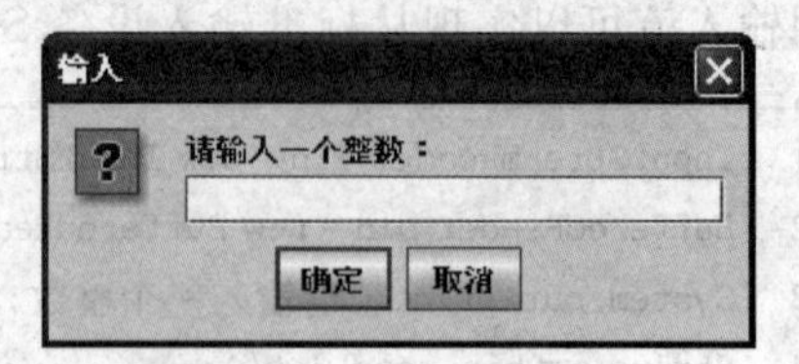

图 2-11 信息输入框

【示例程序 2-13】 演示用 JOptionPane 类显示各种对话框(DialogTest. java)

功能描述：信息对话框、确定对话框、输入信息对话框的显示。

```
01  public class DialogTest {
02      public static void main(String[] args) {
03          JOptionPane.showMessageDialog(null, "这是一个信息框");
04          int n = JOptionPane.showConfirmDialog(null, "你确定要退出吗?");
05          if(n == 0){
06              System.out.println("你选择了确定!");
07          }else{
08              System.out.println("你选择了取消!");
09          }
10          String str = JOptionPane.showInputDialog("请输入一个整数：");
11          n = Integer.parseInt(str);
12          System.out.println("你输入的是："+ n);
13      }
14  }
```

2.5.4 Java 程序运行时间的计算

Java 程序运行时间的计算也是 Java 编程的常用技巧，用来测试程序的运行效率。Java 语言提供了 3 种方式来获取当前时间到 1970-01-01 00:00:00 的毫秒数的功能。

(1) System 类的方法 currentTimeMillis()：返回自 1970 年 1 月 1 日以来的毫秒数，00：00：00 日期对象表示 GMT(格林威治标准时间)。

(2) Date 类的方法 getTime()。

(3) Calendar 类的方法 getTimeInMillis()。

图 2-12 所示为程序运行的时间计算示意图。

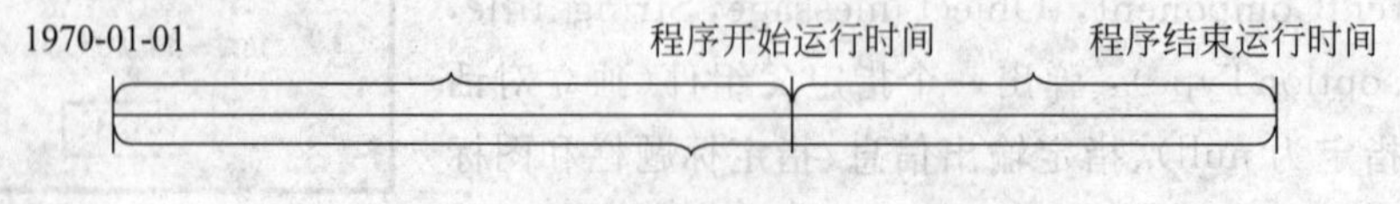

图 2-12 程序运行的时间计算示意图

用 3 种方法实现计算 Java 程序运行时间的程序片段如下：

```
01  long begin = System.currentTimeMillis()
02  //long begin =  Calendar.getInstance().getTimeInMillis();
03  //long begin =  new Date().getTime();
04  …
05  long end = System.currentTimeMillis()
06  //long end =  Calendar.getInstance().getTimeInMillis();
07  //long end =  new Date().getTime();
08  Sytem.out.println(end - begin);
```

2.6 Java 数组

2.6.1 一维数组

变量只能存储一个数据。为方便存储一组同一数据类型的多个数据，和绝大部分计算机语言一样，Java 提供了数组这个数据结构。**数组和循环结构**相结合可以解决许多复杂的问题。

所有数组元素都有同一个变量名——数组名，数组元素用下标(index)区分。

1. 一维数组的声明

语法格式：

数据类型[] 数组名；或数据类型 数组名[];

2. 一维数组的创建(动态初始化)

数组的创建是 JVM 在堆空间(Heap)中为数组元素分配内存空间并返回地址的过程。

语法格式：

数组名 = new 数组元素类型[元素个数];

说明：长度为 n 的数组的合法下标取值范围为 $0\sim n-1$。在程序运行过程中如果数组下标超过这个范围会抛出下标越界异常，即 **IndexOutOfBoundsException**。

3. 数组的静态初始化

在声明一个数组的同时对数组的每个元素进行赋值。

语法格式：

数据类型[] 数组名 = {初值表};

4. 数组元素的初始化

在创建数组时 JVM 会根据数组元素的类型自动赋初值：数值型默认赋值为 0，boolean 类型默认赋值为 false，引用类型默认赋值为 null。

【示例程序 2-14】 Java 数组的基本技巧应用示例(ArrayTest.java)

功能描述：本程序演示了 Java 中一维数组的基本技巧，如数组的定义、数组元素的初始化、数组的遍历、数组元素的输出等。

```
01  public class ArrayTest{
02      public static void main(String[ ] args) {
03          //1.数组的定义:数组的声明和动态初始化
04          int[ ] ia = null;
05          ia = new int[3];
06          //04、05 行可以合并到 07 行
07          int[ ] ib = new int[3];        //动态初始化后数组元素值为 0
08          //2.自定义初始化
09          ia[0] = 1;ia[1] = 2;ia[2] = 3;
10          //3.数组长度可以通过 ia.length 来读取
11          System.out.println(ia.length);
12          //4.数组的静态初始化,适用于数组中元素个数较少且各元素已知可枚举
13          double[ ] da = {3.14,2.728,3.45};
14          //5.用 for 实现数组的遍历
15          for(int i = 0;i < da.length;i++){
16              System.out.println(da[i]);
17          }
18          //6.用 for 语句增强实现数组的遍历,可以有效防止下标越界
19          for(double d:da){
20              System.out.println(d);
21          }
22          //7.数组元素较少时可以采用 Arrays.toString()输出
23          //public static String toString(double[ ] a)
24          System.out.println(Arrays.toString(da));
25      }
26  }
```

【示例程序 2-15】 Java 数组的排序(BubbleSort.java)

功能描述:本程序演示了冒泡法排序算法的 Java 实现。

对于冒泡法排序算法,如果有 n 个数,则要进行 $n-1$ 趟比较。在第 1 趟比较中要进行 $n-1$ 次相邻元素的两两比较,在第 j 趟比较中要进行 $n-j$ 次两两比较。比较的顺序是从前往后,经过一趟比较后,将最值沉底(换到最后一个元素位置),最大值沉底为升序,最小值沉底为降序。

注:除了用户自己实现排序算法外,也可以调用 JDK 提供的方法 java.util.Arrays.sort(int[] a)对数组进行升序排序。

```
01  public class BubbleSort {
02      public static void bubble(int a[ ]){
03          int temp;
04          for(int i = 0;i <= a.length - 1;i++){
05              for(int j = 0;j < a.length - i - 1;j++){
06                  if(a[j]> a[j + 1]){
07                      temp = a[j];
08                      a[j] = a[j + 1];
09                      a[j + 1] = temp;
10                  }
11              }
12          }
```

```
13        }
14        public static void main(String args[ ]){
15            int ia[ ] = {55,6,4,32,12, - 9,73,122,26,1};
16            System.out.println("原始顺序: ");
17            for(int i:ia){
18                System.out.print(i + "\t");
19            }
20            bubble(ia);                          //调用 bubble 方法进行排序
21            System.out.println("\n 排序后: ");
22            for(int i:ia){
23                System.out.print(i + "\t");
24            }
25        }
26    }
```

2.6.2 二维数组

在 Java 中,二维数组每行的元素个数可能不同,所以也称为锯齿型数组。

1. 二维数组的声明

语法格式:

```
数据类型[ ][ ] 数组名;
```

2. 二维数组的创建(动态初始化)

语法格式:

```
数组名 = new 数据类型[元素个数][ ];
```

举例如下:

```
ia = new int[3][ ];      //在声明锯齿数组时至少要给出第一维的长度,即确定了行数,每行元素的
                         //个数还不确定
ia = new int[3][4];      //创建了一个 3 行 4 列的二维数组
```

3. 数组元素的初始化

和一维数组一样,在创建二维数组时 JVM 会根据数组元素的类型自动赋初值:数值型默认赋值为 0,boolean 类型默认赋值为 false,引用类型默认赋值为 null。

4. 二维数组的创建(静态初始化)

语法格式:

```
数据类型 数组名[ ][ ] = {{初值表},{初值表},…};
```

举例如下:

```
int[ ][ ] ia = {{1,2,3,4},{5,6},{7,8,9}};
```

5. 二维锯齿数组的应用

通过"**数组名[行下标][列下标]**"的方式来访问二维数组的元素。例如,ia.length 代表行数 3,a[0].length 代表第 0 行的元素个数 4,a[1].length 代表第 1 行的元素个数 2,a[2]

. length 代表第 2 行的元素个数 3,如图 2-13 所示。

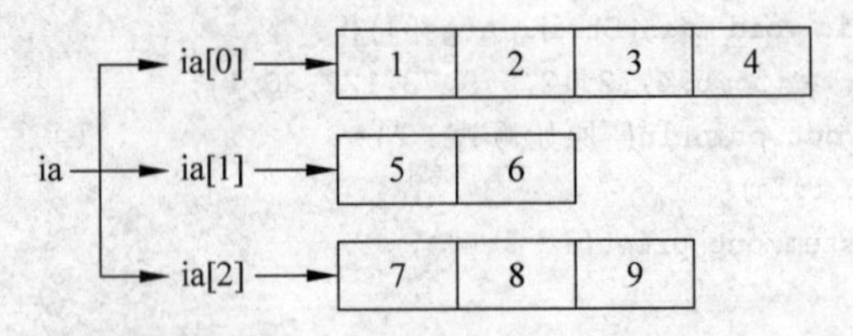

图 2-13　Java 二维锯齿型数组示意图

使用二重循环遍历二维锯齿型数组的程序片段如下：

```
01  int[][] ia = {{1,2,3,4},{5,6},{7,8,9}};
02  for(int i = 0;i < ia.length;i++){
03      for(int j = 0;j < ia[i].length;j++){
04          System.out.println(ia[i][j]);
05      }
06  }
```

2.6.3　数组工具类(Arrays)

java. util. **Arrays** 类提供了一些用来操作数组的实用方法,读者主要掌握以下方法即可,对于其他方法请查阅 JDK API 文档。

- public static void **fill**(double[] a,double val)：用指定值 val 去填充数组的每一个元素。
- public static void sort(double[] a)：对指定的 double 数组按升序进行排序。
- public static int binarySearch(double[] a,double key)：在升序排序的 double 数组中查找指定的 key。
- public static String toString(double[] a)：将数组直接转换成一个字符串,这样我们就不用 for 语句遍历数组了。

【示例程序 2-16】　数组的输出和排序(ArraysTest. java)

功能描述：本程序演示了利用 Arrays 类提供的方法实现一维数组的输出、升序排序和降序排序等功能。

```
01  public class ArraysTest{
02      public static void main(String args[]){
03          Integer ia[] = {13,2,30,5,34,908, - 5,1200,234,9};
04          //传统的输出全部数组元素的办法
05          for(int i = 0;i < ia.length;i++){
06              System.out.println("ia[" + i + "] = " + ia[i]);
07          }
08          Arrays.sort(ia);
09          //Arrays 类提供了将数组转换为字符串的方法
10          System.out.println(Arrays.toString(ia));
11          int n = 908;
12          int pos = Arrays.binarySearch(ia,n);     //返回数组元素下标
```

```
13            System.out.println(pos);
14            //将数组 ia 降序排序(ia 必须是对象数组)
15            Arrays.sort(ia,Collections.reverseOrder());
16            System.out.println(Arrays.toString(ia));
17        }
18    }
```

2.7 Java 编程作业的提交要求

1. 作业提交形式

编程作业要求以 Java Project 形式提交,项目字符编码要求为 UTF-8。每一章对应一个 package,相关的类和资源文件放到指定的 package 中。

Java Project 项目结构如图 2-14 所示。

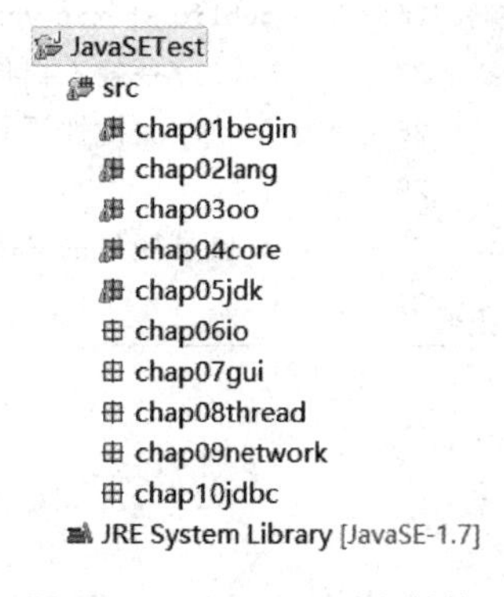

图 2-14　Java Project 包结构

2. Java 源代码的书写风格要求

源代码必须格式正确、风格统一,标识符命名规范,算法实现完整正确,容易阅读和理解,注释详尽准确,严禁抄袭。

(1) **在一个类文件中只允许定义一个类或接口。**

(2) **类成员的放置顺序:成员变量→初始化块→构造方法→一般方法→内部类→main 方法→Getter 方法和 Setter 方法。**

(3) **注释要求:**类文档要求使用 **@version**、**@author**、**@since** 等,方法文档要求使用 **@param**、**@return**、**@throws**、**@see** 等注释。

(4) **缩进要求:**采用 C 程序最早的缩进风格"K&R 风格"。一个 Tab 要求设置为 4 个空格。

(5) **标识符命名要求:**请参考 2.1.1 标识符的相关内容。

【示例程序 2-17】 Java 模板程序(Model.java)

功能描述:本程序提供了一个 Java 标准模板程序供学生模仿,注意在输入程序时注释、缩进、放置顺序等事项。

```
01    package chap02;
02    /**
03     * Model 类提供了 Java 应用程序模板功能
04     * @author 学号和姓名
05     * @version 1.0
06     * @since jdk1.7
07     */
08    public class Model {
09        //私有成员变量
10        //类或对象的初始化语句块
11        //构造方法 Constructor
12        //一般方法定义
```

```
13        /**
14         * getFactorial1 提供了求 n!        方法功能说明
15         * @param n 大于 1 的自然数          形式参数说明
16         * @return 返回 n!                  方法返回数据说明
17         * @exception                       可能抛出的异常
18         */
19        public static double getFactorial1(int n) {
20            double f = 1;
21            for (int i = 1; i <= n; i++) {
22                f = f * i;
23            }
24            return f;
25        }
26        public static void main(String[] args) {
27            //一般不提供逻辑功能,仅用作测试方法
28            //关键性语句要求有说明性注释
29        }
30        //成员变量的 Getter 和 Setter 方法
31    }
```

2.8 本章小结

本章介绍了 Java 程序的基本构成,Java 数据类型、常量、变量、对象包装类、运算符、表达式、语句,Java 流程控制语句,Java 语言编程的基本技巧,Java 数组等内容。在学完本章之后,读者能够掌握 Java 的基本语法。

请读者提前学习第 12 章“在 Eclipse 中进行 Java 应用开发”,在 Eclipse IDE 中实际编写、调试、运行 Java 程序,以验证相关知识点和编程技巧;提前接触面向对象编程技术,掌握 Java 类和方法的编写,熟练掌握 Java 编程的常用基本技巧,能用 Java 语言解决简单的问题。

2.9 自测题

一、填空题

1. 从键盘上输入数据的代码如下:

```
Scanner sc = new Scanner(________);
System.out.print("输入提示信息: ");
int n = sc.________();                       //输入一个整数
double d = sc.________();                    //输入一个小数
String s = sc.________();                    //输入一个字符串
```

2. 在 Java 中小数默认为________,如果要指定________类型,请在小数后加 F 或 f。

3. 在 Java 中，/ ** … * /被称为________，可以被________. exe 文档工具读取，生成标准的帮助文档。

4. 已知“String s="127";”，将 s 转换为 int 的代码为“int i=________”，将 s 转换为“double 的代码为“double d=________”。

5. for 语句的无限循环语句为________，while 语句的无限循环语句为________。

6. 补齐下面的代码，输出要求 double 数据保留两位小数，String 按实际长度，char 要求总场宽为 5，右对齐。

```
System.out.printf("E = ______, Pi = ______, String = ______, char = ______", "HDCZYJ", Math.PI,
Math.E, 'A');
```

7. 补齐下面的代码，要求用信息框输出 123456。

```
String str = JOptionPane.________(null, "123456","标题栏",1);
```

8. 补齐下面的代码，要求用对话框输入一个 float 小数。

```
String str = JOptionPane.________("请输入一个小数:");
float f = ________;
```

9. 补齐下面的代码，要求对 ia 数组进行排序(升序)并输出该数组。

```
int[] ia = {3,1,7,5,2};
Arrays.________(ia);
System.out.println(Arrays.________(ia));
```

10. 返回系统当前时间到 1970-1-1 00:00:00 的毫秒数的代码：

```
long time = System.________();
```

11. 补齐代码以生成'A'～'Z'中的随机一个字符：

```
char c = (char)(65 + ________);
```

二、SCJP 选择题

1. Which two are valid declarations of a float?（Choose two.）

A. float f =1F;　　　　B. float f = 1.0;

C. float f = '1';　　　　D. float f = "1";

E. float f = 1.0d;

Correct Answers:

2. What is the range of values for short?

A. 0 to 4294967295

B. 0 to 65535 inclusive

C. −32768 to 32767 inclusive

D. −2147483648 to 2147483647 inclusive

E. Range is platform dependent

Correct Answers:

3. Given:

```
01   for (int i = 0; i < 3; i++) {
12       switch(i) {
13           case 0: break;
14           case 1: System.out.print("one ");
15           case 2: System.out.print("two ");
16           case 3: System.out.print("three ");
17       }
18   }
19   System.out.println("done");
```

What is the result?

A. done
B. one two done
C. one two three done
D. one two three two three done
E. Compilation fails

Correct Answers:

4. Given:

```
01   for (int i = 0; i < 4; i += 2) {
02       System.out.print(i + " ");
03   }
04   System.out.println(i);
```

What is the result?

A. 0 2 4
B. 0 2 4 5
C. 0 1 2 3 4
D. Compilation fails
E. An exception is thrown at runtime

Correct Answers:

5. Which two create an instance of an array?（Choose two.）

A. int[] ia = new int[15];
B. float fa = new float[20];
C. char[] ca = "Some String";
D. Object oa = new float[20];
E. int ia[][] = {4,5,6}, {1,2,3};

Correct Answers:

三、程序运行题

1. 写出下面语句的运行结果：

```
System.out.println(10 + " " + 20);
System.out.println(10 + 20 + " ");
System.out.println(10 + 20 + ' ');(注: 空格的 ASCII 码为 32)
System.out.println(" " + 10 + 20);
System.out.println (20 + 'a'); (注: 'a'的 ASCII 码为 97)
```

2. 写出下面语句的运行结果：

```
int i = 5, j = 6;
System.out.println(i ++ * j ++ );
```

```
i = 5; j = 6;
System.out.println( ++ i * ++ j);
```

3. 写出下面语句的运行结果：

```
int a = 5;
boolean flag = false;
System.out.println(a = 5);
System.out.println(a == 5);
System.out.println(flag = false);
System.out.println(flag == false);
```

2.10 编程实训

【编程作业 2-1】 标准 ASCII 码表的输出(ASCII.java)

具体要求：在控制台输出标准 ASCII 码表，要求一行 10 个字符。

本作业的程序讲解视频可扫描二维码观看。

【编程作业 2-2】 以阶乘为例演示方法调用(Factorial.java)

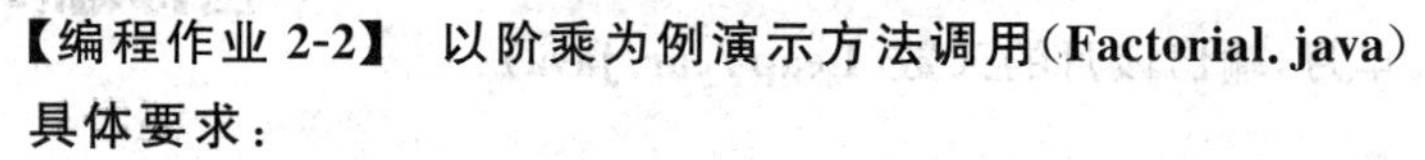

具体要求：

(1) 定义一个静态方法 double getFactorial1(int n)，用 for 循环实现阶乘的计算($n!=1\times2\times\cdots\times n$)。

(2) 定义一个非静态方法 double getFactorial2(int n)，用递归实现阶乘的计算($n!=n\times(n-1)!, 0!=1$)。

(3) 在 main 方法中测试两个方法是否正确。

本作业的程序讲解视频可扫描二维码观看。

【编程作业 2-3】 判断一个整数是否为回文数(HuiWen.java)

具体要求：如果一个正整数 n 的各位数字反向排列所得的自然数 $n1$ 与 n 相等，则称 n 为一个回文数。从键盘上输入一个正整数，判断其是否为回文数。

编程提示：

(1) 依次用%和/取正整数 n 的个位数字，然后比较；

(2) 将 n 转换为 String，然后取各位上的字符，再比较；

(3) 用 StringBuilder 的 reverse()方法实现。

本作业的程序讲解视频可扫描二维码观看。

【编程作业 2-4】 斐波那契数列(Fibonacci.java)

具体要求：斐波那契数列 c1=1，c2=1，从第 3 项开始每一项等于前两项之和，如图 2-15 所示。例如 1，1，2，3，5，8…，输出斐波那契数列的前 100 项，要求每行 10 个。

C1	C2	C3
1	1	2
1	2	3
2	3	5
…	…	…

图 2-15 用 3 个变量循环生成斐波那契数列

编程提示：用循环实现。

扩展要求：输出斐波那契数列，当数列项达到 1000 时停止。

本作业的程序讲解视频可扫描二维码观看。

【编程作业 2-5】 利用异或运算实现字符串的加密和解密（Encryption.java）

具体要求：从键盘上输入一个字符串（明文），然后用一个字符（密钥，如'a'）对其加密，输出密文，再进行解密，输出明文。

编程提示：

(1) 利用^的运算特性。

(2) 用 charAt(int *n*)方法依次取明文各位上的字符循环和密钥字符进行异或运算加密，然后进行解密。

(3) 字符数组和字符串之间的相互转换。

扩展要求：如果密钥由一个字符改为一个 String，怎么编程实现？

本作业的程序讲解视频可扫描二维码观看。

【编程作业 2-6】 输入年月，输出该月的天数（LeapYear.java）

具体要求：

(1) 闰年（LeapYear）是为了弥补因人为历法规定造成的年度天数（365）与地球实际公转周期（365 天 5 小时 48 分 46 秒）的时间差而设立的。每 4 年多出来的一天加到 2 月份上（29 天）。现行公历中每 400 年有 97 个闰年，因此每 400 年中要减少 3 个闰年。所以公历规定：四年一闰，百年不闰，四百年再闰。1、3、5、7、8、10、12 月为 31 天，4、6、9、11 月为 30 天，闰年时 2 月 29 天，其他 28 天。

(2) 判断 y 是否为闰年的逻辑表达式：(y%4==0&&y%100!=0)||(y%400==0)。

(3) 从键盘上输入年份(0～9999)和月份(1～12)，然后输出××××年××月有××天。

编程提示：使用 switch 语句实现，注意利用丢失 break 子句出现的穿越现象。

扩展要求：

(1) 利用 java.util.Calendar 类中的方法 isLeapYear()可以直接判断闰年。

(2) 利用 java.util.Calendar 类中的方法取给定时间域的最大可能值：public int getActualMaximum(Calendar.DAY_OF_MONTH)。

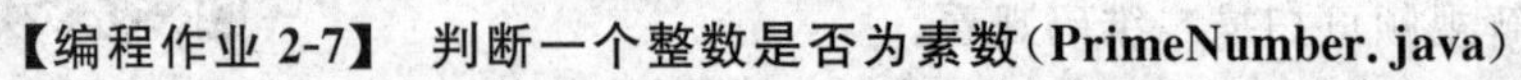

本作业的程序讲解视频可扫描二维码观看。

【编程作业 2-7】 判断一个整数是否为素数（PrimeNumber.java）

具体要求：素数指只能被 1 和它本身整除且大于 1 的自然数。注意 1 不是素数。从键盘输入一个整数 *n*，判断 *n* 是否为素数。

编程提示：假设 *n* 是素数（用变量 flag 标识，初值为 true），依次用 2、3…$\sqrt{n}$ 去除 *n*，若有一个能整除，则 *n* 不是素数，flag 赋值为 false，提前结束循环；若经过循环后 flag 仍然为 true，则 *n* 是素数。

扩展要求：将判断一个整数是否为素数的代码独立成一个静态方法以备调用：public static void isPrime(int n)；输出 1000 以内所有的素数，要求一行输出 10 个。

本作业的程序讲解视频可扫描二维码观看。

【编程作业 2-8】 用筛选法求素数(SieveMethod.java)

具体要求：用筛选法输出 0～N 的所有素数。筛选法适合求两个数之间的素数这类问题，效率比较高。

编程提示：筛选法的算法用 int 数组实现，将每个元素赋值为 1，用双重循环依次将 2、3…倍数的下标对应的数组元素赋值为 0，循环结束后仍然为 1 的元素的下标就是素数。

本作业的程序讲解视频可扫描二维码观看。

【编程作业 2-9】 卡拉 OK 问题(OK.java)

具体要求：卡拉 OK 比赛，N 个评委为歌手打分，评分规则为去掉一个最高分、一个最低分，然后取平均作为歌手的最终得分。

编程提示：从键盘输入第一个评委的分数 score，既作为最高分 max，又作为最低分 min，sum 保存总分。循环输入其他评委的打分，和 max 比较，如果比 max 大，则赋值给 max；和 min 比较，如果比 min 小，则赋值给 min；累加求和到 sum。

扩展要求：如何改为用数组来保存 N 个评委的打分，调用 Arrays.sort(double[] a)进行数组排序。

本作业的程序讲解视频可扫描二维码观看。

【编程作业 2-10】 随机生成 100 个 6 位随机密码(RandomKey.java)

具体要求：随机生成 100 个 6 位随机密码(要求 1、3、5 位为数字，2、4、6 位为大写字母)存储到数组并输出。

编程提示：

(1) 随机生成一个数字字符：(char)('0'+Math.random() * 10)

(2) 随机生成一个字母字符：(char)('A'+Math.random() * 26)

(3) 将 char[]转换为 String：String s=new String(ca)；

(4) 如果要求随机密码不能重复呢？

本作业的程序讲解视频可扫描二维码观看。

【编程作业 2-11】 菱形图案的输出(Diamond.java)

具体要求：输出如图 2-16 所示的由星号组成的菱形图案。

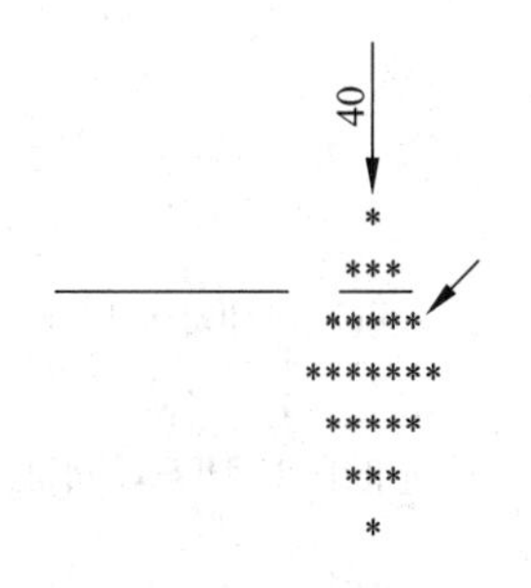

菱形共有N=7行(奇数)		
行号	空格个数	星号个数
i	37+|i|	N−2×|i|
−3	39	1
−2	38	3
−1	37	5
0	36	7
1	37	5
2	38	3
3	39	1

图 2-16 循环输出菱形图案的分析示意图

编程提示：利用 System.out.printf("%39c", ' ')用场宽来确定空格的个数。

扩展要求：循环输出反菱形图案，其分析示意图如图 2-17 所示。

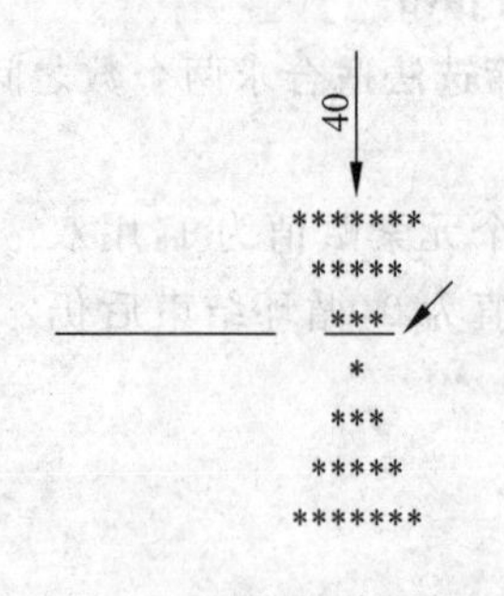

菱形共有*N*行(奇数)		
行号	空格个数	星号个数
i	37+|*i*|	7−2×|*i*|
−3	39	1
−2	38	3
−1	37	5
0	36	7
1	37	5
2	38	3
3	39	1

图 2-17　循环输出反菱形图案的分析示意图

本作业的程序讲解视频可扫描二维码观看。

【编程作业 2-12】　骰子概率统计(Dice.java)

具体要求：投骰子 6000 次，输出每面出现的次数。

编程提示：

(1) 骰子有 6 个面，需要有 6 个计数器分别来计算 6 个面出现的次数。

(2) 如果采用 6 个元素的整型数组做计数器会怎么样呢？

本作业的程序讲解视频可扫描二维码观看。

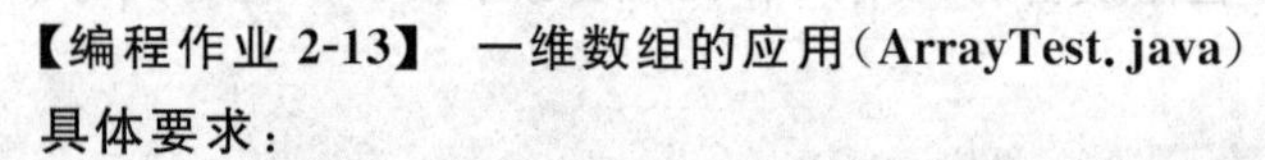

【编程作业 2-13】　一维数组的应用(ArrayTest.java)

具体要求：

(1) 随机生成 100 个 1000 以内的整数，存放到数组，然后输出最大的三个。

(2) 采用 Arrays.sort()实现数组排序。

(3) 或者采用冒泡法等排序算法实现。

(4) 随机生成 1000 以内的整数用 Math.random()实现。

本作业的程序讲解视频可扫描二维码观看。

【编程作业 2-14】　杨辉三角形的输出(YangHui.java)

具体要求：

(1) 用二维数组实现(如图 2-18 所示)：

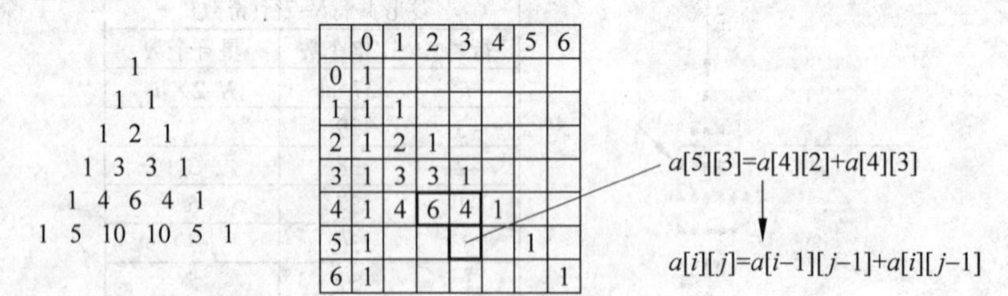

图 2-18　杨辉三角形的分析示意图

(2) 用组合实现：

$$C_m^n = \frac{m!}{n!(m-n)!}$$

```
C(0,0)
C(1,0), C(1,1)
C(2,0), C(2,1),C(2,2)
…
```

本作业的程序讲解视频可扫描二维码观看。

【编程作业 2-15】 二维矩阵乘法(MatrixMultiply.java)

具体要求：矩阵 $\boldsymbol{A}$(3 行 4 列)与 $\boldsymbol{B}$(4 行 2 列)相乘结果为矩阵 $\boldsymbol{C}$(3 行 2 列)，要求 $\boldsymbol{A}$ 的列数与 $\boldsymbol{B}$ 的行数相同。

$$\boldsymbol{A}=\begin{bmatrix}3&0&0&7\\0&0&0&-1\\0&2&0&0\end{bmatrix}\quad \boldsymbol{B}=\begin{bmatrix}4&1\\0&0\\1&-1\\0&2\end{bmatrix}\quad \boldsymbol{C}=\begin{bmatrix}12&17\\0&-2\\0&0\end{bmatrix}$$

编程提示：用三重循环实现，注意循环变量的设置。

本作业的程序讲解视频可扫描二维码观看。

【编程作业 2-16】 二维矩阵的应用(Matrix2D.java)

具体要求：

(1) 生成一个 5 行 7 列的随机数(1～100)的二维矩阵并输出。

(2) 输出所有元素的平均值，输出其中最大、最小元素的值及所在的行和列。

(3) 输出所有大于平均值的元素，每行 5 个。

(4) 将 5 行 7 列的二维矩阵转置为 7 行 5 列，并输出。

编程提示：

(1) 用 Math.random()实现。

(2) 用二维数组来存储矩阵。

(3) 假设 0 行 0 列的第一个元素既是最大值 max，又是最小值 min。循环遍历二维数组，让每个元素和 max、min 比较，即可求出最大值、最小值和平均值。

【编程作业 2-17】 求两个整数的最大公约数和最小公倍数(GodTest.java)

具体要求：从键盘上输入两个自然数 m、n($m>n$)，求 m、n 的最大公约数和最小公倍数。辗转相除法是求两个自然数 m、n($m>n$)的最大公约数的一种方法，也叫欧几里得算法，如图 2-19 所示。

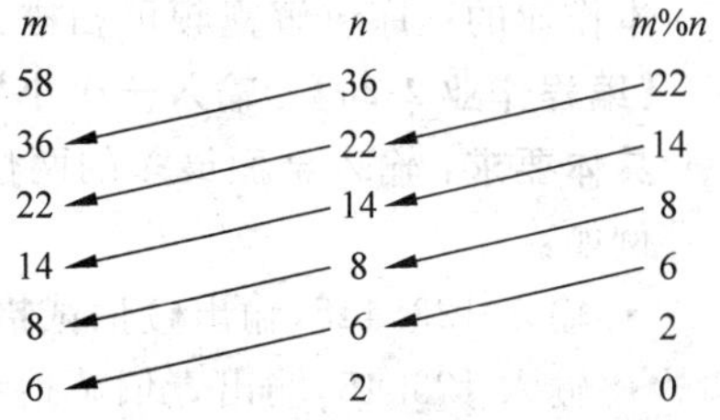

图 2-19 欧几里得算法分析示意图

编程提示：

(1) 当 $n\neq0$ 时，god(m,n)＝god(n,$m\%n$)，递归调用。

(2) 当 $n=0$ 时，god(m,n)＝m。

(3) m、n 的最小公倍数＝($m\times n$)/(m、n 的最大公约数)

本作业的程序讲解视频可扫描二维码观看。

【编程作业 2-18】 输入一个数字，打印其所有因子(Factor.java)

具体要求：从键盘上输入一个整数 n，输出其所有因子(能被其整除的数)。

例如：

- 16＝1×2×2×2×2；
- 15＝1×3×5；
- 73＝1×73。

编程提示：

(1) 用 2 去除 n，若能整除则输出×2，接着用 2 去除 $n/2$，直到不能被 2 整除；

(2) 用 3 去除 n，如果能整除，则输出×3，然后用 3 去除 $n/3$，直到不能被 2 整除；

(3) 依此类推，直到 n。

本作业的程序讲解视频可扫描二维码观看。

【编程作业 2-19】 约瑟夫问题(Joseph.java)

具体要求： N 个人围成一个圈，从第 M 个人开始数，每数到 K 时出列，请输出出列的次序。

编程提示：

(1) 用数组实现，先将数组元素循环赋值为 1(代表没有出列)，如图 2-20 所示。

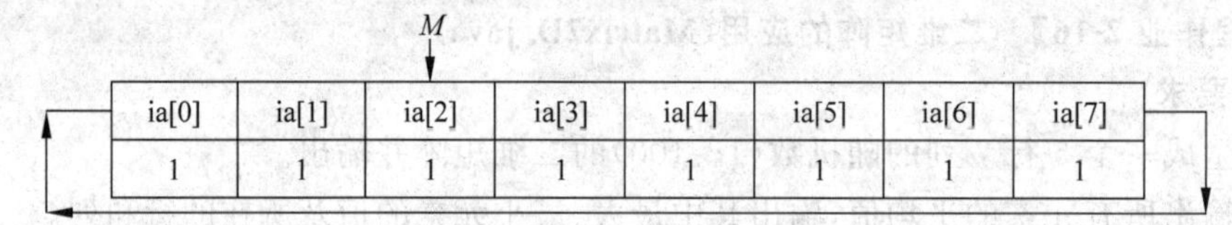

图 2-20 用一维数组解决约瑟夫问题分析示意图

(2) 假设 $N=8$，$M=2$(从下标 2 开始)，$K=3$，出列顺序为“4 7 2 6 3 1 5 0”。

(3) 采用无限循环，当 N 个人全部出列后停止循环；从第 M 个人开始数数，每数一个，累加器加上该元素的值(1 或 0，出列后置 0，代表不算数)，数到 K 时将对应元素赋值为 0，输出其下标，累加器清零；再开始内层循环数下一个人。

本作业的程序讲解视频可扫描二维码观看。

【编程作业 2-20】 输入一个小数，输出其金额的大写形式(Money.java)

具体要求： 输入金额最多的两位小数，否则四舍五入。

例如：

- 输入 123.445，输出壹佰贰拾叁元肆角肆分伍厘。
- 输入 123.45，输出壹佰贰拾叁元肆角伍分。
- 输入 123.4，输出壹佰贰拾叁元肆角零分。
- 输入 123，输出壹佰贰拾叁元零角零分。

编程提示：

(1) 先乘以 100，然后取整，以便统一处理。

(2) 各位上的数字与汉字大写数组的下标是一致的。

(3) char[] ca＝{'零','壹','贰','叁','肆','伍','陆','柒','捌','玖'}。

(4) 货币单位数组从 0 开始依次取即可。

(5) String[] ma＝{"分","角","元","拾","佰","仟","万","拾万","百万","千万","亿"}；。

本作业的程序讲解视频可扫描二维码观看。

第3章 面向对象编程基础

在本章我们将一起学习以下内容：

- 面向对象技术简介。
- 类的定义、变量和方法的定义。
- 对象的实例化与清除。
- 引入类和定义包。
- Java 文档注释。
- 用 UML 绘制类图。

相对于硬件技术发展的日新月异，软件技术的发展相当迟缓。软件技术面临着非常多的挑战，在要求软件功能更加新颖、更加强大的同时，人们又要求软件开发人员可以快速、高效地构建**质量优**、**重用性高**、**维护性强**的软件系统。

软件开发从**汇编语言**、**过程式语言**、**面向对象**、**面向组件**发展到**面向服务**，每一步都体现了不断抽象、更加贴近业务实际的发展趋势。

软件开发人员发现采用模块化、面向对象的设计和实现方法可以显著提高软件开发的工作效率，而且面向对象程序更易于理解、重用性高，便于纠错和修正。

3.1 面向对象技术简介

3.1.1 面向过程和面向对象

目前软件开发领域主要有**结构化开发方法**和**面向对象开发方法**两种。

结构化开发方法(又称为面向过程)的程序设计简单，可读性强，易于阅读和理解，便于维护，是面向对象程序设计的基础。面向过程把问题求解过程(即算法)放在第一位，主张按功能把软件系统逐步细分，遵循“**自顶向下，逐步求精**”的思想。面向过程提供**顺序**、**分支和循环 3 种逻辑结构，每种逻辑结构要求单入口和单出口**。

面向对象开发方法是一种以事物为中心的编程思想，用一种更符合人们认识客观世界的思维方式进行程序设计。它克服了面向过程的缺点，达到了**软件工程的 3 个主要目标，即重用性**、**灵活性和扩展性**。

面向对象的软件开发方法的生命周期主要包含了以下阶段。

(1) **面向对象的分析 OOA(Object-Oriented Analysis)**：对用户需求进行分析，确定系统的范围和功能，明确要做什么。

(2) **面向对象的设计 OOD(Object-Oriented Design)**：对 OOA 分析的结果做进一步的规范化整理，以便能够被 OOP 直接接受。目前业界统一采用 **UML** 来描述和记录 OOA 与 OOD 的结果。

(3) **面向对象的程序设计 OOP(Object-Oriented Program)**：在面向对象程序设计方法中，程序被看作是相互协作的对象的集合。每个**对象**都是某个**类的实例**。所有类构成一个通过继承关系联系的树形层次结构。因此，面向对象程序设计的基本构成是**类和对象**。类是一组相似对象的描述，描述了该类对象所具有的共同特征。对象封装了描述其状态的数据(属性)以及可以对这些数据进行的操作(方法)，对象之间通过发送消息相互协作。

面向对象的主要概念包括**类和对象**、**接口**、**包**、**属性**、**方法(一般方法**、**构造方法**、**抽象方法)**、**修饰符**、**引用类型的转换(上溯/下溯造型)**等。

3.1.2 面向对象的特征

面向对象具有四大特征，即**抽象**、**封装**、**继承和多态**。

1. 抽象

抽象其实也是所有计算机语言的特征，指从众多的事物中舍弃个别的、非本质的部分，提炼出计算机系统所关注的、共同的、本质的部分(属性和功能)的过程。抽象包括过程抽象和数据抽象。

过程抽象将整个系统的功能划分为若干部分，强调功能完成的过程和步骤，而隐藏其具体的实现。

数据抽象是将系统中需要处理的数据和这些数据上的操作结合在一起，抽象成不同的抽象数据类型(ADT)。

2. 封装

封装(Encapsulation)指属性和方法的定义都封装在类定义中，然后通过对其**可见性**来控制外部对类成员的可访问性。

(1) 类(对象)的属性和方法是不可分割的整体，反映了客观事物的**静态特征和动态行为相统一**的客观规律，使计算机软件对客观事物的描述更接近人类表述。过去的面向过程的编程语言将功能和数据分离，使软件对客观事物的描述存在偏差，很难用自然语言表达客观事物的对应关系。**在 Java 中，类封装了属性、方法、构造方法、语句块、内部类等成员，如图 3-1 所示**。

用 UML 标准符号绘制 Car 类图如图 3-2 所示。

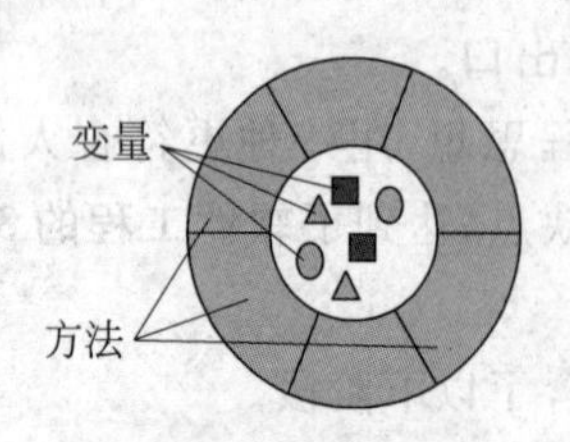

图 3-1 类封装示意图

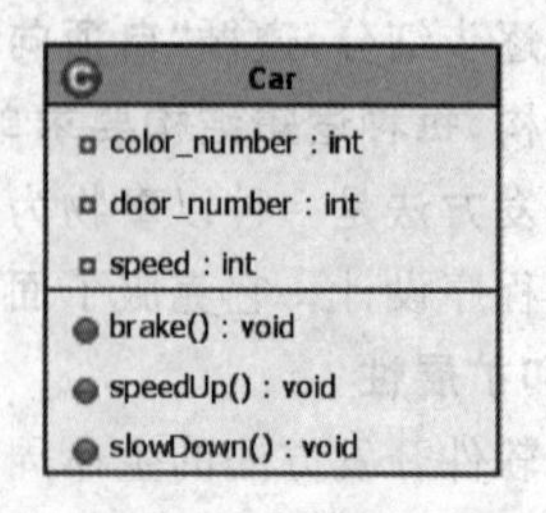

图 3-2 UML 类图

UML 类图可以转换为 Java 语言：

```
01  class Car{
02      private int color_number;
03      private int door_number;
04      private int speed;
05      public void brake(){ … }
06      public void speedUp(){ … }
07      public void slowDown(){ … }
08  }
```

(2) 封装还涉及**类或对象内部细节的隐蔽性**。类设计者可以通过使用访问权限控制修饰符 private、protected、public 3 个关键字、4 个访问控制级别来细粒度地控制外部是否可以访问类或对象的成员。一般将属性设置为 private，然后提供 Getter 和 Setter 方法存取数据的统一接口。访问其他类对象成员的示意图如图 3-3 所示。

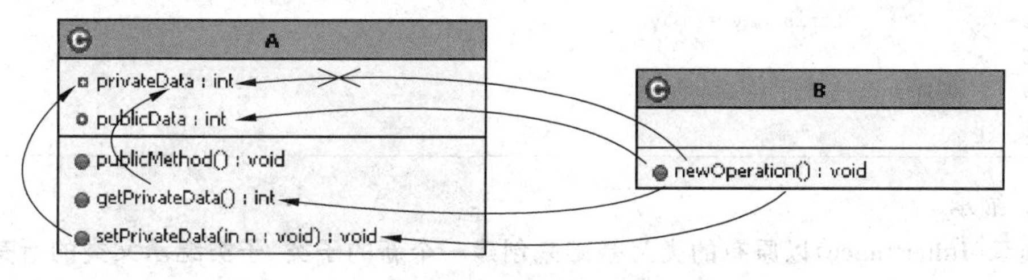

图 3-3　访问其他类对象成员的示意图

【示例程序 3-1】　自定义日期类(MyDate.java)

功能描述：MyDate 日期类型有年、月、日 3 个私有属性；提供了无参构造方法，包含全部属性的构造方法；在自动生成私有属性的 Getter 和 Setter 方法的代码的基础上进行了定制。

```
01  public class MyDate {
02      private int year;
03      private int month;
04      private int day;
05      public MyDate() {
06          super();
07      }
08      public MyDate(int year, int month, int day) {
09          super();
10          setYear(year);
11          setMonth(month);
12          setDay(day);
13      }
14      public int getYear() {
15          return year;
16      }
17      public void setYear(int year) {
18          if(year > 1&&year < 9999){
```

```
19              this.year = year;
20          }
21      }
22      public int getMonth() {
23          return month;
24      }
25      public void setMonth(int month) {
26          if(month>=1&&month<=12){
27              this.month = month;
28          }
29      }
30      public int getDay() {
31          return day;
32      }
33      public void setDay(int day) {
34          if(day>=1&&day<=31){
35              this.day = day;
36          }
37      }
38  }
```

3. 继承

继承(Inheritance)以原有的类为基础来创建一个新的子类,子类继承父类的所有特性,并可以扩充自己的特性,从而构造出更为复杂的类型。继承为共享数据和操作提供了一种良好的机制,提高了软件的重用性、可用性和一致性。

- **直接继承和间接继承**:如果类c的定义直接继承于类b,则称c直接继承于b,且b是c的直接父类;如果有b类又直接继承于a类,则可称c类间接继承于a类。间接继承体现了继承关系的可传递性。
- **单继承和多继承**:如果一个类只有一个直接父类,则称该关系为单继承;如果一个类有多于一个以上的父类,则称该继承关系为多继承。Java只支持单继承,不直接支持多继承。Java语言用 **extends** 关键字实现了**单继承机制**,即一个子类(subclass)只能有一个父类(superclass),一个父类可以派生出多个子类,形成树形继承结构。Java用 **implements** 关键字可以实现**多继承机制**。

编译器自动为每个没有定义父类的类加上extends java.lang.Object,所以Java中的所有类默认直接或间接地继承了 **java.lang.Object 类**。在Object类中定义了一些通用、基础的实现和支持面向对象机制的重要方法。

重要提示:

对编译器默认为Java程序附加的成分总结如下:

(1) 编译器自动为每一个Java类引入java.lang包下的所有方法:import java.lang.*;

(2) 编译器自动为每个没有定义父类的类加上extends java.lang.Object;

(3) 当类中没有定义构造方法时编译器自动提供无参数构造方法,若类中自定义了构造方法,则无参数构造方法不再提供,构造方法权限修饰符默认与类权限修饰符相同;

(4) 编译器自动为接口中的常量定义增加3个修饰符:public、static、final。

【示例程序 3-2】 教师类继承职工类应用示例(EmployeeTeacherTest.java)

功能描述:本程序演示了面向对象的继承应用示例,职工类有身份证号、姓名和部门 3 个属性,以及工作方法。教师类继承了职工类,在职工类的基础上增加了课时属性和上课方法。

```
01  class Employee{
02      String id;
03      String name;
04      String dept;
05      public void work(){
06          System.out.println("…working…");
07      }
08  }
09  class Teacher extends Employee{
10      int classHour;
11      public void gotoClass(){
12          System.out.println("…teaching…");
13      }
14  }
15  public class EmployeeTeacherTest{
16      public static void main(String[] args) {
17          Teacher t = new Teacher();
18          t.id = "012345678901234567";
19          t.name = "zyj";
20          t.classHour = 64;
21          t.work();
22          t.gotoClass();
23      }
24  }
```

4. 多态性

多态性是指程序中出现的方法或变量"重名"现象。众所周知,在面向过程的程序设计中过程或函数不能重名。但在面向对象程序设计中,为了提高程序的抽象程度和简洁程度,允许出现"重名"现象。

在 Java 中提供了 3 种多态机制。

1) 方法的重载(Overload)

方法的重载指同一类中方法名相同但形式参数不同的语法现象。方法的重载与方法的返回值类型、方法修饰符等没有关系。在调用重载方法时,编译器会自动根据实参的个数和类型来选择正确的方法执行。

(1) 方法的名称必须相同。

(2) 形式参数必须不同,以保证方法在调用时没有歧义。形式参数个数不同、类型不同或顺序不同。

(3) 方法的返回类型和修饰符可以相同,也可以不同。

一般方法重载的语法现象以 Math 类中的 abs()方法为例:

```
01    java.lang.Math.abs(double)
02    java.lang.Math.abs(float)
03    java.lang.Math.abs(int)
04    java.lang.Math.abs(long)
```

构造方法是方法的一种，构造方法的重载也是常见的语法现象。在创建对象时根据参数的不同引用不同的构造方法，详见示例程序 3-1。

2）成员方法和成员变量的覆盖（Override）

通常指在不同类（父类和子类）中允许有相同的变量名，但数据类型不同；也允许有相同的方法首部，但对应的方法实现不同。**Java 允许子类对父类的同名方法进行重新定义或修改。方法覆盖是指在子类中重新定义父类中已有的方法**。用户可以使用 this. 和 super. 来区分是调用父类还是子类的成员。

3）对象的多态性

对象的多态性反映在引用类型的上溯造型和下溯造型过程中，详见 4.7 节。

3.2 类

类（Class）和**对象（Object）**是面向对象的核心概念。

类是对一类事物的程序设计语言的描述，侧重对同类事物的共性进行抽象、概括、归纳。类是对象的蓝图，如汽车设计图纸，图纸本身不能驾驶，根据图纸生产出来的汽车才能驾驶。

对象（Object）也叫**实例（Instance）**，是信息系统必须觉察到的问题域中的人或事物的抽象，突出个性、特殊。在 Java 中，对象是通过类的实例化创建的，正如按图纸生产出来的汽车。对象才是一个具体存在的实体。

一个类可以构造多个该类的对象，因此类和对象之间是一对多的关系。类和对象在内存中存在的区域也不同，这导致了类成员和对象成员在访问时的不同。

3.2.1 类的定义

类是 Java 程序中基本的结构单位。Java 类的语法格式如下：

```
[类修饰符] class <类名> [extends <父类名>][implements <接口列表>]{
    [初始化语句块]
    [成员变量]
    [构造方法]
    [成员方法]
    …
}
```

说明：

1. 类修饰符（Modifier）说明

（1）类只有一个权限控制符——**public**。

（2）用 abstract 修饰的类叫**抽象类**。抽象类只能被继承，不能被实例化。

（3）用 final 修饰的类叫**最终类**。最终类只能被实例化，不能被继承。

2. extends <superclass>

其用来指定要继承的父类。

3. implements <interface list>

其用来指定要实现的接口。一个类实现一个接口，即必须实现该接口中所有的抽象方法，否则这个类只能是抽象类。

4. Java 类封装的成员

- **静态语句块**：指类中有 static 修饰的语句块，用于初始化类。
- **非静态语句块**：指类中没有 static 修饰的语句块，用于初始化对象。
- **成员变量(Member Variable)**，也称为**字段(Field)**或**属性(Atrribute)**：主要描述类或对象的静态特征。
- **成员方法(Method)**，也称为**函数(Function)**、**过程(Procedure)**、**子程序(SubRoutine)**：表明类或对象所具有的行为。
- **构造方法(Constructor)**：用于实例化对象，并初始化对象成员变量。
- **内部类(Inner Class)**：在类、方法中定义的类。

3.2.2 成员变量

成员变量指定义在类中方法外的变量或常量。成员变量的有效范围是整个类，相当于全局变量。成员变量的语法格式如下：

```
[成员变量修饰符] <数据类型> 变量名[ = 初值];
```

说明：

1. 成员变量修饰符

(1) 权限控制修饰符有 public、protected、private 几种，用来控制变量的可见性，详见 4.8 节。

(2) 共享修饰符 volatile：用于并发线程的共享。

(3) 易失性修饰符 transient：对象序列化时用于屏蔽敏感信息。

(4) 类修饰符 static：有 static 修饰的变量是类变量，否则是对象变量。

(5) 常量修饰符 final：有 final 修饰的变量是常量，只能在定义时赋值一次。

2. 成员变量的类型

可以是 8 种基本数据类型，也可以是引用类型(对象)。

3. 类成员变量(也叫类属性、类变量、静态变量、静态属性等)

类成员变量指有 static 修饰的成员变量。类成员变量属于类成员，当类载入内存，即分配内存和初始化时，为该类的所有对象所共享。

静态方法和非静态方法都可以直接通过"类名.变量名"来访问类成员变量。

4. 对象成员变量(也叫对象属性、对象变量、非静态变量、动态变量等)

对象成员变量属于对象，只有在实例化对象时才能分配内存和初始化，为该对象所有。

在用静态方法和非静态方法访问对象成员变量时需要先 new 实例化一个对象，然后通过"**对象名.变量名**"的方式访问。

当对象成员变量和局部变量重名时用 this 区分。

【示例程序 3-3】 类变量和对象变量的测试(StaticTest. java)

功能描述：本程序主要演示"类变量属于类，为该类的全部对象共享；对象变量属于对象，为一个对象私有"的语法现象。

```
01  public class StaticTest{
02      static int score = 100;          //score 属于类,为该类的所有对象共享
03      int flag = 10;                   //flag 属于对象,为对象独享
04      public static void main(String args[]){
05          StaticTest t1 = new StaticTest();
06          StaticTest t2 = new StaticTest();
07          StaticTest t3 = new StaticTest();
08          StaticTest t4 = new StaticTest();
09          System.out.println(t1.score);
10          System.out.println(t1.flag);
11          t1.score = 1000;
12          t1.flag = 888;
13          System.out.println(t4.score);
14          System.out.println(t4.flag);
15      }
16  }
```

3.2.3 局部变量

局部变量指定义在方法中的变量，其生命周期范围是整个方法，详见 2.2.3 节。

3.2.4 成员方法的定义

语句(**Statement**)多了或部分语句需要反复调用时，应根据功能将其定义成不同的方法；由于人类瞬间记忆能力的限制，为了方便阅读，一个方法打印出来原则上不应超过一张 A4 纸。

方法(**Method**)是能完成一定数据处理功能、可以被反复调用的语句的集合。方法要先定义，后使用。方法不能嵌套定义，但可以嵌套调用。

与 C 语言函数的并列独立存在不同，在 Java 中**方法必须在类中定义**。在逻辑上方法要么属于类，要么属于对象。用 static 修饰的方法属于类，没有用 static 修饰的方法属于对象。

方法应该根据功能定义在不同的类中。不同的**类**(**Class**)应该根据功能不同定义到不同的**包**(**Package**)中。在实际项目开发中不允许将类放到系统默认的**无名包中**(**Default Package**)。方法的语法格式如下：

```
[方法修饰符] <返回值类型> 方法名(类型 1 形式参数 1, … )[throws 异常列表]{
    …
    [return 返回值;]
}
```

说明：

1. 方法修饰符说明

(1) 访问权限控制修饰符 **public**、**protected**、**private**：决定方法的可见性。

(2) 静态修饰符 **static**：有 static 修饰的方法是类方法，否则是对象方法。

(3) 最终方法修饰符 **final**：有 final 修饰的方法是最终方法，该方法不能被覆盖。

(4) 抽象方法修饰符 **abstract**：有 abstract 修饰的方法是抽象方法，抽象方法只有方法的定义，没有方法的实现(方法体)。

(5) Java 使用 **native** 扩展 Java 的功能，用 C/C++ 编程以取得更快的速度和访问操作系统的底层。

(6) 用 **synchronized** 修饰的方法在多线程并发时只能互斥调用该方法。

2. 返回值类型

返回值类型可以是 8 种基本数据类型和引用类型，在方法体中**必须用 return 语句返回数据**，否则会出现编译错误。如果没有返回参数，请用 void 代替。

3. return 语句

return 语句有两种功能：返回数据和终止方法的执行。

4. 形式参数列表

方法调用时的实参必须和形参一一对应，类型相容。

5. [throws 异常列表]

声明方法运行时可能产生的异常，这样异常就由该方法的调用者负责处理。

3.2.5 成员方法的调用

用户可以调用自己编写的方法，也可以调用 JDK 或第三方提供的类中的方法。在 JDK 文档中详细地给出了每个方法的定义、形式参数、功能等说明。方法的调用原则是**先定义，后调用**。

在调用方法的时候必须明确调用者，通过"**类.方法名(实参数);**"或"**对象名.方法名(实参);**"的方式来调用。当然，当前类和当前对象可以省略。这其实很好理解，如"猪八戒吃西瓜"在面向对象的世界中应该表述为"猪八戒.吃(西瓜)"。

调用方法的语法格式如下：

```
调用者.方法名([实际参数表]);
```

说明：

(1) 实参的个数、顺序、类型要和形参一一对应。

(2) 在调用其他包中的方法时需要先用 import 语句引入，再调用。

(3) 调用类方法可以采用"**包路径.类名.方法名([实参表]);**"，当用 import 语句引入其他包中的类时包路径可以省略。当前类可以省略。

(4) 调用对象方法可以采用：先实例化一个对象，然后通过"**对象名.方法名([实参表]);**"调用，当前对象可以省略。

3.2.6 成员方法的递归调用

数学上的递归思想简单、直接、有效，用计算机编程实现时十分方便，易于理解。其缺点是内存消耗大、效率较低。为防止出现方法的无限循环递归调用，要求使用递归调用的前提是通过递归能够不断缩小问题规模，而且缩小到一定规模时一定要有一个结束点。

在数学上自然数 $n(n>1)$ 的阶乘的定义有下面两种。

(1) 传统定义：$n!=1\times2\times3\times\cdots\times n$。

(2) 递归定义：$n!=n\times(n-1)!,1!=1$。

【示例程序 3-4】 计算 *n* 的阶乘(Factorial.java)

功能描述：本程序演示了阶乘的两种实现方法，即用循环结构求 *n*! 的类方法，用递归调用求 *n*! 的对象方法，同时演示了类方法和对象如何调用。

```
01  public class Factorial {
02      //类方法,用循环结构实现阶乘
03      public static int getFactorial1(int n) {
04          int f = 1;
05          for(int i = 1;i <= n;i++){
06              f = f * i;
07          }
08          return f;
09      }
10      //对象方法,用方法递归调用实现
11      public double getFactorial2(int n){
12          if(n == 1){
13              return 1;
14          }else{
15              return n * getFactorial2(n - 1);
16          }
17      }
18      public static void main(String[] args) {
19          int n = 5;
20          //调用类方法,当前类可以省略
21          double f1 = Factorial.getFactorial1(n);
22          //调用对象方法时要先实例化一个对象,然后用"对象名.方法名"调用
23          Factorial f = new Factorial();
24          double f2 = f.getFactorial2(n);
25      }
26  }
```

3.3 对象的实例化与清除

在 C 语言中，程序员用 **malloc()** 申请内存空间，使用完毕后用 **free()** 手工释放内存空间。

在 Java 语言中，程序员需要通过 **new 构造方法**的方式来构造对象，JVM 在堆内存中为对象分配内存空间。堆内存采用**垃圾回收机制**进行管理。

3.3.1 构造方法的定义

在正确地定义 Java 类之后，用户就可以根据类来创建对象了。根据类创建对象的过程又称为**类的实例化**，一般是通过"**new 构造方法()**"的方式来完成。

根据 Java 内存管理机制，对象的引用地址在栈内存(Stack)中分配存储空间，栈内存采用 **FirstInLastOut** 机制，具有空间小、速度快等特点。对象的内容在堆内存(Heap)中分配存

储空间。堆内存空间大,由垃圾回收机制负责对象存储空间的回收。

构造方法(Constructor)是 Java 类中的一种特殊方法,用于**实例化类的一个对象**。构造方法的主要功能如下:

(1) **为对象在堆内存中分配内存空间。**

(2) **成员变量的初始化**:数值类型变量(byte、short、int、long、float、double)初始化为 0,boolean 类型变量初始化为 false,char 类型变量初始化为'\0',引用类型变量初始化为 null。

定义构造方法的语法格式如下:

```
构造方法修饰符 类名([形式参数列表]){
    super();                    //不管是否显性添加,编译器都会自动添加
    ...
}
```

说明:

(1) 构造方法名称必须和所在类的名称完全相同。

(2) 构造方法没有返回值,但是在方法首部也不能使用 void 声明。

(3) 构造方法的调用与普通方法不同,只能通过 new 运算符调用。

(4) 若用户编程时没有定义构造方法,Java 编译器会自动生成一个无参构造方法。但是用户一旦显式定义构造方法,Java 编译器就不再提供默认的无参构造方法。这时最好把默认的无参构造方法显式地定义出来,以免 JVM 自动调用时出现错误。

(5) 在同一个类中可以定义多个构造方法(形式参数不同),称为构造方法的重载。用构造方法的重载可以实现类初始化逻辑的同样化,从而允许用户使用不同的构造器来初始化 Java 对象。

3.3.2 构造方法的调用——实例化对象

构造方法的调用与一般方法的调用不同,调用构造方法后在堆内存中为对象分配内存空间,为对象成员变量进行初始化,返回对象的地址。其语法格式如下:

```
类名  对象变量 = new  构造方法名([参数 1][,参数 2]…);
```

【示例程序 3-5】 Circle 类及其测试(CircleTest.java)

功能描述:本程序演示 Circle 类描述了一个圆的属性和相关方法。CircleTest 类对 Circle 类的属性和方法进行了测试。

```
01  class Circle {
02      public static double PI = 3.14;
03      double r;
04      public Circle() {                      //无参构造方法
05      }
06      public Circle(double r) {              //带一个参数的构造方法
07          this.r = r;
08      }
09      public double getPerimeter () {        //求周长的方法
10          return PI * 2 * r;
11      }
```

```
12        public double getArea() {          //求面积的方法
13            return PI * r * r;
14        }
15    }
16    public class CircleTest {
17        public static void main(String args[]) {
18            Circle c1 = new Circle(10);
19            System.out.printf("圆的周长为: %.2f",c1.getPerimeter());
20            System.out.println("圆的面积为: " + c1.getArea());
21        }
22    }
```

3.3.3 垃圾回收机制

在 Java 中，对象的生命周期包括创建阶段、应用阶段、不可达阶段、收集阶段和终结阶段等主要阶段。Java 对象的状态转换图如图 3-4 所示。

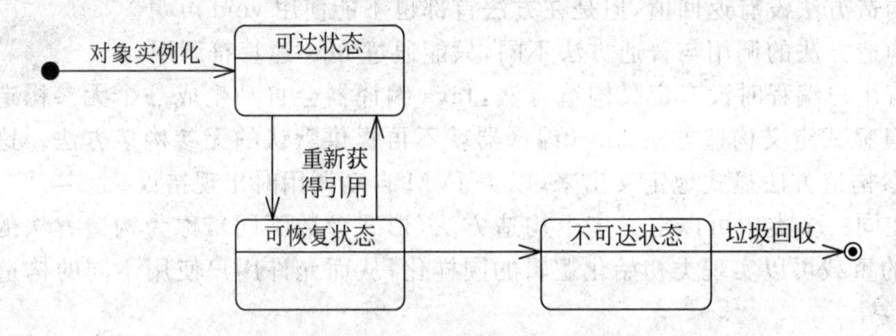

图 3-4　Java 对象状态转换图

JVM 对堆内存的管理采用自动垃圾回收机制。JVM 会周期性地回收内存中的垃圾空间。对象在以下 3 种情况下成为垃圾。

1. 对象变量被赋值为 null

```
Circlec = new Circle(10);
c = null;
```

2. 一次性使用的匿名对象

```
new Circle(10).getArea();
```

3. 超出对象变量生命期

```
for(int i = 0;i <= 1000;i ++ ){
    Person p =  new Person();
}
```

垃圾收集线程的优先级别最低，垃圾收集的启动一般有下面两个条件：

(1) JVM 空闲时调用 **System.gc()** 请求垃圾回收。

(2) Java 堆内存不足时 JVM 系统自动调用 System.gc()请求垃圾回收。

程序并不能精确地控制 JVM 垃圾回收的时机，程序员只能通过 System.gc()或 Runtime.getRumtime().gc()通知 JVM 进行垃圾回收，但 JVM 是否马上进行垃圾回收依然不能确定。

在将任何对象作为垃圾回收之前，JVM 总会先调用该对象的 finalize()方法进行再次确认。用户可以覆盖 finalize()方法以自定义垃圾回收前的动作，如释放系统资源或让一个引用变量重新引用该对象，这样 JVM 就会取消回收。

【示例程序 3-6】 垃圾回收时调用 finalize()测试(FinalizeTest.java)

功能描述：本程序通过覆盖父类 java.lang.Object 中的 finalize()方法来重新定义 finalize()的行为。

```
01  public class FinalizeTest extends java.lang.Object{
02      //覆盖 Object 类中的 finalize()方法
03      public void finalize(){
04          System.out.println("the object is gone!");
05      }
06      public static void main(String[] args) {
07          for (int i = 0; i < 1000; i++) {
08              new FinalizeTest();
09          }
10          System.gc();            //申请进行垃圾回收
11      System.out.println("the program is ending!");
12      }
13  }
```

3.3.4 Java 程序的优化

JVM 内存空间的使用效率直接关系到 Java 应用程序的运行速度。为了提高 Java 应用程序的运行效率，建议如下：

(1) **尽早释放无用对象的引用**，代码片段如下：

```
A a = new A();
//应用 a 对象的语句
a = null;           //对象 a 使用完毕后，主动将其设置为 null
```

(2) **尽量不要主动调用某个对象的 finalize()方法**，应该交给垃圾回收机制调用。

(3) **尽量减少 Collection、Map 等高级数据结构的使用**。因为这些高级数据结构比较复杂，在内存空间分配和回收时效率都比较低。

(4) **尽量避免在类的默认构造方法中创建、初始化大量的对象**，防止在调用其子类的构造方法时造成不必要的内存资源浪费。

(5) **尽量避免强制系统进行垃圾内存的回收**。

(6) **尽量在合适的应用场景下使用对象池技术以提高系统性能**。

3.4 引入类和定义包

3.4.1 包概念的提出

为了管理数量众多的文件，在磁盘管理中引入了**逻辑磁盘和文件夹**的概念。在文件夹中可以存放文件,也可以建立**子文件夹**,形成树形文件夹结构。用户可以方便地通过"**盘符\路径\文件名**"的方式来访问文件或文件夹。

在编译 Java 源程序时,每一个类或接口都会生成一个字节码文件(*.class)。为了便于管理数目众多的**类和接口**,Java 引入**包**(**Package**)的概念,以解决类和接口命名冲突、引用不便、安全性等问题。和文件夹一样,在包中可以定义类、接口或包,包嵌套层数没有限制。用户可以方便地通过"**包路径.类名**"的方式来访问类或接口。

3.4.2 JDK API 常见包介绍

1. java.lang

在 java.lang 包下存放着 Java 语言的基础类库,包括基本数据类型、数学函数、字符串类等核心类库,主要类和接口如下。

- 10 种基本数据类型的包装类:BigDecimal、BigInteger、Byte、Double、Float、Integer、Long、Short、Character、Boolean。
- 基本数学函数类:Math。
- 字符串处理类:String、StringBuffer、StringBuilder。
- 系统类和对象类:System、Objcct。
- 线程类:Thread 和 ThreadDeath。

2. java.util

在 java.util 包下存放了实用工具类和接口、集合框架类和接口,主要类和接口如下。

- 日期类:Date、Calender。
- 字符串分隔解析:StringTokenizer。
- 集合类框架:Collection、List、Set 等。
- 键值对集合:Map。
- 实用工具类:Collections、Arrays。

3. java.io

在 java.io 包中除存放了标准输入、标准输出类外,还有缓存流、过滤流、管道流和字符串类等,此外还提供了一些与其他外部设备交换信息的类。

4. java.net

java.net 中包含有访问网上资源的 URL 类、用于通信的 Socket 类和网络协议子类库等。Java 语言是一门适合分布式计算环境的程序设计语言,网络类库正是为此设计的。其核心就是对 Internet 协议的支持,目前该类库支持多种 Internet 协议,包括 HTTP、Telnet、FTP 等。

5. java.awt 和 javax.swing

java.awt 和 javax.swing 包提供了创建图形用户界面的全部工具,包括图形组件类,如窗口、对话框、按钮、复选框、列表、菜单、滚动条和文本区等类;用于管理组件排列的布局管理器 Layout 类;颜色 Color 类、字体 Font 类;Java 事件处理类库等。

6. java.applet

Applet 是用 Java 语言编写的小应用程序,可以直接嵌入到网页中,并能够产生特殊的效果。java.applet 包中只包含了一个 Applet 类,所有小应用程序都继承于该类。

7. java.security

java.security 包为安全框架提供类和接口。

8. java.sql

java.sql 包提供了使用 Java 进行数据库编程的类和接口。

9. java.text

java.text 提供以与自然语言无关的方式来处理文本、日期、数字和消息的类和接口。

3.4.3 package 和 import 语句

1. package 语句

package 语句作为 Java 源文件的第一条非注释语句，指明该源文件中定义的类或接口所在的包。如果省略 package 语句，那么该源文件中定义的类和接口将放在系统默认的无名包(default package)中。一般建议采用**倒序域名**来定义包结构，然后将所有的类和接口分类存放在指定的包中，例如“package cn.edu.hdc;”。

package 语句的语法格式如下：

```
package 包名1[.包名2[.包名3…]];
```

说明：包定义的结构和编译后生成的文件夹结构是一一对应的。

2. import 语句

import 语句必须放在所有类定义之前，用来引入指定包的类或接口，相当于 C 语言中的 #include 语句。

Java 编译器默认为所有的 Java 程序引入 Java.lang 包中所有的类，因此用户可以直接使用 java.lang 包中的类而不必显式引入。但要想使用 Java.lang 包以外的其他包中的类，必须先引入后使用，否则会出现编译异常。JVM 将在 classpath 中依次寻找用户自定义并引入的包。

import 语句的语法格式如下：

```
import 包名1[.包名2[.包名3…]].类名|*;
```

Sun 公司提供的帮助文档中详细地介绍了每一个包的层次、所含类或接口的功能、形式参数、注意事项等。

3. 静态引入

从 JDK 1.5 开始提供了静态引入新特性，这一新特性让用户避免了在引用静态成员时必须列举类名。

import static 的语法格式如下：

```
import static 包路径.类.静态方法名|静态变量名;
import static 包路径.类.*;
```

在程序中调用方法的语法：**method()；**

【示例程序 3-7】 静态引入测试(ImportStaticTest.java)

功能描述：本程序分别采用 import 方式和 import static 方式引入类，请重点对比 02 行和 09 行、05 行和 12 行。

```
01  //import 方式
02  import javax.swing.JOptionPane;
03  public class ImportStaticTest {
04      public static void main(String[] args){
05          JOptionPane.showMessageDialog(null, "提示信息!");
06      }
07  }
08  //import static 方式
09  import static javax.swing.JOptionPane.*;
10  public class StaticImportTest {
11      public static void main(String[] args) {
12          showMessageDialog(null, "提示信息!");
13      }
14  }
```

3.5 Java 文档注释

用户应该在编写代码的同时添加适当的文档注释,这样在代码编写、测试完成后可以直接通过 JDK 提供的 javadoc.exe 工具将源代码中的文档注释提取成一份标准的 API 文档。

Javadoc 默认只处理用 public、protected 修饰的类、接口、构造方法、方法、属性、内部类之前的文档注释。

3.5.1 常用的 Javadoc 标记

1. 文档注释中常用的 Html 标签

- 超链接:<a href="http://www.sohu.com"></a>
- 段落:<p></p>
- 回车:
- 加粗:<b></b>

2. 类或接口前的文档注释,详见示例程序 3-8 的 02~09 行

- @author:作者。
- @version:程序版本。
- @since:从指定 JDK 版本开始。
- @see:参见可能会关心的类或接口。

3. 方法或构造方法前的文档注释,详见示例程序 3-8 的 11~18 行

- @param:形式参数说明信息,建议一个形式参数占一行。
- @return:方法的返回参数类型说明信息。
- @throws:与@exception 相同,方法可能抛出的异常说明信息。
- @deprecated:指示该方法已经过时,不推荐使用。
- @see:参见其他方法。
- @link:指向其他 Html 文档的链接。

【示例程序 3-8】 Java 应用程序常见文档注释(BinarySearch.java)

功能描述：本程序实现二分法查找的功能。在源程序中加上了详细的类文档注释和方法文档注释。

```
01  package chap03;
02  /**
03   * BinarySearch 类提供了数组的二分法查找功能<br/>
04   * @author 姓名,学号<br/>
05   * Date:2016-4-13 下午 07:25:37 <br/>
06   * Copyright © 2016, ZYJ. All Rights Reserved. <br/>
07   * @version 1.0 <br/>
08   * @since JDK 1.6 <br/>
09   */
10  public class BinarySearch {
11      /**
12        * BinSearch 方法的功能：在数组 a 中下标为 start 到 end 的范围内用
13        * 二分法查找关键字 key
14        * @param start 数组范围中开始的下标
15        * @param key 要查找的数字
16        * @return key 的下标，-1 代表没有找到
17        * @throws 没有异常抛出
18        */
19      public static int binSearch(int[ ]a, int start, int end, int key){
20          int mid = start + (end - start)/2;
21          if (key == a[mid]) {
22              return mid;
23          }
24          if (start >= end) {
25              return -1;
26          }
27          if (key < a[mid]) {
28              return binSearch(a, start, mid - 1, key);
29          } else {
30              return binSearch(a, mid + 1, end, key);
31          }
32      }
33      /**
34        * main 方法的功能：类或应用程序的唯一入口
35        * @param args String 命令行参数的数组
36        * @return 没有返回值
37        * @exception 没有异常抛出
38        */
39      public static void main(String[ ] args) {
40          int[ ]a = new int[128];
41          for (int i = 0; i < a.length; i++) {
42              a[i] = i;
43          }
44          int n = (int)(Math.random() * 128);
45          System.out.println(n);
```

```
46            int i = binSearch(a, 0, a.length, n);
47            System.out.println(i);
48        }
49    }
```

3.5.2 利用 javadoc.exe 生成 API 文档的方法

进入 DOS 命令行，将当前目录切换到 BinarySearch.java 所在的文件夹，然后输入"javadoc -d doc -encoding utf8 -author -version BinarySearch.java"。

说明：

(1) -d：指定生成 API 文档的文件夹的相对路径。

(2) -encoding utf8：指定字符编码为 utf8。

命令执行过程的截图如图 3-5 所示。

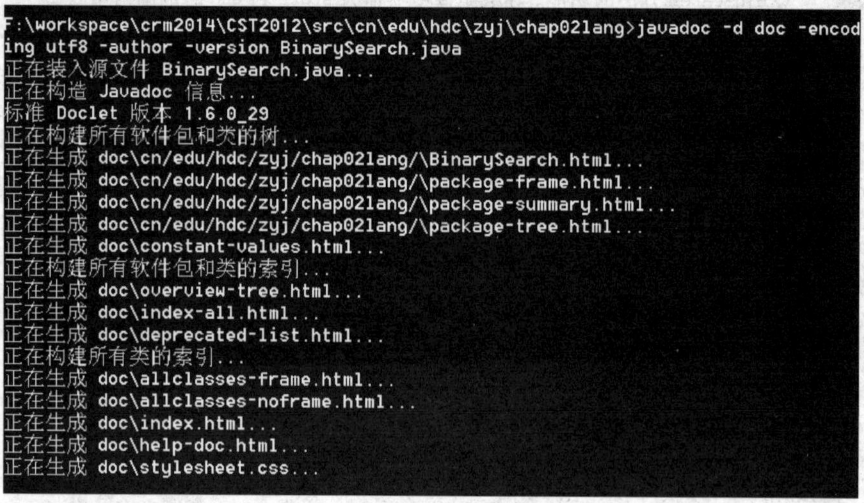

```
F:\workspace\crm2014\CST2012\src\cn\edu\hdc\zyj\chap02lang>javadoc -d doc -encod
ing utf8 -author -version BinarySearch.java
正在装入源文件 BinarySearch.java...
正在构造 Javadoc 信息...
标准 Doclet 版本 1.6.0_29
正在构建所有软件包和类的树...
正在生成 doc\cn/edu/hdc/zyj/chap02lang/\BinarySearch.html...
正在生成 doc\cn/edu/hdc/zyj/chap02lang/\package-frame.html...
正在生成 doc\cn/edu/hdc/zyj/chap02lang/\package-summary.html...
正在生成 doc\cn/edu/hdc/zyj/chap02lang/\package-tree.html...
正在生成 doc\constant-values.html...
正在构建所有软件包和类的索引...
正在生成 doc\overview-tree.html...
正在生成 doc\index-all.html...
正在生成 doc\deprecated-list.html...
正在构建所有类的索引...
正在生成 doc\allclasses-frame.html...
正在生成 doc\allclasses-noframe.html...
正在生成 doc\index.html...
正在生成 doc\help-doc.html...
正在生成 doc\stylesheet.css...
```

图 3-5 命令行下 Javadoc 生成 API 文档

3.5.3 在 Eclipse 中生成 API 文档的方法

在 Eclipse IDE 中选择 File|Export 命令，出现如图 3-6 所示的对话框，选中 Java 下的 Javadoc，单击 Next 按钮，在 Eclipse 中生成 API 文档，如图 3-7～图 3-9 所示。

Javadoc 默认读取操作系统采用的字符编码(中文 Windows 操作系统默认 GBK)。如果和 Eclipse 中编辑 Java 源文件的文本编辑器编码不一致，就会出现"编码 GBK 的不可映射字符"的异常信息。

解决办法：

(1) 在 Workspace 或 project 属性中将字符编码设置为 GBK。

(2) 在图 3-9 所示对话框的 Extra Javadoc options 文本框中加上以下内容。

```
-encoding UTF-8 -charset UTF-8
```

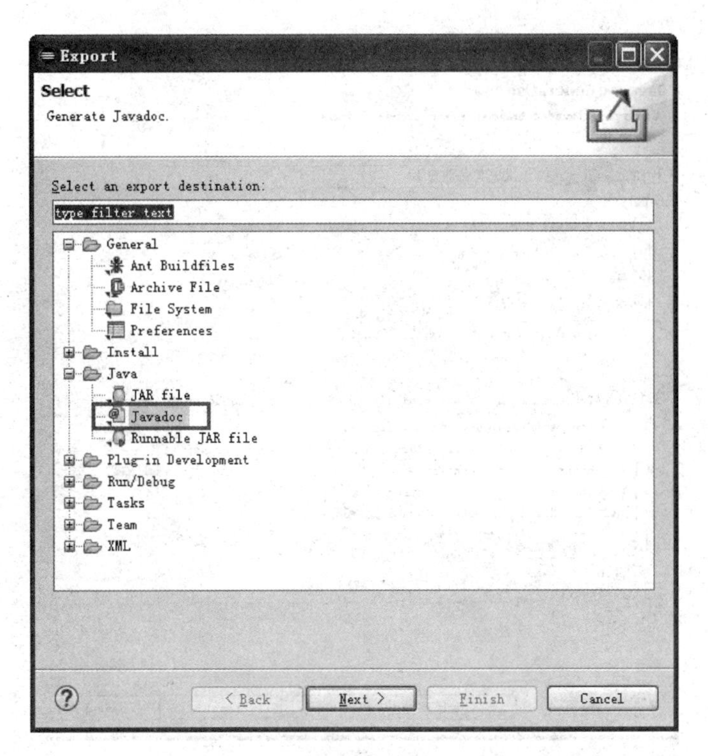

图 3-6　在 Eclipse IDE 中生成 API 文档——步骤 1

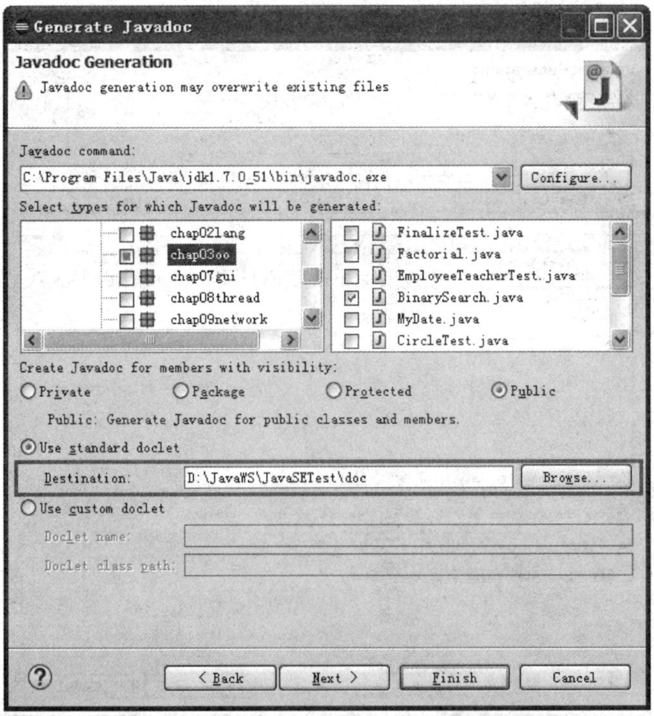

图 3-7　在 Eclipse IDE 中生成 API 文档——步骤 2

Generate Javadoc
Javadoc Generation
Configure Javadoc arguments for standard doclet.
Document title: 邯郸学院张延军
Basic Options
Generate use page
Generate hierarchy tree
Generate navigator bar
Generate index
Separate index per letter
Document these tags
@author
@version
@deprecated
deprecated list
Select referenced archives and projects to which links should be generated:
access-bridge.jar - not configured
charsets.jar - https://docs.oracle.com/javase/7/docs/ap
dnsns.jar - not configured
jaccess.jar - not configured
JavaSETest - file:/D:/JavaWS/JavaSETest/doc/
Select All
Clear All
Browse...
Style sheet:
Browse...
< Back
Next >
Finish
Cancel

图 3-8 在 Eclipse IDE 中生成 API 文档——步骤 3

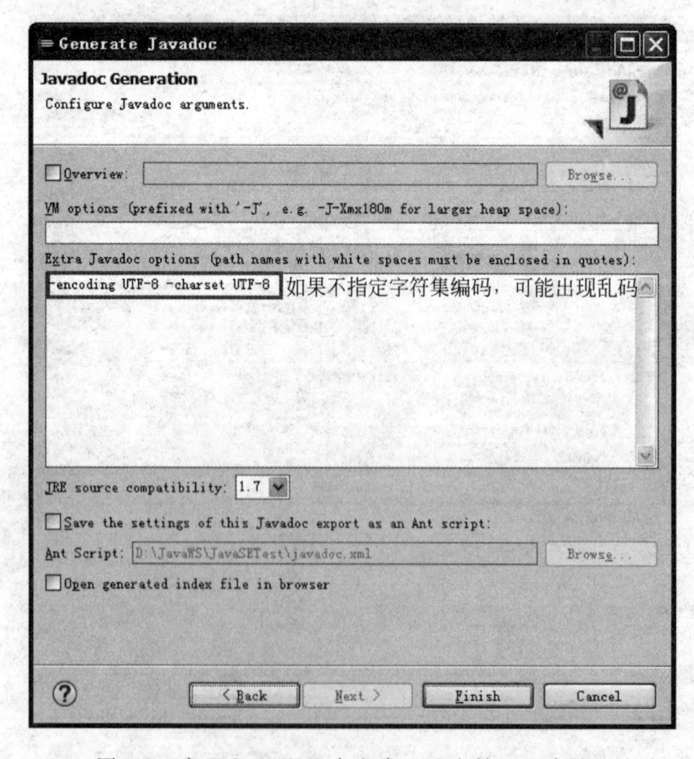

图 3-9 在 Eclipse IDE 中生成 API 文档——步骤 4

3.6 UML

3.6.1 UML 简介

在 UML 出现之前，各种各样的图表被用来描述软件系统，这带来了系统架构师、软件工程师、领域专家在知识交流过程中的阻碍。UML 的提出就是为了部分解决软件系统的描述问题。**UML（Unified Modeling Language）是为面向对象开发系统的产品进行描述说明、可视化和编制文档的一种标准语言**。UML 和平台无关，和具体语言无关，是对系统分析之后逻辑层的可视化展现。UML 提出了一套 IT 专业人员期待多年的统一的标准建模符号。截至目前为止，UML 已经推出了 2.0 版本，在企业中获得了广泛的应用。

注意：UML 不是一门编程语言，只能用来描述系统，不能用来开发和实现系统功能。

下面用自然语言、UML 图、Java 语言来描述同一件事情，读者可以感受到描述越来越具体、越来越专业化。

（1）用**自然语言**来描述：狗（Dog）是动物（Animal）。

（2）用 **UML 图**来表达：Dog 类继承 Animal 类，如图 3-10 所示。

（3）用 **Java 语言**表达如下：

```
class Animal{
}
public class Dog extends Animal{
}
```

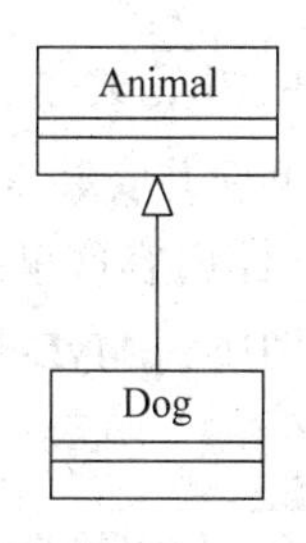

图 3-10 用 UML 描述类之间的继承关系

3.6.2 UML 建模工具

1. 常见的 UML 建模工具

- IBM Rational **Rose**：Rose 是一个功能强大的商业收费软件，是专门为 UML 建模而诞生的设计工具，后加入数据库端建模的支持，对开发过程中的各种语义、模块、对象以及流程、状态等描述比较好，对系统的代码框架生成有很好的支持。
- Borland **Together**：一个商业收费软件，提供一种用于对企业架构进行建模的协作方法，使需求、架构、设计和代码能够始终保持同步。Together 主要面向业务分析师、企业架构师和软件架构师用户。
- Sybase **PowerDesigner**：一个商业收费软件，主要特色是数据库建模和 UML 建模合二为一，可以从数据库生成模型，也可以从模型生成数据库代码，是数据库管理员必备的软件。
- Microsoft **Visio**：一款便于 IT 和商务专业人员对复杂信息、系统和流程进行可视化处理、分析和交流的软件。它原来仅仅是一种画图工具，从 Visio 2000 才开始引进软件分析设计功能到代码生成的全部功能，与 Microsoft 的 Office 产品能够无缝对接。对于代码的生成支持更多的是 Microsoft 的 VB、VC++、C# 等。
- **ArgoUML**：一个领先的开源 UML 模型工具，支持 UML 1.4 的所有标准，可以运行于任何 Java 平台上。

- **Eclipse UML** 插件：开源免费。
- **MyEclipse**：开源免费，基于 ArgoUML 进行了二次开发。
- **NetBeans**：开源免费。

2. MyEclipse UML 插件

MyEclipse 的 UML 建模工具实际上是基于 ArgoUML 开发的，并加入了反向工程和正向工程的功能，可以从代码生成 UML 图或者从 UML 图生成代码。本书中的 UML 图全部在 MyEclipse 的 UML 透视图下绘制。

MyEclipse 主要为开发人员提供了以下 UML 功能。

(1) UML 图的绘制：用例图、类图、序列图、协作图、状态图、活动图、部署图等；

(2) 从 UML 模型生成 Java 代码；

(3) 从任何 MyEclipse J2EE 或者 Eclipse Java 项目生成类图；

(4) 将 UML 导出为图片文件，支持多种格式：GIF、PNG、PS、EPS 和 SVG。

3.6.3 在 MyEclipse 下进行 UML 建模

MyEclipse 基于 ArgoUML 进行了二次开发，在易用性方面有了极大的提高。

1. 下载并安装 MyEclipse

对于此内容这里不再赘述。

2. 切换到 MyEclipse UML 透视图

如图 3-11 所示。

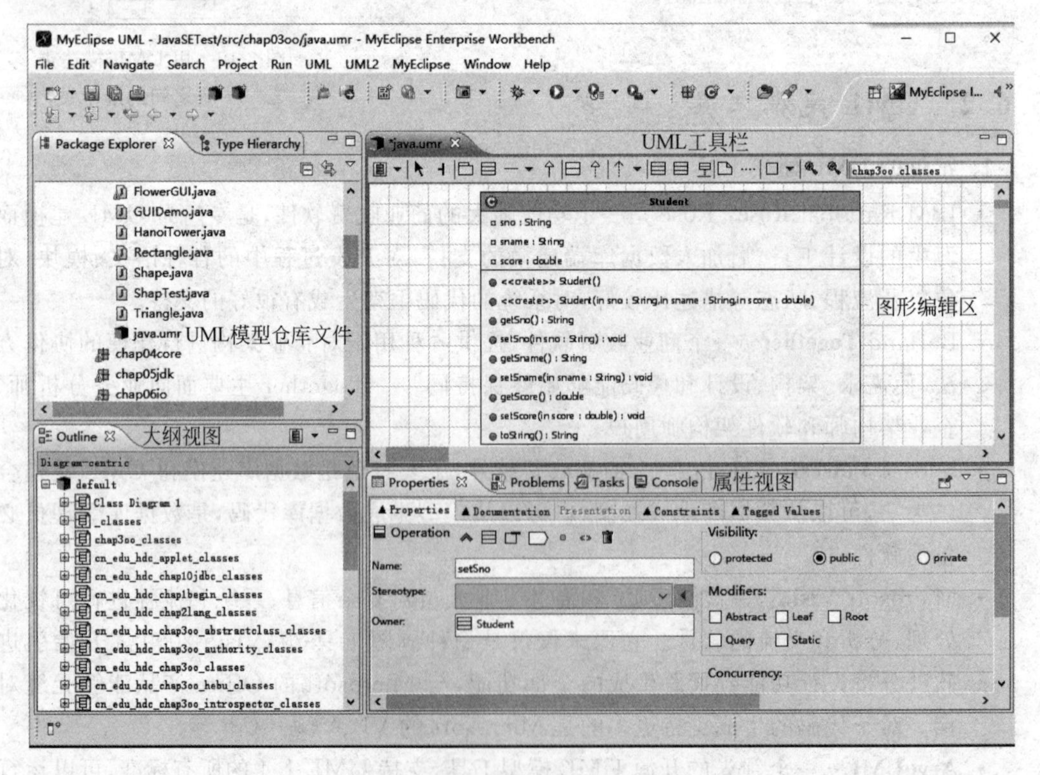

图 3-11 MyEclipse UML 透视图

3. 新建 UML Model Repository(UML 模型仓库)

建立 UML 模型仓库,然后就可以在 UML 模型仓库中创建类图、用例图、序列图、活动图、状态图、部署图等。UML 模型仓库文件的扩展名为.umr,*.umr~为 UML 备份文件。

4. UML 工具栏

UML 工具栏如图 3-12 所示。

图 3-12　MyEclipse UML 工具栏

对 UML 工具栏的详细讲解如表 3-1 所示。

表 3-1　MyEclipse UML 工具栏详解

图　标	英文提示	说　明
	New Class Diagram New Use Case Diagram New Sequence Diagram New Statechart Diagram New Activity Diagram New Deployment Diagram New Collaboration Diagram	新建类图 新建用例图 新建序列图 新建状态图 新建活动图 新建部署图 新建协作图
	Select	选择
	Broom	扫帚(单击后向各个方向拖动可以使图形对齐)
	New Package	新建一个包
	New Class	新建一个类
	New Association New Uni Association New Aggregation New Uni Aggregation New Composition New Uni Composition	双向联系 单向联系 双向聚集 单向聚集 双向组合 单向组合
	New Generalization	在类和类之间新建泛化(继承)关系
	New Realization	在类和接口之间新建接口关系
	New Dependency New Permission NewUsage	新建依赖类
	New Attribute	新建一个属性
	New Operation	新建一个操作(方法)
	New Association Class	新建关联类
	New Comment	新建一个注释
	New Comment Link	新建注释连接

续表

图　标	英文提示	说　明
	New Rectangle NewRRect Circle Line Text Polygon Spline Ink	新建矩形 新建圆角矩形 新建一个圆 新建一条直线 新建带框的文本 新建多边形 新建拟合曲线 新建墨水印
	Zoom In	放大
	Zoom Out	缩小

5. 类图的绘制

在类图中,第一个框格表示类的名字,第二个框格表示类的变量,第 3 个框格表示类的方法,如图 3-13 所示。对于成员变量、构造方法、方法前面的红色图标,空心加点表示 private,绿色实心圆点表示 public。<< create >>表示构造方法。

6. 正向工程与反向工程

稍微专业一点的 UML 设计器都提供了这个非常实用的功能,正向工程指根据 UML 类图生成 Java 源代码,反向工程指根据 Java 源代码生成 UML 类图。

(1) 选择 UML|Generate Java: 启动正向工程(Forward-Engineering)向导,选择要生成 Java 代码的源代码目录(一般为 src)和生成 UML 类图的 Java 类即可生成。

(2) 选择 UML|Reverse Engineer UML from Java: 启动反向工程(Reverse-Engineering)向导。MyEclipse 的 Java 代码到 UML 反向工程的过程可以用两种不同的方式实现,即批量处理模式和拖放模式。

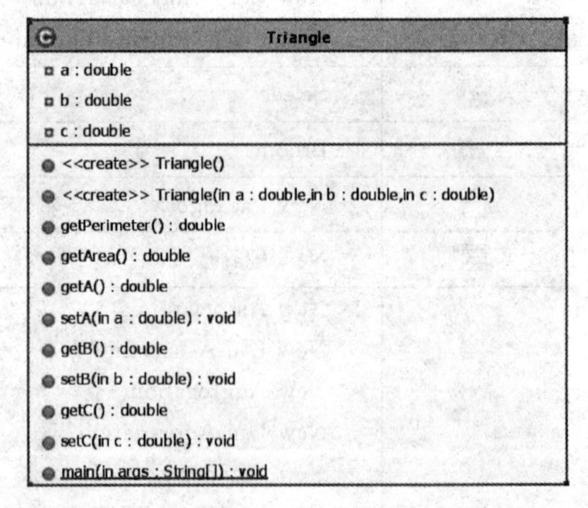

图 3-13　Triangle UML 类图

3.7　俄罗斯方块程序的阅读(Tetris. java)

通过编译、阅读 Tetris. java 直观地理解面向对象中常见的语法现象。

(1) package 语句的作用。

(2) import 语句的作用。

(3) Tetris. java 共 920 多行,在一个 Java 源文件(. java)中定义了 1 个接口、9 个类、9 个内部类(含匿名内部类)。

(4) *.java、*.class 的关系：在 Java 中，一个 Java 源文件可包含多个类和接口的定义，但最多只能定义一个公共类或公共接口，且 Java 源文件名必须和定义的公共类名或接口名相同。在实际项目开发中，建议一个.java 文件中只定义一个类或接口。

(5) Java 源文件编译后每一个类(含内部类)或接口都编译成一个独立的 class 文件。

(6) 直观地查看类、接口、内部类(匿名内部类)的定义。

(7) 子类继承父类的语法现象。

(8) 类实现接口的语法现象。

(9) 类成员变量、对象成员变量、局部变量、常量的定义。

(10) 构造方法的定义和调用。

(11) 类方法和对象方法的定义和调用。

(12) 如何生成 Jar 文件。

3.8 本章小结

本章主要介绍了面向对象技术的基础部分，主要包括类的定义、变量和方法的定义、对象的实例化与回收、定义包和引入类、Java 文档注释、UML 绘制类图等内容。

通过本章的学习，读者应该熟练掌握类、构造方法、方法、成员变量、包的定义和使用，掌握对象的实例化和回收，掌握 package 语句和 import 语句的使用，在 Java 程序中加入文档注释，并会在 Eclipse IDE 中生成标准的 Java 文档，初步了解 UML 的相关知识。

3.9 自测题

一、填空题

1. 面向对象的四大特征：________、________、________、________。

2. 面向过程提供________、________、________ 3 种逻辑结构，每种逻辑结构要求单入口和单出口。

3. 对象成员变量建议为________，然后为其统一提供________和________方法读/写。

4. java.lang.________类是所有 Java 类的根父类。

5. 用________修饰的类叫抽象类，抽象类只能被继承，不能被实例化。用________修饰的类叫最终类，最终类只能被实例化，不能被继承。

6. Java 类封装了________(表明对象的状态)、________(表明对象所具有的行为)、________(Constructor)、________(Inner Class)、静态/非静态________。

7. 创建或实例化对象一般通过“________+构造方法()”的方式来完成。

8. 构造方法是 Java 类中的一种特殊方法，用于实例化类的一个对象，为对象分配内存空间和成员变量初始化(数值类型 byte、short、int、long、float、double 初始化为________，boolean 类型初始化为________，char 类型初始化为________，引用类型全部初始化为________)。

9. 对于类或接口前的文档注释，@________表示作者，@________表示程序版本。

10. 对于方法或构造方法前的文档注释，@________表示形式参数说明信息；@________表示方法的返回参数类型说明信息；@________与@________相同，表示方法可能抛出的异常；@________表示该方法已经过时，不推荐使用。

11. UML 类图的第一个框格表示类的________，第二个框格表示类的________，第 3 个框格表示类的________。

二、SCJP 选择题

1. In which two cases does the compiler supply a default constructor for class A?（Choose two.）

A.
```
class A {}
```

B.
```
class A {
public A() {}
}
```

C.
```
class A {
public A(int x) {}
}
```

D.
```
class A{
void A(){}
}
```

Correct Answers:

2. What is the result?

```
01  public class A {
02       int x;
03       boolean check() {
04            x++;
05            return true;
06       }
07       void zzz() {
08            x = 0;
09            if ((check() | check()) || check()) {
10                 x++;
11            }
12            System.out.println("x = " + x);
13       }
14       public static void main(String[ ] args) {
15            new A().zzz();
16       }
17  }
```

A. x = 0　　B. x = 1　　C. x = 2　　D. x = 3

E. x = 4　　F. Compilation fails

Correct Answers:

3. Which two allow the class Thing to be instantiated using new Thing()?（Choose two.）

A.
```
public class Thing {}
```

B.
```
class Thing {
public Thing(){}
}
```

C. public class Thing{
public Thing(void){}
}

D. public class Thing{
public Thing(String s){}
}

E. public class Thing{
public void Thing(){}
public Thing(String s){}
}

Correct Answers：

4. What allows the programmer to destroy an object x?

A. x. delete()

B. x. finalize()

C. Runtime. getRuntime(). gc()

D. explicitly setting the object's reference to null

E. ensuring there are no references to the object

F. Only the garbage collection system can destroy an object

Correct Answers：

5. Given：

class Bar {}

```
01  class Test {
02      Bar doBar(){
03          Bar b = new Bar();
04          return b;
05      }
06      public static void main (String args[]) {
07          Test t = new Test();
08          Bar newBar = t.doBar();
09          System.out.println("newBar");
10          newBar = new Bar();
11          System.out.println("finishing");
12      }
13  }
```

At what point is the Bar object, created on line 3, eligible for garbage collection?

A. after line 8

B. after line 10

C. after line 4, when doBar() completes

D. after line 11, when main() completes

Correct Answers：

三、简答题

1. 简述如何调用类方法和对象方法。
2. 简述构造方法和一般方法有何不同。
3. Java 对象在什么情况下能够成为可以回收的垃圾？

3.10 编程实训

【编程作业3-1】 编写一个模拟股票的Stock类(Stock.java)

具体要求：

(1) Stock类有4个私有属性，即symbol(标志)、name(名称)、previousClosingPrice(前期收盘价)、currentPrice(当前价)；

(2) 生成Stock类的无参构造方法和包含所有属性的构造方法；

(3) 编写所有属性的Getters和Setters方法；

(4) 覆盖Object的toString()方法，自定义输出信息；

(5) 写一个StockTest测试类：创建一个Stock对象，其股票标志为SUNW、名称为Sun，前期收盘价为50，随机设置一个新的当前价，显示价格变化比例。

编程提示：

(1) 随机函数的使用请参考5.1.4节。

(2) 在Eclispe中用Source|Generate Constructor using Field生成无参构造方法和所有属性的构造方法；

(3) 在Eclispe中用Source|Generate Getters and Setters生成所有属性的Getters and Setters方法。

【编程作业3-2】 学生类的编写和测试(Student.java)

具体要求：

(1) 学生类有5个私有属性，即sno(学号)、sname(姓名)、sex(性别)、hight(身高)、weight(体重)、brithDate(出生日期)；

(2) 编写学生类的无参构造方法和包含所有属性的构造方法；

(3) 编写所有属性的Getters和Setters方法；

(4) 要求覆盖Object的toString()方法，自定义输出信息；

(5) 要求编写一个根据BMI指数返回该学生体重状况的方法；

(6) 生成一个学生类的对象，并输出学生信息“Student[20151001，张三，true，170，1980-01-01]”。

编程提示：

(1) brithDate可用java.util.Date类，注意String和Date之间的转换，SimpleDateFormat的使用请参考5.2.2节。

(2) BMI指数(BodyMassIndex，身体质量指数)是目前国际上常用的衡量人体胖瘦程度以及是否健康的一个标准。其计算公式为BMI＝weight/(hight×hight)，weight的单位为kg，hight的单位为cm。要求当BMI＜18.5时返回“偏瘦”，当18.5≤BMI≤23.9时返回“正常”，当BMI≥24时返回“正常超重”，当24≤BMI≤27.9时返回“偏胖”，当BMI≥28时返回“肥胖”。

【编程作业3-3】 三角形类的编写和测试(Triangle.java)

具体要求：

(1) 三角形类有3个私有属性，即*a*、*b*、*c*；

(2) 编写三角形类的无参构造方法和包含所有属性的构造方法；

(3) 编写所有属性的 Getters 和 Setters 方法；

(4) 编写求三角形面积的方法：public double getArea()；

(5) 编写求三角形周长的方法：public double getPrimeter()；

(6) 覆盖父类 Object 的 toString()方法以自定义输出的对象信息，例如三角形类的对象要求输出三角形[3，4，5]；

(7) 编写 main 分别调用两个构造方法生成两个三角形，然后设置相关参数，输出三角形的信息。

编程提示：

(1) 三角形的 3 条边分别为 a、b、c，$l=\frac{a+b+c}{2}$，$S=\sqrt{l(l-a)(l-b)(l-c)}$；

(2) 在 Eclispe 中可以用 Source|Override/implement method 覆盖父类的方法。

本作业的程序讲解视频可扫描二维码观看。

【编程作业 3-4】 创建复数类并实现复数的基本运算(ComplexTest.java)

复数 x 被定义为二元有序实数对(a,b)，记为 $x=a+bi$（其中 a 为实部、b 为虚部）。

具体要求：

(1) 复数类有两个私有属性，即 a、b；

(2) 编写复数类的无参构造方法和包含所有属性的构造方法；

(3) 编写所有属性的 Getters 和 Setters 方法；

(4) 覆盖父类 Object 的 toString()方法以实现自定义复数的输出信息，如复数 $5+4i$ 输出$(5+4i)$；

(5) 编写复数测试类 ComplexTest，包含复数类的加法、减法、乘法、除法和 main 几个方法：

- public static Complex add(Complex c1, Complex c2)；
- public static Complex subtract(Complex c1, Complex c2)；
- public static Complex multiply(Complex c1, Complex c2)；
- public static Complex divide(Complex c1, Complex c2)；
- 在 main 方法中测试以上方法并输出结果。

编程提示：

复数的四则运算规定如下。

(1) 加法法则：$(a+bi)+(c+di)=(a+c)+(b+d)i$；

(2) 减法法则：$(a+bi)-(c+di)=(a-c)+(b-d)i$；

(3) 乘法法则：$(a+bi)\times(c+di)=(ac-bd)+(bc+ad)i$；

(4) 除法法则：$(a+bi)\div(c+di)=[(ac+bd)/(c^2+d^2)]+[(bc-ad)/(c^2+d^2)]i$。

【编程作业 3-5】 汉诺塔问题(HanoiTower.java)

具体要求：汉诺塔问题。有 3 个底座 A、B、C，A 座上有 n 个盘子，每个盘子的大小都不一样，初始时大的在下，小的在上。把这 n 个盘子从 A 座借助于 B 座移动到 C 座，要求打印出移动的步骤。移动规则是一次只能移动一个盘子，始终保证大盘在下，小盘在上。如果 $n=64$，那么要移动完毕，世界末日就来临了。

编程提示：

(1) 一个盘时：直接从 A 座移动到 C 座，需要移动一次；

(2) 两个盘时：小盘从 A 座移动到 B 座，大盘从 A 座移动到 C 座，小盘从 B 座移动到 C 座，需要移动 2×2－1 次；

(3) n 个盘时：需要移动 $2n-1$ 次。

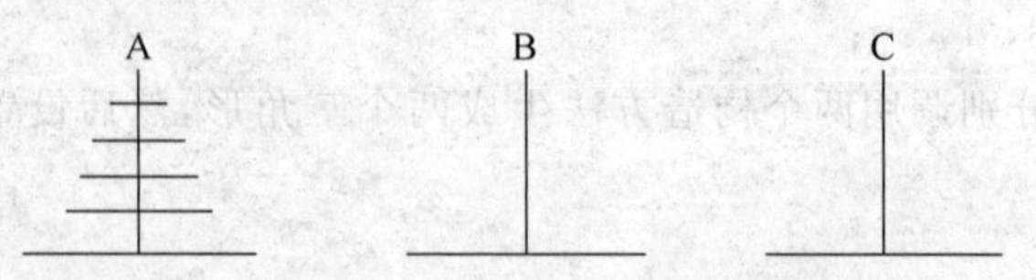

将 n 个盘子从 A 座借助 B 座移动到 C 座这个问题可以这样解决：

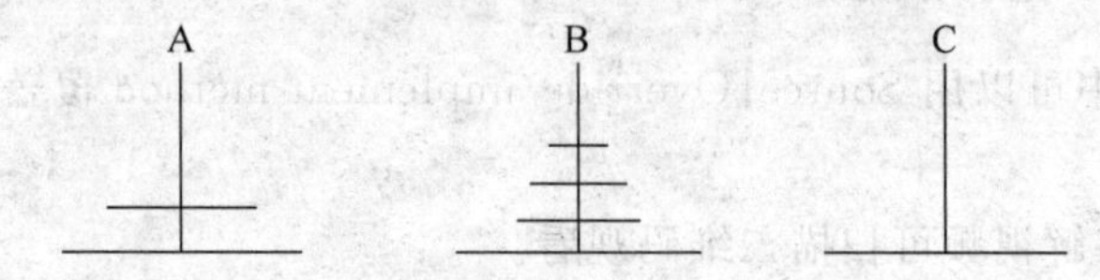

- 如果 $n=1$，则直接将盘子从 A 座移动到 C 座，否则将 $n-1$ 个盘子从 A 座借助 C 座移动到 B 座；

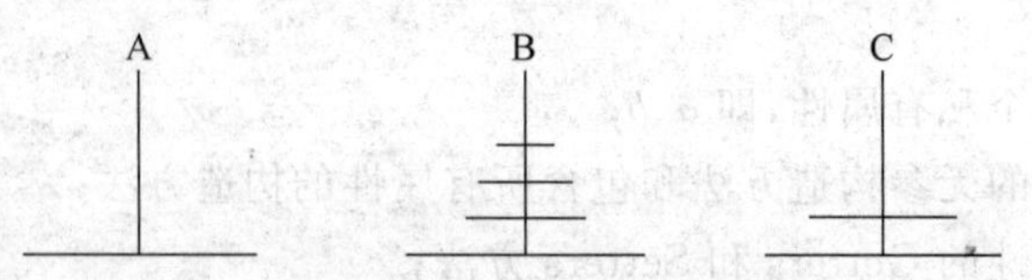

- 直接将剩下的一个最大盘子从 A 座移动到 C 座；
- 将 $n-1$ 个盘子从 B 座借助 A 座移动到 C 座。

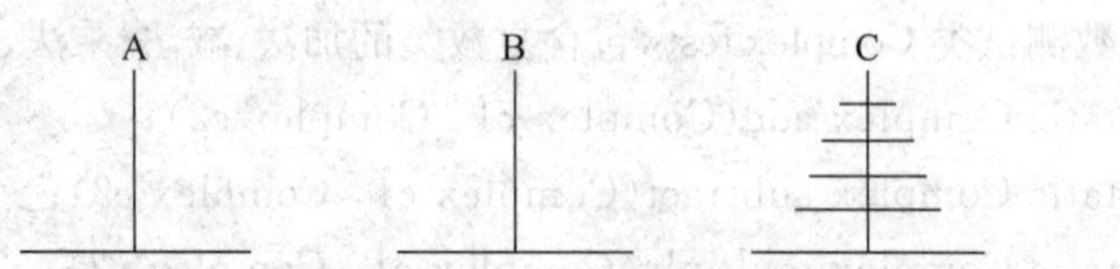

本作业的程序讲解视频可扫描二维码观看。

【编程作业 3-6】 根据 UML 图编写 Java 程序(ShapeTest.java)

具体要求：

(1) 编写图形抽象类 Shape，其包含一个常量 PI、颜色属性、两个抽象方法 getArea()和 getPerimeter()。

(2) Circle 类继承了抽象类 Shape，包含一个私有属性 radius，实现抽象方法 getArea()和 getPerimeter()，覆盖方法 toString()实现自定义圆的输出信息，如半径为 5 的圆输出 Cricle[5]。

(3) Triangle 类继承了抽象类 Shape，包含 3 个私有属性 a、b、c，实现抽象方法 getArea()和 getPerimeter()，覆盖方法 toString()实现自定义三角形的输出信息，如边 3、4、5 的三角形输出 Triangle[3,4,5]。

(4) Rectangle 类继承了抽象类 Shape，包含两个私有属性 length、width，实现抽象方法 getArea()和 getPerimeter()，覆盖方法 toString()实现自定义矩形的输出信息，如长 4 宽 5

的矩形输出 Rectangle[4,5]。

(5) ShapeTest 类是一个测试类，对于 public void addOne(Shape shape)，如果传入的是 Circle 的对象，则半径加 1；如果传入的是 Rectangle 的对象，则长和宽分别加 1；如果传入的是 Triangle 的对象，则 3 条边分别加 1。

(6) 在 ShapeTest 类的 main 方法中要求构造 Circle 类、Triangle 类、Rectangle 类的对象，并对相关方法进行测试。

其 UML 类图如图 3-14 所示。

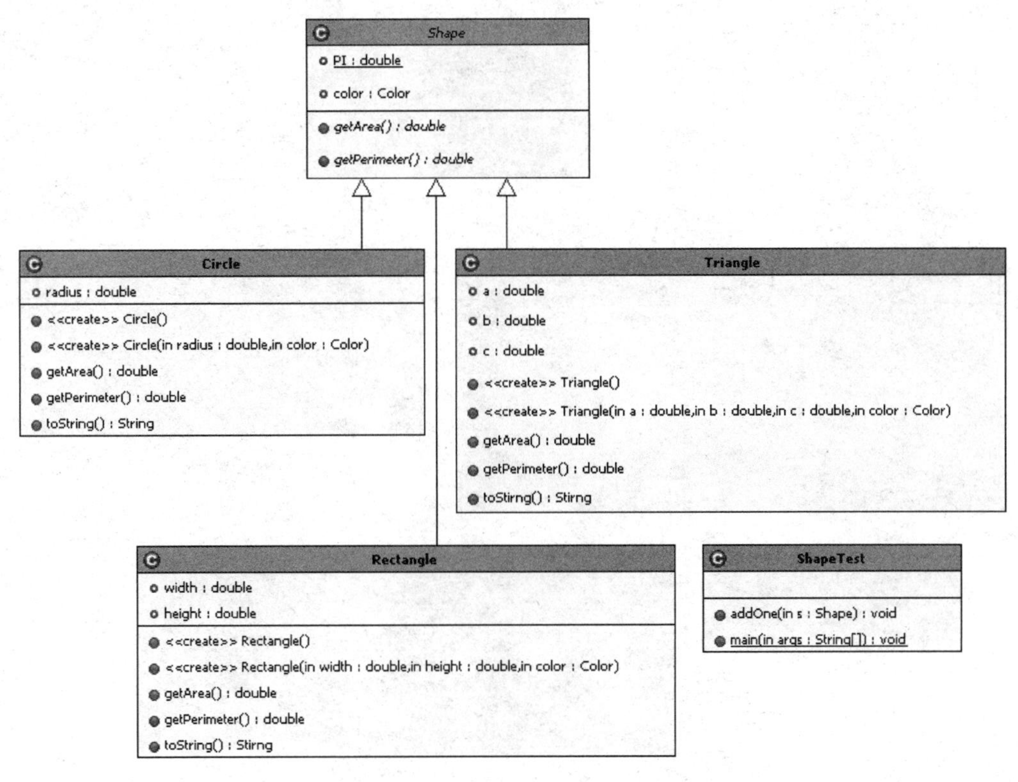

图 3-14　UML 类图

编程提示：

(1) Color 类可以参考 java. awt. Color 类。

(2) 用 instanceof 运算符可以判断一个对象(可能是上溯造型后)是否为某个类的实例，详见 4.7 节。

本作业的程序讲解视频可扫描二维码观看。

【实际操作 3-1】　在 Eclipse 中将 Java Application 导出为 Jar 文件

具体要求： 在 Eclipse IDE 中将 Tetris. java 复制到 JavaSETest 工程的 chap03oo 包下编译运行，按 3.7 节要求阅读 Tetris. java，然后 Tetris. java 导出可执行 Jar 文件。

中篇　Java高级编程

第4章 面向对象高级编程

在本章我们将一起学习以下内容：

- Java 内存分配与管理。
- 类的重用。
- static 关键字。
- final 和 abstract 关键字。
- 接口(interface)。
- 内部类。
- 对象的上溯造型和下溯造型。
- 异常处理机制。

4.1 JVM 内存管理

当 JVM 运行一个 Java 程序的时候，必须先由**类加载器**把相关的 Java 类载入内存。另外，JVM 需要存储一些信息，包括类的字节码、从类文件中提取出来的一些附加信息、程序中实例化的对象、方法参数和返回值、局部变量以及计算的中间结果等。

JVM 的内部体系结构如图 4-1 所示。

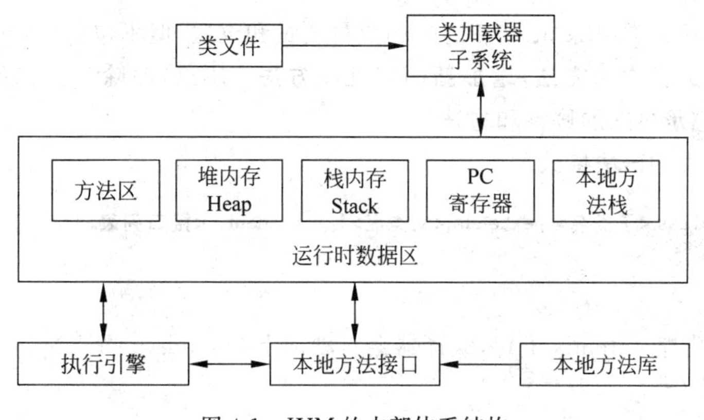

图 4-1 JVM 的内部体系结构

现将与 Java 编程直接相关的堆内存和栈内存介绍如下。

(1) **栈内存(Stack)**：基本数据类型变量直接在栈内存中保存值，引用类型变量在栈内存中只保存指向堆内存的对象的地址(即指针)，对象的内容保存在堆内存中。局部变量在方法中定义时分配空间，超出作用域时回收内存空间。栈内存空间较小，采用 **FILO** (**FirstInLastOut**)内存管理机制，存取速度快、效率高。

(2) **堆内存(Heap)**：堆内存用来存放对象的内容。用 new＋构造方法的方式实例化对象时在堆内存中分配内存空间，当对象所占用的内存空间没有指针指向它时，由垃圾回收器自动回收内存空间。堆内存因运行时动态分配内存和回收内存，导致效率较低，比较耗费内存。

4.2 类的重用

4.2.1 类的继承和组合

面向对象中的**继承**思想更接近于人类的思维方式，可以大大提高代码的**重用性和健壮性**，提高**编程效率**，降低了**软件维护的工作量**。

实现类的重用有继承和组合两种方式。

1. 继承

类的继承表达的是 IS A(一般与特殊)的关系。那么何时选择继承呢？一个很好的经验是"B是一个A吗?"，如果是则让B作A的子类。

Java采用继承机制来组织、设计软件系统中的类和接口。在Java单继承树状结构中，除**根父类 java.lang.Object** 外，每个子类只能有一个直接父类，除**最终类**之外的类都可以有多个子类。

相对来说，父类更加抽象，子类更加具体。**子类是对父类的扩展，子类是一种特殊的父类**。父类(ParentClass)又被称为基类(BaseClass)、超类(SuperClass)。子类(Subclass/ChildClass)又被称为衍生类(DerivedClass)。

Java 采用"extends 父类名"的方式来实现单继承，采用"implements <接口列表>"的方式来实现多继承。

子类可以继承父类中除 private 之外的成员变量和方法，但不包括构造方法。在子类的类体中可以**重写父类中的方法，增加新的属性和方法**。所以，**类除了自己的属性和方法以外，还有从父类继承过来的属性和方法**。

子类继承父类的语法格式如下：

```
<类修饰符> class <子类名> [extends <父类名>][implements <接口列表>]{
        <类体>
}
```

说明：如果省略 extends 子句，编译器会自动加上 extends java.lang.Object。

2. 聚合和组合

聚合表达的是 **HAS A(整体与部分)**的关系。聚合是表示整体的类和表示部分的类之间的"整体-部分"关系。组合是聚合的一种形式，强调部分和整体之间具有很强的"属于"关系，且它们的生存期是一致的。

那么何时选择组合呢？一个很好的经验是"A有一个B吗?"，如果有则让B作A的成员变量。

【示例程序 4-1】 类的组合示例(CombinationTest. java)

功能描述:本程序描述了汽车类 Car,它由一个引擎(Engine 类)、4 个车窗(Window 类数组)、4 个车门(Door 类数组)组合而成。

```
01  class Engine {
02      public void start() {
03          System.out.println("------  start()----------");
04      }
05      public void stop() {
06          System.out.println("------  stop()----------");
07      }
08  }
09  class Door {
10      public void open() {
11          System.out.println("------  open()----------");
12      }
13      public void close() {
14          System.out.println("------  close()----------");
15      }
16  }
17  class Window {
18      public void rollup() {
19          System.out.println("------  rollup()----------");
20      }
21      public void rolldown() {
22          System.out.println("------  rolldown()----------");
23      }
24  }
25  class Car {
26      Engine engine = new Engine();
27      Door[] door = {new Door(),new Door(),new Door(),new Door()};
28      Window[] window = {new Window(),new Window(),new Window(),new Window()};
29  }
30  public class CombinationTest {
31      public static void main(String[] args) {
32          Car car = new Car();
33          car.engine.start();
34          car.door[0].close();
35          car.window[0].rolldown();
36      }
37  }
```

4.2.2 关键字 this 和 super

1. 关键字 this

this 指向当前对象,主要用来调用本类的构造方法或访问成员变量(或成员方法),其语法格式如下:

- **this([实参数列表]);**

- **this. 成员变量；**
- **this. 成员方法([实参数列表])；**

说明：

(1) this()只能出现在构造方法的第一行。

(2) 在同一个构造方法中 super()和 this()不能同时出现，this ([实参数列表])中的参数决定了调用本类的哪个构造方法。

(3) 当局部变量和成员变量重名时，可以用 this. 变量名来访问被覆盖的成员变量。

2. 关键字 super

super 指向当前类的父类，主要用来调用父类的构造方法或访问父类的成员变量(或成员方法)，其语法格式如下：

- **super([实参数列表])；**
- **super. 成员变量；**
- **super. 成员方法([实参数列表])；**

说明：

(1) 调用父类的构造方法只能出现在子类的构造方法中，且必须在第一行。

(2) super([实参数列表])中的参数决定了调用父类的哪个构造方法。如果子类构造方法中没有出现 super([实参数列表])，那么编译器将自动加入 super()，即调用父类的空构造方法。

(3) 调用父类的成员变量和成员方法：**"super. 变量名；"**或**"super. 方法名()；"**。

4.2.3 方法的覆盖

覆盖(Override)是指子类的成员方法的名称及形式参数和父类的成员方法的名称及形式参数相同的现象。

方法覆盖的规则如下。

(1) 一般在子类继承父类时发生。

(2) 3 个相同：方法名、形式参数、返回类型相同。

(3) 方法抛出的异常：子类方法抛出的异常应该比父类方法抛出的异常更小或相等，即子类方法只能抛出父类方法异常或其异常的子类。

(4) 方法的权限修饰符：子类方法的访问权限要大于等于父类方法的访问权限。

(5) static 方法只能被 static 方法覆盖，非 static 方法只能被非 static 方法覆盖，不能交叉覆盖。

(6) final 方法不能被覆盖。

【示例程序 4-2】 方法的覆盖示例(Ostrich. java)

功能描述：在本程序中 Ostrich 类的 fly()方法覆盖 Bird 类的 fly()方法。

```
01  class Bird{
02      public void fly(){
03          System.out.println("--Bird:fly()--");
04      }
05  }
```

```
06  public class Ostrich extends Bird{
07      public void fly(){
08          super.fly();            //调用父类被覆盖的方法
09          System.out.println(" -- Ostrich:fly() -- ");
10      }
11      public static void main(String[] args) {
12          Ostrich o = new Ostrich();
13          o.fly();
14          Bird b1 = new Ostrich();
15          b1.fly();
16      }
17  }
```

4.3 static 关键字简介

4.3.1 static 关键字

static 关键字用来区分成员变量、成员方法、内部类、初始化块是属于类的还是属于对象的，**有 static 修饰的成员属于类，否则属于对象**。static 关键字不能用来修饰方法中的局部变量。

1. 类成员变量和对象成员变量

类成员变量描述了该类的所有对象的共同特征。类成员变量在该类第一次被加载到虚拟机时分配了静态存储区，以后每次生成对象时不再分配空间，直到虚拟机停止之前静态存储区的变量一直存在。因此，**类成员变量相当于全局变量，为所有对象共享**，可以直接通过“**类.成员变量名**”的方式来访问。

对象成员变量描述的是每个对象的独有特征。对象成员变量从某个类的对象被创建开始存在(在堆内存中分配空间)，直到该对象被销毁才结束。在创建类对象后才能使用“**对象名.成员变量名**”的方式来访问。

2. 类方法和对象方法

类方法指有 static 修饰的成员方法，可直接通过“**类名.方法名(实参数)**”来调用。

对象方法指没有 static 修饰的成员方法，需要先创建该类的对象，再通过“**对象名.方法名(实参数)**”的方式来调用。

3. 静态语句块和非静态语句块

静态语句块指在类体中、方法外定义的有 static 修饰的语句块。**静态语句块当其所在类被 JVM 载入内存时自动执行一次，负责类的初始化。**

访问一个类的成员或实例化一个类，必须将这个类载入内存。**将一个类载入内存，必须先载入其父类。**

非静态语句块指在类体中、方法外定义的语句块。**非静态语句块在调用构造方法实例化对象之前自动执行一次，用于初始化对象。调用一个类的构造方法，必须先调用父类的构造方法。**

再重复一遍：类方法/类变量、类成员方法/类成员变量、静态方法/静态变量是同一说法；对象方法/对象变量(引用变量)、实例方法/实例变量、非静态方法/非静态变量是同一说法。

4. 需要注意的问题

(1) 类方法可以直接访问该类中的类方法和类属性，不能直接调用对象方法和对象属性。但可以先实例化对象，再通过“对象名.成员”的方式访问。

(2) 对象方法可以直接调用该类中的类方法和对象方法，也可以直接访问该类的类属性和对象属性。

(3) 在静态方法中不能使用 this 关键字。

(4) 静态方法不能被非静态方法覆盖，静态方法只能覆盖静态方法，对象方法只能覆盖对象方法。

(5) 一个特殊的静态方法：public static void main(String args[])是 Java Application 的入口。

【示例程序 4-3】 成员变量和成员方法的访问(StaticTest.java)

功能描述：在 StaticTest 类中分别定义类变量、对象变量、类方法、对象方法，然后在 main 方法中演示如何访问这 4 类成员。

```
01  public class StaticTest {
02      static String mystring = "hello";            //类属性
03      int i = 10;                                   //对象属性
04      //类方法
05      static void staticMethod() {
06          System.out.println("I'm a static method!");
07      }
08      //对象方法
09      void nonStaticMethod() {
10          System.out.println("I'm not a static method!");
11          staticMethod();                           //可以直接调用类方法
12      }
13      public static void main(String args[]) {
14          //类方法的访问
15          StaticTest.staticMethod();                //当前类可以省略
16          StaticTest st = new StaticTest();
17          st.staticMethod();                        //通过对象名也可以访问类方法或类属性
18          //类属性的访问
19          System.out.println(StaticTest.mystring);
20          System.out.println(st.mystring);
21          st.nonStaticMethod();                     //对象方法的访问
22          //对象属性的访问
23          StaticTest se = new StaticTest();
24          System.out.println(se.i);
25      }
26  }
```

4.3.2 初始化语句块的自动执行

一个 Java 类的运行包括编辑、编译、载入内存、校验、执行 5 个阶段。

当 JVM 要实例化一个类或访问某一个类中的方法时需要先将该类载入内存。**在将该类载入内存之前，JVM 自动将这个类的父类载入内存**。类载入内存之后，JVM 自动执行该类的静态语句块。

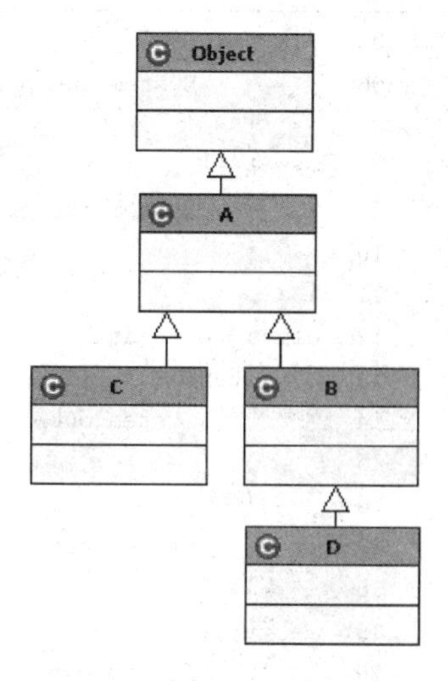

图 4-2 UML 类图-继承

当 JVM 要用"new 构造方法()"的方式**实例化一个类时必须先实例化其父类**，因为编译器为每一个类的构造方法都自动加了一句"**super();**"，在**实例化一个类之前 JVM 自动执行该类的非静态语句块**。

类的继承结构如图 4-2 所示，如果实例化类 D，请说出构造方法执行的顺序。

【示例程序 4-4】 子类构造方法自动调用父类构造方法删除单词之间的空格(ConStructor CallTest.java)

功能描述：在本程序中 Wolf 类继承 Animal 类，Animal 类继承 Creature 类，请仔细阅读程序，并写出程序的运行结果。

```
01  class Creature extends java.lang.Object {
02      public Creature() {
03          System.out.println(" ------ Creature ------ ");
04      }
05  }
06  class Animal extends Creature {
07      public Animal() {
08          System.out.println(" ------- Animal ------- ");
09      }
10  }
11  class Wolf extends Animal {
12      public Wolf() {
13          System.out.println(" ------- Wolf ------- ");
14      }
15  }
16  public class ConStructorCallTest {
17      public static void main(String[] args) {
18          new Wolf();
19      }
20  }
```

【示例程序 4-5】 静态和非静态语句块、父类构造方法的自动隐含调用(D.java)

功能描述：在本程序中 D 类继承 B 类，B 类继承 A 类。A 类、B 类、D 类每个类中包含了静态语句块、非静态语句块、构造方法，请写出调用 D 类的构造方法时自动执行的语句顺序，并写出程序的运行结果。

```
01  class A extends java.lang.Object{
02      {
03          System.out.println(" ------ 调用 A 的非 static 语句块 ----- ");
04      }
```

```
05      static{
06          System.out.println("------ 调用 A 的 static 语句块 ----- ");
07      }
08      A(){
09          System.out.println("------ 调用 A() ----- ");
10      }
11  }
12  class B extends A {
13      static{
14          System.out.println("------ 调用 B 的 static 语句块 ----- ");
15      }
16      {
17          System.out.println("------ 调用 B 的非 static 语句块 ----- ");
18      }
19      B(){
20          System.out.println("------ 调用 B() ----- ");
21      }
22  }
23  public class D extends B{
24      static{
25          System.out.println("------ 调用 D 的 static 语句块 ----- ");
26      }
27      {
28          System.out.println("------ 调用 D 的非 static 语句块 ----- ");
29      }
30      D(){
31          System.out.println("------ 调用 D() ----- ");
32      }
33      public static void main(String args[ ]){
34          D d = new D();
35      }
36  }
```

示例程序 4-5 的讲解视频可扫描二维码观看。

4.3.3 变量的初始化问题

任何类型的变量在使用之前必须进行初始化，要么由系统初始化，要么由用户自己进行初始化。

(1) 类变量可以在类载入内存后在静态语句块中进行初始化，对象变量可以在非静态语句块中进行初始化。

(2) 对象实例化时自动将对象成员变量进行初始化。

(3) 局部变量的栈(Stack)初始化必须由用户自己来进行。

(4) 成员变量初始化的原则：数值类型变量(byte、short、int、long、float、double)初始化为 0，boolean 类型变量初始化为 false，char 类型变量初始化为'\0'，引用类型变量初始化为 null。

【示例程序 4-6】 各种类型变量的初始化测试(InitialTest)

功能描述：本示例程序测试了类变量、对象变量、基本数据类型局部变量、引用类型局部变量的初始化问题。

```
01 public class InitialTest {
02     static int i;        //类变量
03     boolean flag;        //对象变量
04     public static void main(String args[]) {
05         System.out.println(i);
06         InitialTest b = new InitialTest();
07         System.out.println(b.flag);
08         int a[] = new int[3];
09         System.out.println(a[0]);
10         String s1 = new String("This is a very\n long string");
11         String s = null;
12         System.out.println(s);
13         int n;
14         //System.out.println(n);
15     }
16 }
```

4.3.4 Java 方法的调用总结

在 Java 中，访问其他类中的方法和属性有 3 种方式：

- 通过“**类.方法名**”或“**对象.方法名**”的方式访问。
- 通过**继承**的方式访问。
- 通过**组合或聚合**的方式，让另外一个类作为本类的成员。

现将 Java 方法的调用总结如下：

1. 调用其他包其他类中的静态方法

(1) 用 import 语句引入要调用方法的类，用“**类名.方法名([实参数]);**”的方式调用。

(2) 直接采用“**包路径.类名.方法名([实参数])**”的方式调用。

注意：*在同一包中包路径可以省略，在同一类中类名可以省略。*

2. 调用其他包其他类中的非静态方法

(1) 用 import 语句引入要调用方法的类所在的包。

(2) 生成该类的对象：**类名 对象名=new 构造方法(实参数);**

(3) **对象名.方法名([实际参数表]);**

3. 父类中方法的调用

(1) 父类构造方法的调用：**super([实际参数表]);**

(2) 父类中被覆盖方法的调用：**super.方法名([实际参数表]);**

4. 本类中方法的调用

(1) 本类构造方法的调用：**this([实际参数表]);**

(2) 非静态方法可以直接调用本类中的其他方法(静态方法和非静态方法)：**方法名([实际参数表]);**

(3) 静态方法可以直接调用本类中的其他静态方法，但在调用非静态方法之前必须先生成当前类的对象，然后通过“**对象名.方法名([实际参数表])**”的方式调用。

4.4 final和abstract关键字

1. final关键字

final有下面3种用法：

(1) final用在变量前面，该变量成为**常量**，只能赋值一次。

(2) final用在方法前面，该方法成为**最终方法**，不能被覆盖。

(3) final用在类前面，该类成为**最终类**，只能实例化，不能被继承。

2. abstract关键字

abstract有下面两种用法：

(1) abstract用作方法修饰符，表示该方法为**抽象方法**。**抽象方法只有方法的定义，没有方法的实现(方法体)**。例如"public abstract void getArea();"。

(2) abstract用作类修饰符，则该类为**抽象类**。**抽象类可以不含有抽象方法，但含有抽象方法的类、继承父类的抽象方法没有完全实现抽象方法、实现接口没有完全实现抽象方法时必须声明为抽象类**。

注意：

(1) 抽象类不能被实例化为对象，只能被其他子类继承；

(2) 抽象类中的抽象方法必须在其子类中被实现，否则该子类只能声明为abstract class；

(3) 抽象方法不能为static。

在下列情况下一个类必须声明为抽象类：

(1) 当一个类的一个或多个方法是抽象方法时；

(2) 当一个类继承了一个抽象类，并且没有实现父类的所有抽象方法，即只实现了部分抽象方法时；

(3) 当一个类实现一个接口，并且不能为全部抽象方法都提供实现时。

4.5 接　口

接口(interface)本质上是一个比抽象类更加抽象的类。而抽象类更接近一个类，只是比普通类多了抽象方法的定义。抽象类只能对其子类的行为(通过实现抽象方法)进行约束。但接口可以对实现本接口的所有类进行约束，范围更加广泛。如果把抽象类比喻成国家的一部法律，接口则是一部国际法。**国内法律只适用于本国，而国际法适用于所有缔约国**。

接口是常量和抽象方法的集合，即在接口中只能定义常量和抽象方法。接口不能被实例化，只能被继承(extends)或实现(implements)。

4.5.1 接口的定义

接口可以通过extends关键字继承接口，但是一个接口可以继承多个接口，这一点与类的继承有所不同。原来的接口称为**基本接口**(BaseInterface)或**父接口**(SuperInterface)，派生出的接口称为**派生接口**(DerivedInterface)或**子接口**(SubInterface)。派生接口不仅可以继承父接口的成员，同时也可以加入新的成员以满足实际问题的需要。

接口定义的语法格式如下：

```
[接口修饰符] interface 接口名称 [extends 父接口列表]{
        //常量定义
        //抽象方法的定义
}
```

说明：

(1) 常量前如果没有 public、static、final 修饰符，编译器会自动加上。

(2) 抽象方法指只有方法定义没有方法实现的方法。在**接口中的方法**前编译器会自动加上 abstract 关键字。

4.5.2 用类实现接口

在定义好接口后，其他类就可以用 implements 关键字实现该接口，接受该接口的约束。类实现接口的语法如下：

```
[类修饰符] class 类名 [extends 父类名] [implements <接口列表>]{
        …
        …//实现接口中的抽象方法
}
```

说明：

(1) 实现接口的类必须实现该接口中的所有抽象方法，只要有一个抽象方法没有实现，则该类只能声明为一个抽象类。

(2) 在实现一个接口的时候，来自接口的方法必须声明成 public。

【示例程序 4-7】 类实现接口示例(ImplementsTest.java)

功能描述：若 Circle 类、Rectangle 类实现了 Shape2D 接口，就必须实现该接口中所有的抽象方法，否则它只能声明为抽象类。ImplementsTest 测试类读者自己实现。

```
01  interface Shape2D {
02      //编译器自动为每一个成员变量加上 public、static、final 修饰符
03      public static final double PI = 3.14;
04      //编译器自动为每一个方法加上 abstract 修饰符
05      public double getArea();
06      public double getPerimeter();
07  }
08  class Circle implements Shape2D {
09      private double r;
10      public Circle(double r) {
11          this.r = r;
12      }
13      //实现接口中的抽象方法
14      public double getArea() {
15          return (PI * r * r);
16      }
17      public double getPerimeter() {
18          return (2 * PI * r);
```

```
19          }
20      }
21      //因为没有实现接口的 Shape2D 中的 getPerimeter()抽象方法,所以 Rectangle 类只能声明为抽象类
22      abstract class Rectangle implements Shape2D {
23          private double width;
24          private double height;
25          public Rectangle(double width, double height) {
26              this.width = width;
27              this.height = height;
28          }
29          @Override
30          public double getArea() {
31              return (width * height);
32          }
33      }
```

4.5.3 接口与抽象类的区别

接口和抽象类非常相似,特别容易混淆,现将两者之间的区别总结如下。

(1) **关键字不同**:interface、abstract class。

(2) **接口比抽象类更加抽象**:抽象类是含有抽象方法的类,可以包含成员变量、构造方法、一般方法、抽象方法,更接近类。接口只能是常量和抽象方法的集合。

(3) **接口同时通过 extends 关键字可以继承多个接口。抽象类只能通过 extends 关键字继承一个父类。**

(4) **类可以实现许多接口**:接口不是类分级结构的一部分,没有联系的类可以实现相同的接口。

(5) 接口相当于国际公约,只能约束所有加入该公约的国家。抽象类相当于法律,只能约束该抽象类的子类。

【示例程序 4-8】 类实现接口和继承抽象类示例(Person.java)

功能描述:本程序中的 Person 类继承司机抽象类(Driver),实现教师接口(ITeacher)和父亲接口(IFather),代表一个人拥有多个角色,既是司机,又是教师和父亲。Person 类必须接受其父类和父接口的约束,即实现其父类和父接口中的抽象方法。

```
01      interface ITeacher {
02          public void teach();
03      }
04      interface IFather {
05          public void earnMoney();
06      }
07      abstract class Driver {
08          public abstract void drive();
09      }
10      public class Person extends Driver implements IFather, ITeacher{
11          @Override
12          public void teach() {
```

```
13            System.out.println("----------teach()----------");
14        }
15        @Override
16        public void earnMoney() {
17            System.out.println("----------earnMoney()----------");
18        }
19        @Override
20        public void drive() {
21            System.out.println("----------drive()----------");
22        }
23        public static void main(String[] args) {
24            Person p = new Person();
25            p.teach();
26            p.earnMoney();
27            p.drive();
28        }
29    }
```

4.6 内 部 类

Java 语言规范允许：

(1) 在另一个类或者一个接口中定义一个类。

(2) 在另一个接口或者一个类中定义一个接口。

(3) 在一个方法中定义一个类。

(4) 类和接口的定义可以任意嵌套。

因此，**类的成员除了包括成员变量、构造方法、成员方法、初始化语句块外还应该包括内部类**。

Java 允许在一个类的内部定义类，这个类称为**内部类(Inner class)**，包含了内部类定义的类称为**外部类(Outer class)**。

4.6.1 为什么要引入内部类

内部类可以实现更好的封装，使代码更容易理解和维护，使相关的类都能存在于同一个 Java 源文件中。内部类最自然的一种应用就是声明只在另一个类的内部使用的类，或者声明与另一个类密切相关的类。

内部类不能用普通的方式访问。**内部类是外部类的一个成员**，因此**内部类可以自由地访问外部类的成员变量**。如果将内部类声明成静态的，那么它只能直接访问外部类的静态成员。

4.6.2 内部类的分类和应用

1. 静态内部类

静态内部类是用 static 修饰的内部类。在静态内部类中可以直接访问外部类的静态成员变量或静态成员方法，通过外部类访问静态内部类的静态成员比较简单。其语法格式如下：

- **外部类名.内部类.静态成员方法()；**
- **外部类名.内部类.静态变量；**

2. 对象内部类

对象内部类是没有static修饰的内部类。内部类实例可以访问外部类的所有成员变量和成员方法，内部类的对象一定要绑定在外部类的对象上。通过外部类访问静态内部类的非静态成员需要先新建内部类的对象，然后通过对象名.成员的方法调用。其语法格式如下：

- **外部类名.内部类名 对象变量名=new 外部类名().new 内部类名()；**
- **对象变量名.成员；**

【示例程序4-9】 静态内部类、对象内部类的测试(OuterClass.java)

功能描述：本程序演示静态内部类、对象内部类和外部类之间的相互访问问题。

```
01  public class OuterClass {
02      private static double PI = 3.14;
03      private double r = 10;
04      static class SInner {
05          static void getPerimeter() {
06              //静态内部类的方法只能直接访问外部类的类成员变量和方法
07             System.out.println(2 * PI * 10);
08          }
09          void getArea() {
10              System.out.println(PI * 10 * 10);
11          }
12      }
13      class OInner {
14          void getPerimeter() {
15              //对象内部类的方法可以直接访问外部类的成员变量和方法
16             System.out.println(2 * PI * r);
17          }
18      }
19      public static void main(String[ ] args) {
20          //访问静态内部类的静态方法
21          OuterClass.SInner.getPerimeter();
22          //访问静态内部类的非静态方法
23          OuterClass.SInner os = new OutterClass.SInner();
24          os.getArea();
25          //访问对象内部类的方法
26          OuterClass.OInner oc = new OutterClass().new OInner();
27          oc.getPerimeter();
28      }
29  }
```

3. 匿名内部类

匿名内部类是没有命名的内部类，通常用来简化代码编写，提高程序的可阅读性。正因为没有命名，所以匿名内部类只能使用一次。使用匿名内部类还有一个前提条件：**必须继**

承一个父类或实现一个接口。匿名类可以从抽象类或者接口继承,必须提供抽象方法的实现。匿名内部类在 GUI 编程或多线程编程过程中的应用较多。

匿名内部类的应用代码片段如下:

```
01  …
02  app.addWindowListener(new WindowAdapter() {
03      public void windowClosing(WindowEvent e){
04      System.exit(0);
05      }
06  });
07  …
```

内部类仍然是一个独立的类,在编译之后内部类会被编译成一个独立的.class 文件,详细示例请参考 3.7 节。

编译后内部类的.class 文件的命名规则如下。

- **一般内部类:外部类名 $ 内部类名**。
- **匿名内部类:外部类名 $ 数字**。

4.7 对象的上溯造型和下溯造型

类型转换也称为**造型(Cast)**。Java 支持自动类型转换及强制类型转换。

在 2.2.4 节中介绍了 byte、short、int、long、float、double、char **几种基本数据类型之间的自动类型转换和强制类型转换**,本节主要讲解**引用类型之间的类型转换(基于继承关系)**。

子类其实是一种特殊的父类,因此 **Java 允许把一个子类对象直接赋值给一个父类引用变量,自动完成类型转换**,这种语法现象被称为**上溯造型**。

1. 引用类型之间的类型转换

某个类的对象可以:

(1) **上溯造型为任何一个父类类型(自动完成)**:即任何一个子类的引用变量(或对象)都可以被当成一个父类应用变量(或对象)来对待,因为子类继承了父类的属性和行为,但反过来并不成立。例如"Shape s=new Circle();"。

(2) **上溯造型为实现的一个父接口(自动完成)**:虽然不能用接口生成对象,但可以声明接口的引用变量,接口的引用变量可以指向任何实现了此接口的对象。例如"List i = new ArrayList();"。

(3) **下溯造型回到它自己所在的类(强制转换)**:一个对象被溯型为父类或接口后还可以再被下溯造型,回到它自己所在的类。注意,**只有曾经上溯造型过的对象才能进行下溯造型**,对象不允许不经过上溯造型而直接下溯造型,否则运行时会抛出 java.lang.**ClassCastException**。

上溯造型的优点是用户可以把不同类型的子类上溯为同一个父类类型,以方便地统一处理它们;缺点是**损失掉了子类新扩展增加的属性和方法(覆盖父类的方法不会损失掉),除非再进行下溯造型,否则这部分属性和方法不能被访问**,详见示例程序 4-10。

Java 的引用变量有两个类型,一个是**编译时类型**,另一个是**运行时类型**。编译时类型由声明该变量时使用的类型决定，运行时类型由实际赋给该变量的对象决定。如果编译时类型和运行时类型不一致，则会出现所谓的多态。

【示例程序 4-10】 引用类型上溯/下溯造型示例(CastUpDownTest.java)

功能描述：Fish 类继承了 Animals 类，Fish 对象可以自动上溯造型为 Animals 对象，然后下溯造型为 Fish 对象。本程序演示了在这个过程中方法的损失情况。

```
01  class Animals {
02      void breathe() {
03          System.out.println("Animal breathe…");
04      }
05      final static void live(Animals an) {
06          an.breathe();
07      }
08  }
09  class Fish extends Animals {
10      void swim() {
11          System.out.println("I can swim…");
12      }
13      void breathe() {
14          System.out.println("Fish breathe…");
15      }
16  }
17  public class CastUpDownTest {
18      public static void main(String args[]) {
19          //Fish 上溯为 Animal,将丢失在父类 Animal 上增加的新方法
20          Animals an = new Fish();
21          //an.swim();
22          an.breathe();
23          //覆盖父类的方法不会损失掉
24          Fish f = (Fish) an;
25          f.swim();
26      }
27  }
```

2. instanceof 操作符

经过多次上溯造型和下溯造型，当用户不能确定某个对象是否为某个类的对象时可以使用运算符 instanceof 来判断。运算符 instanceof 的语法格式如下：

- **object instanceof class**
- **object instanceof interface**

【示例程序 4-11】 运算符 instanceof 的应用示例(InstanceofTest.java)

功能描述：本程序定义了 Sub 类、Pclass 类、Pinterface 接口，Sub 类继承 Pclass 类，实现 Pinterface 接口，然后测试了 instanceof 运算符。

```
01  interface Pinterface{
02  }
03  class PClass{
04  }
```

```
05  class Sub extends PClass implements Pinterface{
06  }
07  public class InstanceofTest {
08      public static void main(String[ ] args) {
09          PClass s = new Sub();
10          Pinterface pi = new Sub();
11          System.out.println(s instanceof Sub);
12          System.out.println(s instanceof PClass);
13          System.out.println(s instanceof Pinterface);
14          System.out.println(s instanceof Object);
15      }
16  }
```

4.8 访问权限修饰符

1. 访问权限修饰符

访问其他类中的方法和属性有下面 3 种方式：

(1) 通过“**类.方法名**”或“**对象.方法名**”的方式访问；

(2) 通过**继承**的方式访问；

(3) 通过**组合或聚合**的方式，让另外一个类作为本类的成员。

访问权限修饰符主要在继承或包之间的成员访问时进行权限的控制。Java 语言中有 3 个访问权限修饰符、4 种可见范围，如表 4-1 所示。

(1) **private 修饰的成员变量或方法**的可见范围为**当前类**。子类只能继承父类中所有非 private 的成员。

(2) **没有权限修饰符修饰的成员变量或方法**的可见范围为**当前包**。

(3) **protected 修饰的成员变量或方法的**可见范围是**当前包及该类的子类**，即可以被同一个包、该类的子类(可以不同包)的方法访问。

(4) **public 修饰的成员**变量或方法可以被**所有包**所有类中的方法访问。

表 4-1　权限修饰符的访问范围

访问范围	private	friendly	protected	public
同一类中	√	√	√	√
同一包中		√	√	√
同一包及其子类			√	√
全局范围				√

程序演示：

(1) 类 chap03oo.Demo 拥有 4 个可见级别的属性和方法；

(2) 类 chap03oo.B 继承类 chap03oo.Demo，位于同一个包；

(3) 类 chap03oo.E 与类 chap03oo.Demo 没有继承关系，位于同一个包；

(4) 类 chap04core.F 与类 chap03oo.Demo 位于不同包，没有继承关系；

(5) 类 chap04core.G 继承类 chap03oo.Demo，位于不同包。

相关图示如图 4-3 所示。

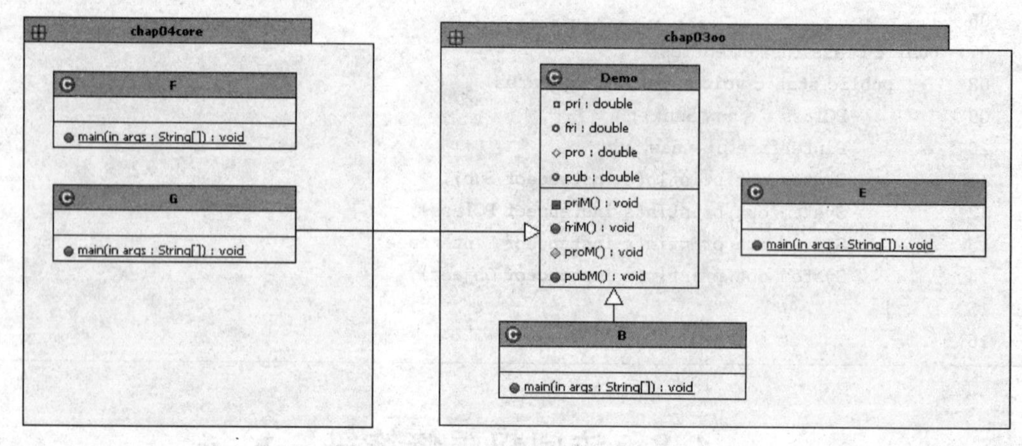

图 4-3　不同权限修饰符成员的访问

上述程序演示视频可扫描二维码观看。

2. 修饰符总结

Java 语言的修饰符包括 public、protected、private、abstract、final、static、strictfp、synchronized、native、transient、volatile 等关键字，分别用作类修饰符、接口修饰符、方法修饰符、成员变量修饰符、局部变量修饰符、初始化语句块修饰符。这里总结一下修饰符的使用，如表 4-2 所示。

表 4-2　修饰符总结

修饰符	类或接口	成员变量	方法	构造方法	初始化块	内部类	局部变量
public	√	√	√	√		√	
protected		√	√	√		√	
private		√	√	√			
abstract	√		√			√	
final	√	√	√			√	√
static		√	√		√	√	
strictfp	√		√			√	
synchronized			√				
native			√				
transient		√					
volatile		√					

4.9　异常处理机制

在进行程序设计时错误的产生是不可避免的，那么如何处理错误？把错误交给谁去处理？程序又该如何从错误中恢复？这是任何程序设计语言都要解决的问题。

异常(Exception)是指程序运行过程中出现的可能会打断程序正常执行的事件或现象。例如用户输入错误、除数为零、文件找不到、数组下标越界、内存不足等。为了加强程序的鲁棒性(Robust)，在编写程序时必须考虑到可能发生的异常(Abnormal)事件并做出相应的处理。

在面向过程语言中用 if 语句实现程序的错误处理，业务逻辑代码和异常处理代码交叉在一起，程序的阅读和维护都不太方便。

【示例程序 4-12】 面向过程错误处理示例

功能描述：用伪代码演示了面向过程错误处理机制。

```
01  openFiles;                                        //打开文件
02  if(theFilesOpen){
03      get the length of the file;                   //得到文件的大小
04      if (gotTheFileLength) {
05          allocate that much memory;                //为文件申请内存
06          if (gotEnoughMemory){
07              read the file into memory;            //将文件读入内存
08              if (readFailed){
09                  errorCode = -1;
10              }else{
11                  closeTheFile;                     //关闭文件
12              }
13          }else{
14              errorCode = -2;
15          }
16      }else{
17          errorCode = -3 ;
18      }
19  }else{
20      errorCode = -4;
21  }
```

目前主流的编程语言都提供了成熟的异常处理机制。Java 采用面向对象的异常处理机制，用 try…catch…finally 语句将程序中的业务逻辑代码和异常处理代码有效分离，便于程序的阅读、修改和维护。

【示例程序 4-13】 面向对象的异常处理机制伪代码示例

功能描述：下面的伪代码片段演示了面向对象的错误处理机制。

```
01  try {
02          openTheFile;
03          determine its size;
04          allocate that much memory;
05          read-File;
06          closeTheFile;
07  }catch(fileopenFailed){
08          dosomething;
09  }catch(sizeDetermineFailed){
10          dosomething;
11  }catch(memoryAllocateFailed){
12          dosomething;
13  }catch(readFailed){
```

```
14          dosomething;
15      }catch(fileCloseFailed){
16          dosomething;
17      }finally{
18          dosomething;
19      }
```

4.9.1 方法调用堆栈

JVM 在执行字节码文件时方法调用堆栈中详细地记录了每一层方法调用的信息。在程序运行过程中一旦发生异常,程序就会中止运行,并在控制台上输出方法调用堆栈中的信息。方法调用堆栈信息包括异常类型以及每一层方法调用时异常发生的所在类、方法、代码行等信息。通过查看方法调用堆栈信息,可以迅速定位异常发生位置,作为调试和修改程序的重要依据。

【示例程序 4-14】 程序发生异常时控制台输出方法调用堆栈信息(MethodCallTest.java)

功能描述:本程序演示了当程序运行过程中发生异常时自动地在控制台上输出方法调用堆栈的信息。

```
01  public class MethodCallTest{
02      int[] arr = new int[3];
03      public void methodOne(){
04          methodTwo();
05          System.out.println("One");
06      }
07      public void methodTwo(){
08          methodThree();
09          System.out.println("Two");
10      }
11      public void methodThree(){
12          System.out.println(arr[3]);
13          System.out.println("Three");
14      }
15      public static void main(String[] args){
16          new MethodCallTest().methodOne();
17          System.out.println("main");
18      }
19  }
```

控制台输出信息如下:

```
Exception in thread "main" java.lang.ArrayIndexOutOfBoundsException: 3
    at zyj.MethodCallTest.methodThree(MethodCallTest.java:13)
    at zyj.MethodCallTest.methodTwo(MethodCallTest.java:9)
    at zyj.MethodCallTest.methodOne(MethodCallTest.java:5)
    at zyj.MethodCallTest.main(MethodCallTest.java:17)
```

4.9.2 Exception 的概念、子类及其继承关系

Exception 类的继承 UML 图如图 4-4 所示。

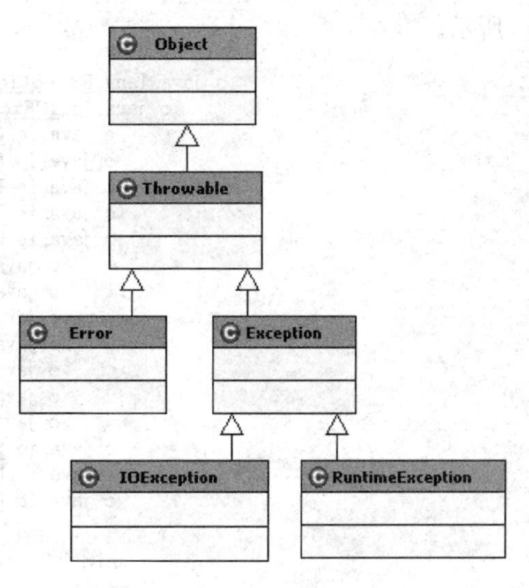

图 4-4 Exception 的继承结构

在 Java 中将异常情况分为 Error 和 Exception 两大类。

(1) **Error 类**：指较少发生的内部系统错误，由 JVM 生成并抛出，包括动态链接失败、JVM 内部错误、资源耗尽等严重情况，程序员无能为力，只能让程序终止。

(2) **Exception 类**：解决由程序本身及环境所产生的异常，有补救或控制的可能，程序员也可预先防范，增加程序的健壮性。

Java 中的 Exception 可以分为下面两大类。

(1) **运行时异常(RuntimeException)**：指可以通过编译，只有在 JVM 运行时才能发现的异常，如被 0 除、数组下标超范围等。运行时异常的产生比较频繁，处理麻烦，对程序的可读性和运行效率影响不太大，因此用户可以检测也可以不检测。RuntimeException 及其子类如图 4.5 所示。

- java.lang.Exception
  - java.lang.ClassNotFoundException
  - java.lang.CloneNotSupportedException
  - java.lang.IllegalAccessException
  - java.lang.InstantiationException
  - java.lang.InterruptedException
  - java.lang.NoSuchFieldException
  - java.lang.NoSuchMethodException
  - java.lang.RuntimeException
    - java.lang.ArithmeticException
    - java.lang.ArrayStoreException
    - java.lang.ClassCastException
    - java.lang.EnumConstantNotPresentException
    - java.lang.IllegalArgumentException
      - java.lang.IllegalThreadStateException
      - java.lang.NumberFormatException
    - java.lang.IllegalMonitorStateException
    - java.lang.IllegalStateException
    - java.lang.IndexOutOfBoundsException
      - java.lang.ArrayIndexOutOfBoundsException
      - java.lang.StringIndexOutOfBoundsException
    - java.lang.NegativeArraySizeException
    - java.lang.NullPointerException
    - java.lang.SecurityException
    - java.lang.TypeNotPresentException
    - java.lang.UnsupportedOperationException

图 4-5 RuntimeException 及其子类

(2) **编译时异常**：也称为检查性异常，Java 编译器要求 Java 程序必须通过捕获或声明所有的检查性异常的方式进行异常处理，否则不能通过编译。在 Java 中，Exception 类中除

了 RunTimeException 类及其子类外都是编译时异常，例如以 IOException 为代表的一些类（如 FileNotFoundException）、用户连接数据库时产生的 SQLException 等，如图 4-6 所示。

```
o java.lang.Exception
    o java.io.IOException
        o java.io.CharConversionException
        o java.io.EOFException
        o java.io.FileNotFoundException
        o java.io.InterruptedIOException
        o java.io.ObjectStreamException
            o java.io.InvalidClassException
            o java.io.InvalidObjectException
            o java.io.NotActiveException
            o java.io.NotSerializableException
            o java.io.OptionalDataException
            o java.io.StreamCorruptedException
            o java.io.WriteAbortedException
        o java.io.SyncFailedException
        o java.io.UnsupportedEncodingException
        o java.io.UTFDataFormatException
```

图 4-6 IOException 及其子类

4.9.3 Java 异常处理机制

Java 异常处理机制主要通过以下两种方式处理异常：

- 使用 **try…catch…finally** 语句对异常进行捕获和处理。
- 在可能产生异常的方法定义首部用 **throws** 声明抛出异常。JVM 将类载入内存后调用 main()方法，main()方法再调用其他方法。在 Java 中采用“谁调用，谁负责处理”的异常处理机制。

1. try…catch…finally 语句

语法格式：

```
try{
…                                   //可能产生异常的代码
}catch(异常类型 1 异常对象 1){
…                                   //异常处理代码
}catch(异常类型 2 异常对象 2){
…                                   //异常处理代码
}[finally{
…                                   //无论异常发生与否都执行的代码
}]
```

说明：

(1) finally{}是 try…catch 的统一出口，一般用来处理“善后工作”，例如关闭数据库连接、关闭 Socket 连接、关闭文件流等资源。

(2) 一个 try 语句块可对应多个 catch 块，用于对多个异常类进行捕获。如果要捕获的异常类之间有父子继承关系，应该将子类的 catch 块放置在父类的 catch 块之前。

(3) try…catch…finally 语句可以嵌套。

2. 在方法首部 throws 声明抛出异常

如果一个方法没有捕获可能引发的异常,就必须在方法首部声明可能发生异常,交由调用者来处理异常。

语法格式:

```
<类修饰符><返回值类型><方法名>([<形式参数列表>])[throws <异常类型列表>]{
    [<语句>]
}
```

【示例程序 4-15】 try…catch…finally 语句测试(TryCatchFinally.java)

功能描述:本程序演示了 try…catch…finally 语句的使用,读者在阅读程序时要注意程序发生异常时直接跳转到相应的 catch 子句,后面的代码将不会被执行;注意多个 catch 子句,捕获的异常子类在前,父类在后;无论发生异常与否,finally 子句中的代码都会被执行。

```
01  public class TryCatchFinally{
02      public static void proc(int mode){
03          try{
04              if(mode == 0){
05                  System.out.println("没有异常发生!");
06              }else{
07                  int j = 4/0;
08                  System.out.println("异常发生后面的代码不会被执行!");
09              }
10          }catch(ArithmeticException e ) {
11              System.out.println("捕获到 ArithmeticException 异常!");
12          }catch(Exception e ) {
13              System.out.println("捕获到 Exception 异常!");
14          }finally{
15              System.out.println("无论发生异常与否都会执行的代码!");
16          }
17      }
18      public static void main( String args[] ){
19          proc(0);
20          proc(1);
21      }
22  }
```

4.9.4 自定义异常

Java 语言允许用户在需要时创建自己的异常类型,用于表述 JDK 中未包括的其他异常情况。自定义异常类必须继承 Throwable 或其子类,一般继承 Exception 类。依据命名惯例,其应以 Exception 结尾。

用户自定义异常未被加入 JRE 的控制逻辑中,因此永远不会自动抛出,只能由用户手工创建并抛出,请查阅 JDK 文档中 Exception 类的内容。

语法格式:

```
throw new <自定义异常名>([实参数表])
```

【示例程序 4-16】 自定义异常和人工抛出异常示例(ThrowTest.java)

功能描述:本程序产生自定义 MyException 异常类,然后在 ThrowTest 类人工抛出 MyException 异常类,并进行捕捉处理。

```
01  class MyException extends Exception{
02      private int idnumber;
03      //覆盖 MyException 默认的构造方法
04      public MyException(String message,int id){
05          super(message);              //调用父类的构造方法
06          this.idnumber = id;
07      }
08      public int getId(){
09          return idnumber;
10      }
11  }
12  public class ThrowTest{
13      public void regist(int num)throws MyException{
14          if(num<0){
15              throw new MyException("人工抛出异常:人数为负值!",3);
16          }
17          System.out.println("登记人数:" + num);
18      }
19      public void manager(){
20          try{
21              regist(-100);
22          }catch(MyException e){
23              System.out.println("登记出错,类别:" + e.getId());
24          }
25          System.out.println("本次登记操作结束.");
26      }
27      public static void main(String args[]){
28          ThrowTest t = new ThrowTest();
29          t.manager();
30      }
31  }
```

4.10 本章小结

本章主要介绍了面向对象技术的高级部分,包括 JVM 内存管理,类的重用,static、fianl、abstract 关键字的使用,接口的定义和实现,内部类,对象的上溯造型和下溯造型,Java 异常处理机制。

通过本章的学习,读者能够理解面向对象的继承和多态的概念,掌握类的继承、方法重写、super 关键字、final 关键字、抽象类和接口以及多态,了解什么是异常、异常的处理方式和自定义异常。

4.11 自 测 题

一、填空题

1. JVM 在分配内存空间时用________来保存基本数据类型变量和对象的地址，用________来存放对象的内容。

2. Java 采用“________ <父类>”的方式来实现单继承，采用“________ <接口列表>”的方式来实现多继承。

3. 关键字________指向当前类的对象，关键字________指向当前类的父类。

4. 关键字________用来标识成员变量、成员方法、内部类、初始化块等成员是属于类的还是属于对象的。

5. ________指在类体中、方法外定义的有________修饰的语句块，当其所在类被 JVM 载入内存时自动执行一次，负责________的初始化。将一个类载入内存必须先载入其________。

6. ________块指在类体中、方法外定义的语句块，在调用________实例化对象之前 JVM 会自动执行一次，用于________的初始化。调用一个类的构造方法，JVM 会自动先调用________的构造方法。

7. 成员变量初始化的原则：byte、short、int、long、float、double 数值类型默认初始化为________，boolean 类型初始化为________，char 类型初始化为________，引用类型全部初始化为________。

8. final 用在变量前面，该变量成为________，只能赋值一次。final 用在方法前面，该方法成为________，不能被子类的方法覆盖。final 用在类前面，该类成为________，只能实例化，不能被继承。

9. 关键字________修饰的方法为抽象方法(只有方法的定义，没有方法的实现)。含有抽象方法的类必须声明为________类。

10. ________本质上是一个比________更加抽象的类，在接口中只能定义________和________。

11. 经过多次的上溯造型和下溯造型，当用户不能确定某个对象是否为某个类的对象时，可以使用运算符________来判断。

12. 关键字 private 修饰的成员的可见范围是________，没有权限修饰符成员的可见范围是________，关键字 protected 修饰的成员的可见范围是________，关键字 public 修饰的成员的可见范围是所有包中所有类都可以访问。

13. 在 Java 中，可以用________…________…________结构对异常进行捕获和处理，也可以在可能产生异常的方法定义首部用________声明抛出异常。

14. 当程序可能发生异常时，应该把无论异常发生与否都执行的代码放到________子句中。

二、SCJP 选择题

1. Given:

```
class Zing{
   protect Hmpf h;
}
class Woop extends Zing{}
class Hmpf{}
Which is true? (Choose all that apply.)
```

A. woop is-a Hmpf and has-a Zing

B. Zing is-a Woop and has-a Hmpf

C. Hmpf has-a Woop and Woop is-a Zing

D. Woop has-a Hmpf and Woop is-a Zing

E. Zing has-a Hmpf and Zing is-a Woop

Correct Answers:

2. What is the result?

```
01 public class Test {
02       private static int j = 0;
03       public static boolean methodB(int k) {
04           j += k;
05           return true;
06       }
07       public static void methodA(int i) {
08           boolean b;
09           b = i < 10 | methodB(4);
10           b = i < 10 || methodB(8);
11       }
12       public static void main(String[] args) {
13           methodA(0);
14           System.out.println(j);
15       }
16 }
```

A. 0　　B. 4　　C. 8　　D. 12　　E. Compilation fails

Correct Answers:

3. Given:

```
class Plant{
   String getName(){return"plant";}
   plant getType(){return this;}
}
class Flower extends Plant{
//insert code here
}
class Tulip extends Flower{}
which statement(s), inserted at line 6, will compile?(Choose all that apply.)
```

A. Flower getType(){return this;}

B. String getType(){return "this";}

C. Plant getType(){return this;}

D. Tulip getType(){return new Tulip();}

Correct Answers:

4. Given:

```
Class Clidders{
public final void flipper(){System.out.println("Clidder");}
}
publicclass Clidlets extends Clidders{
publicvoid flipper(){
System.out.println("Filp a Clidlet");
super.flipper();
}
publicstatic void main(String[ ] args){
new Clidlets().flipper();
}
}
What is the result?
```

A. Filp a Clidlet

B. Filp a Clidder

C. Filp a Clidlet
   Filp a Clidder

D. Filp a Clidlet
   Filp a Clidder

E. Complilation fails

Correct Answers:

5. public abstract interface Frobnicate{public void twiddle(String s);}

Which is a correct class? (Choose all that apply.)

A. public abstract class Frob implements Frobnicate{
        public abstract void twiddle(String s){}
   }

B. public abstract class Frob implements Frobnicate{}

C. public class Frob extends Frobnicate{
        public void twiddle(Integer i){}
   }

D. public class Frob implements Frobnicate{
        public void twiddle(Integer i){}
   }

E. public class Frob implements Frobnicate{
        public void twiddle(Integer i){}
   public void twiddle(String s){}
   }

Correct Answers:

6. Given：

```
01  class Plane {
02      static String s = "-";
03      public static void main(String[] args) {
04          new Plane().s1();
05          System.out.println(s);
06      }
07      void s1() {
08          try {
09              s2();
10          } catch (Exception e) {
11              s += "c";
12          }
13      }
14      void s2() throws Exception {
15          s3();
16          s += 2;
17          s3();
18          s += "2b";
19      }
20      void s3() throws Exception {
21          throw new Exception();
22      }
23  }
```

What is the result?

A. -

B. -c

C. -2c

D. -c2

E. -c22b

F. -2c2b

Correct Answers：

三、程序运行题

写出下列程序的运行结果。

```
01  class A {
02      int i = 9, j;
03      public A() {
04          prt("i = " + i + ",j = " + j);
05          j = 10;
06      }
07      static {
08          int x1 = prt("A is superclass.");
09      }
```

```
10        static int prt(String s) {
11            System.out.println(s);
12            return 11;
13        }
14    }
15    public class B extends A {
16        int k = prt("B is key.");
17        public B() {
18            prt("k=" + k + ",j=" + j);
19        }
20        static int x2 = prt("B is childclass.");
21        public static void main(String args[]) {
22            prt("A is key.");
23            B is = new B();
24        }
25    }
```

4.12 编程实训

【编程作业 4-1】 类的继承应用示例程序(ExtendsTest.java)

具体要求:

(1) Vehicle 车辆类受保护的属性有 wheels(车轮个数)和 weight(车重)。

(2) Car 小车类是 Vehicle 类的子类,属性有 loader(可载人数)。

(3) Truck 卡车类是 Car 类的子类,属性有 payload(载重)。

(4) 要求生成无参构造方法和包含所有属性的构造方法,要求自定义对象输出信息。

(5) 生成每一个类的对象,并测试相关方法。

【编程作业 4-2】 权限控制修饰符(Authority.java)

具体要求:

(1) Family 家庭类中包括私有属性 money(资产)、只在家族中能够使用的运输工具 getVehicle()方法(用输出语句模拟即可)、受保护的祖传秘方 getSecret()方法(用输出语句模拟即可)、公共属性 doorPlate(门牌号码)。

(2) Family 类定义在一个 china.hb.hd 包中。

(3) SubFamily 类继承 Family 类,定义在 china.beijing 包中。

(4) 测试 SubFamily 子类访问父类的相关属性和方法,测试权限修饰符对可见性的影响。

【编程作业 4-3】 接口应用示例程序(ImplementsTest.java)

具体要求:

(1) Biology 生物接口中定义了 breathe()抽象方法(用输出语句模拟即可)。

(2) Animal 动物接口继承了 Biology 接口,增加 eat()和 sleep()两个抽象方法。

(3) Human 人类接口继承了 Animal 接口,增加 think()和 learn()两个抽象方法。

(4) 定义一个普通人类 Person 实现 Human 接口,并进行测试。

【编程作业 4-4】 游戏团队角色扮演程序(GameRoleTest.java)

具体要求:

(1) Role 角色类是所有职业的父类,包含受保护的属性 roleName(角色名字),public

int getAttack()方法(返回角色的攻击力,因角色不具体,只能定义成抽象方法)。

(2) Magicer法师类继承了Role类,包含属性name(姓名)、grade(魔法等级1～10),public int getAttack()方法(返回法师的攻击力,法师攻击力=魔法等级×5)。

(3) Soldier战士类继承了Role类,包含属性name(姓名)、attack(攻击力),public int attack()方法(返回战士的攻击力)。Soldier类的所有属性都应作为私有,并提供相应的get/set方法。

(4) Team团队类,一个团队包括一个法师、若干个战士(最多6个,用Soldier[]实现)、战士实际个数(num)。其定义了两个方法:public boolean addMember(Solider s)方法(当战士实际个数不超过6时将*s*赋值给第num个数组元素)和public int attackSum()方法(返回该团队的总攻击力)。

(5) 根据以上描述创建相应的类,并编写相应的测试代码。

【编程作业4-5】 雇员工资管理(EmployeeSalaryTest.java)

具体要求:

某公司的雇员分为以下若干类:

(1) Employee员工类,包含受保护的属性name(姓名)、brithDate(出生日期),public double getSalary(Employee e)方法(根据传入不同类别的员工工资计算办法返回其本月的工资)。

(2) SalariedEmployee类继承Employee类,代表领取固定工资的员工,包含私有属性salary(固定工资)。

(3) HourlyEmployee类继承Employee类,代表按小时拿工资的员工,包含私有属性hourSalary(每小时的工资)、hours(每月工作的小时数)。工资计算办法:月工资=hourSalary×hours,每月工作超出160小时的部分按照1.5倍小时工资发放。

(4) SalesEmployee类继承Employee类,代表销售人员,包含受保护的属性sale(月销售额)、commissionRate(提成率)。工资计算办法:月工资=sale×commissionRate。

(5) BasePlusSalesEmployee类继承SalesEmployee类,代表有固定底薪的销售人员,工资由底薪加上销售提成部分组成。其私有属性为basicSalary(底薪)。工资计算办法:月工资=basicSalary+sale×commissionRate。

(6) 根据要求创建SalariedEmployee、HourlyEmployees、SaleEmployee和BasePlus-SalesEmployee类的对象各一个,并计算某个月这4个对象的工资。

编程提示:java.util.Date和String之间的转换请参考5.2.2节和示例程序5-9。

第5章 JDK常见类的使用

在本章我们将一起学习以下内容：

- java.lang包中常见类的构造方法和一般方法。
- java.util包中常见类的构造方法和一般方法。
- java集合类框架。
- 枚举的简单应用。
- 泛型的简单应用。
- 正则表达式的简单应用。
- 如何自定义对象的排序规则。

5.1 java.lang包中的常见类

5.1.1 Object类

当定义一个类时没有用extends关键字显式指定继承的父类，则编译器自动加上extends java.lang.Object。因此，**Object类是所有Java类的根父类，Java中的每一个类都是Object的直接或间接子类**。在Object类中已经定义了所有Java类经常使用的基础性的方法，子类可以直接使用或覆盖后使用。

1. protected Object clone()

clone()方法用于对象内容的备份。

数据的备份分为以下情况：

- **基本数据类型数据**的备份，直接用**赋值语句**实现即可。
- **引用类型数据**的备份，包括**对象的地址的备份**(即指针，在Stack存储)和**对象的内容的备份**(在Heap堆中存储)，前者可以用赋值语句实现，后者需要用clone()方法实现。

注：clone()方法只能实现浅层次的备份(指只复制引用类型对象成员的地址，不复制引用类型对象成员引用的对象的内容)，深层次对象内容的备份(递归)需要用户自己编程实现。

【示例程序5-1】 clone()方法测试程序(CloneTest.java)

功能描述：本程序演示了基本数据类型变量的备份、引用类型变量地址的备份、引用类型对象内容的备份3种情况。

```
01  public class CloneTest {
02      public static void main(String[ ] args) {
03          //基本数据类型变量的备份
04          int i = 100;
05          int j = i;
06          HashSet < Character > hs1 = new HashSet < Character >();
07          hs1.add('a');
08          hs1.add('b');
09          hs1.add('c');
10          //引用类型变量地址的备份
11          HashSet < Character > hs2 = hs1;
12          System.out.println(hs1 == hs2);
13          //引用类型变量内容的备份
14          HashSet < Character > hs3 = (HashSet)hs1.clone();
15          System.out.println(hs3);
16          System.out.println("Address:hs1 = hs3?" + (hs1 == hs3));
17          System.out.println(hs1.equals(hs3));
18      }
19  }
```

2. public int hashCode()

hashCode()返回该对象的 HashCode(**哈希码**)。在 Java 中每一个对象都有一个唯一的 HashCode(由当前对象地址转换而成的一个整数),因此可以通过 HashCode 来唯一地标识一个对象。

JDK 源码: public native int hashCode();

如果希望 **hashCode()返回的哈希码与对象的若干属性相关联,而不仅仅是对象的地址**,这时就要覆盖 hashCode()方法了。

3. public boolean equals(Object obj)

equals()方法默认与关系运算符==的功能相同,用于比较两个对象的地址是否相等。通过查看 Java 源码可以证实这一点。JDK 源码中的 equals()方法定义如下:

```
01  public boolean equals(Object obj) {
02      return (this == obj);
03  }
```

包括 String、Integer、Double 在内的许多类已经覆盖了 Object 类中的 equals()方法,功能改为比较两个对象的内容是否相等。

假设一个对象有多个属性,如果两个对象的若干属性值相等,就认为这是同一个对象。要想实现这一点,就必须通过覆盖 Object 类的 equals()方法来实现。例如,如果两个 MyPoint 对象的 x、y 坐标相等,则认为这两个对象相等。

如果**覆盖了 equals()方法,则必须覆盖 hashCode()**。覆盖的原则:当 x.equals(y)为 true 时,x.hashCode()和 y.hashCode()也必须相等。

HashSet、HashTable、HashMap 等用 HashCode 实现的集合类都是通过覆盖的 equals()方法来判断两个对象是否相等以及对象的查找。

编程提示:在 Eclipse 中可以使用"Generate equals()and hashCode()"菜单项自动生成

覆盖 equals()和 hashCode()的代码。

4. public String toString()

toString()返回该对象的字符串表示：**包路径.类名@此对象的哈希码(无符号十六进制数)**。这一点可以通过 JDK 源码中 toString()方法的定义得到验证：

```
01  public String toString() {
02      return getClass().getName() + "@" + Integer.toHexString(hashCode());
03  }
```

如果要自定义输出某一个对象的有意义的信息，例如**类名和所有属性值**，就必须通过覆盖 toString()方法来实现。

【示例程序 5-2】 覆盖 Object 类中的方法以改变相关规则(ComparableTest.java)

功能描述：本程序定义了 MyPoint 类，然后覆盖 hashCode 和 equals 方法以改变对象的相等规则，覆盖 toString()方法以自定义对象信息的输出，实现 Comparable 接口重新定义对象的排序规则。

```
01  class MyPoint extends Object implements Comparable<MyPoint> {
02      private int x;
03      private int y;
04      public MyPoint() {
05      }
06      public MyPoint(int x, int y) {
07          this.x = x;
08          this.y = y;
09      }
10      //1.覆盖 hashCode 和 equals 方法以改变对象的相等规则
11      //在 Eclipse 下可以自动生成 hashCode 和 equals 方法的代码
12      @Override
13      public int hashCode() {
14          final int prime = 31;
15          int result = 1;
16          result = prime * result + x;
17          result = prime * result + y;
18          return result;
19      }
20      @Override
21      public boolean equals(Object obj) {
22          if (this == obj)
23              return true;
24          if (obj == null)
25              return false;
26          if (getClass() != obj.getClass())
27              return false;
28          MyPoint other = (MyPoint) obj;
29          if (x != other.x)
30              return false;
31          if (y != other.y)
```

```
32                  return false;
33              return true;
34          }
35          //2.覆盖 toString()方法以自定义对象信息的输出
36          @Override
37          public String toString() {
38              return "[" + x + "," + y + "]";
39          }
40          //3.实现 java.lang.Comparable 接口,重写其中的 compareTo 方法,以重新定义
41          //对象的排序规则: 先按 x 降序排序,再按 y 降序排序。该方法返回 0、正数、负数,分别
42          //代表当前对象等于、大于、小于指定对象 o
43          @Override
44          public int compareTo(MyPoint o) {
45              if(this.x == o.x){
46                  return (int)(this.y - o.y);
47              }else {
48                  return (int)(this.x - o.x);
49              }
50          }
51      }
52      public class ComparableTest{
53          public static void main(String[] args) {
54              MyPoint p1 = new MyPoint(1,2);
55              MyPoint p2 = new MyPoint(1,2);
56              MyPoint p3 = new MyPoint(1,3);
57              MyPoint p4 = new MyPoint(2,1);
58              MyPoint p5 = new MyPoint(2,2);
59              System.out.println(p1.equals(p2));
60              HashSet<MyPoint> hs = new HashSet<MyPoint>();
61              hs.add(p1);
62              hs.add(p2);
63              System.out.println(hs.size());
64              TreeSet ts = new TreeSet();
65              ts.add(p1);
66              ts.add(p2);
67              ts.add(p3);
68              ts.add(p4);
69              ts.add(p5);
70              System.out.println(ts);
71          }
72      }
```

示例程序 5-2 的编写演示视频可扫描二维码观看。

5. protected void finalize()

垃圾回收器按一定的规律回收堆内存中的垃圾。一个对象变为垃圾，指该对象的内存空间没有指针指向(即该对象没有被引用)。Java 规定垃圾回收器回收某个对象在堆内存的分配空间之前要先调用该类的 finalize()。所以,可以在子类中覆盖 Object 类的 finalize()方法以重新定义垃圾回收前做的一些工作,详见 3.3.3 节。

5.1.2 Class 类

在 Java 中,所有的引用类型被映射成 Class 的一个对象。Class 对象用来表示正在运行的类或接口。Class 对象中包含类和接口定义信息及成员信息(构造方法、属性、一般方法、注解等)。Class 类没有公共构造方法。当加载类时,Class 对象是由 JVM 以及通过调用类加载器中的 defineClass()自动构造的。

可以通过以下 3 种方式获得某个类或对象的 Class 对象,举例如下:

```
01 //1. 根据类得到字节码对象,语法格式: 类名.class
02 Class<String> c = String.class;
03 Class c = Student.class;
04 //2. 由一个对象得到该类的字节码对象,语法格式: 对象名.getClass()
05 String s = "zyj";
06 Class cc = s.getClass();
07 //3. Class.forName("包路径.类名");
08 try {
09     Class c1 = Class.forName("java.lang.String");
10 } catch (ClassNotFoundException e) {
11     e.printStackTrace();
12 }
```

Class 类的其他常用方法请自行查阅 JDK 文档。

Class 类是 Java 反射技术的基础,几乎所有的框架 Hibernate、Spring、Struts、JUnit 都用到了反射技术。反射技术就是把 Java 中的元素(类、接口、数组构造方法、属性、一般方法、注解等)映射成 Java 的类。

5.1.3 System 类和 Runtime 类

1. System 类

Java 不支持全局函数和全局变量,Java 将一些与系统相关的重要函数和变量都放到了 System 类中。System 类提供了对外部定义的属性和环境变量的访问,加载文件和库的方法,还有快速复制数组的一部分的实用方法。

System 类的常用属性如下。

- public static final InputStream in: 标准输入设备——键盘;
- public static final PrintStream out: 标准输出设备——屏幕;
- public static final PrintStream err: 标准出错设备。

System 类的常用方法如下。

- public static long currentTimeMillis(): 与 Date 类提供的 getTime()、和 Calendar 类提供的 getTimeInMillis()相同,提供了获取当前时间到 1970-01-01 00:00:00 之间毫秒数的方法。
- public static Map<String,String> getenv(): 取操作系统的环境变量集合,相当于 DOS 命令 set。
- public static Properties getProperties(): 取 JVM 属性集(Properties 是 Hashtable

的子类)。

- public static void exit(int status):终止当前正在运行的 Java 虚拟机,status 状态码取 0 时代表正常终止,否则异常终止,常用于 GUI 应用程序。
- public static void gc():申请进行 JVM 垃圾回收。

【示例程序 5-3】 System 类测试(SystemTest.java)

功能描述:本程序输出操作系统的环境变量到控制台。

```
01  public class SystemTest {
02      public static void main(String[] args) {
03          Properties p = System.getProperties();
04          p.list(System.out);
05          Map<String, String> map = System.getenv();
06          for(String key:map.keySet()){
07          System.out.printf("key = %s,value = %s\n",key,map.get(key));
08          }
09      }
10  }
```

2. Runtime 类

Runtime 类用于表示 JVM 运行时的状态,封装 JVM 虚拟机进程。每次用 java.exe 命令启动 JVM 都对应一个 Runtime 实例,并且只有一个实例。

Runtime 类的常用方法如下。

- public static Runtime getRuntime():返回 Runtime 实例。由于不能通过 new+构造方法的方式来创建 Runtime 类实例,所以只能通过本方法来返回实例。
- public Process exec(String command):执行指定字符中的命令。
- public long freeMemory():返回当前 JVM 可用的空闲内存数。
- public long maxMemory():返回当前 JVM 可用的最大内存数。
- public void gc():向 JVM 申请进行垃圾回收。

【示例程序 5-4】 Runtime 类的常用方法测试(RunTimeTest.java)

功能描述:本程序测试了 Runtime 类的常用方法。

```
01  public class RunTimeTest {
02      public static void main(String[] args) throws Exception{
03          //返回与当前 Java 应用程序相关的运行时对象
04          Runtime rt = Runtime.getRuntime();
05          //运行 path 路径下的可执行文件
06          rt.exec("notepad.exe");
07          //返回 JVM 可用的最大内存量
08          System.out.println("maxMemory:" + rt.maxMemory() + "B");
09          //返回 JVM 可用的内存总量
10          System.out.println("totalMemory" + rt.totalMemory() + "B");
11          //返回 JVM 可用的剩余内存
12          System.out.println("freeMemory:" + rt.freeMemory() + "B");
13      }
14  }
```

5.1.4 Math 类和 Random 类

1. java.lang.Math 类

Math 类提供常用的数学常量和数学方法。Math 类中所有的变量和方法都是 static 和 final,因此可以直接使用"类名.方法()"的形式调用。

- 常量：Math.PI 和 Math.E。
- 三角函数：sin()、cos()、tan()、asin()、acos()、atan()等。
- 数学函数：log()、exp()、pow()、max()、min()、abs()等。

举例如下：

```
01  int i = 9, j = 7, k = 0;
02  k = Math.max(i, j);
03  System.out.println(Math.pow(2,5));
04  i = (int)(Math.random() * 10) + 1; //返回 1～10 的随机整数
```

其他常用方法请自行查阅 JDK 文档。

通过阅读 Math 类的源代码可以发现,Math 类中的 random 方法就是直接调用 Random 类中的 nextDouble()方法实现的。

2. java.util.Random 类

java.lang.Math.random()方法只能产生 $0.0 \leqslant x < 1.0$ 范围内的 double 的随机值。但 java.util.Random 类的对象可以产生随机的 boolean、byte、float、double、int、long 和高斯值。

【示例程序 5-5】 Random 类种子的作用测试(RandomSeedTest.java)

功能描述：本程序测试了 java.util.Random 类种子对产生随机数的影响。

```
01  public class RandomSeedTest {
02      public static void main(String[ ] args) {
03          //构造 Random 对象时不传入种子,自动以当前时间戳为种子产生随机序列
04          Random rd1 = new Random();
05          for(int i = 0; i <= 5; i++){
06              System.out.print(rd1.nextInt(100) + "\t");
07          }
08          System.out.println();
09          for(int i = 0; i <= 5; i++){
10              System.out.print(rd1.nextInt(100) + "\t");
11          }
12          System.out.println();
13          //如果指定了相同的种子,每个 Random 对象产生的随机数具有相同的序列
14          Random rd2 = new Random(10);
15          for(int i = 0; i <= 5; i++){
16              System.out.print(rd2.nextInt(100) + "\t");
17          }
18          Random rd3 = new Random(10);
19          System.out.println();
20          for(int i = 0; i <= 5; i++){
```

```
21                System.out.print(rd3.nextInt(100) + "\t");
22            }
23        }
24    }
```

运行结果：

```
9   94  97  32  26  44
48  39  21  29  73  99
13  80  93  90  46  56
13  80  93  90  46  56
```

5.1.5 Number 类

JDK 文档中 Number 类的定义如下：

```
public abstract class Number implements Serializable
```

Number 类的直接已知子类包括 BigDecimal、BigInteger、Byte、Double、Float、Integer、Long 和 Short。

Number 类包括的方法如下：

- public byte byteValue()
- public short shortValue()
- public abstract int intValue()
- public abstract long longValue()
- public abstract float floatValue()
- public abstract double doubleValue()

5.2 java. util 包中的常见类

5.2.1 Scanner 类

Scanner 是 JDK 1.5 新增的一个类，是一个可以使用正则表达式来解析基本类型和字符串的简单文本扫描器。Scanner 类最常见的应用场合是从键盘读取用户输入的各种基本数据。首先使用该类创建一个对象(Scanner sc＝new Scanner(System. in);)，然后通过调用 next. Byte()、nextShort()、nextInt()、nextLong()、nextFloat、nextDouble()、nextLine()等方法读取用户在控制台或命令行从键盘输入的数据。上述方法执行时都会造成堵塞，用户输入数据完毕后程序继续执行。

【示例程序 5-6】 Scanner 类测试程序(ScannerTest. java)

功能描述：本程序从键盘循环输入若干个小数并求平均值和总和，当输入非数字时结束。

```
01  public class ScannerTest {
02      public static void main(String[ ] args) {
```

```
03            System.out.println("请输入若干个小数,每输入一个数用回车确认");
04            System.out.println("最后输入一个非数字结束输入操作");
05            Scanner reader = new Scanner(System.in);
06            double sum = 0;
07            int m = 0;
08            while(reader.hasNextDouble()){
09                double x = reader.nextDouble();
10                m = m + 1;
11                sum = sum + x;
12            }
13            System.out.printf("%d个数的和为%f\n",m,sum);
14            System.out.printf("%d个数的平均值是%f\n",m,sum/m);
15        }
16    }
```

5.2.2 Date、Calender 和 SimpleDateFormat 类

Java 提供的与日期相关的类和接口主要有 Date、Calendar、GregorianCalendar 和 java.text.DateFormat、SimpleDateFormat 等。Java 语言规定的基准日期为格林威治标准时间 1970.1.1.00:00:00。Date 类实际上只是一个包裹类,它包含的是一个 long 型数据,当前日期是由基准日期开始所经历的毫秒数转换出来的。

为了更好地处理日期数据的国际化问题(主要涉及格式、时区等),从 JDK 1.1 开始,Java 又提出了 Calendar 和 DateFormat 类,Date 类中的相应方法已废弃。

1. Date 类

Date 类表示特定的瞬间,精确到毫秒。Date 类的定义如下:

```
public class Date extends Object implements Serializable,Cloneable, Comparable<Date>
```

Date 类中的大部分构造方法和一般方法都已经不推荐使用,建议使用 Calendar 类中的方法代替。

【示例程序 5-7】 Date 类的常用方法和操作示例(DateTest.java)

功能描述: 本程序测试了 Date 类的常用方法的使用方法和基本操作。

```
01    public class DateTest {
02        public static void main(String[] args) {
03            //创建一个 Date 对象,默认为系统时间
04            Date date1 = new Date();
05            System.out.println(date1);
06            System.out.println(date1.toString());
07            //以下 3 行代码分别返回 1970 年 1 月 1 日 00:00:00 到当前时间的毫秒数
08            //可以用于程序运行时间的计算
09            long ms1 = new Date().getTime();
10            long ms2 = System.currentTimeMillis();
11            long ms3 = Calendar.getInstance().getTimeInMillis();
12            System.out.println("ms1 = " + ms1 + "ms");
13            Date date2 = new Date();
```

```
14            //比较两个日期的先后次序
15            //若相等返回 0,date1 在 date2 之前返回 - 1 ,date1 在 date2 之后返回 1
16            System.out.println(date2.compareTo(date1));
17            System.out.println(date2.equals(date1));
18        }
19    }
```

2. Calendar 类

Calendar 类是一个抽象类,它为某一时刻和日期时间字段的转换以及操作日期时间字段提供了很多方法。Calendar 类的定义如下:

```
public abstract class Calendar extends Object implements Serializable, Cloneable, Comparable
<Calendar>
```

GregorianCalendar 是 Calendar 类的实现类,定义如下:

```
public class GregorianCalendar extends Calendar
```

java.util.Calendar 类常用的字段值如下,详细内容请参考 JDK 文档。

- Calendar.YEAR:4 位年份;
- Calendar.MONTH:月份(0～11);
- Calendar.DATE:日;
- Calendar.DAY_OF_YEAR:一年中的第几天;
- Calendar.DAY_OF_MONTH:日与 Calendar.DATE 完全相同;
- Calendar.DAY_OF_WEEK:一周中的第几天,即星期几(1～7);
- Calendar.HOUR:12 小时制的小时数;
- Calendar.HOUR_OF_DAY:24 小时制的小时数;
- Calendar.MINUTE:分钟;
- Calendar.SECOND:秒。

【示例程序 5-8】 Calendar 抽象类的常用方法和操作示例(CalendarTest.java)

功能描述:本程序测试了 Calendar 抽象类的常用方法和操作示例。

```
01    public class CalendarTest {
02        public static void main(String[] args) throws ParseException {
03            //1.返回当前系统时间
04            Calendar cal1 = Calendar.getInstance();
05            Calendar now = new GregorianCalendar();
06            //2.Calendar 转化为 Date
07            Date date1 = cal1.getTime();
08            //3.Date 转化为 Calendar
09            Date date2 = new Date();
10            Calendar cal2 = Calendar.getInstance();
11            cal2.setTime(date2);
12            //4.取给定时间域的最大可能值
13            //public int getActualMaximum(Calendar.DAY_OF_MONTH)
14            cal1.set(Calendar.YEAR,2000);
```

```
15            //MONTH 的取值: 0～11
16            cal1.set(Calendar.MONTH,2);
17            //DAY_OF_MONTH 的取值: 1～31
18            cal1.set(Calendar.DAY_OF_MONTH,1);
19            System.out.println(cal1.getActualMaximum(Calendar.MONTH));
20            //DAY_OF_YEAR 指一年中的第几天
21            System.out.println("" + now.get(Calendar.DAY_OF_YEAR));
22            //DAY_OF_MONTH 指一月中的第几天
23            System.out.println(now.get(Calendar.DAY_OF_MONTH));
24            //DAY_OF_WEEK 指一周中的第几天,即星期几
25            //取值: SUNDAY 1、MONDAY 2、…
26            System.out.println(": " + now.get(Calendar.DAY_OF_WEEK));
27        }
28    }
```

3. SimpleDateFormat 类

java.text.SimpleDateFormat 是一个以与语言环境有关的方式来格式化和解析日期的具体类,可以用 SimpleDateFormat 类进行格式化(日期—>文本)、解析(文本—>日期)和规范化等操作。日期时间的格式由**模式字符串**指定。模式字符串中的模式字母用来表示日期或时间字符串元素,**yyyy 表示四位年份、MM 表示两位月份、dd 表示两位日、hh 表示两位小时、mm 表示两位分钟、ss 表示两位秒**,其他模式字母的含义请查阅 JDK 文档。

【示例程序 5-9】 SimpleDateFromat 类应用示例(SimpleDateFormatTest.java)

功能描述:本程序测试了用 SimpleDateFormat 的相关方法实现 Date 和 String 之间的转换。

```
01    public class SimpleDateFormatTest {
02        public static void main(String[] args)throws ParseException {
03            //1.Date->String:格式化输出日期时间
04            Date date = new Date();
05            SimpleDateFormat sdf = new SimpleDateFormat("yyyy 年 MM 月 dd 日 hh:mm:ss");
06            String time = sdf.format(date);
07            System.out.println(time);
08            //2.String->Date
09            String str = "1972 年 12 月 12 日 00:00:00";
10            Date date1 = sdf.parse(str);
11            date1.setTime(5000);
12            //14 行输出什么
13            System.out.println(sdf.format(date1));
14        }
15    }
```

注意:JDK 文档指出 getTime()取出的毫秒数应该是距离 January 1, 1970 00:00:00 之间的毫秒数。在格式串"yyyy-MM-dd HH:mm:ss"中,如果省略 yyyy,则年份默认为 1972;省略 MM,月份默认为 01;省略 dd,日默认为 01;省略 HH,小时 HH 默认为 08。所以示例程序 5-9 中 13 行输出"1970-01-01 08:00:05"。这应该是一个 Bug,多出了 8 个小时。

5.2.3 String、StringBuffer 和 StringBuilder 类

CharSequence 是一个接口，对许多不同种类的 char 序列提供统一的只读访问。CharSequence 接口的所有已知实现类为 CharBuffer、Segment、String、StringBuffer、StringBuilder。

1. String 类

String 类的定义如下：

```
public final class String extends Object implements Serializable, Comparable<String>,CharSequence
```

String 类是不可改变字符序列的字符串常量，在 String 对象销毁之前只能赋值一次。如果再次给 String 变量赋值，则废弃原来的存储空间(旧内容)，另外申请存储空间来存储新的字符串内容，String 指针变量指向新的存储空间。由于频繁改变一个 String 变量的值会产生大量的内存垃圾，浪费存储空间，引起程序效率的下降，所以经常进行增删改操作的字符串变量尽量采用 StringBuffer 或 StringBuilder 来代替 String 类型。

String 内容不可改变测试的代码片段如下：

```
01  …
02  String str = "邯郸学院";
03  //一个对象的 Hash 码和内存地址是一一对应的
04  System.out.println("str 的 Hash 码: " + str.hashCode());
05  str = str + " 张延军";
06  System.out.println("str 的 Hash 码: " + str.hashCode());
07  …
```

String 的构造方法：

- public String(char[] value)：将一个字符数组构建成一个字符串。
- public String(byte[] bytes,Charset charset)：通过使用指定的 charset 由一个 byte 数组构造一个新的 String。
- public String(StringBuffer buffer)：在 StringBuffer 变量的基础上创建一个 String。
- public String(StringBuilder builder)：在 StringBuilder 变量的基础上创建一个 String。

String 对象的创建方式：

- 静态方式：String s="abc"；
- 动态方式：String s=new String("abc")；

这两种方式的区别在于：使用静态方式创建的字符串采用了享元模式，如果 String 内容相同，则在堆内存只会产生一个字符串对象，其他 String 变量不再开辟另外一块空间，直接指向前一个空间。使用动态方式建立的 String 则不这样。

【示例程序 5-10】 String 静态方式和动态方式测试(NewStringTest.java)

功能描述：本程序测试了 String 的两种创建方式的不同(静态方式和动态方式)，以及如何比较两个字符串变量的地址和内容。

```
01  public class NewStringTest {
02      public static void main(String[] args) {
03          String s1 = "zyj";
04          //String 变量的静态创建方式采用享元模式
05          //不再为重复的字符串在 Heap 中分配新的存储空间
06          String s2 = "zyj";
07          //s2 直接指向 s1 的地址
08          //比较两个字符串的地址是否相等
09          System.out.println(s1 == s2);
10          //采用动态方式创建的字符串不管重复与否都分配新的地址
11          String s3 = new String("zyj");
12          System.out.println(s1 == s3);
13          //比较两个字符串的内容是否相等
14          System.out.println(s1.equals(s2));
15      }
16  }
```

【示例程序 5-11】 String 类的构造方法和常用方法测试(StringTest.java)

功能描述:本程序测试了 String 类的构造方法、常用方法和基本操作。21-23 行涉及正则表达式,详见 5.7 节。

```
01  public class StringTest {
02      public static void main(String[] args) {
03          //构造方法
04          String s1 = "abc";
05          //public String(String original)
06          String s2 = new String("abc");
07          //public String(char[] value) char[]->String
08          char[] ca = { 'a', 'b', 'c' };
09          String s3 = new String(ca);
10          //常用方法
11          //public char charAt(int index),String 的下标和数组下标从 0 开始
12          String s = "0123456789";
13          System.out.println("s.charAt(5) = " + s.charAt(5));
14          //public int indexOf(int ch)返回指定字符在 String 中第一次出现下标
15          System.out.println("abcdefabcdaaa".indexOf('c'));
16          //public String replace(char oldChar,char newChar)
17          System.out.println("Let's make things better".replace('e',
18  'o'));
19          //public boolean matches(String regex) 正则表达式
20          //17 位数字 String 匹配
21          System.out.println("01234567890123456".matches("\\d{17}"));
22          System.out.println("012345ab123456".matches("\\d{17}"));
23          System.out.println("012346".matches("\\d{17}"));
24          //public String[] split(String regex)
25          String s7 = "美国、中国,加拿大、英国,德国";
26          //String[] sa = s7.split("[,、。]"); //[]中代表字符中的任意一个
27          String[] sa = s7.split(",|、|。"); //|在正则表达式中是"或"的意思
28          System.out.println(Arrays.toString(sa));
```

```
29            for (int i = 0; i < sa.length; i++) {
30                System.out.println(sa[i]);
31            }
32            //public String substring(int begin, int end)取子字符串
33            System.out.println("smiles".substring(1, 5));
34            //public char[] toCharArray() String -> char[]
35            char[] ca1 = s7.toCharArray();
36            //public static String valueOf(char[] data) char[] -> String
37            s1 = new String(ca1);
38            s1 = String.valueOf(ca1);
39        }
40    }
```

示例程序 5-11 的详细讲解视频可扫描二维码观看(本视频时长 38 分钟)。其他需要说明的问题如下。

- public String concat(String str)：将本 String 和指定 String 连接，也可由"+"来实现。
- public byte[] getBytes(Charset charset)：将本 String 使用给定的 charset 编码到 byte 数组。
- public static String valueOf(boolean b)：可以将 8 种基本数据类型数据(byte、short、int、long、float、double、char、boolean)转换为 String，此功能也可由"+"自动转换来实现。
- public int indexOf(String str, int fromIndex)：从指定的索引开始搜索，返回指定子字符串在此字符串中第一次出现处的索引。
- public int lastIndexOf(String str, int fromIndex)：从指定的索引开始反向搜索，返回指定子字符串在此字符串中最后一次出现处的索引。

编程提示：

String 常量.equals(String 变量)，这样写的原因(示例)如下：

```
01  …
02  //这种情况没有区别
03  String s = "zyj";
04  System.out.println("zyj".equals(s));
05  System.out.println(s.equals("zyj"));
06  //这种情况就太有必要了
07  String ss = null;
08  System.out.println("zyj".equals(ss));
09  System.out.println(ss.equals("zyj"));
10  …
```

【示例程序 5-12】 String 的 split 方法应用示例(SplitTest.java)

功能描述：本程序演示了如何用 split 方法分割 String。

```
01  public class SplitTest {
02      public static void main(String[] args) {
03          String ip = "192.168.128.33";
```

```
04            //.在正则表达式中代表任意字符
05            //要表示.必须用转义字符\\
06            String[] sa = ip.split("\\.");
07            System.out.println(sa.length);
08            for (int i = 0; i < sa.length; i++) {
09                System.out.println(sa[i]);
10            }
11            String s = "The title of the band's first name, Hybrid Theory,
12    describes both their artistic goals and their methods for making music.";
13            //s代表空格类字符\t、\n、\x0B、\f、\r等,|代表或
14            String[] sa1 = s.split("\\s|'|,|\\.|");
15            System.out.println(sa1.length);
16            for (int i = 0; i < sa1.length; i++) {
17                System.out.println(sa1[i]);
18            }
19        }
20    }
```

2. StringBuffer类

StringBuffer类相当于**字符串变量**。如果经常要对字符串数据进行插入、修改、删除等操作,请采用StringBuffer类。**StringBuffer是线程安全的,所以效率相对较低。**

如果不考虑线程安全问题,建议采用JDK 1.5以后新加的StringBuilder类。StringBuilder除了不是线程安全的之外,其他与StringBuffer类基本相同,拥有更快的速度和效率。

1) **StringBuffer类的构造方法**

- StringBuffer():建立一个长度为16个字符的空的StringBuffer。
- StringBuffer(int length):建立指定长度的空的StringBuffer。
- public StringBuffer(CharSequence seq):在指定CharSequence的基础上构建一个StringBuffer。
- StringBuffer(String str):以指定String去初始化StringBuffer,并提供另外16个字符的空间供再次分配。

2) **StringBuffer类的常用方法**

- public StringBuffer append(CharSequence s):将指定CharSequence追加到本StringBuffer上。
- public int capacity():返回此StringBuffer对象的最大容量,即总的可供分配的字符个数。
- public int length():返回此StringBuffer对象的实际长度。
- public StringBuffer delete(int start, int end):将本StringBuffer对象中[start,end)之间的字符删除。
- public StringBuffer replace(int start,int end, String str):将本StringBuffer对象中[start,end)之间的字符串用给定str字符串替换。
- public StringBuffer insert(int offset,String str):将给定str字符串插入到本StringBuffer对象的offset位置之前。

- public StringBuffer reverse()：将本 StringBuffer 对象中的所有字符全部翻转。
- public String toString()：将本 StringBuffer 对象转换成 String 对象。

【示例程序 5-13】 StringBuffer 类的常用方法示例(StringBufferTest. java)

功能描述：本程序测试了 StringBuffer 类的构造方法、常用方法和基本操作。

```
01  public class StringBufferTest {
02      public static void main(String[] args) {
03          StringBuffer bf1 = new StringBuffer();
04          //StringBuffer 的实际长度
05          System.out.println(bf1.length());                //输出 0
06          //StringBuffer 的最大字符容量
07          System.out.println(bf1.capacity());              //输出 16
08          bf1.append("12345");
09          System.out.println(bf1.length());                //输出 5
10          System.out.println(bf1.capacity());              //输出 16
11          System.out.println(bf1);                         //输出 16
12          //String -> StringBuffer
13          StringBuffer bf2 = new StringBuffer("0123456789");
14          System.out.println(bf2.length());
15          System.out.println(bf2.capacity());              //输出 26
16          //StringBuffer -> String
17          System.out.println(bf2.toString());
18          //翻转字符串
19          bf2.reverse();
20          System.out.println(bf2.toString());
21          bf1.append(bf2);
22          System.out.println(bf1);
23          bf1.insert(5, "abc");                            //在第 5 位之前插入abc
24          System.out.println(bf1);
25          bf1.delete(5, 8);
26          System.out.println(bf1);
27          //将[3,7)之间的字符替换为指定字符串
28          bf1.replace(3, 7, "ZYJ");
29          System.out.println(bf1);
30          System.out.println();
31      }
32  }
```

示例程序 5-13 的讲解视频可扫描二维码观看。

5.3 集合概述

高级语言基本上提供了数组来存储同一类型的多个数据。数组的优点显而易见，即简单、高效。数组由于采用顺序存储来实现，缺点是长度不能自动增加和减少，无法保存有键值对 Map 类型的数据。

5.3.1 Java 中的集合框架层次结构

Java 通过集合类来提供能够动态扩充、能够保存具有映射关系的数据(**Key-Value**)、能够实现多线程环境下线程安全等要求的数据结构。Java 集合类主要包括 **Collection 和 Map 两大类**。**Collection 接口及其实现类**主要用来盛放**对象(Object)**,而 **Map 接口及其实现类**用来盛放**键值对(Key-Value)**,如图 5-1 所示。其实现类存取机制不同,效率不同。

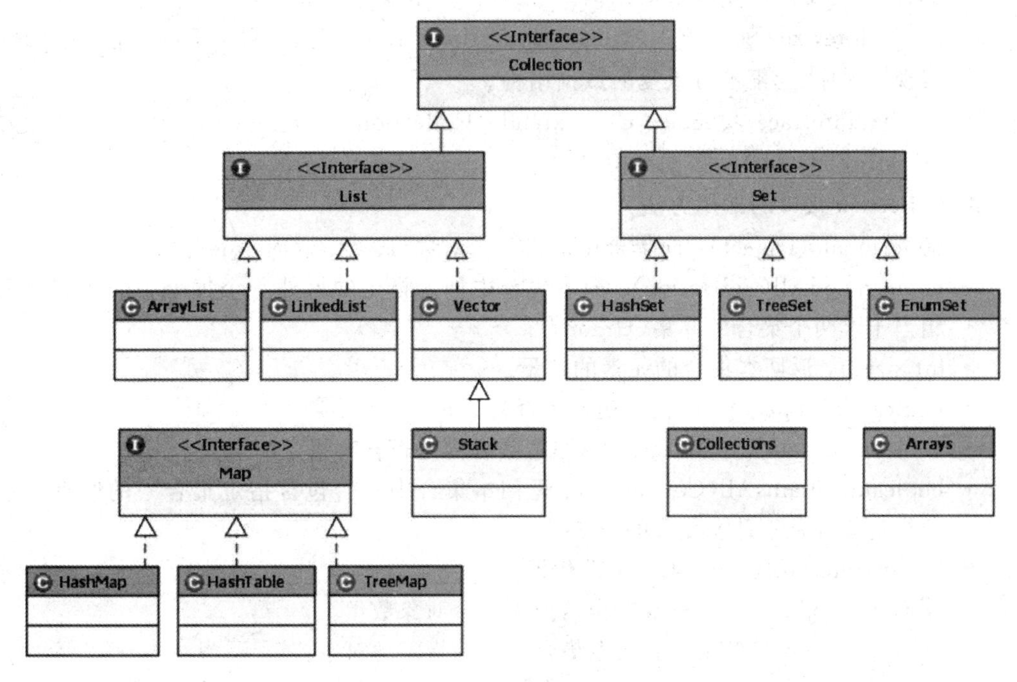

图 5-1 Collection 接口、子接口及其实现类 UML 图

在 JDK 1.5 发布之前,Collection 和 Map 只能盛放 Object,所有元素在放入时上溯造型为 Object 对象,取出时将 Object 对象下溯造型成原来的类型,容易出现错误。JDK 1.5 增加泛型之后,通常在定义 Collection 和 Map 时指定元素的数据类型,由编译器来进行数据类型的检查,程序员不用再进行频繁的下溯造型,避免出错的机会,可以编写出更加简洁、更加健壮的代码。

线程安全与性能是一对矛盾,此消彼长。在新的集合框架的实现上,基于对性能的考虑,大部分集合设计都是线程不安全的,在多线程程序设计中要注意这一点。

在学习 Java 集合类框架时要仔细阅读 JDK 文档,重点学习每种集合类的功能、构造方法和常用方法,掌握怎样实例化集合类的对象?怎样向其中添加元素?怎样定位元素?怎样删除元素?怎样遍历集合中的每一个元素?等等。

5.3.2 Collection 接口和 Iterator 接口

1. Collection 接口

Collection 是集合框架中的根接口,对一些基本的集合操作方法(Add、Get、Delete、Modify 等)进行了约束性规定。JDK 不提供 Collection 的任何直接实现。Collection 的接口定义如下：

```
public interface Collection<E> extends Iterable<E>
```

2. Collection 接口的 3 个子接口

Collection 接口的 3 个子接口 List、Set、Queue 的定义如下。

- public interface List<E> extends Collection<E>：相当于线性表，其实现类实现了有序、元素可重复的数据结构。
- public interface Set<E> extends Collection<E>：相当于数学上的集合，其实现类实现了无序、元素不可重复的数据结构。
- public interface Queue<E> extends Collection<E>：队列，实现先进先出(FirstInFirstOut)的数据结构。

3. Collection 接口的常用方法

- boolean add(Object)：向集合中加入一个对象，成功时返回 true。
- boolean addAll(Collection)：向本集合中加入指定的另外一个集合中的所有对象，相当于求两个集合的并集(Union)。
- int size()：返回本集合的元素的数量。
- boolean isEmpty()：返回本集合是否为空。
- boolean containAll(Object)：返回本集合内是否含有指定的对象。
- boolean containsAll(Collection)：返回本集合中是否包含指定集合中的所有元素，即指定集合是不是本集合的子集。
- Iterator iterator()：产生一个迭代器。
- Object[] toArray()：将本集合转换为一个对象数组。
- boolean remove(Object)：从本集合中删除指定的对象。
- boolean removeAll(Collection)：清空本集合中指定集合的所有元素，相当于求两个集合的差集(Difference)。
- boolean retainAll(Collection<?> c)：从本集合中删除指定集合中不存在的元素，相当于求两个集合的交集(Intersection)。
- void clear()：清空本集合中的所有元素。

4. Iterator 接口

public interface Iterator<E>

为什么要引入 Iterator 接口？由于 Collection 集合的具体实现非常多，非常有必要将集合中元素的访问和遍历单独提供，以降低程序修改和维护的代价。

从具体集合类中取得 Iterator 接口对象，然后通过 Iterator 对象来遍历集合、取出元素、删除元素等。

Iterator 是专门为集合的遍历而设计的，因为通用性，其功能比较简单，在使用中也有一些限制。例如只能单向移动，不能添加元素等。其常用方法如下。

- boolean hasNext()：如果仍有元素可以迭代，则返回 true。
- E next()：返回迭代的下一个元素。
- void remove()：从迭代器指向的 collection 中移除迭代器返回的最后一个元素(可选操作)。每次调用 next 只能调用一次此方法。

【示例程序 5-14】 使用 Iterator 接口和 Foreach 循环遍历集合应用示例(IteratorTest.java)

功能描述：本程序用 Iterator 接口和 Foreach 两种方式实现了集合的遍历。

```
01  public class IteratorTest {
02      public static void main(String[] args) {
03          Collection<String> ca = new ArrayList<String>();
04          ca.add("邯郸学院");
05          ca.add("信息工程学院");
06          ca.add("张延军");
07          //1.使用 Iterator 遍历集合
08          Iterator<String> it = ca.iterator();
09          String s = null;
10          while (it.hasNext()) {
11              s = it.next();
12              System.out.println(s);
13          }
14          //2.使用 Foreach 遍历集合,JDK 1.5 以上版本
15          for(String s1:ca){
16              System.out.println(s1);
17          }
18          //3.使用 toString()输出集合的所有元素
19          System.out.println(ca.toString());
20      }
21  }
```

为了能够在遍历集合元素时实现双向移动和添加元素，在 JDK 中又定义了接口 ListIterator。

5.3.3 List 接口及其子类

List 接口定义了一个有序、元素可重复的集合的实现要求，定义如下：

```
public interface List<E> extends Collection<E>
```

List 相当于线性表或动态数组。List 默认按元素的添加顺序作为元素的索引，与数组相同，索引从 0 开始。List 允许通过索引来访问 List 中的元素。**List 在内存中采取连续存储，适合元素的随机存取，但在大量插入元素和删除元素时效率会下降。**

1. ArrayList

根据 ArrayList 类的 JDK 源码可以知道 ArrayList 是通过封装了一个 Object[]数组来实现的 List 类。ArrayList 类不是线程安全的，查询快、增删慢、轻量级。ArrayList 类的定义如下：

```
public class ArrayList<E> extends AbstractList<E> implements List<E>, RandomAccess,
Cloneable, Serializable
```

ArrayList 类的常用构造方法如下。

- public ArrayList()：构造一个初始容量为 10 的空列表。

• public ArrayList(int initialCapacity)：构造一个具有指定初始容量的空列表。

在初始化 ArrayList 集合对象时可以指定 Capacity，否则 Capacity 初始为 10。当存储空间用完时可以按一定的策略进行容量的扩充，当然系统要付出额外的代价。

【示例程序 5-15】 ArrayList 应用示例(ArrayListTest. java)

功能描述：本程序演示 ArrayList 的构造方法和常用方法，要求读者掌握添加元素、删除元素、遍历 ArrayList 等基本操作。

```
01  public class ArrayListTest {
02      public static void main(String[ ] args) {
03          ArrayList<String> al = new ArrayList<String>();
04          al.add("78");
05          al.add("3.14");
06          al.add("China");
07          al.add("America");
08          System.out.println(al.get(1));
09          al.remove(3);
10          System.out.println(al.size());
11          for(int i = 0;i<al.size();i++){
12              System.out.println(al.get(i));
13          }
14          //Collecton 的所有子类都覆盖了 Object 类的 toString()
15          System.out.println(al);
16      }
17  }
```

2. LinkedList

LinkedList 是功能最强大，使用最广泛的 Java 集合实现类。根据 LinkedList 类的 JDK 源码可以知道 LinkedList 是**通过链表来实现的 List 类**。因此，LinkedList 类增删元素快，但查询速度慢。LinkedList 类的定义如下：

```
public class LinkedList<E> extends AbstractSequentialList<E> implements List<E>, Deque<E>,
Cloneable, Serializable
```

LinkedList 类还为在列表的开头及结尾的 get、remove 和 insert 元素提供了统一的方法，这些操作允许将链接列表用作堆栈、队列或双端队列。

• public void addFirst(E e)：将指定元素插入此列表的开头。
• public void addLast(E e)：将指定元素添加到此列表的结尾。
• public E getFirst()：返回本链表中的第一个元素。
• public E getLast()：返回本链表中的最后一个元素。
• public E removeFirst()：删除本链表中的第一个元素并返回。
• public E removeLast()：删除本链表中的最后一个元素并返回。

【示例程序 5-16】 LinkedList 应用示例(LinkedListTest. java)

功能描述：本程序演示了 LinkedList 的构造方法和常用方法，要求读者掌握添加元素、删除元素、遍历 LinkedList 等基本操作。

```
01  public class LinkedListTest {
02      public static void main(String[] args) {
03          LinkedList<String> ll = new LinkedList<String>();
04          ll.add("bb");
05          ll.add("cc");
06          ll.addFirst("aa");
07          ll.addLast("dd");
08          ll.add(2,"insert");
09          System.out.println(ll);
10          ll.addFirst("11");
11          ll.addLast("aa");
12          ll.push("00");
13          System.out.println("----ll.pop()----" + ll.pop());
14          System.out.println("----ll.peek()----" + ll.peek());
15          System.out.println(ll.size());
16          System.out.println("ll[3] = " + ll.get(3));
17          System.out.println(ll);
18          ll.remove(0);
19          System.out.println(ll);
20      }
21  }
```

3. Vector 和 Stack

Vector 从 JDK 1.0 开始就有了，作为以前版本集合容器的一种实现被保留下来，但已经不推荐使用。**Vector 采用数组实现，是线程安全的，性能也因此较差。** Vector 类的定义如下：

```
public class Vector<E> extends AbstractList<E> implements List<E>, RandomAccess,
Cloneable,Serializable
```

Stack 作为与 Vector 相关的实现也不推荐使用了，一般用 LinkedList 实现 Stack。Stack 类的定义如下：

```
public class Stack<E> extends Vector<E>
```

5.3.4 Set 接口及其子类

Set 是数学中的集合在 Java 中的实现，具有无序性和唯一性（互异性）。 对于两个对象 e1、e2，如果 e1.equals(e2)返回 true，则认为 e1 和 e2 重复。在 Set 中允许保存 Null 值，但只允许保存一次。如果有两个元素重复添加，那么后面添加的元素会覆盖之前添加的元素。Set 接口的定义如下：

```
public interface Set<E> extends Collection<E>
```

抽象类 AbstractSet 实现了 Set 接口，定义如下：

```
public abstract class AbstractSet<E> extends AbstractCollection<E> implements Set<E>
```

Set 主要有 HashSet 和 TreeSet 两种实现。

1. HashSet

HashSet 类采用 Hash 技术，优点在于能够快速定位元素。HashSet 类不是线程同步的。HashSet 类的定义如下：

```
public class HashSet<E>extends AbstractSet<E> implements Set<E>, Cloneable, Serializable
```

2. TreeSet

TreeSet 类是 Set 接口的另一个实现子类，采用自平衡的排序二叉树实现有序的集合。TreeSet 能保证元素的互异性（没有重复的元素，即唯一性），并且以自然顺序的升序进行排列。TreeSet 类的定义如下：

```
public class TreeSet<E> extends AbstractSet<E> implements NavigableSet<E>, Cloneable,
Serializable
```

【示例程序 5-17】 TreeSet 应用示例(TreeSetTest. java)

功能描述：本程序演示了 TreeSet 的构造方法和常用方法，要求读者掌握添加元素、删除元素、遍历 TreeSet 等基本操作。

```
01  public class TreeSetTest {
02      public static void main(String[] args) {
03          TreeSet<String> ts = new TreeSet<String>();
04          ts.add("4");
05          ts.add("z");
06          ts.add("2");
07          ts.add("3");
08          ts.add("4");
09          ts.add("a");
10          ts.add("ab");
11          ts.add("aa");
12          ts.remove("ab");
13          System.out.println(ts);
14          Iterator<String> it = (Iterator<String>)ts.iterator();
15          while(it.hasNext()){
16              System.out.println(it.next());
17          }
18      }
19  }
```

5.3.5 Map 接口及其子类

Map 主要用来存储键值对(<Key/Value>)对象的集合。一个 Map 的键(Key)是唯一的(不能重复)。在 Map 中每个键和值一一对应，因此根据键(Key)可以快速查询出对应的值(Value)。Map 接口的定义如下：

```
public interface Map<K,V>
```

1. HashMap

```
public class HashMap < K, V > extends AbstractMap < K, V > implements Map < K, V >, Cloneable,
Serializable
```

Map 类提供了一个称为 entrySet()的方法，这个方法返回一个 Map. Entry 实例化后的对象集。接着，Map. Entry 类提供了一个 getKey()方法和一个 getValue()方法。

【示例程序 5-18】 HashMap 应用示例(HashMapTest. java)

功能描述：本程序演示了 **HashMap** 的构造方法、常用方法，以及在 HashMap 中添加元素、删除元素、用 3 种方法遍历 **HashMap** 等基本操作。

```
01  class Student {
02      private int sno = 0;
03      private String name;
04      private double score;
05      public Student() {
06      }
07      public Student(int sno, String name, double score) {
08          super();
09          this.sno = sno;
10          this.name = name;
11          this.score = score;
12      }
13      @Override
14      public String toString() {
15          return "S[" + sno + "," + name + "," + score + "]";
16      }
17  }
18  public class HashMapTest {
19      public static void main(String[ ] args) {
20          HashMap < Integer, Student > hh = new HashMap < Integer,
21  Student >();
22          hh.put(199901, new Student(199901, "Java", 98));
23          hh.put(199902, new Student(199902, "ZhangSan", 98));
24          hh.put(199903, new Student(199903, "Lisi", 98));
25          hh.put(199904, new Student(199904, "WangWu", 98));
26          hh.put(199905, new Student(199905, "ZhengLiu", 98));
27          hh.put(199906, new Student(199906, "XiaoMing", 98));
28          System.out.println(hh.size());
29          System.out.println(hh.get(199906));
30          //1.通过遍历 keySet 来访问 Value
31          Set < Integer > hSet = hh.keySet();
32          Iterator < Integer > it = hSet.iterator();
33          Integer key;
34          while (it.hasNext()) {
35              key = it.next();
36              System.out.println("Key:" + key + ",Value:" + hh.get(key));
37          }
38          //2.用 Map.Entry 遍历 Map
```

```
39            Set<Map.Entry<Integer, Student>> es = hh.entrySet();
40            for (Map.Entry<Integer, Student> me : es) {
41                System.out.println("Key:" + me.getKey() + ",Value:" + me.getValue());
42            }
43            //3.For语句增强
44            for (Integer key1 : hh.keySet()) {
45                System.out.println(key1 + " : " + hh.get(key1));
46            }
47        }
48    }
```

2. TreeMap

TreeMap 基于红黑树(Red-Black tree)的 NavigableMap 实现。红黑树是一种自平衡二叉查找树,树中每个结点的值都大于或等于它左子树中的所有结点的值,并且小于或等于它右子树中的所有结点的值,这确保红黑树运行时可以快速地在树中查找和定位所需结点。

TreeMap 根据其键的自然顺序进行排序,或者根据创建 TreeMap 时提供的 Comparator 进行排序,具体取决于使用的构造方法。TreeMap 是线程安全的,key 和 value 都不能是 null,否则会抛出异常 NullPointerException。TreeMap 类的定义如下:

```
public class TreeMap<K, V> extends AbstractMap<K, V> implements NavigableMap<K, V>,
Cloneable, Serializable
```

3. Hashtable

Hashtable 是传统的 Java 实现。此类实现一个哈希表,该哈希表将键映射到相应的值。为了成功地在哈希表中存储和获取对象,用作键的对象必须实现 hashCode 方法和 equals 方法。Hashtable 类的定义如下:

```
public class Hashtable<K,V> extends Dictionary<K,V> implements Map<K,V>
```

4. Properties

在 Java 中应用广泛的 properties 文件是一种用于存储系统配置的文本文件,其扩展名为.properties。properties 文件的内容是采用"键=值"的格式,用"#"做单行注释。Properties 类继承了 Hashtable 类,提供了读/写 properties 文件、XML 文件或其他符合 key=value 格式的文本文件等常用操作。Properties 类可以保存在流中或从流中加载。Properties 类的定义如下:

```
public class Properties extends Hashtable<Object,Object>
```

注意:当资源文件中含有中文时,将中文字符通过 nativetoascii 或 Eclipse 中的属性编辑器转成 utf8 编码;直接调用"new String(youChineseString. getBytes("ISO-8859-1"),"GBK");"处理。

为了实现国际化,JDK 提供了 native2ascii 工具,用来将某种字符编码的文本类文件(如 *.txt、*.ini、*.properties 等)和 Unicode 字符编码进行编码转换。native2ascii 命令的语法格式如下:

```
native2ascii [-reverse] [-encoding 编码] [输入文件 [输出文件]]
```

native2ascii 命令举例如下：

- native2ascii -encoding utf8 e:\a.ini e:\a.properties
- native2ascii -reverse -encoding gbk e:\a.properties e:\a.txt

【示例程序 5-19】 Properties 应用示例(PropertiesTest.java)

功能描述：本程序演示了 Properties 的构造方法和常用方法的使用，然后利用 Properties 类实现属性文件的读/写操作。

```
01  public class PropertiesTest {
02      public static void main(String[ ] args) throws Exception {
03          Properties props  =  new Properties();
04          //向 Properties 中增加属性
05          props.setProperty("dept" , "邯郸学院");
06          props.setProperty("username" , "hdczyj");
07          props.setProperty("password" , "123456");
08          //建立文件字节输出流,a.ini 默认在项目文件夹中
09          FileOutputStream fos = new FileOutputStream("a.ini");
10          //将 Properties 中的 key - value 写入到 a.ini 文件中,第一行为#注释行
11          props.store(fos,"注释行");
12          System.out.println(props);
13          fos.close();
14          //新建一个 Properties 对象
15          Properties props2  =  new Properties();
16          //向 Properties 中增加属性
17          props2.setProperty("gender" , "male");
18          props2.setProperty("dept" , "Handan College");
19          //将 a.ini 文件中的 key - value 对追加到 props2 中
20          FileInputStream fis = new FileInputStream("a.ini");
21          props2.load(fis);
22          System.out.println(props.get("dept"));
23          FileOutputStream fos1 = new FileOutputStream("a.ini");
24          System.out.println("\u6559\u52A1\u5904");
25          props2.store(fos1, "\u6559\u52A1\u5904");
26          System.out.println(props2);
27      }
28  }
```

5.3.6 Collections 类

工具类 Collections 与 Arrays 类相同，提供了**操作集合类 Collection 及其子类的工具方法，如排序、二分法查找、洗牌、反向排序、填充、复制**等。

- public static <T> boolean addAll(Collection<? super T> c,T... elements)：将指定 Collection 实现类中的元素添加到当前 Collection 实现类中。
- public static <T extends Comparable<? super T>> void sort(List<T> list)：根据元素的自然顺序对指定列表按升序进行排序。
- public static <T> void sort(List<T> list,Comparator<? super T> c)：根据指定

比较器产生的顺序对指定列表进行排序。

- public static void reverse(List<?> list)：将指定 List 中的元素的顺序翻转。
- public static void shuffle(List<?> list)：将指定 List 中的元素的顺序打乱，相当于洗牌。
- public static<T> int binarySearch(List<? extends Comparable<? super T>> list, T key)：在根据自然顺序升序排列的 List 中用二分法查找指定 Key 的位置。
- public static<T> int binarySearch(List<? extends T> list, T key, Comparator<? super T> c)：在根据指定比较器升序排列的 List 中用二分法查找指定 Key 的位置。

【示例程序 5-20】 Collections 应用示例(CollectionsTest.java)

功能描述：本程序演示了如何使用 Collections 工具类的常用方法。

```
01  public class CollectionsTest {
02      public static void main(String[] args) {
03          Integer ia[] = {112,111,23,456,231};
04          //数组转换为 List
05          List<Integer> list = Arrays.asList(ia);
06          Collections.reverse(list);
07          System.out.println(list.toString());
08          Collections.sort(list);
09          System.out.println(list.toString());
10          Collections.shuffle(list);
11          System.out.println(list.toString());
12      }
13  }
```

5.3.7 如何选择集合类

在选择集合类时主要从存储内容、存储结构、元素是否排序、线程是否安全等方面考虑。

(1) **存储内容方面**：接口 Collection 及其子类主要用来存储对象，接口 Map 及其实现类主要用来存储键/值。

(2) **存储结构**：ArrayList 采用顺序存储，可以实现元素的随机存取，但插入、删除元素的效率要低得多。LinkedList 的每个元素的地址都存储在上一个元素中，形成链式结构，只能顺序访问，但插入、删除元素的效率要高。

(3) **元素是否排序**：TreeSet、TreeMap 等采用排序二叉树实现，因此元素是按升序排列的。

(4) **线程安全**：线程安全和存取效率是一对矛盾，不可兼得，用户只能根据应用场景和设计要求进行选择。

5.4 自定义对象的排序规则

当一个类的对象有多个属性时如何定义排序规则？Java 提供了两种方法实现。

5.4.1 实现 java.lang.Comparable 接口

Comparable 接口默认是按照自然顺序进行排列的，用户可以通过实现 Comparable 接口重写其中的 compareTo 方法，以重新定义对象的排序规则。

查阅文档可以得知已经实现 Comparable 接口的常见类，如 8 种基本数据类型的包装类、BigDecimal、BigInteger、Calendar、Date、File、GregorianCalendar、String、Time、URI、UUID 等。

int compareTo(T o)返回 0 时代表当前对象等于指定对象 o；返回正整数时代表当前对象大于指定对象 o；返回负整数时代表当前对象小于指定对象 o。

Comparable 接口示例程序详见 5.1.1 节。

5.4.2 实现 java.util.Comparator 接口

如果一个类没有实现 Comparable 接口或实现了 Comparable 接口但不符合要求，能不能在不修改该类代码的前提下实现新的排序规则？当然可以，用 Comparator 接口即可实现上述要求。

实现 Comparable 接口的 List 或数组可以通过 Collections.sort 或 Arrays.sort()实现自动排序。实现 Comparable 接口的对象可以用作有序映射(如 TreeMap)中的键或有序集合(TreeSet)中的元素，无须指定比较器。

Comparator 接口中只有一个抽象方法 int compare(T o1,T o2)，它根据第一个对象小于、等于或大于第二个对象分别返回负整数、零或正整数。

【示例程序 5-21】 Comparator 接口应用示例(PersonComparator.java)

功能描述：本程序演示对象排序的实现。Person 类实现 java.util.Comparator 接口，先按 Person 对象的 name(包含中文)排序，如果 name 相同，就按 birthDate 排序。

```
01  class Person{
02      private String name;
03      private Date birthDate;
04      SimpleDateFormat sdf = new SimpleDateFormat("yyyy-MM-dd");
05      public Person() {
06      }
07      public Person(String name,Date birthDate) {
08          this.name = name;
09          this.birthDate = birthDate;
10      }
11      @Override
12      public String toString() {
13          return "[" + name + "," + sdf.format(birthDate) + "]";
14      }
15      public String getName() {
16          return name;
17      }
18      public void setName(String name) {
19          this.name = name;
20      }
21      public Date getBirthDate() {
22          return birthDate;
23      }
```

```
24      public void setBirthDate(Date birthDate) {
25          this.birthDate = birthDate;
26      }
27  }
28  public class PersonComparator implements Comparator<Person> {
29      Collator cmp = Collator.getInstance(java.util.Locale.CHINA);
30      public static void main(String[] args) throws Exception {
31          SimpleDateFormat sdf = new SimpleDateFormat("yyyy-MM-dd");
32          Person s1 = new Person("张三", sdf.parse("1984-3-1"));
33          Person s2 = new Person("李四", sdf.parse("1984-2-1"));
34          Person s3 = new Person("王五", sdf.parse("1984-8-1"));
35          Person s4 = new Person("郑六", sdf.parse("1985-1-1"));
36          Person s5 = new Person("张三", sdf.parse("1982-1-1"));
37          TreeSet<Person> ts = new TreeSet<Person>(new PersonComparator());
38          ts.add(s1);
39          ts.add(s2);
40          ts.add(s3);
41          ts.add(s4);
42          ts.add(s5);
43          System.out.println(ts);
44      }
45      //先按姓名排序,再按出生日期排序
46      @Override
47      public int compare(Person o1, Person o2) {
48          if(cmp.compare(o1.getName(), o2.getName()) == 0){
49              return o1.getBirthDate().compareTo(o2.getBirthDate());
50          }else{
51              return cmp.compare(o1.getName(),o2.getName());
52          }
53      }
54  }
```

【示例程序 5-22】 扑克牌的排序应用示例(PokerSort.java)

功能描述:Card 类实现 Comparable 接口,实现扑克牌先按花色后按数字排序,PokerSort 类实现 java.util.Comparator 接口,实现扑克牌先按数字后按花色排序。

```
01  class Card implements Comparable<Card> {
02      private char flower;            //扑克牌花色
03      private String num;             //扑克牌数字
04      public Card() {
05      }
06      public Card(char flower, String num) {
07          super();
08          this.flower = flower;
09          this.num = num;
10      }
11      @Override
12      public String toString() {
```

```
13            return flower + num;
14        }
15        //先按花色后按数字排序
16        @Override
17        public int compareTo(Card o) {
18            if (this.num == o.num) {
19                return this.flower - o.flower;
20            } else {
21                return this.num.compareTo(o.num);
22            }
23        }
24        public char getFlower() {
25            return flower;
26        }
27        public void setFlower(char flower) {
28            this.flower = flower;
29        }
30        public String getNum() {
31            return num;
32        }
33        public void setNum(String num) {
34            this.num = num;
35        }
36    }
37    //PokerSort 类实现 java.util.Comparator 接口
38    public class PokerSort implements Comparator<Card>{
39        @Override
40        public int compare(Card o1, Card o2) {
41            if(o1.getFlower() == o2.getFlower()){
42                return o1.getNum().compareTo(o2.getNum());
43            }else{
44                return o1.getFlower() - o2.getFlower();
45            }
46        }
47        public static void main(String[] args) {
48            Card[] pk = new Card[54];
49            //♠,♣,♥,♦
50            char[] fa = {'\u2660','\u2665','\u2663','\u2666'};
51            String[]
52    na = {"1","2","3","4","5","6","7","8","9","10","J","Q","K"};
53            int k = 0;
54            for(int i = 0;i < fa.length;i++){
55                for(int j = 0;j < na.length;j++){
56                    pk[k] = new Card(fa[i],na[j]);
57                    k++;
58                }
59            }
60            pk[52] = new Card(' ',"小王");
61            pk[53] = new Card(' ',"大王");
62            //按扑克牌的自然顺序排序：先按花色后按数字排序
```

```
63          Arrays.sort(pk);
64          System.out.println(Arrays.toString(pk));
65          List<Card> list = Arrays.asList(pk);
66          Collections.shuffle(list); //洗牌
67          System.out.println(list);
68           //按指定排序器对扑克牌进行排序：先按花色后按数字排序
69          Collections.sort(list, new PokerSort());
70          System.out.println(list);
71      }
72  }
```

5.5 枚　举

枚举 enum 与 class、interface 同级。枚举类型(enum)让该类型的变量只能取预先定义的若干固定值中的一个,否则就通不过编译。

枚举的优点：枚举是有顺序的；枚举保证类型安全；枚举相当于命名空间,可以有效避免与其他常量的命名冲突；枚举可以携带更多的信息。

枚举 enum 相当于类,可以有自己的构造方法、成员变量、普通方法和抽象方法。与 interface 一样,enum 编译之后产生一个 class 文件。

【示例程序 5-23】　枚举 enum 应用示例(WeekDayTest.java)

功能描述：本程序定义了一个星期枚举类型(封装了英文和中文信息)并进行了应用测试。

```
01  enum WeekDay {
02      Mon("Monday","星期一"),Tue("Tuesday","星期二"),
03      Wed("Wednesday","星期三"),Thu("Thursday", "星期四"),
04      Fri("Friday","星期五"),Sat("Saturday","星期六"),
05      Sun("Sunday", "星期日");
06      private WeekDay(String en, String cn) {
07          this.en = en;
08          this.cn = cn;
09      }
10      private final String en;
11      private final String cn;
12      public String getEn() {
13          return en;
14      }
15      public String getCn() {
16          return cn;
17      }
18  }
19  public class WeekDayTest {
20      public static void main(String[] args) {
21          //WeekDay 相当于命名空间,避免与其他常量冲突
22          WeekDay s1 = WeekDay.Fri;
```

```
23          //枚举可以携带更多的信息
24          System.out.println(WeekDay.Tue.getCn());
25          System.out.println(s1 + ":" + s1.getCn());
26          //指定枚举类型的值的遍历
27          for (WeekDay s : WeekDay.values()) {
28              System.out.println(s + ":" + s.getCn());
29          }
30          for (WeekDay s : EnumSet.range(WeekDay.Tue, WeekDay.Sat)) {
31              System.out.println(s + "-" + s.getEn());
32          }
33      }
34  }
```

5.6 泛　　型

5.6.1 问题的提出

以前在集合类 Collection 或 Map 编程应用时用户可能碰到下面示例程序中演示的问题。

【示例程序 5-24】 Collection 或 Map 编程应用容易出现的问题(GenericTest.java)

功能描述：本程序以 ArrayList 为例，演示向 ArrayList 放入元素时上溯造型，取元素需要下溯造型容易出现的问题。

```
01  public class GenericTest {
02      public static void main(String[] args) {
03          //数组在定义时指定了元素的类型
04          int[] a = new int[10];
05          //在编译(Compiler)阶段就可以防止错误的赋值
06          //例如"a[1] = 3.14;"不能通过编译
07          //集合类 Collection 在构造时无须指定元素类型,默认为 Object
08          //下面两行 ArrayList 的定义是等价的
09          ArrayList<Object> ala = new ArrayList<Object>();
10          ArrayList hsb = new ArrayList();
11          ala.add(100);                  //100 自动装箱成 Integer,再上溯造型为 Object
12          ala.add("String");             //String 对象直接上溯造型为 Object
13          //public Object get(int index)
14          //从 Collection 取元素时为 Object,需要下溯造型为指定的类型,既不方便,也不安全
15          int n1 = (Integer)ala.get(0);
16          //下句中错误的下溯造型操作在程序的编译阶段发现不了
17          int n2 = (Integer)ala.get(1);
18          //只能在运行时阶段才能被发现,抛出 ClassCastException
19      }
20  }
```

运行结果：

```
Exception in thread "main" java.lang.ClassCastException: java.lang.String cannot be cast to
java.lang.Integer at chap05jdk.GenericTest.main(GenericTest.java:18)
```


5.6.2 泛型的引入

从 JDK 1.5 开始，Java 引入**泛型(Generic)**，也称参数化类型(Parameterized type)。**泛型是对 Java 语言类型的一种扩展，以支持创建参数化的类、接口、方法、异常等。**使用"<参数化类型>"方式指定该类或接口中方法操作的数据类型，**利用编译器的类型安全检查提高了 Java 程序的类型安全，消除了强制类型转换，增强了代码的通用性和可读性。**

注意：

(1) 除了可以用在**集合类 Collection 和 Map** 的定义中，泛型还可以用在**类定义、接口定义、方法定义、异常定义**中。

(2) 在 Java 中泛型的实际类型必须是**引用类型**。

(3) 泛型是提供给 **Java 编译器**用的。**泛型让编译器在编译阶段就进行类型安全检查，防止 Java 程序中的非法输入。**编译器会在编译完成后自动去掉类型信息，使程序的运行效率不受影响。这样，类型的匹配问题在编译阶段就可以发现，而不用在运行阶段以异常的形式发现。

(4) 在 JDK 1.5 后，类 ArrayList 使用泛型的描述，即 public class ArrayList<E>。注意这个<E>，它就是 Java Tiger 的类型安全标志。如果编程时违反了类型安全检查，在 Eclipse 中就会出现以下警告：

```
ArrayList is a raw type. References to generic type ArrayList<E> should be parameterized.
```

(5) 建议以后在使用集合类 Collection 和 Map 时一定要使用泛型。举例如下：

```
ArrayList<String> al = new ArrayList<String>();
HashMap<Integer,String> hm = new HashMap<Integer,String>();
```

5.6.3 泛型的应用

1. 在 Collection 和 Map 应用中使用泛型

在构造集合时指定集合元素的类型，编译器就可以在编译阶段根据集合的元素类型防止将错误类型的元素加入集合，当从集合中取出元素的时候自动添加相应的下溯造型代码。这样，就可以不像以前只能在 RunTime 阶段而不是在 Compile 阶段发现编程错误，提高了代码的健壮性和运行效率。

2. 在接口、类、异常定义中使用泛型

在定义带类型参数的类或接口时，**在类名或接口名之后的<>内指定一个或多个类型参数，同时也可以对类型参数的取值范围进行限定，多个类型参数之间用","号分隔。**在定义完类或接口的类型参数后，可以在类体或接口体中使用类型参数(静态语句块、类属性、类方法除外)。

推荐命名规则使用大写的单个英文字母作为类型参数，推荐如下。

- **K(Key)**：Map 的键；
- **V(Value)**：Map 的值；
- **T(Type)**：类型；
- **E(Exception 或 Eelement)**：异常类型或元素。

JDK 文档中涉及泛型的类、方法定义，举例如下：

- public interface Collection < E > extends Iterable < E >
- boolean add(E e)
- boolean addAll(Collection <? extends E > c)

3. 在方法定义中使用泛型

在定义带类型参数的方法时，在方法名的可见范围修饰符之后的< >中指定一个或多个类型参数的名字，同时也可以对类型参数的取值范围进行限定，多个类型参数之间用“,”号分隔。在定义完方法的类型参数后，可以在方法定义和方法体中使用类型参数。

```
<T> T[] toArray(T[] a)
```

4. 泛型中的类型通配符?

可以通过类型通配符对类型参数的取值范围进行限定。

- **?:不受限制的类型**，相当于?extends Object；
- **?extends T**：类型参数必须是 **T 或 T 的子类**；
- **?super T**：类型参数必须是 **T 或 T 的父类**。

现将类型通配符? 的应用举例如下：

```
01  void printList(List<Object> l){
02      for(Object o:l){
03          System.out.println(o);
04      }
05  }
```

上述代码会编译出错，因为 List < Integer >不是一个 List < Object >，采用类型通配符?可以解决这个问题。List <?>是任何泛型 List 的父类型，用户可以任意将 List < Integer >、List < String >等传递给 printList 方法。

```
01  void printList(List<?> l){
02      for(Object o:l){
03          System.out.println(o);
04      }
05  }
```

【示例程序 5-25】 泛型应用示例(GenericTest.java)

功能描述：本程序在类定义和方法定义中应用了泛型，并在主方法中进行了测试。

```
01  public class GenericTest<K,V>{
02      Hashtable<K,V> ht = new Hashtable<K,V>();
03      public void put(K k,V v){
```

```
04            ht.put(k, v);
05        }
06        public V get(K k){
07            return ht.get(k);
08        }
09        public static void main(String args[ ]){
10            GenericTest < Integer,String > gt = new
11    GenericTest < Integer,String >();
12            gt.put(9, "天王盖地虎");
13            System.out.println(gt.get(9));
14            GenericTest < String,Date > gt1 = new GenericTest < String,Date >();
15            gt1.put("好日子", new Date());
16            System.out.println(gt1.get("好日子"));
17        }
18    }
```

5.7 正则表达式

5.7.1 正则表达式简介

- 在关系数据库查询数据——**SQL**；
- 在 Internet 上查询数据——**搜索引擎**；
- 在 XML 中查询数据——**XPath 和 Xquery**；
- 在文本文件中模糊查询字符串——**正则表达式**；
- 在 txt/html/doc/xls/ppt/xml/pdf 中进行全文搜索——**Luence**。

正则表达式(Regular Expression)是一个强大的字符串处理工具，可以对字符串进行**查找**、**提取**、**分割**、**替换**等操作。正则表达式是基于文本的编辑器和搜索工具中的一个重要部分。现在的主流开发语言 Java、JavaScript、PHP 等都提供了使用正则表达式的途径。尽管正则表达式本身既难懂更难读，但它却是一个功能强大而且未被充分利用的工具。

正则表达式的用途如下：

(1) 测试某个字符串是否匹配某个模式，从而**实现数据格式的有效性验证**。例如 IP、E-mail、日期时间、论坛发表帖子不含禁止言论等。

(2) 在一段文本中查找具有某一特征的文本内容。**精确搜索**是搜索一个具体、确定的文本，而**模式搜索**是搜索具有某一特征的文本，如网络机器人 Robot。

(3) 将一段文本中满足某一正则表达式的模式的文本内容**替换**为其他内容或删除。

自从 JDK 1.4 推出 **java.util.regex 包**，就为用户提供了很好的 Java 正则表达式应用平台。

5.7.2 创建正则表达式

正则表达式是包含以下内容的字符串。

1. 所有可以合法的可显示字符或控制字符

对于此内容这里不再赘述。

2. 特殊字符

以下字符在正则表达式中有其特殊用途，如果要匹配这些特殊字符，必须先将这些字符转义，详见表 5-1。

表 5-1 正则表达式的特殊字符表

特殊字符	说　明
\	转义下一个字符，要匹配\本身，请使用\\
.	代表任何一个字符
|	在指定两项之间任选一项，要匹配|本身，请使用\\\|
?	指定前面的表达式可以出现 0 次或 1 次，要匹配? 本身，请使用\\?
*	指定前面的表达式可以出现 0 次或 *n* 次，要匹配 * 本身，请使用\\ *
+	指定前面的表达式可以出现 1 次或 *n* 次，要匹配+本身，请使用\\+
{}	大括号表达式，要匹配{}本身，请使用\\{和\\}
[]	中括号表达式，要匹配[]本身，请使用\\[和\\]
()	小括号表达式，要匹配()本身，请使用\\(和\\)
^	开始，要匹配^本身，请使用\\^
$	结束，要匹配 $ 本身，请使用\\ $

3. 通配符(预定义字符)

通配符是正则表达式中用于匹配一类字符的特殊字符，详见表 5-2。

4. 常用限定符

常用限定符指?、*、+等在正则表达式中有特殊意义的字符，详见表 5-3。

表 5-2 正则表达式的通配符表

预定义字符	说　明
\\d	digit 代表任何一个数字
\\D	代表任何一个非数字的字符
\\s	space，代表空格类字符：\t、\n、\r、\f
\\S	代表任何一个非空格类字符
\\w	word，代表可用于标识符的字符(字母、数字、_)
\\W	代表不能用于标识符的字符

表 5-3 正则表达式的常用限定符表

常用限定符	说　明
X?	X 出现 0 次或 1 次
X *	X 出现 0 次或多次
X+	X 出现 1 次或多次
X{*n*}	X 恰好出现 *n* 次
X{*n*,}	X 至少出现 *n* 次
X{*n*,*m*}	X 出现 *n* 次至 *m* 次

5. 方括号模式

在正则表达式中可以使用一对方括号括起若干个字符，代表方括号中的任何一个字符，详见表 5-4。

表 5-4 正则表达式的方括号表达式示例表

方括号表达式	说　明
[abc]	代表 a、b、c 中的任何一个
[^abc]	代表除了 a、b、c 以外的任何一个字符
[a-d]	代表 a～d 中的任何一个
[a-d[m-p]]	代表 a～d 或 m～p 中的任何字符(并集)
[a-z&&[def]]	代表 a～z 和 def 的交集，即 def
[a-f&&[^bc]]	代表 a～f 和 bc 的差集，aef

6. 圆括号模式

圆括号可以将括起的若干个字符合成一个字符,详见表 5-5。

表 5-5 正则表达式的圆括号表达式示例表

圆括号表达式	说 明
a(bc)*	代表 a 后面跟 0 个或者多个"bc"
a(bc){1,5}	代表 a 后面跟 1～5 个"bc"

7. 几个常用的正则表达式

- **邮政编码**:如 056005。

"^[0-9][0-9][0-9][0-9][0-9][0-9]$"或"^[0-9]{6}$"或"^\\d{6}$"

- **手机号**:

"^1[3|4|5|7|8][0-9]\\d{8}$"

- **身份证号码**(18 位):

"^\d{15}(\d{2}[0-9xX])?$"

- **验证密码**:要求密码必须由数字或字母组成,长度是 6～12。

"^[\\da-zA-Z]{6,12}$"

- **IP 地址**的正则表达式:

"^[1-2]*[0-9]*[0-9]*\\.[1-2]*[0-9]*[0-9]*\\.[1-2]*[0-9]*[0-9]*$"

- **邮件**的正则表达式:

"^\w+([-+.]\w+)*@\w+([-.]\w+)*\.\w+([-.]\w+)*$"

- **只能输入汉字**:

"^[\u4e00-\u9fa5]{0,}$"

- **日期的正则表达式**:

"^\\d{4}[年|\-|\.]\d{\1-\12}[月|\-|\.]\d{\1-\31}日?$"

5.7.3 正则表达式的使用

在定义正则表达式以后,就可以用 Pattern 和 Matcher 使用正则表达式。正则表达式字符串必须先被编译为 Pattern 对象,然后再利用该 Pattern 对象创建对应的 Matcher 对象。

【示例程序 5-26】 正则表达式示例(RegexTest.java)

功能描述:本程序演示了正则表达式匹配字符串的 6 种方法。

```
01  public class RegexTest {
02      public static void main(String[] args) {
```

```
03        //1.用 Pattern 类的 matches 判断指定的字符串是否匹配指定的正则表达式
04        //public static boolean matches(String regex,CharSequence input)
05        System.out.println(Pattern.matches("a*b", "aaaaab"));
06        //2.用 String 类中的 matches 方法判断当前字符串是否匹配指定的正则表达式
07        //public boolean matches(String regex)
08        System.out.println("01234567890123456".matches("\\d{17}"));
09        //3.显示一个字符串中所有满足指定正则表达式的子字符串
10        Pattern p= Pattern.compile("ab\\.*c");
11        Matcher m= p.matcher("ab..cxyzab...cxxx");
12        while (m.find()) {
13        System.out.println(m.group() + ":" + m.start() + "," + m.end());
14        }
15        //4.用 Scanner 类指定的分隔符
16        Scanner sc = new Scanner("1 fish 2 fish red fish blue fish");
17        sc.useDelimiter("\\s*fish\\s*");
18        while(sc.hasNext()){
19            System.out.print(sc.next() + "\t");
20        }
21        sc.close();
22        System.out.println();
23        //5.用一个正则表达式分割一个字符串
24        //java.lang.String.split(java.lang.String)
25        String str1 = "123a456B789c";
26        String sa1[] = str1.split("[a-zA-Z]");
27        System.out.println("共分割成了: " + sa1.length);
28        for (String s :sa1) {
29            System.out.print(s + "\t");
30        }
31        System.out.println();
32        //6.用一个正则表达式分割一个字符串
33        //java.util.regex.Pattern.split(java.lang.CharSequence)
34        String str = "@answer=2/3,score=5,level=5";
35        Pattern pattern = Pattern.compile("[@,][a-z]+=");
36        String sa[] = pattern.split(str);
37        //String sa[] = str.split("[@,][a-z]+=");
38        System.out.println("共分割成了: " + sa.length);
39        for (String s:sa) {
40            System.out.print(s + "\t");
41        }
42        //输出第一个是空
43    }
44 }
```

5.8 本章小结

本章主要介绍 JDK 常见类的使用，根据 JDK 文档重点介绍了 java.lang 包中 Object、System、Runtime、Math 等类的功能和常用方法，java.util 包中的字符串类(String、StringBuffer、StringBuilder)、日期类(Date、Calendar)、格式类(java.text.SimpleDateFormat)、集

合类框架(Collection 接口及其实现类、Map 接口及其实现类),以及枚举、泛型、正则表达式等内容。

本章内容是实际应用开发时最常用的内容,请读者予以重视。在完成基础知识、基本技巧的学习后,请在解决实际问题的过程中掌握本章内容。

5.9 自 测 题

一、填空题

1. 若定义一个类时没有用 extends 关键字显式指定继承的父类,则编译器自动加上 extends ________。

2. 引用类型数据的地址备份用________实现,引用类型数据的对象备份用 Object 类中的________方法实现。

3. Java 提供的与日期相关的类和接口主要有________(该类的大部分构造方法和一般方法都已经不推荐使用)、________、GregorianCalendar 和 DateFormat、________等。

4. Java 集合类主要包括________和________两大类。前者及其实现类主要用来盛放________,后者及其实现类用来盛放________。

5. 工具类 ________与 Arrays 类相同,提供了操作________及其子类的工具方法,如排序、二分法查找、洗牌、反向排序、填充、复制等。

6. 用两种方法产生 1～5 的随机整数,一种是"int n=________;",另一种是"Random rd=new Random(); int m=________;"。

7. List 接口的主要实现类有________、________和 Vector 等,Set 接口的主要实现类有________、________和 EnumSet 等,Map 接口的主要实现类有________、Hashtable 和________。

8. 密码要求必须由数字或字母组成,长度是 6～12,密码的正则表达式为________。手机号以 1 开始,第 2 位为 3、5、8 中的任意一位,其他全部是数字,长度是 11 位,手机号的正则表达式为________。

二、SCJP 选择题

1. Given:

```
01    int i = (int)Math.random();
```

What is the value of i after line 11?

A. 0

B. 1

C. Compilation fails

D. any positive integer between 0 and Integer. MAX_VALUE

E. any integer between Integer. MIN_VALUE and Integer. MAX_VALUE

Correct Answers:

2. Given:

```
01  String s = 1 + 9 + "Hello";
02  System.out.println(s);
```

What is the result?

A. 19Hello

B. 10Hello

C. Compilation fails

D. An exception is thrown at runtime

Correct Answers:

3. Which three are legal String declarations? (Choose three.)

A. String s=null;

B. String s='null';

C. String s=(String)'abc';

D. String s="This is a string";

E. String s="This is a very\n long string";

Correct Answers:

4. Given

```
01  ArrayList a = new ArrayList();
02  a.add("Alpha");
03  a.add("Bravo");
04  a.add("Charlie");
05  a.add("Delta");
06  Iterator iter = a.iterator();
```

Which two, added at line 17, print the names in the ArrayList in alphabetical order? (Choose two.)

A. for (int i=0; i< a.size(); i++)
 System.out.println(a.get(i));

B. for (int i=0; i< a.size(); i++)
 System.out.println(a[i]));

C. while(iter.hasNext())
 System.out.println(iter.next());

D. for (int i=0; i< a.size(); i++)
 System.out.println(iter[i]);

E. for (int i=0; i< a.size(); i++)
 System.out.println(iter.get(i));

Correct Answers:

5. What assigns the value of 5 to the variable x?

A. int x = Math.abs(-5)

B. int x = Math.abs(-5L)

C. int x = Math.abs(5.5)

D. int x = Math.abs(-5.0)

E. float x = Math.abs(5.0)

Correct Answers:

5.10 编程实训

【编程作业 5-1】 字符串操作方法集(MyString.java)

编程要求：

(1) 编写方法 int charCount(char c,String str),判断字符 c 在字符串 str 中出现的次

数,例如 charCount ('A',"ABADCABCDE")的结果是 3。

(2) 编写方法 String moveStr(String str,int m),把字符串 str 的 1～m 个字符移到 str 的最后,例如 moveStr("ABCDEFGHIJK",3)的结果是 DEFGHIJKABC。

(3) 编写方法 String sort(String str),对指定字符串中除首、尾字符外的其余字符进行降序排列,例如 sort("CEAedca")排序后的结果为"CedcEAa"。

(4) 编写方法 String delStar(String s),删除指定字符串中末尾的 * 号,例如 delStar(" **** A * BC * DEF * G ******* ")的结果是" **** A * BC * DEF * G"。

(5) 在 main 方法中测试以上方法是否正确。

编程提示:仔细阅读 String、StringBuffer、StringBuilder 类的相关方法。

【编程作业 5-2】 身份证校验位的计算(IDVerify. java)

编程要求:

(1) 编写应用程序,输入 18 位身份证号的前 17 位,输出身份证号的校验位。

(2) 当输入的身份证号的前 17 位出现位数不足或位数是 17 位但不全是数字时,要求抛出自定义异常,并处理。

知识准备:18 位公民身份号码是特征组合码,由 17 位数字本体码和一位数字校验码组成,即 6 位数字地址码、8 位数字出生日期码、3 位数字顺序码(表示在同一地址码所标识的区域范围内对同年、同月、同日出生的人编定的顺序号,顺序码的奇数分配给男性,偶数分配给女性)和一位数字校验码(采用 ISO 7064: 1983,MOD 11-2 校验码系统)。

编程提示:校验码的计算方法如下。

(1) 17 位数字 id[17]本体码的加权求和公式为 S=Sum(Ai * Wi),i=0、…、16,先对前 17 位数字的权求和,其中 Ai 表示身份证号码第 i 位的数字,Wi 表示第 i 位的加权因子,w[17]={7,9,10,5,8,4,2,1,6,3,7,9,10,5,8,4,2}。

(2) 计算除以 11 的余数: $y=S\%11$。

(3) 通过模得到对应的校验码: v[11]={'1','0','x','9','8','7','6','5', '4','3','2'}。

【编程作业 5-3】 从身份证号中提取身份证信息(IDInfo. java)

编程要求:

(1) 编写 GUI 应用程序,输入 18 位身份证号,输出性别、出生年月日(格式为 1980 年 10 月 10 日)、年龄等信息。

(2) 输入身份证号,当位数不足 18 位、前 17 位不全是数字、后一位出现数字和 xX 之外的字符时抛出自定义异常并进行处理。

(3) 使用正则表达式进行字符串的校验。

【编程作业 5-4】 在字符串中实现子字符串的查找输出(StringFindTest. java)

编程要求:

(1) 在字符串 str = "AA01234A01234aa01234aA01234Aa01234aa" 中查找子字符串 s="AA"输出它出现的位置。

(2) 忽略字母大小写时如何查找?

编程提示:

(1) public int indexOf(int ch):返回指定字符在此字符串中第一次出现处的索引。

(2) public int lastIndexOf(String str): 返回指定子字符串在此字符串中最右边出现处

的索引。

【编程作业 5-5】 输入年月，输出该月的月历(MonthlyCalendar.java)

编程要求：从键盘输出年份和月份，输出该月的月历。

编程提示：

(1) 用 Calendar 设置年、月、日：public final void set(int year,int month, int date)。

(2) 输出某年某月某日是星期几：Calendar.DAY_OF_WEEK。

(3) 输出某年某月的天数：public int getActualMaximum(int field)。

(4) 空格定位：System.out.printf("%40c",' ');

拓展要求：输入年份，循环输出该年 12 个月的月历。

本作业的程序讲解视频可扫描二维码观看。

【编程作业 5-6】 集合的并、交、差集运算(SetTest.java)

编程要求：

(1) 建立两个集合 a={'a','b','c','1','2','3'}、b={'e','f','1','2'}。

(2) 求集合 a、b 的并、交、差集。

编程提示：

(1) 用 HashSet<Character>实现。

(2) 用 protected Object clone()throws CloneNotSupportedException 实现集合的备份。

(3) 用 boolean addAll(Collection)、boolean removeAll(Collection)、boolean retainAll(Collection<?> c)分别实现集合的并、差、交集运算。

本作业的程序讲解视频可扫描二维码观看。

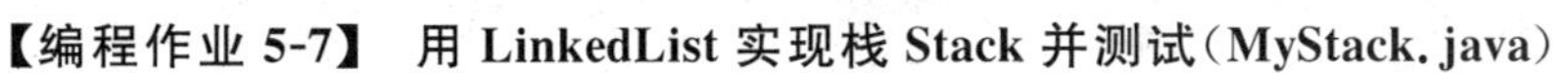

【编程作业 5-7】 用 LinkedList 实现栈 Stack 并测试(MyStack.java)

编程要求：栈是一种操作受限的线性表，只能在栈顶插入元素，只能在栈顶删除元素，即 FirstInLastOut。要求用 LinkedList 实现栈这种数据结构，包括以下操作：

- public int length()
- void push(T o)
- T pop()
- public String toString()

编程提示：

- public void addFirst(E e)
- publicE removeFirst()

本作业的程序讲解视频可扫描二维码观看。

【编程作业 5-8】 用 LinkedList 实现队列 Queue 并测试(MyQueue.java)

编程要求：队列是一种操作受限的线性表，只能在队尾插入元素，只能在队首删除元素，即 FirstInFirstOut。要求用 LinkedList 实现队列这种数据结构，包括以下操作：

- public int length()
- void add(E o)
- E remove()

编程提示：

- public void addLast(E e)
- publicE removeFirst()
- public String toString()

【编程作业 5-9】 邮资组合程序(Stamp. java)

编程要求：某人有 5 张 3 分和 4 张 5 分的邮票，请编写一个程序，计算由这些邮票中的一张或若干张可以得到多少种不同的邮资，并按照邮资从小到大的顺序显示和从大到小顺序的显示。

编程提示：

(1) 用双重循环得到邮资的排列组合可能。

(2) 用 TreeSet 实现邮资的升序(自然顺序)显示。

(3) 使用 TreeSet()构造方法，并对需要添加到 set 集合中的元素实现 Comparable 接口进行排序。

【编程作业 5-10】 用数组实现随机布雷(SetMine. java)

编程要求：在 $N*N$ 的二维表格中实现随机布雷，布雷个数 M 预先定义。如果是雷，显示字符@，如果不是雷，显示本格周围 8 格中雷的数目。

编程提示：

(1) Block 类：boolean isMine 表示是不是雷，int num 表示周围雷的个数。

(2) 用三重循环实现周围雷个数的统计。

【编程作业 5-11】 字符统计(CharCount. java)

编程要求：通过键盘输入一个字符串，按字母顺序打印出每个字符及其出现的次数。

编程提示：

(1) 用 TreeMap < Character, Integer >实现。

(2) 循环遍历该字符串的每一个字符，如果 TreeMap 中已经存储该字符，则出现次数加 1，否则存储该字符，出现次数为 1。

(3) TreeMap 已经覆盖 toString()方法，直接用 System. out. println 打印即可输出该 TreeMap 的内容。

本作业的程序讲解视频可扫描二维码观看。

【编程作业 5-12】 一个比较综合的正则表达式验证程序(Employee. java)

编程要求：通过键盘输入员工信息用户名、密码、邮箱、手机号码、雇用日期，验证合法后输出转正日期(试用 3 个月后)。

- 用户名：必须以字母、下画线、$ 开头的数字、字母、下画线、$ 的混合序列。用户名的正则表达式为“^[a-zA-Z_S]+[0-9a-zA-Z_S] * $”。
- 密码：必须由数字或字母组成，要求长度为 6～12。密码的正则表达式为“[0-9a-zA-Z]{6,12}”。
- 邮箱：合法的邮箱。邮箱的正则表达式如下。

```
^[_a-z0-9-]+(\\.[_a-z0-9-]+)*@[a-z0-9-]+(\\.[a-z0-9-]+)*$
```

- 手机：1+[358]+9 个数字，手机的正则表达式为“^1[358]\\d{9}$”。

• 雇用日期：必须符合格式 yyyy-MM-dd。

编程提示：

(1) 字符串用正则表达式去验证。

(2) 日期用 SimpleDateFormat 类去验证。

【编程作业 5-13】 速算 24 点游戏(Point24. java)

编程要求：在 CUI 界面速算 24 点游戏中，随机产生 4 个整数(1～13)，每个整数只能使用一次，根据这 4 个数组成表达式，可以使用加、减、乘、除、()，计算结果为 24 即为赢。

编程提示：算术表达式的计算(数据结构中的算法用栈表达式求值)，也可采用"http://code. google. com/p/aviator/"。

【编程作业 5-14】 斗地主游戏的洗牌和发牌(Landlords. java)

编程要求：

(1) 实现 CUI 界面下 3 个人玩斗地主游戏时模拟洗牌和发牌的程序，共 4 种花色，每种花色 13 张牌，3 个人玩地主时每人发 17 张牌，底牌 3 张。

(2) 要求输出时按点数排序，控制台输出效果如下。

建国[♠K,♣9,◆3,♣K,♠5,◆8,◆6,♠Q,◆4,♠4,◆J,♠T,♣7,◆K,♠9,◆9,◆Q]

小强[♠7,♥J,♣J,♥K,♥9,♠3,♥2,♣4,♥4,◆7,♠5,♣3,♥8,♠8,♣5,♣6,♥7]

蛋蛋[◆5,♣Q,♥A,♣T,♠J,♠A,◆A,♣8,♣2,♣A,大,♠6,♠2,◆2,♥T,♥Q,♥3]

底牌：[◆T,♥6,小]

编程提示：

(1) 扑克牌类 Card：花色和数字。花色的 Unicode 编码：黑桃为 S-Spade♠\u2660♤\u2664，红桃为 H-Heart♥\u2665♡\u2661，梅花为 C-Club♣\u2663♧\u2667，方块为 D-Diamond◆\u2666◇\u2662。

(2) 玩家类 Player(3 个属性：名字、是不是地主、存放 20 个 Card 的扑克牌数组)。

(3) 洗牌：先创建 54 张扑克牌，循环，每一张牌和它后面的随机一张牌进行交换。

(4) 发牌：随机产生 1～53 的一个整数，发到谁，谁就是地主，斗地主 3 个 Player 人，每一个人发 17 张牌，底牌 3 张给地主。

拓展要求：要求输出时先按花色再按点数排序升序输出。

第6章 Java I/O 技术

在本章我们将一起学习以下内容:

- Java I/O 技术概述。
- 常用 I/O 流的使用。
- NIO 简介。
- 利用 Java 进行常用文档的读/写。

6.1 I/O 技术概述

计算机中的数据可能来自**键盘输入**、可能来自**网络**、可能来自**外存中的文件**、可能来自**内存**……,数据可能发送到**屏幕显示**、可能发送到**网络**、可能发送到**外存中的文件**,可能发送**到打印机**……。在数据的传输过程中涉及**数据的存储**、**转换**、**处理**等。

在 Java 中,数据的输入和输出都是以**流(Stream)**的方式来处理。**JDK** 中与输入/输出相关的包和类都集中存放在 **java. io** 包中,其中包含 5 个重要的抽象类,即 **InputStream**、**OutputStream**、**Reader**、**Writer** 和 **File**。几乎所有与 I/O 相关的类都继承了这 5 个类。利用这些类提供的方法,Java 可以方便地实现多种 I/O 操作与复杂的文件与目录管理。

Java 中的流按单位可分为**字节流和字符流**。按 Java 的命名惯例,凡是以 **InputStream** 结尾的类均为**字节输入流**;以 **OutputStream** 结尾的类均为**字节输出流**;凡是以 **Reader** 结尾的类均为**字符输入流**,以 **Writer** 结尾的类均为**字符输出流**。

流按方向可分为**输入流和输出流**,如图 6-1 所示。输入流是任何有能力产出数据的数据源,是从键盘、磁盘文件或网络等流向程序的数据流。输出流是任何有能力接收数据的接收源,是从程序流向显示器、打印机、磁盘文件、网络的数据流。

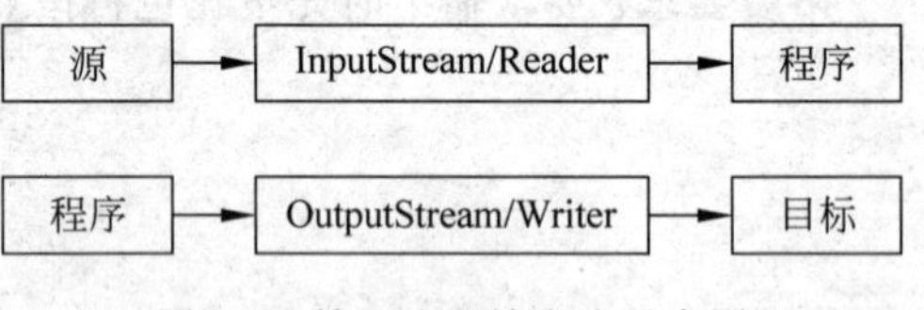

图 6-1 输入流和输出流示意图

注意:判断是输入流还是输出流请**以程序为参照物**,否则会出现混乱。

Java 中最基本的流是字节流。Java 通过 InputStream、OutputStream 类及其子类提供了方便的字节流的读/写方法。为了方便地处理双字节的 Unicode 字符,Java 提供了 Reader、Writer 类及其子类,可以方便地实现字节流和字符流的相互转换、字符流的读/写等操作。

在 JDK 1.1 之前只有普通的字节流。为了提高数据处理效率,减少转换成本,从

JDK 1.1 开始，Java 提供了专门处理 Unicode 字符的 Reader、Writer 类及其子类，又提供了读/写效率更高的带缓冲区的 BufferedReader、BufferedWriter 等类；提供了以字节流为基础的用于对象状态的永久化保存机制。从 JDK 1.4 开始，Java 开始提供新的 I/O 处理类库——**NIO**。

6.1.1 InputStream 类和 OutputStream 类

以字节为导向的数据流表示以字节(Byte)为单位从流中读取或往流中写入字节数据。在学习中读者要注意，输入流和输出流只是方向不同，类中的方法几乎是一一对应的。

1. InputStream 类

InputStream 类是表示字节输入流的所有类的超类，定义如下：

```
public abstract class InputStream extends Object implements Closeable
```

InputStream 字节流的常用子类如下。

- **ByteArrayInputStream**：包含一个内部缓冲区，该缓冲区包含从流中读取的字节。
- **FileInputStream**：负责从文件系统的某个文件中获得输入字节。
- **FilterInputStream**：包含其他一些输入流，将这些流用作其基本数据源，它可以直接传输数据或提供一些额外的功能。
- **DataInputStream**：用于读取 8 种基础数据的字节输入流。
- **ObjectInputStream**：用于从字节输入流中读取 Java 对象，实现对象的反序列化。
- **PipedInputStream**：用于线程通信，管道输入流是管道的接收端，提供要写入管道输出流的所有数据字节。通常，数据由某个线程写入 PipedOutputStream 对象，并由其他线程从连接的 PipedInputStream 读取。
- **SequenceInputStream**：用于将多个输入流逻辑串联起来成为一个输入流。它从输入流的有序集合开始，并从第一个输入流开始读取，直到到达文件末尾，接着从第二个输入流读取，依此类推，直到到达包含的最后一个输入流的文件末尾为止。

2. OutputStream 类

与 InputStream 类对应，OutputStream 是表示输出字节流的所有类的超类，定义如下：

```
public abstract class OutputStream extends Object implements Closeable,Flushable
```

OutputStream 字节流的常用子类如下。

- **ByteArrayOutputStream**：实现了一个输出流，其中的数据被写入一个 byte 数组。缓冲区会随着数据的不断写入而自动增长。
- **FileOutputStream**：用于将数据写入 File 或 FileDescriptor 的字节输出流。
- **FilterOutputStream**：过滤输出流的所有类的超类。这些流以基础输出流为基础，但可能直接传输数据或提供一些额外的功能。
- **DataOutputStream**：用于将 8 种基础数据写出的字节输出流。
- **ObjectOutputStream**：用于将 Java 对象写入字节输出流，实现对象的序列化。
- **PipedOutputStream**：可以将管道输出流连接到管道输入流来创建通信管道。管道输出流是管道的发送端。通常，数据由某个线程写入 PipedOutputStream 对象，并由其他线程从连接的 PipedInputStream 读取。

6.1.2 Reader 类和 Writer 类

Reader 类和 Writer 类是以字符为导向的数据流，表示以 Unicode 字符（双字节）为单位从数据流中读取或往数据流中写入信息。以字符为导向的数据流与以字节为导向的数据流基本上是对应的，实现的功能相同，存取数据的单位不同。

1. Reader 类

Reader 是一个抽象类，声明了用于读取字符流的有关方法。

Reader 类的常用子类如下。

- **FileReader**：用来读取文件中字符的输入流。
- **InputStreamReader**：将字节流转换为字符流，它使用指定的字符集读取字节并将其解码为字符。
- **BufferedReader**：从字符输入流中读取文本，缓冲各个字符，从而实现字符、数组和行的高效读取。
- **PipedReader**：与 PipedInputStream 对应。
- **CharArrayReader**：与 ByteArrayInputStream 对应，实现一个可用作字符输入流的字符缓冲区。
- **FilterReader**：用于读取已过滤的字符流的抽象类。

2. Writer

与 Reader 类对应，声明了用于写字符流的有关方法，定义如下：

```
public abstract class Writer extends Object implements Appendable,Closeable,Flushable
```

Writer 类的常用子类如下。

- **FileReader**：用来向文件写入字符的输出流。
- **OutputStreamWriter**：字符流通向字节流的“桥梁”，可使用指定的 charset 将要写入流中的字符编码成字节。它使用的字符集可以由名称指定或显式给定，否则将接受平台默认的字符集。
- **BufferedWriter**：将文本写入字符输出流，缓冲各个字符，从而提供单个字符、数组和字符串的高效写入；可以指定缓冲区的大小，或者接受默认的大小。
- **CharArrayWriter**：实现一个可用作 Writer 的字符缓冲区，缓冲区会随着向流中写入数据而自动增长，可使用 toCharArray()和 toString()获取数据。
- **PipedWriter**：用于线程通信的字符输出流。
- **PrintWriter** 和 **PrintStream**：向文本输出流打印对象的格式化表示形式。System. out 就是该类的对象。对于这两个类，读者需要重点掌握。

6.1.3 File 类

File 类可以用来获取或处理与磁盘文件和文件夹相关的信息和操作，但不提供对文件内容的存取。文件内容的存取功能一般由 FileInputStream、FileOutputStream、FileReader、FileWriter 等类实现。

File 类是对文件和文件夹的一种抽象表示（引用或指针）。File 类的对象可能指向一个存在的文件或文件夹，也可能指向一个不存在的文件或文件夹。

文件或文件夹的路径分为绝对路径和相对路径。对于路径分隔符，Windows 操作系统下为"\"，Unix/Linux 操作系统下为"/"。

- **磁盘文件的绝对定位**：盘符:\\文件夹 1\\文件夹 2…\\文件名。本资源定位方法缺乏灵活性，不适用于网络环境编程。
- **Eclispe 项目下文件的相对定位**：相对路径是相对项目文件夹开始定位，src\\包\\…\\包\\文件名；绝对路径为\\项目名称\\src\\包\\…\\文件名。采用本方法在项目开发阶段没有问题，但在项目发布后没有"src"文件夹就会出现"文件找不到"的错误。

【示例程序 6-1】 File 类应用示例(FileTest.java)

功能描述：本程序演示了 File 构造方法和常用方法的应用。

```
01  public class FileTest {
02      public static void main(String[] args) throws Exception {
03          //相对路径定位从项目文件夹开始
04          File f = new File("src\\zyj\\chap06io\\FileTest.java");
05          System.out.println("f.exists() = " + f.exists());
06          System.out.println("f.isDirectory() = " + f.isDirectory());
07          System.out.println("f.length() = " + f.length());
08          System.out.println("f.getName() = " + f.getName());
09          System.out.println("f.getParent() = " + f.getParent());
10          System.out.println("f.getPath() = " + f.getPath());
11          File f1 = new File("d:\\hb\\hd\\hdc");
12          //mkdirs()一次可以建立多个文件夹
13          f1.mkdirs();
14          File f2 = new File("d:\\hb\\hd\\hebeu");
15          //mkdir()一次只能建立一个文件夹
16          f2.mkdir();
17          //利用"f3.renameTo(f4);"可以实现文件的移动
18          //File 不提供复制文件的功能，怎么实现
19          File f3 = new File("d:\\a.dat");
20          File f4 = new File("d:\\hb\\hd\\b.dat");
21          f3.createNewFile();
22          f3.renameTo(f4);
23      }
24  }
```

运行结果：

```
f.exists() = false
f.isDirectory() = false
f.length() = 0
f.getName() = FileTest.java
f.getParent() = src\zyj\chap06io
f.getPath() = src\zyj\chap06io\FileTest.java
```

【示例程序 6-2】 文件夹内容显示应用示例(DirTest.java)

功能描述：本程序利用 listFiles()方法实现 DOS 命令 dir 的功能。

```
01  public class DirTest {
02      public static void main(String[] args) {
03          File f = new File("src\\chap06io");
04          //返回指定文件夹中的文件列表
05          //用匿名内部类实现过滤掉不以.java结尾的文件(FilenameFilter接口)
06          File[] fa = f.listFiles(new FilenameFilter() {
07              @Override
08              public boolean accept(File dir, String name) {
09                  return name.endsWith(".java");
10              }
11          });
12          SimpleDateFormat sdf = new SimpleDateFormat("yyyy-MM-dd
13          HH:mm");
14          String date = null;
15          String isDir = null;
16          for (File ff : fa) {
17              //文件最后修改时间
18              date = sdf.format(new Date(ff.lastModified()));
19              isDir = ff.isDirectory()?"<dir>":"";
20               System.out.printf("%s\t\t%d\t%s\t%s\n",ff.getName(),
21  ff.length(),isDir,date);
22          }
23      }
24  }
```

示例程序 6-2 的讲解视频可扫描二维码观看。

6.2 I/O 流的使用

6.2.1 文件字节流(FileInputStream 和 FileOutputStream)

FileInputStream 用于从本地文件系统中的一个文件读取字节数据,但并不适合读取文本文件中的字符信息,若含有中文字符,则容易出现乱码。

【示例程序 6-3】 利用文件字节流实现文件的复制(FileByteCopy.java)

功能描述:本程序利用 FileInputStream 和 FileOutputStream 实现了文件的复制。

```
01  public class FileByteCopy{
02      public static void main(String[] args) throws Exception{
03          FileInputStream fis = new
04  FileInputStream("src\\chap06io\\FileCopy.java");
05          //public FileOutputStream(String name,boolean append)
06          //append默认 false(覆盖)
07          FileOutputStream fos = new FileOutputStream("d:\\FileCopy.java");
08          System.out.println("文件大小: " + fis.available());
09          int b = 0;
10          //1.一个字节一个字节地读/写,直到文件结尾-1,效率低
11          while((b = fis.read()) != -1){
12              fos.write(b);
```

```
13            }
14            fis.close();
15            fos.close();
16            //2.一次读取一个数组的数据,效率高
17            FileInputStream fis1 = new FileInputStream("src\\chap06io\\FileCopy.java");
18            FileOutputStream fos1 = new FileOutputStream("d:\\FileCopy.java",true);
19            byte[] ba = new byte[1024];
20            while((b = fis1.read(ba))!= -1){
21                fos1.write(ba,0,ba.length-1);
22            }
23            fis1.close();
24            fos1.close();
25        }
26    }
```

6.2.2 文件字符流(FileReader 和 FileWriter)

InputStreamReader 是字节流通向字符流的"桥梁"。InputStreamReader 可以使用指定的 charset 将读取的字节流解码为字符流。为了进一步提高读取数据的效率,可以将字符流包装为 BufferedReader 类,举例如下:

```
01    InputStream is = new FileInputStream("c:\\in.txt")
02    Reader r = new InputStreamReader(is,"UTF-8");
03    BufferedReader br = new BufferedReader(r);
04    String s = br.readLine();
```

【示例程序 6-4】 利用文件字符流实现文件的复制(FileCharCopy.java)

功能描述:本程序利用 FileReader 和 FileWriter 类实现了文件的复制功能。

```
01    public class FileCharCopy {
02        public static void main(String[] args) throws Exception {
03            FileReader fr = new FileReader("src\\chap06io\\FileChar Copy.java");
04            FileWriter fw = new FileWriter("d:\\FileCopy.java");
05            int ch = 0;
06            //1.一个字符一个字符地读/写,直到字符流结尾时返回-1,效率低
07            while((ch = fr.read())!= -1){
08                fw.write((char)ch);
09            }
10            fr.close();
11            fw.close();
12            //2.一次读取一个字符数组,效率高
13            FileReader fr1 = new FileReader("src\\chap06io\\FileCopy.java");
14            FileWriter fw1 = new FileWriter("d:\\FileCopy.java",true);
15            char[] ca = new char[1024];
16            int n = 0;
18            while((n = fr1.read(ca))!= -1){            //当到达字符流末尾时返回-1
19                fw1.write(ca,0,ca.length-1);
```

```
20          }
21          fr1.close();
22          fw1.close();
23      }
24  }
```

【示例程序 6-5】 利用带缓冲区的字符流实现文件的复制(BufferFileCopy.java)

功能描述：本程序利用 BufferedReader 和 BufferedWriter 实现文件的复制功能,效率更高,操作更加简便。

```
01  public class BufferFileCopy {
02      public static void main(String[ ] args) throws Exception {
03          //public BufferedReader(Reader in)
04          //public FileReader(String fileName)
05          //public BufferedWriter(Writer out)
06          FileReader fr = new FileReader("d:\\sg.txt");
07          BufferedReader br = new BufferedReader(fr);
08          FileWriter fw = new FileWriter("d:\\sbbak.txt");
09          BufferedWriter bw = new BufferedWriter(fw);
10          //public String readLine() throws IOException
11          String s;
12          while ((s = br.readLine()) != null) {
13              System.out.println(s);      //System.out 代表屏幕
14              //bw.write(s, 0, s.length());
15              bw.write(s);
16              //public void newLine()
17              bw.newLine();
18          }
19          bw.flush();                     //将缓冲区内容写入文件
20          fr.close();fw.close();          //注意流的关闭顺序
21          br.close();bw.close();
22      }
23  }
```

实现文件复制的四种方法的讲解视频,可扫描二维码观看。

6.2.3 随机读/写文件流(RandomAccessFile)

RandomAccessFile 类支持“**随机存取**”方式,可以跳转到文件的任意位置同时完成读和写基本数据类型的操作,同时实现了接口 DataInput 和 DataOutput。

RandomAccessFile 的构造方法如下：

- public RandomAccessFile(String name,String mode) throws FileNotFoundException
- public RandomAccessFile(File file, String mode) throws FileNotFoundException

mode 参数指定用于打开文件的访问模式,mode 的取值为“**r**”、“**rw**”、“**rws**”、“**rwd**”。

RandomAcessFile 类有个**位置指示器(指针),指向当前读/写处的位置**。当读/写 n 个字节后,文件指针将指向这 n 个字节后的下一字节的位置,随后的读/写操作将从新的位置开始。RandomFileAccess 类在等长记录格式文件的随机读取时有很大的优势，但不能访问文件以外的其他 I/O 设备。

RandomAccessFile 类的常用方法如下。

- readXxx()：Xxx 处为具体的基本数据类型，如 readInt()，从 **RandomAccessFile 流的当前位置读取 4 个字节的 int 数据，指针移动 4 个字节。**
- writeXxx()：Xxx 处为具体的基本数据类型，如 wirteInt()，向 **RandomAccessFile 流的当前位置写入 4 个字节的 int 数据，指针移动 4 个字节。**
- int skipBytes(int *n*)：将指针向下移动若干字节。
- length()：返回文件长度。
- long getFilePointer()：返回指针的当前位置。
- void seek(long pos)：将指针调到所需的位置。

【示例程序 6-6】 RandomAccessFile 应用示例(RandomAccessFileTest.java)

功能描述：本程序演示了 RandomAccessFile 类相关方法的使用，分别向文件中写入基本类型数据并进行了随机读取。

```
01  public class RandomAccessFileTest {
02      public static void main(String[ ] args) throws Exception {
03          RandomAccessFile raf = new RandomAccessFile("d:\\test.dat","rw");
04          raf.writeDouble(3.14);
05          raf.writeBoolean(false);
06          raf.writeChar('A');
07          System.out.println(raf.getFilePointer());
08          //raf.skipBytes( - 3);
09          raf.seek(8);
10          System.out.println(raf.readBoolean());
11      }
12  }
```

6.2.4 基本数据流(DataInputStream 和 DataOutputStream)

DataInputStream 类能够使 Java 应用程序以一种与机器无关的方式直接从底层输入流读取 Java 的 8 种基本类型数据，而 DataOutput Stream 类能够将 Java 基本类型数据写出到一个输出流，然后用 DataInputStream 输入流读取这些数据。

1. DataInputStream 的构造方法

```
public DataInputStream(InputStream in)
```

其用于将指定的字节输入流对象包装成一个 Data 字符输入流对象。

2. DataOutputStream 的构造方法

```
public DataOutputStream(OutputStream out)
```

其用于将指定的字节输出流对象包装成一个 Data 字符输出流对象。

3. DataInputStream 的常用方法

```
public final void writeByte(int v)
```

其用于将一个 byte 值写入到 Data 输出字节流中。把其他 7 种数据类型(short、long、float、double、char、boolean)写入到输出流分别用类似“writeXxxx(xxx v)”的方法实现,请读者查阅 JDK 文档中 DataInputStream 类的相关内容。

4. DataOutputStream 的常用方法

```
public final byte ReadByte()
```

其用于从 Data 输入字节流中读取一个 byte 值,指针后移 8Bits。从 Data 输入字节流中读取其他 7 种数据类型(short、long、float、double、char、boolean)分别用类似“xxx readXxxx()”的方法实现,请读者查阅 JDK 文档中 DataInputStream 类的相关内容。

【示例程序 6-7】 DataInputStream 和 DataOutputStream 应用示例(DateStreamTest.java)

功能描述:本程序分别演示了通过 DataOutputStream 向文件流中写 8 种基本数据类型和 String 类型的数据,然后通过 DataInputStream 从文件读取前面写入的数据。

```
01  public class DateStreamTest {
02      public static void main(String[ ] args) throws Exception {
03          //public DataOutputStream(OutputStream out)
04          FileOutputStream fos = new FileOutputStream("src\\chap06io\\test.dat");
05          DataOutputStream dos = new DataOutputStream(fos);
06          dos.writeByte((byte)123);
07          dos.writeShort((short)11223);
08          dos.writeInt(1234567890);
09          dos.writeLong(998877665544332211L);
10          dos.writeFloat(2.7182f);
11          dos.writeDouble(3.141592654);
12          dos.writeChar('J');
13          dos.writeBoolean(true);
14          dos.writeUTF("邯郸");
15          //DataInputStream(InputStream in)
16          FileInputStream fis = new FileInputStream("src\\chap06io\\test.dat");
17          DataInputStream dis = new DataInputStream(fis);
18          System.out.println("Read from file test.dat");
19          System.out.println(dis.readByte());
20          System.out.println(dis.readShort());
21          System.out.println(dis.readInt());
22          System.out.println(dis.readLong());
23          System.out.println(dis.readFloat());
24          System.out.println(dis.readDouble());
25          System.out.println(dis.readChar());
26          System.out.println(dis.readBoolean());
27          System.out.println(dis.readUTF());
28      }
29  }
```

示例程序 6-7 的讲解视频可扫描二维码观看。

6.2.5　对象流(ObjectInputStream 和 ObjectOutputStream)

先看应用需求：如何实现游戏的保存进度和恢复进度？如何将对象发送到另外一个网络程序或进程中？

通常状况下，当 Java 程序运行结束时，JVM 内存中的相关对象将随之销毁。如果想将对象以某种方式保存下来，在程序下次运行时再恢复该对象，可以通过对象的序列化和反序列化来实现。

序列化(**Serialization**)指将内存中对象的相关信息(包括类、数字签名、对象除 transient、static 以外的全部属性值、对象的父类信息等)进行编码，然后写到外存的过程。与序列化的顺序正好相反，**反序列化**(**DeSerialization**)将序列化的对象信息从外存中读取，并重新解码组装为内存中一个完整的对象。

用户可以将内存中的对象序列化保存到本机或网络服务器的外存文件或数据库中，也可以从文件、数据库中通过反序列化重新组装成对象到内存中。

当两个进程在进行远程通信时彼此可以发送各种类型的数据。无论是何种类型的数据，都会以二进制序列的形式在网络上传送。发送方需要把这个 Java 对象转换为字节序列，这样才能在网络上传送；接收方则需要把字节序列再恢复为 Java 对象。

如果想直接存取 Java 的引用类型数据(即对象)，则必须使用对象流 ObjectInputStream/ObjectOutputStream 类。

只有实现 Java. io. Serializable 接口的类的对象才能被序列化和反序列化，Serializable 接口中没有任何方法，因此实现它不需做任何额外处理，只是用来标明一个类可以进行序列化，否则会出现 java. io. NotSerializableException。

注意：

(1) 用 transient 修饰的对象变量将不会序列化。

(2) 用 static 修饰的类变量实际上属于类，可以序列化到一个对象中，但可能被其他对象改变，所以没有什么意义。

1. ObjectInputStream 和 ObjectOutputStream 的构造方法

- public ObjectInputStream(InputStream in)：将指定的字节输入流包装成对象输入字节流，经常用文件字节输入流作为传入参数。
- public ObjectOutputStream(OutputStream out)：将指定的字节输出流包装成对象输出字节流，经常用文件字节输出流作为传入参数。

2. ObjectInputStream 和 ObjectOutputStream 的常用方法

- public final void writeObject(Object obj)：将对象 obj 写出到对象输出字节流中。
- public final Object readObject()：从对象输入字节流中读取一个对象并返回。

【示例程序 6-8】　ObjectInputStream 和 ObjectOutputStream 应用示例(ObjectStreamTest. java)

功能描述：本程序演示了如何将一个 Student 对象序列化到一个文件中，然后进行反序列化，重新组装成一个对象。

```
01  class Student implements Serializable {
02      private static final long serialVersionUID = 1L;
03      transient int id;
04      static int age;
05      private String name;
06      Stringdept;
07      public Student(int id, String name, int age, String dept){
08          this.id = id;
09          this.name = name;
10          this.age = age;
11          this.dept = dept;
12      }
13      @Override
14      public String toString() {
15          return"Student[id = " + id + ",name = " + name + ",dept = " + dept + ",age = "
16  + age + "]";
17      }
18  }
19  public class ObjectStreamTest{
20      public void saveObj() {
21          Student stu = new Student(981036, "李明", 16, "CSD");
22          try{
23              FileOutputStreamfo = new FileOutputStream("o.ser");
24              ObjectOutputStreamso = new ObjectOutputStream(fo);
25              so.writeObject(stu);
26              so.close();
27          }catch(Exception e){
28              System.err.println(e) ;
29          }
30      }
31      public void readObj() throws Exception{
32          Studentstu;
33              FileInputStreamfi = new FileInputStream("o.ser");
34              ObjectInputStreamsi = new ObjectInputStream(fi);
35              stu = (Student)si.readObject();
36              si.close();
37              System.out.println(stu);
38      }
39      public static void main(String args[]) throws Exception {
40          ObjectStreamTest os = new ObjectStreamTest();
41          os.saveObj();
42          os.readObj();
43      }
44  }
```

示例程序 6-8 的讲解视频可扫描二维码观看。

6.2.6 管道流(PipedInputStream 和 PipedOutputStream)

管道流主要用来实现线程之间的通信。java.io 中提供了 PipedInputStream 和 PipedOutputStream 作为管道的输入/输出流。

管道流必须是输入流、输出流并用，即在使用管道前两者必须进行连接。管道输入流(PipedInputStream)作为一个通信管道的接收端，管道输出(PipedOutputStream)流则作为发送端。通常，由某个线程将数据写入到相应的 PipedOutputStream 中，其他线程从 PipedInputStream 对象读取数据。

1. PipedInputStream 类和 PipedOutputStream 的构造方法

- PipedInputStream(PipedOutputStream pos)：根据传入的管道输出字节流对象构造一个管道输出字节流对象。
- PipedOutputStream(PipedInputStream pis)：根据传入的管道输入字节流对象构造一个管道输入字节流对象。

2. PipedInputStream 类和 PipedOutputStream 的常用方法

- public void connect(PipedOutputStream src)：将当前管道输入流连接到指定的管道输出流 src。
- public int read()：读取此管道输入流中的下一个数据字节，返回 0～255 范围内的 int 字节值。
- public int read(byte[] b,int off,int len)：从当前管道输入流读入数据到数组 *b* 从 off 下标开始的 len 个元素中。该方法返回读入缓冲区的总字节数，如果已到达流末尾而不再有数据，则返回－1。

【示例程序 6-9】 PipedInputStream 和 PipedOutputStream 应用示例(PipeStreamDemo.java)

功能描述：本程序定义了发送线程 Sender、接收线程 Receiver，然后 Sender 通过建立好的管道向 Receiver 发送了一个 String。线程的相关内容详见第 8 章。

```
01  class Sender extends Thread {
02      private PipedOutputStream out = null;
03      public Sender(PipedOutputStream out) {
04          this.out = out;
05      }
06      public void run() {
07          String str = "天王盖地虎";
08          try {
09              out.write(str.getBytes());
10              out.close();
11              System.out.println("发送线程已经发送: " + str + "到管道!");
12          } catch (IOException e) {
13              e.printStackTrace();
14          }
15      }
16  }
17  class Receiver extends Thread {
18      private PipedInputStream in = new PipedInputStream();
19      public PipedInputStream getInputStream() {
20          return in;
21      }
22      public void run() {
23          byte[] b = new byte[1024];
```

```
24            try {
25                int num = in.read(b);
26                in.close();
27                if (num == -1) {
28                    System.out.println("接收线程: 什么也没收到!");
29                } else {
30                    System.out.println("接收线程收到: " + new String(b,0,num) + "!");
31                }
32            } catch (IOException e) {
33                e.printStackTrace();
34            }
35        }
36    }
37    public class PipeStreamDemo {
38        public static void main(String[ ] args) throws Exception{
39            PipedOutputStream out = new PipedOutputStream();
40            PipedInputStream in = new PipedInputStream();
41            Sender sender = new Sender(out);
42            Receiver receiver = new Receiver();
43            in = receiver.getInputStream();
44            out.connect(in);
45            sender.start();
46            receiver.start();
47        }
48    }
```

6.2.7 合并输入流(SequenceInputStream)

SequenceInputStream 可以将多个输入流逻辑串联起来,成为一个独立的输入流,以方便进行统一的操作。它从输入流的有序集合开始,并从第一个输入流开始读取,直到到达文件末尾,接着从第二个输入流读取,依此类推,直到到达包含的最后一个输入流的文件末尾为止。

SequenceInputStream 的构造方法如下。

- public SequenceInputStream(InputStream s1,InputStream s2):将指定的输入字节流对象 s1 和 s2 合成一个序列输入字节流对象。
- public SequenceInputStream(Enumeration <? extends InputStream> e):将 Enumeration 中的多个字节输入流合成一个序列输入字节流对象。本方法适合将多个输入流合为一个的应用场景。

编程提示:与 Iterator 接口相同,Enumeration 接口定义了遍历 Java 集合类数据的一种手段,与 Iterator 接口的功能是重复的,为了兼容以前,JDK 才保留了 Enumeration 接口。已经实现 Enumeration 接口的集合类主要有 Vector 和 Hashtable,其他类可以通过 Collections 的 enumeration()方法得到。新的实现应该优先考虑使用 Iterator 接口,而不是 Enumeration 接口。

- public static <T> Enumeration<T> enumeration(Collection<T> c):返回一个指定 collection 上的枚举。

【示例程序 6-10】 SequenceInputStream 应用示例(SequenceInputStreamTest.java)

功能描述：本程序将文件夹 src\chap06io 中的所有文件合成一个输入流，然后一次性将所有文件内容输出到控制台。

```
01  public class SequenceInputStreamTest {
02      public static void main(String[] args) throws Exception {
03          File f = new File("src\\chap06io");
04          File[]fa = f.listFiles();
05          ArrayList<FileInputStream> al = new ArrayList<FileInputStream>
06  ();
07          for(File file:fa){
08              al.add(new FileInputStream(file));
09          }
10          //List<File> lf = Arrays.asList(fa);
11          Enumeration en = Collections.enumeration(al);
12          SequenceInputStream sis = new SequenceInputStream(en);
13          InputStreamReader isr = new InputStreamReader(sis);
14          BufferedReader br = new BufferedReader(isr);
15          String s = null;
16          while((s = br.readLine())!= null){
17              System.out.println(s);
18          }
19      }
20  }
```

6.2.8 PrintStream、PrintWriter 和 Scanner

1. PrintStream

PrintStream 在 OutputStream 基础之上提供了增强的功能，即可以方便地输出各种类型的数据的格式化表示形式。PrintWriter 提供了 PrintStream 的所有打印方法，其方法也从不抛出 IOException。

2. PrintWriter

PrintWriter 与 PrintStream 的区别：当作为处理流使用时，PrintStream 只能封装 OutputStream 类型的字节流，而 PrintWriter 既可以封装 OutputStream 类型的字节流，还能够封装 Writer 类型的字符输出流并增强其功能。

3. Scanner

Scanner 类是 JDK 1.5 提供的新特性。用户可以从字符串(Readable)、输入流、文件等来直接构建 Scanner 对象，有了 Scanner，就可以逐段(根据正则分隔式)来扫描整个文本，并对扫描后的结果做想要的处理。

Scanner 类的常用构造方法如下。

- public Scanner(File source)：用指定的文件构造一个 Scanner 对象。
- public Scanner(File source,String charsetName)：用指定的文件和字符集构造一个 Scanner 对象。
- public Scanner(String source)：用指定的字符串构造一个 Scanner 对象。

【示例程序 6-11】 利用 Scanner 和 PrintStream 实现文件的复制(FileSPCopy. java)

功能描述:本程序演示了用 Scanner 和 PrintStream 实现文件复制的功能。

```
01  public class FileSPCopy {
02      public static void main(String[ ] args) throws Exception{
03          //public Scanner(File source) throws FileNotFoundException
04          //public String nextLine()
05              Scanner sc = new Scanner(new File("d:\\sg.txt"));
06              //public PrintStream(File file)
07              //public PrintStream(String fileName)
08              PrintStream ps = new PrintStream("d:\\sgbak.txt");
09              String s;
10              while(sc.hasNext()){
11                  s = sc.next();
12                  System.out.println(s);              //将 s 输出到控制台
13                  ps.println(s);                      //将 s 输出到文件
14              }
15      }
16  }
```

【示例程序 6-12】 利用 Scanner 类实现文本文件中英文单词的统计(WordCount. java)

功能描述:本程序演示了用 Scanner 类在一个. java 源文件中查找所有英文单词,并用 TreeMap 实现每一个单词出现次数的统计。

```
01  public class WordCount{
02      public static void main(String[ ] args) throws Exception {
03          //public Scanner(File source)
04          TreeMap<String, Integer> tm = new TreeMap<String, Integer>();
05          Scanner sc = new Scanner(new
06  File("src\\chap06io\\WordCount.java"));
07          sc.useDelimiter("\\s|,|\\.|\"|"|"|\\)|\\(");
08          String s = null;
09          int count = 0;
10          while (sc.hasNext()) {
11              s = sc.next();
12              if (!s.trim().equals("")) {
13                  count++;
14                  if (tm.containsKey(s)) {
15                      tm.put(s, tm.get(s) + 1);
16                  } else {
17                      tm.put(s, 1);
18                  }
19              }
20          }
21          System.out.println("共有" + count + "个英文单词!");
22          System.out.println(tm);
23      }
24  }
```

示例程序 6-12 的讲解视频可扫描二维码观看。

6.3 NIO 简介

在 JDK 1.4 之前，Java 的 I/O 操作集中在 java.io 包中，是基于字节流或字符流的阻塞(blocking)API。I/O 流的好处是简单易用，缺点是效率较低。然而，一些对性能要求较高的应用，尤其是服务器端应用，往往需要一个更为有效的方式来处理 I/O。从 JDK 1.4 开始，JDK 提供了 NIO(New I/O)，这是一个基于缓冲区和块的非阻塞(Non Blocking)IO 操作的 API。NIO 的效率很高，但编程比较复杂。Java NIO 由 Channels、Buffers 和 Selectors 几个核心部分组成，鉴于篇幅，这里不再赘述。

6.4 利用 Java 进行常用文档的读/写

在软件项目开发中经常要对 Office 和 PDF 文档进行读取数据、设置格式等操作，以完成数据的批量导入、将数据导出为 Excel、将数据写入 Word 文件等功能。

利用 6.2 节的内容可以完成文本文件的读/写，如果要对 Office 和 PDF 文档进行读/写操作，最好利用第三方开源组件。

- JXL：Excel 读/写组件，简单易用，只支持 Excel 97—2003。
- POI：Office 文件(Word、Excel、PowerPoint 等)读/写组件，功能强大。
- Jacob：专门的 Word 文件读/写组件。
- PDFBox：PDF 文件读/写组件。

6.4.1 利用 JXL 读/写 Excel

JXL 是一个韩国人开发的通过 Java 语言专门操作 Excel 文件的开源工具类库。与 POI 的 Excel 组件相比，JXL 使用简单，容易上手。JXL 支持 Excel 95－2003 的所有版本，支持字体、数字、日期操作，能够修改单元格属性，简单地支持图像和图表。

【示例程序 6-13】 jxl.jar 读/写 Excel 文件应用示例(JXLTest.java)

功能描述：某班级学生名单 Excel 文件中包括编号、学号、姓名、出生年月、身高等信息，本程序演示用第三方 Excel 插件(jxl.jar)实现 Excel 文件的读/写操作，重点是字符型、数值型、日期型单元格数据的读/写。

```
01  public class JXLTest {
02      public static void main(String[] args) throws Exception {
03          File file = new File("src\\chap06io\\ExcelTest.xls");
04          File f1 = new File("src\\chap06io\\output.xls");
05          Workbook workbook = Workbook.getWorkbook(file);
06          WritableWorkbook wwb = Workbook.createWorkbook(f1);
07          //读取第一个 Sheet
08          Sheet sheet = workbook.getSheet(0);
09          WritableSheet dst = wwb.createSheet("学生名单", 0);
10          String[] title = {"学号","姓名","出生年月","身高", "身份证号"};
11          Label l1;
```

```
12            for (int i = 0; i < title.length; i++) {
13                //Label(x,y,z)代表单元格的第 x+1 列、第 y+1 行、内容 z
14                ll = new Label(i, 0, title[i]);
15                dst.addCell(ll);
16            }
17            int rows = sheet.getRows();
18            SimpleDateFormat sdf = new SimpleDateFormat("yyyy-MM-dd");
19            System.out.println(rows);
20            //getCell(列,行),行和列都是从 0 开始
21            for (int i = 3; i < rows; i++) {
22                Cell c1 = sheet.getCell(0, i);     //序号
23                Cell c2 = sheet.getCell(1, i);     //姓名
24                Cell c3 = sheet.getCell(2, i);     //出生日期
25                Cell c4 = sheet.getCell(3, i);     //身高
26                Cell c5 = sheet.getCell(4, i);     //身份证
27                String s1 = c1.getContents();
28                String s2 = c2.getContents();
29                ll = new Label(0,i,s1);
30                dst.addCell(ll);
31                ll = new Label(1,i,s2);
32                dst.addCell(ll);
33                Date d3 = null;
34                if (c3.getType() == CellType.DATE) {
35                    DateCell dc = (DateCell) c3;
36                    d3 = dc.getDate();
37                    ll = new Label(2,i,sdf.format(d3));
38                    dst.addCell(ll);
39                }
40                double d4 = 0;
41                if (c4.getType() == CellType.NUMBER) {
42                    NumberCell nc = (NumberCell) c4;
43                    d4 = nc.getValue();
44                    jxl.write.Number num = new jxl.write.Number(3,i,d4);
45                    dst.addCell(num);
46                }
47                String s5 = c5.getContents();
48                ll = new Label(4,i,s5);
49                dst.addCell(ll);
50                System.out.printf("%s\t%s\t%s\t%.2f\t%s\n",s1,s2,
51    sdf.format(d3),d4, s5);
52            }
53            wwb.write();
54            wwb.close();
55        }
56    }
```

6.4.2 利用 POI 读/写 Word

Apache POI 是 Apache 软件基金会的开放源码程序库。POI 提供了通过 Java 语言对

Microsoft Office 文件进行读/写的 API，支持 Office 97—2008 文档格式（包括 XLSX、DOCX 和 PPTX）。其下载地址为“http://poi.apache.org/”，框架结构如下。

- HSSF：提供读/写 Excel 格式文件的功能。
- XSSF：提供读/写 Excel OOXML 格式文件的功能。
- HWPF：提供读/写 Word 格式文件的功能。
- HSLF：提供读/写 PowerPoint 格式文件的功能。
- HDGF：提供读/写 Visio 格式文件的功能。

【示例程序 6-14】 利用 POI 读 Word 文件内容应用示例(DocFileRWTest.java)

功能描述：本程序演示了利用 POI 组件读取 Word 文件。

```
01  public class DocFileRWTest {
02      public static String readDoc(String doc) throws Exception {
03          //创建输入流读取 DOC 文件
04          FileInputStream in = new FileInputStream(new File(doc));
05          WordExtractor extractor = null;
06          String text = null;
07          //创建 WordExtractor
08          extractor = new WordExtractor(in);
09          //对 DOC 文件进行提取
10          text = extractor.getText();
11          return text;
12      }
13      public static void main(String[] args) throws Exception {
14          String s = "src\\chap06io\\Java 技术简介.doc";
15          System.out.println(readDoc(s));
16      }
17  }
```

6.5 本章小结

本章主要学习 Java I/O 技术，首先根据 JDK 文档讲解了 java.io 包中最重要的 5 个类，即 InputStream、OutputStream、Reader、Writer 和 File，其次用程序实例介绍了 FileInputStream 和 FileOutputStream 类、FileReader 和 FileWrite 类、RandomAccessFile 类、DataInputStream 和 DataOutputStream 类、ObjectInputStream 和 ObjectOutputStream 类、PipedInputStream 和 PipedOutputStream 类、SequenceInputStream、PrintStream、PrintWriter、Scanner 等 I/O 常用类的使用，最后介绍了 NIO 和利用 Java 开源类库实现 Office 文档和 PDF 文档的读/写。

6.6 自 测 题

一、填空题

1. JDK 中与输入/输出相关的包和类都集中存放在________包中，其中最重要的 5 个类是________、________、________、________和________。

2. 按 Java 的命名惯例，凡是以________结尾的类型均为字节输入流，以________结尾的类型均为字节输出流；凡是以________结尾的类均为字符输入流，以________结尾的类均为字符输出流。

3. ________类是对文件和文件夹的一种抽象表示(引用或指针)。

4. ________负责把字节输入流转换为字符输入流，________负责把字节输出流转换为字符输出流。

5. ________类支持"随机访问"方式，可以跳转到文件的任意位置同时完成读/写基本数据类型的操作。________类直接从底层输入流读取 Java 的 8 种基本类型数据，________类能够将 Java 基本类型数据写出到一个底层输出流。

6. Java 通过________类实现对象的序列化，通过________类实现对象的反序列化。

7. 只有实现 Java. io. ________接口的类的对象才能被序列化和反序列化。用关键字________修饰的对象变量将不会序列化。

8. ________可以将多个输入流逻辑串联起来，成为一个独立的输入流，以方便进行统一的操作。

9. JDK 1. 4 之前 java. io 包提供了基于字节流或字符流的阻塞 I/O 操作的 API，简单易用，但效率较低。从 JDK 1. 4 开始，Java 开始提供新的 I/O 处理类库________，它能提供基于缓冲区和块的非阻塞 I/O 操作的 API，效率很高，但编程实现比较复杂。

10. ________是________软件基金会的开放源码程序库，它提供通过 Java 语言对 Microsoft Office 文件进行读/写的 API，支持 Office 97—2008 文档格式。

二、SCJP 选择题

1. Given that bw is a reference to a valid BufferedWriter And the snippet:

```
01  BufferedWriter b1 = new BufferedWriter(new File("f"));
02  BufferedWriter b2 = new BufferedWriter(new FileWriter("f1"));
03  BufferedWriter b3 = new BufferedWriter(new printWriter("f2"));
04  BufferedWriter b4 = new BufferedWriter(new BufferedWriter(bw));
```

What is the result?

A. Compilation succeeds

B. Compilation fails due only to an error on line 15

C. Compilation fails due only to an error on line 16

D. Compilation fails due only to an error on line 17

E. Compilation fails due only to an error on line 18

F. Compilation fails due to errors on multiple lines

Correct Answers:

2. Given:

```
01  import java.io. * ;
02  class Directories{
```

```
03      static String[] dirs = {"dir1","dir2"};
04      public static void main(String[] args){
05          for(String d: dirs){
06              //insert code 1 here
07              File file = new File(path,args[0]);
08              //insert code 2 here
09          }
10      }
11  }
```

And that the invocation Java Directories file2. txt is issued from a directory that has two subdirectories, "dir1"and "dir2",and that"dir1" has a file "file1. txt"and "dir2" has a file "file. txt", and the output is "false true"; which set(s) of code fragments must be inserted? (choose all that apply.)

A. String path=d;

System. out. print(file. exists()+" ");

B. String path=d;

System. out. print(file. isFile()+" ");

C. String path=File. separator+d;

System. out. print(file. exists()+" ");

D. String path= File. separator+d;

System. out. print(file. isFile()+" ");

Correct Answers:

3. Given:

```
01  import java. io. * ;
02  public class TestSer{
03      public static void main(String[] args){
04          SpecialSerial s = new SpecialSerial();
05          try{
06              ObjectOutputStream os = new ObjectOutputStream(new
07  FileOutputStream("myFile"));
08              os.writeObject(s);os.close();
09              System.out.println(++s.z + "");
10              ObjectInputStream is = new ObjectInputStream(new
11              FileIutputStream("myFile"));
12              SpecialSerial s2 = (SpecialSerial)is.readObject();
13              is,close();
14              System.out.println(s2.y + "" + s2.z);
15          }catch(Exception x){System.out.println("exc");}
16      }
17  }
18  Class SpecialSerial implement Serializable{
19      transient int y = 7;
20      static int z = 9;
21  }
```

Which are true? (choose all that apply)

A. Compilation fails　　B. The output is 10 0 9

C. The output is 10 0 9　　D. The output is 10 0 9

E. The output is 10 0 9

Correct Answers:

6.7 编程实训

【编程作业 6-1】 模拟 DOS 的 dir 命令(Dir.java)

编程要求:使用 File 类的相关方法实现 DOS 命令 dir 的输出结果,要求输出的信息如图 6-2 所示。

编程提示:

(1) File 类的相关方法。

(2) SimpleDateFormat 类的相关方法。

【编程作业 6-2】 模拟 DOS 的 tree 命令(Tree.java)

编程要求:使用 File 类的相关方法实现 DOS 命令 tree 的输出结果,要求输出的信息如图 6-3 所示。

```
C:\Documents and Settings\Administrator 的目录

2015-05-19  17:11    <DIR>          .
2015-05-19  17:11    <DIR>          ..
2014-05-28  18:42    <DIR>          .android
2015-01-22  10:00    <DIR>          AppData
2015-05-19  17:11    <DIR>          fancy
2012-05-20  21:17    <DIR>          Favorites
2013-11-06  11:53    <DIR>          feiq
2015-06-03  16:32                 0 iphist.dat
2012-04-29  10:35    <DIR>          My Documents
2015-05-29  16:03             8,285 sqlnet.log
2014-05-23  08:06    <DIR>          temp
2015-05-19  17:15    <DIR>          「开始」菜单
2015-06-05  18:03    <DIR>          桌面
               2 个文件          8,285 字节
              11 个目录 46,930,718,720 可用字节
```

图 6-2　DOS 命令 dir 的输出结果

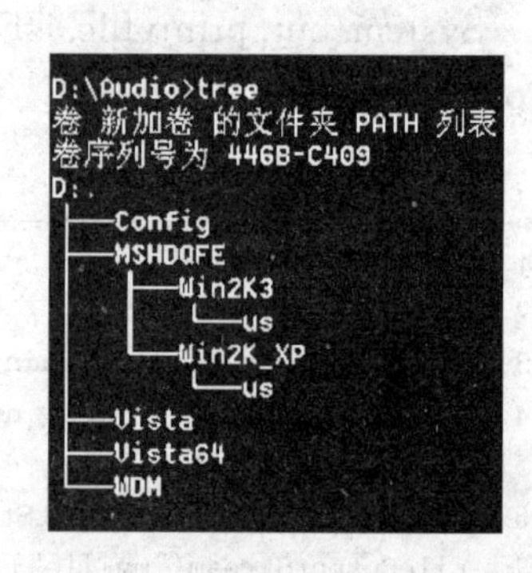

图 6-3　DOS 命令 tree 的输出结果

编程提示:

(1) File 类的相关方法。

(2) 方法的递归调用。

【编程作业 6-3】 用 4 种方法实现文件的复制(FileCopy.java)

编程要求:分别用字节流、字符流、带缓冲的字符流、Scanner 和 PrintStream 几种方法实现文件的复制操作。

编程提示:

(1) FileInputStream 和 FileOutputStream 类的相关方法。

(2) FileReader 和 FileWriter 类的相关方法。

(3) BufferedReader 和 BufferedWriter 类的相关方法。

(4) Scanner 和 PrintStream 类的相关方法。

【编程作业 6-4】 基本数据的文件读/写(DataRWTest.java)

编程要求：将 100 个随机生成的小数[50,100)写入文件，要求以'#'分隔，然后从该文件依次读出每一个小数，求出其中的最大值、最小值、平均值并输出。

编程提示：

(1) RandomAccessFile 类的相关方法。

(2) 或者采用 DataInputStream 和 DataOutputStream 类的相关方法实现。

【编程作业 6-5】 单词统计(WordCount.java)

编程要求：给定英文文本文件，统计每一个英文单词出现的次数，要求按字母顺序排列。

编程提示：

(1) 用 TreeMap<String,Integer>实现。

(2) 循环遍历该文本文件的每一个字符串，如果 TreeMap 中已经存储该字符串，则出现次数加 1，否则存储该字符串，出现次数为 1。

(3) 用 String 类中的 public String[] split(String regex)实现。

编程拓展：如果要求按出现频率排序呢？

【编程作业 6-6】 将九九乘法表输出到一个文本文件(NineToFile.java)

编程要求：将九九乘法表输出到一个文本文件。

编程提示：文件输出流中相关方法的应用。

【编程作业 6-7】 序列化与反序列化(SerilizeTest.java)

编程要求：

(1) Student 类(sno,sname,password,brithDate,sex,salary)。

(2) 要求重写 toString()和 CompareTo()方法，学生要求先按 sex 再按 brithDate 排序。

(3) 至少生成 5 个 Student 对象，放入到 TreeMap<String,Student>并输出，验证是否排序。

(4) TreeMap 序列化到一个文件 student.dat(要求不序列化 password)。

(5) 从一个文件中反序列化 TreeMap<String,Student>。

(6) 要求用两种方法遍历 TreeMap<String,Student>。

编程提示：

(1) 序列化和反序列化的实现。

(2) transient 关键字的使用。

【编程作业 6-8】 给定一个 HTML 文件，将其中的 IP 地址、E-mail 地址、超链接输出

编程要求：给定一个 HTML 网页文件，文件中包含有 IP 地址、E-mail 地址、超链接等，要求用正则表达式查找出文件中的 IP 地址、E-mail 地址、超链接并输出。

编程提示：IP 地址、E-mail 地址、超链接的正则表达式。

第7章 Java GUI 编程技术

在本章我们将一起学习以下内容：

- AWT 介绍及编程技术。
- 布局管理器。
- Java 事件处理机制。
- swing 介绍及编程技术。
- 利用 WindowBuilder 简化 Java GUI 界面编程。
- 线程安全的 swing 编程。

计算机用户界面的发展如下。

- **CUI(Character User Interface)字符用户界面**：利用键盘在命令行中输入命令，运行高效、界面简单，不太适合初学者使用。
- **GUI(Graphics User Interface)图形用户界面**：借助窗口、菜单、对话框、按钮等组件利用键盘、鼠标提供用户与应用程序的可视化人机交互界面。

7.1 GUI 编程的 Java 实现

基于 Java 的图形库主要有 3 种，即 **AWT、swing 和 SWT/JFace**。AWT 和 swing 是 Sun 公司随 JDK 一起发布的，而 SWT/JFace 则是 Eclipse 的一个子项目。

7.1.1 AWT

在 Sun 公司的 JDK 中使用 AWT 和 swing 来实现 GUI 编程。

AWT(Abstract Window Toolkit)提供了创建 GUI 的工具包，包括基础的组件、布局管理器、绘图、事件处理等。AWT 主要由 C 语言开发，灵活性差，运行时系统消耗的资源多，属重量级的 Java 组件。这种重量级方案界面很难做到美观，而且为了保证平台一致性，Sun 公司只有不断地去除 AWT 控件中可能会引起平台差异性的特性，最后导致 AWT 的功能也异常薄弱。

7.1.2 swing

针对 AWT 存在的问题，Sun 公司于 1998 年对 AWT 进行了扩展，开发出了 swing 组件。从此，Sun 公司只对 swing 进行更新维护，而停止了对 AWT 的更新维护。swing 中大部分是轻量级组件，由纯 Java 代码实现，没有本地代码，不依赖操作系统的支持，采用可插入的外观感觉。swing 组件包括 AWT 中已经提供的 GUI 组件，同时包括一套高层次的

GUI 组件，swing 继续使用 AWT 的事件处理模型，其相关的类和接口集中存放在 javax.swing 包中。在“C:\Program Files\Java\jdk1.7.0_79\demo\jfc\swingSet2”中提供了 swing 编程实例演示，如图 7-1 所示。

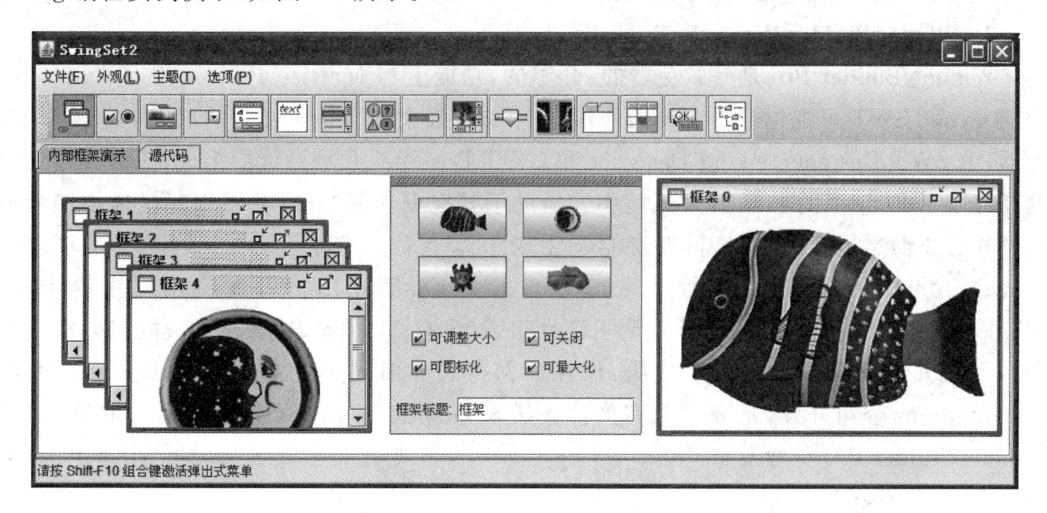

图 7-1　swing 组件应用演示

swing、AWT、辅助功能、2D 和拖放 API 共同组成了 JFC(Java Foundation Class，Java 基础类库)。

本书除了 AWT 事件处理模型和布局管理器之外，全部采用 swing 组件来编写 GUI 程序。

7.1.3　SWT/JFace

SWT 是原 IBM 公司领导下的开源项目 Eclipse 的一个子项目。

SWT 的底层由 C 语言编程实现，通过 C 语言直接调用操作系统的图形界面编程接口。SWT 组件众多，具备本地化的观感，效率高且美观。虽然 SWT 很强大，但它比较底层，因此在 SWT 的基础上又开发了 JFace。JFace 在 SWT 上进行了一定的扩展。**Eclipse 就是采用 SWT 和 JFace 构建的。**

编程提示：如果使用 AWT 和 swing，只要计算机上安装了 JDK 或 JRE 即可。如果要使用 SWT/JFace，在发布时必须要带上 SWT/JFace 的 *.dll 文件(Windows 版)或 *.so 文件(Linux/Unix 版)以及相关的 *.jar 包。

7.1.4　GUI 设计工具

为了简化 GUI 应用开发的难度，提高开发的效率，可以像在 Visual Studio 中那样通过拖曳控件来编写 GUI 程序，Visual Editor、Matisse Project、WindowBuilder Pro、jigloo、JFormDesigner 等 Java GUI 可视化开发工具也被相继开发并推广。

1. Matisse Project

Matisse Project 是新一代的 GUI 设计工具，解决了 GUI 创建的核心问题，使可视化窗体的布局设计更加容易，降低了开发门槛，吸收了更多的 Java 开发者。通过 Matisse，开发者可以轻松地设计基于 swing 的应用。NetBeans IDE 集成了 Matisse Project。但市场占有率 30% 的 NetBeans 短时间内还不能与市场占有率 45% 的 Eclipse 相抗衡，Matisse Project 生成的代码比较复杂等因素也影响了 Matisse 的进一步普及。

2. WindowBuilder Pro

WindowBuilder Pro 是一款免费的、开源的、功能上与 Mattise Project 相近的、非常好用的 swing/SWT 可视化开发工具插件，是一个非常强大并且易于使用的双向 Java GUI 设计器，由 SWT Designer、swing Designer 和 GWT Designer 几个设计器组成，能够无缝集成到任何基于 Eclipse 的 Java 开发环境中。借助于其拖曳功能，开发者可以轻松地添加众多组件并迅速创建复杂的窗口，同时会自动生成 Java 代码。有了它，swing/SWT 也可以像 Visual Studio 那样通过拖曳控件来编写 GUI 程序，简化用户开发应用程序的步骤。WindowBuilder Pro 生成的 GUI 代码可读性很强（没有 Mattise Project 生成的代码那样复杂），而且开发者可以自由修改代码，保存后保持和界面同步更新。SWT Designer 原由 Instantiations 公司开发，是商业收费产品。后来 Google 把 Instantiations 公司收购，并把 WindowBuilder Pro 免费发布。

7.2 java.awt 编程技术

7.2.1 java.awt 简介

java.awt 包提供了很多类和接口。

- **基本组件(Component)**：构成 GUI 界面的基本元素，具有坐标位置、尺寸、字体、颜色等属性，能获得焦点、可被操作、可响应事件等。常见组件有 Label、Button、TextField、TextArea、Canvas 画布、Choice 下拉列表、Checkbox、List、ScrollBar、MenuComponent 等。
- **容器类组件(Container)**：用来盛放组件的组件，主要有 Frame、Panel、Window、Applet、ScrollPane、SplitPane、ToolBar 等。
- **2D 图形绘制组件(Graphics)**：提供在组件上绘制图形的方法，包括 drawLine()、drawOval()、drawPolygon()、drawRect()、drawRoundRect()、drawString() 等方法。
- **布局管理器(LayoutManager)**：用来安排容器中组件的位置和大小。
- **事件处理模型**：用来响应图形界面组件所触发的事件。

AWT 继承结构如图 7-2 所示。

7.2.2 组件类(Component)

Component 类是 java.awt 包中最核心、最基本的类。Component 类是构成 Java 图形用户界面的基础，大部分组件都是由该类派生出来的。Component 类是一个抽象类，定义了组件所具有的一般功能，可在屏幕上显示，并可与用户进行交互，其子类如按钮、文本框等。

Component 类定义的主要方法如下。

- 基本的绘画支持：paint()、repaint()、update()等。

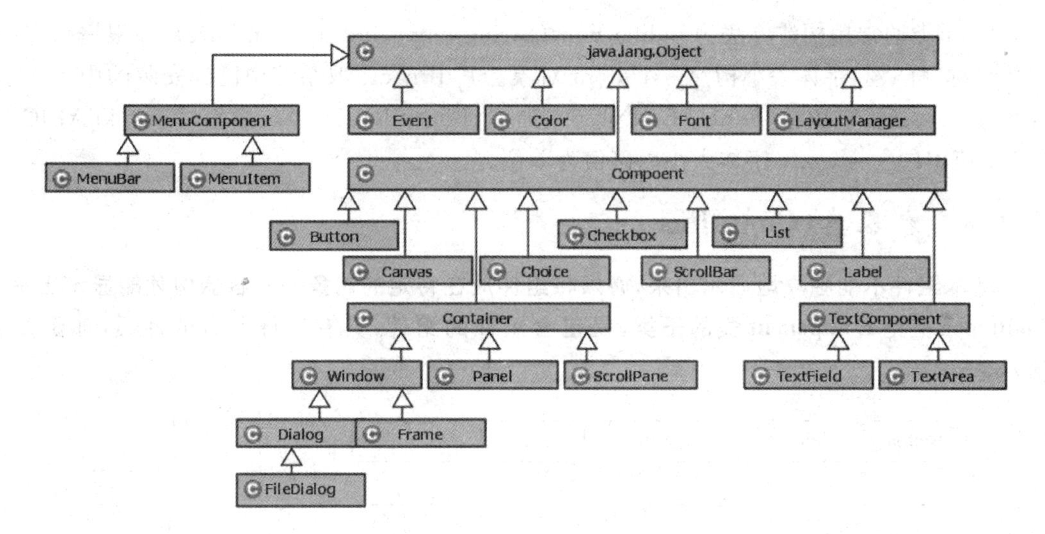

图 7-2　AWT 继承结构

- 字体和颜色等外形控制：setFont()、setForeground()等。
- 大小和位置控制：setSize()、setLocation()等。
- 图像处理：实现接口 ImageObserver。
- 组件状态控制：setEnabled()、isEnabled()、isVisible()、isValid()等。

……

7.2.3　颜色类和字体类(Color 和 Font)

1. Color 类

Color 类用于封装 sRGB 颜色空间中的颜色。

Color 类的常用构造方法如下。

- public Color(float *r*,float *g*,float *b*)：用指定的红色分量 *r*、绿色分量 *g*、蓝色分量 *b* 的值构造一个 Color 对象，其中 *r*、*g*、*b* 均为 0～1.0 的一个小数。
- public Color(int *r*,int *g*,int *b*)：用指定的红色分量 *r*、绿色分量 *g*、蓝色分量 *b* 的值构造一个 Color 对象，其中 *r*、*g*、*b* 均为 0～255 的一个整数。
- public Color(int *r*,int *g*,int *b*,int alpha)：用指定的红色分量 *r*、绿色分量 *g*、蓝色分量 *b* 的值构造一个 Color 对象，其中 *r*、*g*、*b* 均为 0～255 的一个整数，alpha 为透明度。

Color 类的常用方法如下。

- public int getRed()：返回当前 Color 对象的红色分量(0～255)。
- public int getGreen()：返回当前 Color 对象的绿色分量(0～255)。
- public int getBlue()：返回当前 Color 对象的蓝色分量(0～255)。
- public int getAlpha()：返回当前 Color 对象的 alpha 分量(0～255)。

2. Font 类

Font 类即字体类，主要封装了字体名称、字体大小、样式等信息，在后面编程时经常用到。

Font 类的常用构造方法为 public Font(String name,int style,int size),即根据指定的字体名称、样式和字体大小构建一个 Font 对象。其中 name 取系统中已经安装的中英文字体名称；style 可取正常(Font. PLAIN＝0)、加粗(Font. BOLD＝1)、倾斜(Font. ITALIC＝2)3 个值中的一个；size 字体大小以磅值为单位。

7.2.4 容器类(Container)

基本组件不能独立地显示出来,必须将组件放在特定的对象——容器中才能显示出来。Container 类是 Component 类的子类,是包含组件的组件,具有组件所有的性质,如图 7-3 所示。

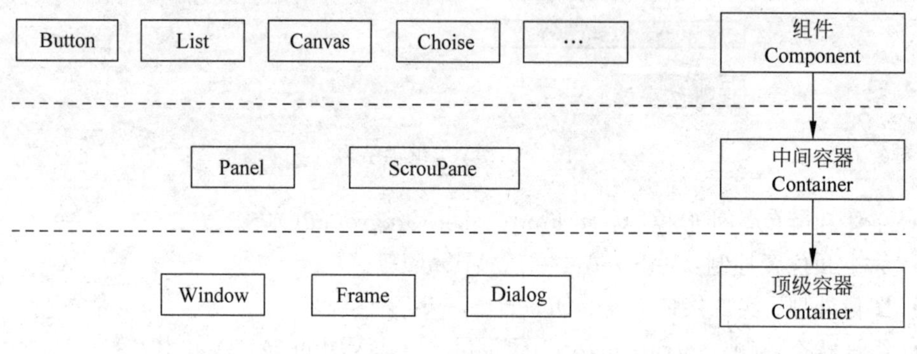

图 7-3 Container

- **组件管理**：add()向其中添加一个组件,remove()删除其中的一个组件,等等。
- **布局管理**：每个 Container 类都和一个布局管理器相关联,以确定其中组件的布局。Container 类可以通过 **setLayout()** 方法设置某种布局方式。

Container 类的容器子类如下。

- **Window**：可独立存在的顶级容器窗口。Window 类有两个子类,即 **Frame 类和 Dialog 类**。
- **Panel**：一种无边框的中间容器。因为 GridLayout、BorderLayout 中的一个区域只能放入一个组件,所以通常要将多个组件放入一个 Panel 中间容器,再将这个 Panel 放入顶级容器或顶级容器中的中间容器。**Panel 默认的布局管理器是 FlowLayout**。
- **Frame** 类是 Window 类的子类,**属于最常用的顶级容器,带有窗口标题,可最大化、最小化、还原、改变窗口大小**,但当用户关闭窗口时并没有释放资源。Frame 初始化时为不可见,可用 setVisible(true)使其显示出来。**Frame 默认的布局管理器是 BorderLayout**。
- **Dialog** 类是 Window 类的子类。**Dialog 默认的布局管理器是 BorderLayout**。

7.2.5 图形类(Graphics)

Graphics 类是所有图形上下文 Context 的抽象基类,允许应用程序在组件上绘制图形。 Graphics 类是一种特殊的抽象类,它必须依赖于某一个组件,但无须通过 new 实例化就可以直接使用。

(1) 如果声明的类是组件类 Component 的子类,可以直接重写 paint()方法,通过

Graphics 对象直接在组件上绘图。

(2) 如果声明的类不是组件类 Component 的子类，则要绘图的组件必须使用 getGraphics()方法获得一个包含有该组件显示外观信息的 Graphics 对象，然后可以在这个组件上进行绘图操作。

在 Windows 中，当窗口被激活时，系统需要重画窗口上被覆盖部分的图形图像(标准组件的图形)。Java 允许用户在组件上绘制图形、打印文字、显示图像等，为此在 java. awt. Componet 类中声明了 paint()和 repaint()方法用于显示和刷新图形。

- public void paint(Graphics g)：如果在程序中重写某组件的 paint()方法，系统将自动地在该组件上绘制图形，在程序中无须调用该方法。
- public void repaint()：在程序中调用 repaint()方法时，系统将再次执行 paint()方法重新绘制图形。

用 Graphics 类绘制几何图形、文字、图像以及动画的方法如下。

- public abstract void drawLine(int x1,int y1,int x2,int y2)：在此图形上下文中使用当前颜色在点($x1,y1$)和($x2,y2$)之间画一条线。
- public void drawRect(int x,int y,int width,int height)：在此图形上下文中使用当前颜色绘制一个矩形，该矩形左上角的坐标为(x,y)，宽、高分别为 width、height。
- public abstract void fillRect(int x,int y,int width,int height)：用当前图形上下文的前景色填充指定的矩形。
- public abstract void clearRect(int x,int y,int width,int height)：使用当前背景色填充指定的矩形区域(相当于用背景色清除该矩形区域)，该矩形左上角的坐标为(x,y)，宽、高分别为 width、height。
- public abstract void drawOval(int x,int y,int width,int height)：绘制椭圆(正好能放入左上角坐标为(x,y)，宽、高分别为 width、height 的矩形中)。
- public abstract void drawPolygon(int[] xPoints,int[] yPoints,int nPoints)：绘制一个由 x 和 y 坐标数组定义的闭合多边形，一个(x,y)确定多边形的一个顶点。
- public abstract void drawArc(int x,int y,int width,int height,int startAngle,int arcAngle)：绘制正好能放入左上角坐标为(x,y)，宽、高分别为 width、height 的矩形，开始角度为 startAngle、旋转角度为 arcAngle 的圆弧或椭圆弧边框。
- public abstract boolean drawImage(Image img, int x, int y, ImageObserver observer)：绘制指定图像中当前可用的图像。图像的左上角位于该图形上下文坐标空间的(x,y)。图像中的透明像素不影响该处已存在的像素。

【示例程序 7-1】 Graphics 类绘图应用示例(GraphicsTest. java)

功能描述：本程序演示如何设置前景色和字体，如何在当前图形上下文输出字符串，如何利用 Graphics 类的方法绘制直线、矩形、弧、圆角矩形，如图 7-4 所示。

```
01  public class GraphicsTest extends Frame {
02      public GraphicsTest() {
03          super("Graphics 绘图测试");
04          setSize(480, 460);
05          setLocationRelativeTo(null);                    //窗口自动居中
```

```
06          addWindowListener(new WindowAdapter(){                    //为了关闭窗口
07              public void windowClosing(WindowEvent e){
08                  System.exit(0);
09              }
10          });
11          setVisible(true);
12      }
13      @Override
14      public void paint(Graphics g) {
15          g.setColor(Color.RED);
16          Font font = new Font("黑体", Font.BOLD, 24);
17          g.setFont(font);
18          g.drawString("Graphics 绘图测试", 120, 60);
19          g.drawLine(50, 80, 430, 80);
20          //public void draw3DRect(int x, int y, int w, int h, boolean raised)
21          g.draw3DRect(50, 100, 380, 140, true);
22          g.drawArc(200, 120, 100, 100, 0, 270);
23          g.fillRoundRect(50, 260, 380, 140, 20, 10);
24      }
25      public static void main(String arg[]) {
26          GraphicsTest g = new GraphicsTest();
27      }
28  }
```

图 7-4　Graphics 类绘图应用示例

7.2.6　布局管理器(LayoutManager)

在 Java 中提供了各种布局管理器类来管理各种组件在容器中的放置状态，这些类实现了 LayoutManager 接口。当一个容器被创建时如果不指定布局管理器，它们就采用默认的布局管理器。**Panel 的默认布局管理器是 FlowLayout，Window、Frame 和 Dialog 的默认布局管理器是 BorderLayout。

AWT 提供的常见布局管理器如下：

1. FlowLayout(流式布局)

FlowLayout 是最简单的布局管理器。在 FlowLayout 中，用户不必指定每个控件放在哪儿，FlowLayout 就会根据用户添加控件的顺序依次从左向右放置控件，如果空间不够，组件满一行后自动换行。通常组件默认居中，当然用户也可以改变其对齐方式。

FlowLayout 类的常用构造方法如下。

- FlowLayout()：默认构造方法。
- FlowLayout(int align)：align 指定组件在容器中的对齐方式，只能取常量值 FlowLayout. LEFT = 0、FlowLayout. CENTER = 1、FlowLayout. RIGHT = 2、FlowLayout. LEADING=3、FlowLayout. TRAILING=4。
- FlowLayout(int align, int hgap, int vgap)：在构造 FlowLayout 的同时指定各组件之间的水平和垂直间隔。hgap(Horizenal Gap)指定组件之间的水平间隔，vgap(Vertical Gap)指定组件之间的垂直间隔。

2. BorderLayout(边界布局)

BorderLayout 将容器划分为 North、West、East、South、Center 几个区域，在将控件放入容器时必须指定控件放置的区域。如图 7-5 所示，每个区域只能放一个控件，组件自动扩展大小以填满该区域。North、South 区域中的组件只能自动扩展宽度，高度不变；West、East 区域的组件只扩展高度，宽度不变；Center 区域的组件高度、宽度均自动扩展。当容器上放置的组件少于 5 个时，没有放置组件的区域将被相邻的区域占用。为了在一个区域中放置多个组件，可以先放一个中间容器 Panel，然后再放入组件。

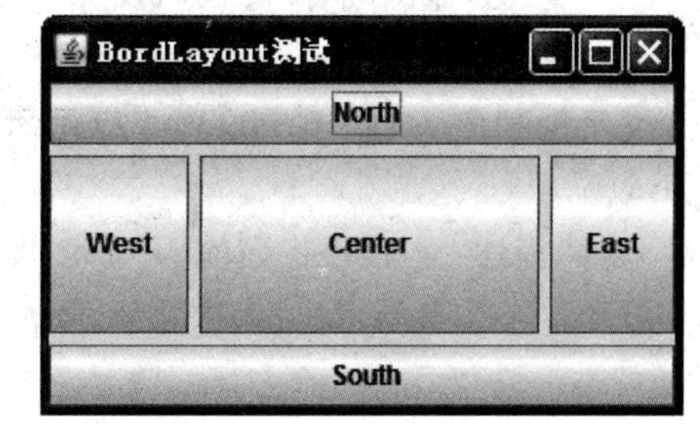

图 7-5　BorderLayout 测试

BorderLayout 类的常用构造方法如下。

- BorderLayout()：默认构造方法。
- BorderLayout(int hgap, int vgap)：在构造 BorderLayout 的同时指定各组件之间的水平和垂直间隔。

【示例程序 7-2】　BorderLayout 应用示例(BorderLayout. java)

功能描述： 将当前 JFrame 设置为 BorderLayout 布局，然后利用各种方式在 North、West、Center、East、South 中放入一个按钮，如图 7-5 所示。

```
01  public class BorderLayoutTest extends JFrame {
02  public BorderLayoutTest() {
03      super("BordLayout 测试");
04      setSize(300,180);
05          setLocationRelativeTo(null);
06          setDefaultCloseOperation(EXIT_ON_CLOSE);
07          setLayout(new BorderLayout(5,5));        //各区之间水平和垂直间隔为 5
08          add("North", new JButton("North"));
```

```
09            add("South", new JButton("South"));
10            add(new JButton("East"),BorderLayout.EAST);
11            add(new JButton("West"), BorderLayout.WEST);
12            add("Center", new JButton("Center"));
13            setVisible(true);
14        }
15        public static void main(String args[]) {
16            BorderLayoutTestwin = new BorderLayoutTest();
17        }
18    }
```

3. GridLayout(网格布局)

GridLayout 将容器切割为棋盘一样 m 行 n 列的网格,每个网格可以放置一个组件,添加到容器的组件从左向右自上而下依次放置。GridLayout 最大的特点是放置的组件自动占据网格的整个区域,每个组件的大小相同,不能改变组件大小,只能改变组件之间的水平和垂直间隔。

GridLayout 类的常用构造方法如下。

- GridLayout():构建一个一行一列的 GridLayout 对象。
- GridLayout(int rows, int cols):用指定行数和列数去构建 GridLayout 对象。
- GridLayout(int rows, int cols, int hgap, int vgap):用指定行数、列数、水平间隔和垂直间隔去构建 GridLayout 对象。

【示例程序 7-3】 GridLayout 应用示例(GridLayout.java)

功能描述:本程序将当前 JFrame 设置为 3 行 3 列的 GridLayout 布局,然后依次放入 6 个按钮,如图 7-6 所示。

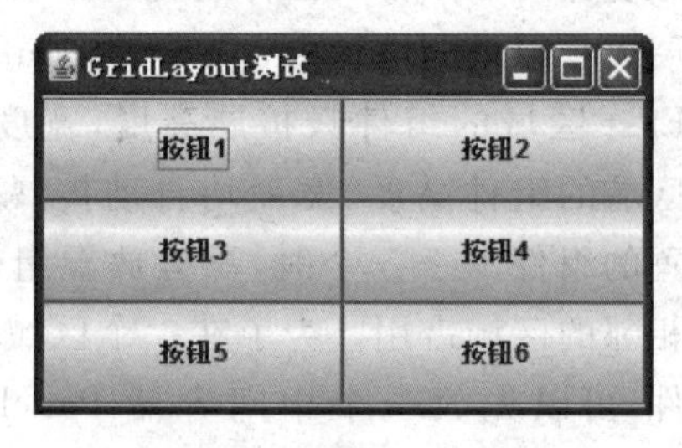

图 7-6 GridLayout 测试

```
01    public class GridLayoutTest extends JFrame {
02    public GridLayoutTest() {
03            super("GridLayout 测试");
04            setSize(300,180);
05            setLocationRelativeTo(null);
06            setDefaultCloseOperation(EXIT_ON_CLOSE);
07            setLayout(new GridLayout(3,3));                    //3 行 3 列共 9 个网格
08            for(int i = 1;i <= 6;i++){
09                add(new JButton("按钮" + i));
10            }
11            setVisible(true);
12        }
13        public static void main(String args[]) {
14            GridLayoutTestwin = new GridLayoutTest();
15        }
16    }
```

4. GridBagLayout(网格包布局)

GridBagLayout 是最灵活、复杂的布局管理器,它实现了一个动态的矩形网格。用户可以根据实际需要定义矩形网格的行数和列数,每个组件可以占用一个或多个网格。

在向 GridBagLayout 布局的容器中添加组件时需要为每个组件创建一个关联的 GridBagConstraints 类的对象,以确定各个组件的布局信息,如组件所占网格的坐标(行列信息)、需要占几行几列等。GridBagLayout 布局的行列坐标与绘图坐标相同,矩形最左上角的网格坐标为(0,0),坐标水平向右垂直向下依次增加。

鉴于后面重点使用 WindowBuilder Pro 来进行 GUI 应用开发,这里就不再详细研究 GridBagLayout 的使用了。

5. CardLayout(卡片布局)

CardLayout 把容器中的每一个组件作为一个卡片,能实现将多个组件放在同一容器区域内的交替,相当于一摞卡片放在一起,在任何时候只有最上面的一个可见。

【示例程序 7-4】 CardLayout 应用示例(CardLayoutTest.java)

功能描述:本程序将当前 JFrame 的 Center 区域设置为 CardLayout 布局,然后每张卡片中添加一个按钮,在 South 区域添加了 4 个按钮,分别控制第一张、上一张、下一张、最后一张卡片的显示(如图 7-7 所示),用匿名内部类实现了每个命令按钮的单击事件响应。

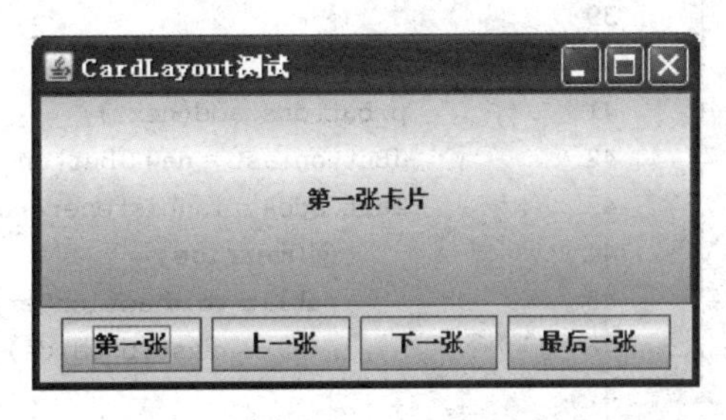

图 7-7　CardLayout 测试

```
01  public class CardLayoutTest extends JFrame {
02      JPanel p_cards = new JPanel();
03      JPanel p_buttons = new JPanel();
04      public CardLayoutTest() {
05          super("CardLayout 测试");
06          setSize(350,180);
07          setLocationRelativeTo(null);
08          setDefaultCloseOperation(EXIT_ON_CLOSE);
09          final CardLayout cl = new CardLayout();
10          p_cards.setLayout(cl);
11          p_cards.add(new JButton("第一张卡片"));
12          p_cards.add(new JButton("第二张卡片"));
13          p_cards.add(new JButton("第三张卡片"));
14          p_cards.add(new JButton("第四张卡片"));
15          p_cards.add(new JButton("第五张卡片"));
16          add(p_cards,BorderLayout.CENTER);
17          add(p_buttons,BorderLayout.SOUTH);
18          JButtonfirst = new JButton("第一张");
19          first.addActionListener(new ActionListener(){
20              @Override
21              public void actionPerformed(ActionEvent e) {
22                  cl.first(p_cards);
23              }
```

```
24          });
25          p_buttons.add(first);
26          JButtonprev = new JButton("上一张");
27          prev.addActionListener(new ActionListener(){
28              @Override
29              public void actionPerformed(ActionEvent e) {
30                  cl.previous(p_cards);
31              }
32          });
33          p_buttons.add(prev);
34          JButtonnext = new JButton("下一张");
35          next.addActionListener(new ActionListener(){
36              @Override
37              public void actionPerformed(ActionEvent e) {
38                  cl.next(p_cards);
39              }
40          });
41          p_buttons.add(next);
42          JButtonlast = new JButton("最后一张");
43          last.addActionListener(new ActionListener(){
44              @Override
45              public void actionPerformed(ActionEvent e) {
46                  cl.last(p_cards);
47              }
48          });
49          p_buttons.add(last);
50          setVisible(true);
51      }
52      public static void main(String args[ ]) {
53          CardLayoutTestwin = new CardLayoutTest();
54      }
55  }
```

7.2.7 Java 事件处理机制

Java 采用委托事件模型，将事件的处理统一交给特定的对象——事件监听器，这样使 GUI 界面实现和事件处理逻辑分开。Java 事件处理机制由**事件源（产生事件的对象——组件）**、**事件对象**和**事件监听器** 3 个部分组成，如表 7-1 所示。

- **事件**：指在 java.awt.event 包中定义的 Java 能够处理的事件，它以 **Event 结尾**，与事件监听器（以 Listener 结尾）一一对应。
- **事件源：指能产生 AWT 事件的各种 GUI 组件**，如按钮、菜单等。当用户在 GUI 组件上触发一个事件（如鼠标单击）时，AWT 将事件对象封装传递给事件监听器（需要提前用 addXxxAction()方法在组件上注册事件监听器）。在一个事件源上可能发生多种事件，一个事件监听器可以监听不同事件源上的同一类事件。
- **事件监听器**：事件监听器指一个实现了 XxxListener 接口或继承了 XxxAdapter 抽象类的类，负责监听和处理某种特定事件 XxxEvent。

表 7-1　AWT 事件、事件监听器、事件处理方法对应表

序号	事件	事件监听器	事件处理方法
1	ActionEvent	ActionListener	单击按钮、文本框内回车、单击菜单项等(ActionPerformed)时发生
2	KeyEvent	KeyListener	输入某个字符(keyTyped)、按下某个键(keyPressed)、释放某个键(keyReleased)
3		MouseMotionListener	鼠标拖动(mouseDragged)、鼠标移动(mouseMoved)
4	MouseEvent	MouseListener	鼠标单击(mouseClicked)、进入组件(mouseEntered)、离开组件(mouseExited)、按下左键(mousePressed)、释放左键(mouseReleased)事件
5	WindowEvent	WindowListener	窗口第一次可见(windowOpened)、正在关闭窗口(windowClosing)、窗口已经关闭(windowClosed)、窗口最小化(window Iconified)、窗口最大化(windowDeiconified)、窗口获得焦点(window Activated)、窗口失去焦点(windowDeactivated)
6	FocusEvent	FocusListener	组件获得焦点(focusGained)或失去焦点(focusLost)
7	TextEvent	TextListener	JTextfield 或 JTextArea 等对象的文本改变(textValueChanged)
8	ContainerEvent	ContainerListener	在容器中添加组件(componentAdded)、删除组件(componentRemoved)
9	ComponentEvent	ComponentListener	Component 的所有子类移动、改变大小、隐藏或显示

下面通过一个实例说明事件处理流程(对一个按钮对象的单击事件进行监听)：

(1) **在事件源(button)上注册事件监听器。**

```
button.addActionListener(new Handler());
```

(2) **事件监听器类 Handler 必须实现 AcitonListener 接口，重写其中的抽象方法 actionPerformed()对单击事件进行监听和处理。**

```
class Handler implements ActionListener{
    public void actionPerformed(ActionEvent e){
        //处理事件代码
    }
}
```

(3) 单击按钮时触发单击事件，button 对象会产生一个 ActionEvent 的事件对象。

(4) AWT 自动将事件对象传递给事件监听器，调用事件处理代码。

【示例程序 7-5】 Java 事件处理机制应用示例(MultiListener.java)

功能描述：本程序测试了通过实现监听器接口、匿名内部类实现单击按钮、鼠标移动、鼠标拖动等事件的注册、监听和处理，如图 7-8 所示。

```
01  public class MultiListener extends JFrame implements
02  MouseMotionListener,ActionListener{
03      private JTextField jtf = new JTextField(30);
04      private JButton jl_message = new JButton("你可以在本区域移动、单击、拖动鼠标!");
```

```
05      int count = 0;
06      public MultiListener(){
07          super("Java 事件处理机制测试");
08          init();
09      }
10      public void init() {
11          //JFrame 默认 BorderLayout
12          add(jl_message, "Center");
13          jtf.setFont(new Font("黑体",Font.BOLD,15));
14          jtf.setForeground(Color.RED);
15          add(jtf, "South");
16          //用匿名内部类实现监听器
17          jtf.addMouseListener(new MouseAdapter() {
18              public void mouseEntered(MouseEvent e) {
19                  jtf.setText("鼠标进入文本框!");
20              }
21              public void mouseExited(MouseEvent e) {
22                  jtf.setText("鼠标离开文本框!");
23              }
24          });
25          //用本类对象作为 MouseMotion 和 Action 事件的监听器
26          jl_message.addMouseMotionListener(this);
27          jl_message.addActionListener(this);
28          setSize(480,300);
29          setLocationRelativeTo(null);
30          setDefaultCloseOperation(EXIT_ON_CLOSE);
31          setVisible(true);
32      }
33      @Override
34      public void mouseDragged(MouseEvent e) {
35          //通过事件获得其详细信息
36          jtf.setText("你在拖动鼠标:X = " + e.getX() + ",Y = " + e.getY());
37      }
38      @Override
39      public void mouseMoved(MouseEvent e) {
40          jtf.setText("你在移动鼠标: X = " + e.getX() + ",Y = " + e.getY());
41      }
42      @Override
43      public void actionPerformed(ActionEvent e) {
44          count++;
45          jtf.setText("你在单击鼠标!已经单击" + count + "次");
46      }
47      public static void main(String args[]) {
48          MultiListener ml = new MultiListener();
49      }
50  }
```

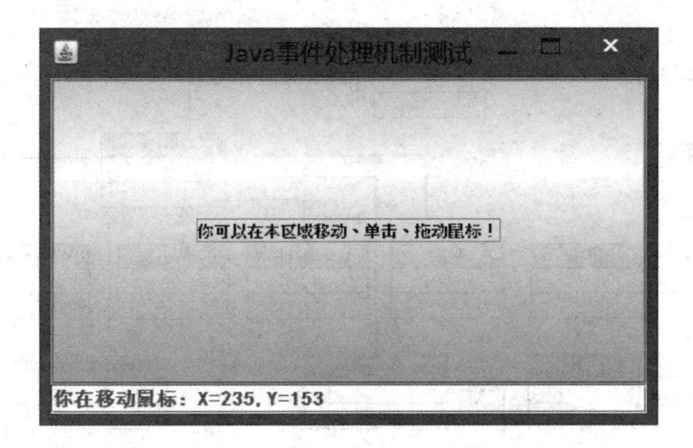

图 7-8　Java 事件处理机制应用示例

7.3　swing 编程技术

7.3.1　swing 简介

AWT 已经不能满足图形化用户界面发展的需要，在 1998 年 Sun 公司推出 JDK 1.2 版本时将 javax.swing 加入到 JFC 中。**swing 包中提供了更加丰富、便捷、强大的 GUI 组件，而且这些组件都是采用 Java 语言编写而成的**，因此 swing 可以真正做到跨平台运行。swing 组件也被称为轻量级组件，采用了一种 **MVC(Model-View-Controller)的设计泛式**。MVC 中的 **Model**(**模型**)负责提供组件的状态和数据，**View**(**视图**)负责根据模型显示和渲染组件，**Controller**(**控制器**)用来接收和响应用户的输入。因此，基本上所有的 swing 控件都是由一个 Model 类、一个 UI 类、一个 Controller 类组成的，部分过于简单和数据无关的控件无 Model 类。

注意：*swing 没有完全替代 AWT，而是建立在 AWT 基础之上。swing 仍使用 AWT 1.1 的事件处理模型。swing 只是使用更好的 GUI 组件(如 JButton)代替 AWT 中相应的 GUI 组件(如 Button)，并且增加了一些 AWT 中原来没有的 GUI 组件。*

和 AWT 差不多，**大部分 swing 组件的都是 JComponent 类的直接或间接子类，而 JComponent 类是 AWT 中 java.awt.Container 的子类**。swing 组件的大部分组件的继承关系如图 7-9 所示。

swing 常用的组件可以分类如下。

- **顶层容器**：JFrame、JApplet、JDialog、JWindow。
- **中间容器**：JPanel、JScrollPane、JSplitPane、JToolBar。
- **特殊容器**：特殊作用的中间容器，如 JInternalFrame、JLayeredPane、JRootPane。
- **基本控件**：实现人机交互的组件，如 JButton、JComboBox、JList、JMenu、JSlider、JTextField 等。
- **不可编辑信息的显示**：向用户显示不可编辑信息的组件，如 JProgressBar、JLabel、ToolTip。
- **可编辑信息的显示**：向用户显示能被编辑的格式化信息的组件，如 JTextField、JPasswordField、JTextArea、JColorChooser、JFileChooser、JTable、JTree 等。

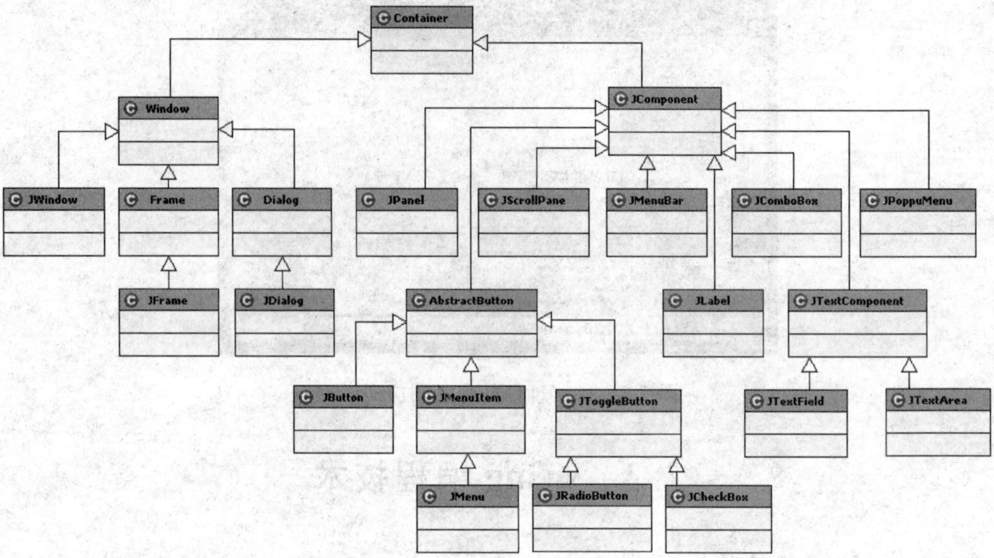

图 7-9　swing 继承结构

swing 组件的类名和对应 AWT 组件的类名基本一致，只要在原来的 AWT 组件类名前添加“J”即可，但有以下几个例外。

- JComboBox：对应于 AWT 里的 Choice 组件，但比 Choice 组件的功能更丰富。
- JFileChooser：对应于 AWT 里的 FileDialog 组件。
- JSrcollBar：对应于 AWT 里的 Scrollbar。
- JCheckBox：对应于 AWT 里的 Checkbox。
- JCheckBoxMenuItem：对应于 AWT 里的 CheckboxMenuItem。

7.3.2　swing 编程流程

swing 的程序设计一般按照下列流程进行：

(1) 写一个继承 JFrame 等顶层容器的类。

(2) 设置顶层容器（布局管理器、窗口大小位置、可见性等）。如果有需要，定义中间容器（JPanel 等）并加入顶层容器。

(3) 定义、初始化组件，并加入到容器中。

(4) 设置各组件的事件监听器。

(5) 编写事件处理代码。

【示例程序 7-6】　swing GUI 应用程序模板（GUIDemo.java）

功能描述：本程序演示 swing 编程，包含了界面、组件、事件处理等基本操作，实现信息的输入（文本框和密码框）、处理和输出（文本区），如图 7-10 所示。

```
01  public class GUIDemo extends JFrame implements ActionListener{
02      private static final long serialVersionUID = 1L;
03      //swing 组件的定义和初始化
04      private JPanel jp_top = new JPanel();
```

```
05        private JPanel jp_center = new JScrollPane();
06        private JPanel jp_bottom = new JPanel();
07        private JLabel jl_user = new JLabel("用户: ");
08        private JLabel jl_psw = new JLabel("密码: ");
09        private JButton jb_ok = new JButton("欢迎你!");
10        private JButton jb_exit = new JButton("退出");
11        private JTextField jtf_name = new JTextField(20);     //单行文本框
12        //单行密码文本框
13        private JPasswordField jpf_pwd = new JPasswordField(20);
14        //多行文本框
15        private JTextArea jta_content = new JTextArea("请输入……",5,50);
16        public GUIDemo(){
17            super("GUI 程序示例");
18            init();
19        }
20        //init()方法提供了 JFrame 的初始化功能
21        public void init(){
22            setLayout(new BorderLayout());                   //设置为 Border 布局管理器
23            //将组件加入父容器
24            jp_top.add(jl_user);
25            jp_top.add(jtf_name);
26            jp_top.add(jl_psw);
27            jp_top.add(jpf_pwd);
28            jp_center.add(jta_content);
29            jp_bottom.add(jb_ok);
30            jp_bottom.add(jb_exit);
31            add(jp_top,BorderLayout.NORTH);
32            add(jp_center,BorderLayout.CENTER);
33            add(jp_bottom,BorderLayout.SOUTH);
34            this.add(jta_content);
35            //将事件源(命令按钮产生单击事件)和监听器(实现了 ActionListener 接口的类的
36            //对象)关联
37            jb_ok.addActionListener(this);
38            jb_exit.addActionListener(this);
39            //使窗口关闭生效
40            setDefaultCloseOperation(WindowConstants.EXIT_ON_CLOSE);
41            setSize(600,200);                                 //设置窗口大小
42            setLocationRelativeTo(null);                      //窗口自动居中
43            setVisible(true);
44        }
45        @Override
46        //单击或文本框内回车事件的处理程序
47        public void actionPerformed(ActionEvent e) {
48            //当单击了 jb_ok 命令按钮时要执行的事件处理程序
49            if(e.getSource().equals(jb_ok)){
50                String psw = new String(jpf_pwd.getPassword()).trim();
51                String name = jtf_name.getText().trim();
52                String message = "欢迎你," + name + ",进入 Java 编程世界!" + psw;
53                JOptionPane.showMessageDialog(this,message);
54                jta_content.setText(message + "\n");
```

```
55              }
56              //当单击了 jb_exit 命令按钮时要执行的事件处理程序
57              if(e.getSource().equals(jb_exit)){
58                  int i = JOptionPane.showConfirmDialog(this,"确认要退出?");
59                  if(i == 0){
60                      System.exit(0);
61                  }
62              }
63          }
64          public static void main(String[] args) {
65              java.awt.EventQueue.invokeLater(new Runnable() {
66                  public void run() {
67                  new GUIDemo();
68                  }
69              });
70          }
71  }
```

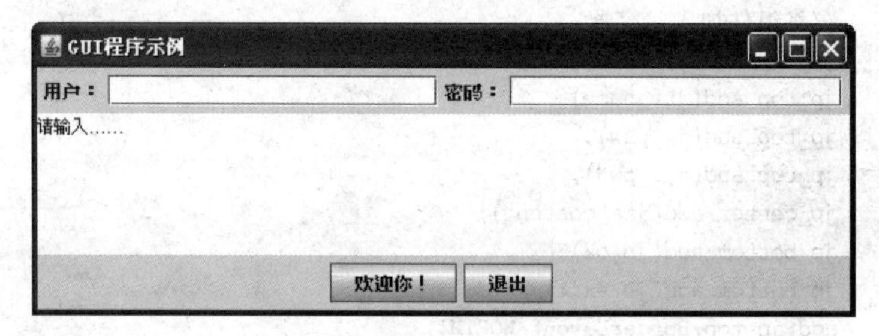

图 7-10　swing GUI 编程示例

7.4　swing 常用组件

swing 提供了丰富的组件供用户使用,即使以后采用 **WindowBuilder** 或 **Mattise** 进行 GUI 应用开发,用户也需要对事件处理模型、布局管理器、swing 组件的常用方法及相关知识进行了解。WindowBuilder 或 Mattise 只不过是将编写代码方式转换成在设计视图中通过拖曳控件、修改属性等直观的操作方式。当用 **WindowBuilder** 或 **Mattise** 生成 swing GUI 界面代码后,仍需要在代码视图下进行编程,实现事件处理等功能。这仍然需要用户熟悉并掌握常用的 swing 组件的构造方法、常用方法、事件处理和相关知识,需要经常查阅 JDK 文档。

7.4.1　顶级容器:JFrame 和 JDialog

1. JFrame

和 AWT 的 Frame 一样,JFrame 是一个独立存在的顶级容器——窗体。

JFrame 类的常用构造方法如下。

- JFrame():构造一个窗体对象。
- JFrame(String title):以指定标题栏字符串构造一个窗体对象。

JFrame 类的常用方法如下。

- public void setDefaultCloseOperation(int operation)：当用户单击窗口的关闭图标时默认的操作，如 EXIT_ON_CLOSE(退出程序)、DO_NOTHING_ON_CLOSE(不执行任何操作)、HIDE_ON_CLOSE(将当前窗口隐藏，但程序仍在运行，可随时将窗口恢复显示)、DISPOSE_ON_CLOSE(将当前窗口销毁，但程序仍在运行)。
- public void setLocationRelativeTo(Component c)：继承 Window 父类的方法，窗口在屏幕中间自动居中。
- public void setLayout(LayoutManager manager)：设置窗口的布局管理器。
- public void setResizable(boolean resizable)：设置窗口能否改变大小。
- public void setSize(int width,int height)：设置窗口大小，单位为像素。
- public void setVisible(boolean b)：设置窗口是否可见，如果不显式设置，则窗口隐藏。

2. JDialog

JDialog 即对话框，和 JFrame 一样，它也是一个 swing 顶层容器。在 Java 应用程序中，JDialog 一般作为 JFrame 的子窗口使用。

JDialog 分为模式对话框和非模式对话框。模式对话框指用户必须处理完对话框后才能继续与其他窗口交互，而非模式对话框允许用户在处理对话框的同时与其他窗口交互。

JDialog 类的常用构造方法如下。

- public JDialog(Dialog owner)：创建一个没有标题但将指定其所有者的非模式对话框。
- public JDialog(Dialog owner,boolean modal)：创建一个具有指定所有者 JFrame 和模式的对话框。
- public JDialog(Frame owner,String title,boolean modal)：创建一个具有指定标题、所有者 JFrame 和模式的对话框。

【示例程序 7-7】 模式对话框和非模式对话框应用示例(JDialogTest.java)

功能描述：本程序演示了在 JFrame 中调用模式对话框和非模式对话框的应用示例，如图 7-11 所示。

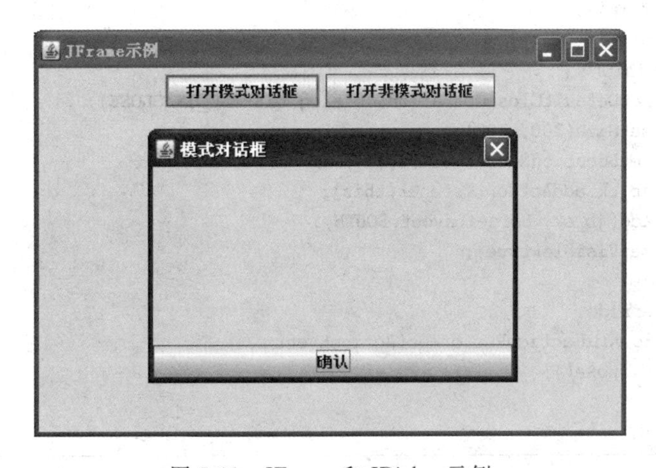

图 7-11 JFrame 和 JDialog 示例

```
01  public class JDialogTest extends JFrame implements ActionListener {
02      JButton jb_modal = new JButton("打开模式对话框");
03      JButton jb_nomodal = new JButton("打开非模式对话框");
04      JPanel jp_top = new JPanel();
05      public JDialogTest() {
06          super("JFrame 示例");
07          init();
08      }
09      public void init() {
10          setSize(480, 320);
11          setLocationRelativeTo(null);
12          setDefaultCloseOperation(EXIT_ON_CLOSE);
13          setLayout(new BorderLayout());
14          jb_modal.addActionListener(this);
15          jb_nomodal.addActionListener(this);
16          jp_top.add(jb_modal);
17          jp_top.add(jb_nomodal);
18          add(jp_top, BorderLayout.NORTH);
19          setVisible(true);
20      }
21      @Override
22      public void actionPerformed(ActionEvent e) {
23          if (e.getSource().equals(jb_modal)) {
24              new MyDialog(this, true, "模式对话框");
25          }
26          if (e.getSource().equals(jb_nomodal)) {
27              new MyDialog(this, false, "非模式对话框");
28          }
29      }
30      public static void main(String args[]) {
31          JDialogTest win = new JDialogTest();
32      }
33  }
34  class MyDialog extends JDialog implements ActionListener {
35      private JButton jb_ok = new JButton("确认");
36      public MyDialog(JFrame owern, boolean modal, String title) {
37          super(owern, title, modal);
38          init();
39      }
40      void init() {
41          setDefaultCloseOperation(JDialog.DISPOSE_ON_CLOSE);
42          setSize(300, 200);
43          setLocationRelativeTo(null);
44          jb_ok.addActionListener(this);
45          add(jb_ok, BorderLayout.SOUTH);
46          setVisible(true);
47      }
48      @Override
49      public void actionPerformed(ActionEvent e) {
50          dispose();
51      }
52  }
```

7.4.2 中间容器：JPanel 和 JScrollPane

JPanel、JScrollPane 属于中间容器。**中间容器不能单独存在，只能放置在 JFrame 和 JDialog 这样的顶级容器中。**

1. JPanel

JPanel 是一个默认无边框(可以设置)、不能被移动及放大缩小或关闭的面板。JPanel 的默认布局管理器是 FlowLayout，但也可以设置成其他布局管理器。

JPanel 的常用构造方法如下。

- JPanel()：构造一个 JPanel 面板对象。
- JPanel(LayoutManager layout)：用指定布局管理器来构造一个 JPanel 面板对象。

JPanel 类的常用方法如下。

- public void setLayout(LayoutManager mgr)：继承自父类 Container 的方法，设置 JPanel 的布局管理器。
- public void setBorder(Border border)：为面板设置边框。

2. JScrollPane

JScrollPane 是带滚动条的面板。JScrollPane 只能放置一个组件，并且不可以使用布局管理器。JTextArea、JList 等组件默认没有滚动条，可以将它们放入到 ScrollPane 中实现带滚动条的组件。

JScrollPane 类的常用构造方法如下。

- public JScrollPane(Component view)：创建一个显示 view 组件内容的 JScrollPane 对象，只要组件的内容超过视图大小就会自动出现水平和垂直滚动条。
- public JScrollPane(int vsbPolicy,int hsbPolicy)：创建一个具有指定滚动条策略的 JScrollPane 对象。

JScrollPane 类的常用方法如下。

- public void setHorizontalScrollBarPolicy(int policy)：按照指定策略确定水平滚动条何时出现。
- public void setVerticalScrollBarPolicy(int policy)：按照指定策略确定垂直滚动条何时出现。

垂直滚动条策略可以取以下值。

- ScrollPaneConstants.VERTICAL_SCROLLBAR_AS_NEEDED：垂直滚动条自动出现。
- ScrollPaneConstants.VERTICAL_SCROLLBAR_NEVER：垂直滚动条从不出现。
- ScrollPaneConstants.VERTICAL_SCROLLBAR_ALWAYS：垂直滚动条一直出现。

水平滚动条的 policy 可以取以下值。

- ScrollPaneConstants.HORIZONTAL_SCROLLBAR_AS_NEEDED：水平滚动条自动出现。
- ScrollPaneConstants.HORIZONTAL_SCROLLBAR_NEVER：水平滚动条自动出现。

- ScrollPaneConstants. HORIZONTAL_SCROLLBAR_ALWAYS：水平滚动条一直出现。

详细示例请参考 7.4.4 节。

7.4.3 图像显示：Image、Icon 和 ImageIcon

Java 支持常见的图像类型，如 GIF、JPG、PNG 等。java. awt. Image 是表示图形图像的所有类的超类。

Image 的定义如下。

- public abstract class Image extends Object：在 java. awt. Toolkit 类中定义的方法 getImage()可以实现读取图像的功能，在窗口或画布对象的 paint()方法中通过 Grapthics 对象的 drawImage()方法来显示图像。
- public abstract boolean drawImage(Image img, int x, int y, nt width, int height, ImageObserver observer)：在窗口或画布上显示图像，左上角坐标由(x,y)指定，图像的宽度和高度由 *width*、*heigth* 指定，observer 指定图像的监控对象，一般取 this 或 null 均可。

【示例程序 7-8】 Graphics 类显示图像应用示例(DrawImageTest. java)

功能描述：本程序演示了如何读取图像和显示图像。

```
01  public class DrawImageTest extends JFrame {
02      Toolkit tk = Toolkit.getDefaultToolkit();
03      Image img = tk.getImage(this.getClass().getResource("resource /java.gif"));
04      public DrawImageTest() {
05          super("Graphics 显示图像测试");
06          setSize(420,584);
07          setLocationRelativeTo(null);                //窗口自动居中
08          setDefaultCloseOperation(EXIT_ON_CLOSE);
09          setVisible(true);
10      }
11      @Override
12      public void paint(Graphics g) {
13          g.drawImage(img,0,0,410,574,this);
14      }
15      public static void main(String arg[]) {
16          DrawImageTest g = new DrawImageTest();
17      }
18  }
```

另外一种更为常用的方法是通过设置组件的图标来显示图像。

- javax. swing. Icon 是一个接口，用来表示一个尺寸较小的图片，通常用于装饰组件，如 JLabel 或 JButton、JMenuItem 等。
- javax. swing. ImageIcon 实现了接口 Icon，定义如下：

```
public class ImageIcon extends Object implements Icon
```

ImageIcon 类的常用构造方法如下：

- public ImageIcon(String filename)：根据指定的文件名创建一个 ImageIcon 对象。
- public ImageIcon(URL location)：根据指定的 URL 创建一个 ImageIcon 对象。

【示例程序 7-9】 Image、Icon、ImageIcon 应用示例(ImageTest. java)

功能描述：本程序演示了如何应用 Image、Icon、ImageIcon 来显示图像或图标。

```
01  public class ImageTest extends JFrame{
02      JButton jb_ok = new JButton("带图标的按钮");
03      JLabel jl_image = new JLabel();
04      public ImageTest() {
05      super("Image, Icon, ImageIcon 应用示例");
06      init();
07      }
08      public void init() {
09          setSize(480, 320);
10          setLayout(new BorderLayout());
11          setLocationRelativeTo(null);
12          add(jb_ok,BorderLayout.SOUTH);
13          ImageIcon ii = new
14  ImageIcon(ImageTest.class.getResource("resource/bg.jpg"));
15          Image image  =  ii.getImage();
16          //从 ImageIcon 对象获得 Image 对象,采用图像缩放算法将其缩小到指定尺寸
17          Image smallImage =  image.getScaledInstance(40,20,Image.SCALE_FAST);
18          //然后再为按钮设置重新生成的 Icon
19          jb_ok.setIcon(new ImageIcon(smallImage));
20          jl_image.setIcon(ii);
21          add(jl_image,BorderLayout.CENTER);
22          setDefaultCloseOperation(EXIT_ON_CLOSE);
23          setVisible(true);
24      }
25      public static void main(String[ ] args) {
26          new ImageTest();
27      }
28  }
```

编程提示：Java Project 中文件的定位问题

Java Project 项目会自动将 src 文件夹中的所有 *.java 编译到 *.class，其他文件保持不变，复制到 bin 文件夹(classpath)。所有用“src\\…\\…”路径定位的文件，当项目文件中有 src 文件夹时没有问题，但当项目发布后只有 bin 或 class 文件夹时就有问题了，比较通用的做法是采用 this. getClass(). getResource("resource /java. gif")的文件定位方式。

7.4.4 显示文本或图像组件：JLabel

JLabel 提供了一个显示字符串或图像的区域。

JLabel 类的常用构造方法如下。

- JLabel()：构造一个空标签对象。

- JLabel(String text)：用指定字符串构造一个标签对象。
- JLabel(String text,Icon icon,int horizontalAlignment)：用指定字符串、图标、水平对齐方式构造一个标签对象。水平排列方式可以取 SwingConstants. LEFT、SwingConstants. CENTER、SwingConstants. RIGHT、SwingConstants. LE ADING、SwingConstants. TRAILING。

7.4.5 文本组件：JTextField、JPasswordField 和 JTextArea

文本类组件用于接收用户的输入或向用户展示信息。在 swing 中主要提供了 **JTextField**、**JPasswordField**、**JTextArea** 几个文本组件，它们都继承了 JTextComponent 类，分别用于**单行文本框**、**密码框**、**多行文本框**几种应用场合。文本组件中的文本改变会触发 TextEvent 事件，可以监听该事件并做出处理。

JTextComponent 类的常用方法如下。

- public String getText()：返回文本组件中的文本。
- public void setEditable(boolean b)：设置文本组件能否可以编辑。
- public void setEnabled(boolean b)：设置该组件是否有效。
- public void selectAll()：选中文本组件中的所有字符。
- public void setText(String t)：设置文本组件的内容为指定字符串。

由于 JTextField 比较简单，以下着重讲解 JTextArea 和 JPasswordField。

1. JTextArea

JTextArea 是一个显示纯文本的多行区域。

JTextArea 类的常用构造方法如下。

- public JTextArea(String text)：用指定的字符串构造多行文本区对象。
- public JTextArea(int rows,int columns)：用指定的行和列构造多行文本区对象。
- public JTextArea(String text,int rows, int columns)：用指定的字符串、行和列构造多行文本区对象。

JTextArea 类的常用方法如下。

- public void append(String str)：将指定的字符串追加到指定的多行文本区中。
- public void setLineWrap(boolean wrap)：设置多行文本区是否自动换行。
- public void setFont(Font f)：设置多行文本区中字符的显示字体。

那么如何让 JTextArea 自动出现滚动条？将创建好的 JTextArea 对象加入到一个 JScrollPane 中，然后通过 setHorizontalScrollBarPolicy(int policy)和 setVerticalScrollBarPolicy(int policy)方法分别设置水平和垂直滚动条是否出现即可。

2. JPasswordField

JPasswordField 允许编辑单行文本，但不显示原始字符。

JPasswordField 类的构造方法如下。

- JPasswordField(int columns)：构造一个指定列数的密码框对象。
- JPasswordField(String text, int columns)：构造一个指定初始字符串和列数的密码框对象。

JPasswordField 类的常用方法如下。

- public void setEchoChar(char c)：设置密码框的指定字符。
- public String getText()：已经过时，不推荐使用。
- public char[] getPassword()：取密码框中的真实字符。为了方便使用，可以用 public String(char[] value)将字符数组包装成字符串。

7.4.6 按钮组件：JButton、JRadioButton 和 JCheckBox

1. 命令按钮：JButton

命令按钮 JButton 是最常用的组件，主要用于接收用户的单击事件。

JButton 类的构造方法如下。

- JButton()：构造一个命令按钮对象。
- JButton(String text)：用指定字符串构造一个命令按钮对象。
- JButton(String text, Icon icon)：用指定字符串和图标构造一个命令按钮对象。

JButton 类的常用方法为 public void addActionListener(ActionListener l)，即继承自 AbstractButton 的方法，为按钮增加单击事件监听器。单击事件监听器类必须实现 ActionListenter 接口，ActionListener 接口中只有一个方法 public void ActionPerformed (ActionEvent e)，事件处理代码就写在该方法中。

2. 单选按钮：JRadioButton

单选按钮可以被选中或取消选中以对应某两种相对的状态。将多个 JRadioButton 添加到同一个 ButtonGroup 对象中，将这多个单选按钮关联成组，实现用户一次只能选中该组的一个单选按钮。ButtonGroup 是一个不可见组件，不需要将其增加到容器中显示。

单击单选按钮可以触发 ActionEvent 事件，然后可以在事件处理代码中用 isSelected()方法来判断该选项是否被选中。

JRadioButton 类的构造方法如下。

- JRadioButton(String text)：构造一个带文本的单选按钮对象。
- JRadioButton(String text, boolean selected)：构造一个带文本的单选按钮对象，并指定其是否处于选中状态。

JRadioButton 类的常用方法为 public boolean isSelected()，表示该单选按钮是否处于选中状态。

3. 多选按钮：JCheckBox

与单选按钮相同，多选按钮也有选中和没有选中两个状态，如果多选框有多个，则用户可以选择其中一个或多个，也可以一个都不选。单击多选按钮可以触发 ActionEvent 事件，然后可以在事件处理代码中用 isSelected()方法来判断该选项是否被选中。

JCheckBox 类的构造方法如下。

- JCheckBox(String text)：构造一个指定文本的、最初未被选定的复选框对象。
- JCheckBox(String text, boolean selected)：构造一个带文本的复选框，并指定其最初是否处于选定状态。

JCheckBox 类的常用方法为 public boolean isSelected()，表示该多选按钮是否处于选中状态。

【示例程序 7-10】 单选按钮应用示例(JRadioButtonTest.java)

功能描述：本程序演示了如何用 ButtonGroup 对单选按钮进行逻辑分组、如何获取单选按钮的值等基本技巧，如图 7-12 所示。

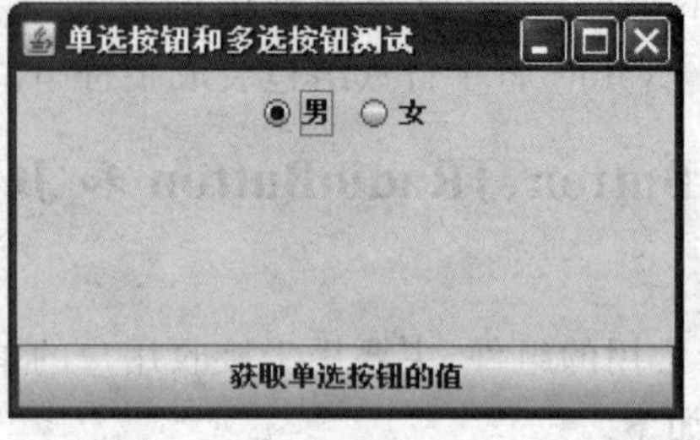

图 7-12 单选按钮和多选按钮应用测试

```
01  public class JRadioButtonTest extends JFrame implements
02  ActionListener {
03      private JRadioButton jb1;
04      private JRadioButton jb2;
05      public JRadioButtonTest() {
06          super("单选按钮和多选按钮测试");
07          setSize(300, 180);
08          setLocationRelativeTo(null);
09          setDefaultCloseOperation(EXIT_ON_CLOSE);
10          setLayout(new BorderLayout());
11          jb1 = new JRadioButton("男", true);
12          jb2 = new JRadioButton("女");
13          //ButtonGroup 只负责单选按钮的逻辑关联
14          ButtonGroup bg = new ButtonGroup();
15          bg.add(jb1);
16          bg.add(jb2);
17          JPanel item = new JPanel();
18          item.add(jb1);
19          item.add(jb2);
20          add(item, BorderLayout.CENTER);
21          JButton jb = new JButton("获取单选按钮的值");
22          jb.addActionListener(this);
23          add(jb, BorderLayout.SOUTH);
24          setVisible(true);
25      }
26      @Override
27      public void actionPerformed(ActionEvent e) {
28          String s = null;
29          if (jb1.isSelected()) {
30              s = jb1.getText();
31          } else {
32              s = jb2.getText();
33          }
```

```
34            JOptionPane.showMessageDialog(this, "你选择的是：" + s);
35        }
36        public static void main(String args[]) {
37            JRadioButtonTest win = new JRadioButtonTest();
38        }
39    }
```

7.4.7 下拉式列表：JComboBox

JComboBox 由下箭头按钮和可编辑字段组合而成，用户单击下箭头弹出下拉式列表，然后从下拉式列表中选择一项，下拉式列表折叠回一行。**JComboBox 能触发的事件有 Action Event 和 ItemEvent**。

JComboBox 类的构造方法如下。

- JComboBox()：构造具有默认数据模型的下拉式列表框。
- JComboBox(Object[] items)：构造包含指定数组中元素的下拉式列表框。
- JComboBox(Vector<?> items)：构造包含指定 Vector 中元素的下拉式列表框。

JComboBox 类的常用方法如下。

- public void setEditable(boolean aFlag)：确定 JComboBox 字段是否可编辑，一般设置为 false(不可编辑)。
- public void addItem(Object anObject)：为下拉式列表框添加项。
- public int getSelectedIndex()：返回用户选择的列表项索引(从 0 开始)。
- public Object getSelectedItem()：返回用户选择的列表项文本。

7.4.8 综合示例：用户注册窗口

【示例程序 7-11】 用户注册程序(RegistGUI.java)

功能描述：本程序演示用户注册的 GUI 界面的 swing 编程实现，主要演示 JTextField、JPasswordField、JRadioButton、JCheckBox、JComboBox 等组件的初始化、设置和读取的基本技巧，如图 7-13 所示。

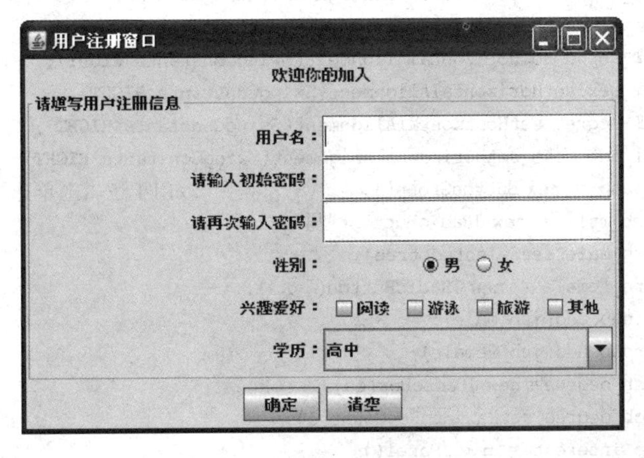

图 7-13 用户注册程序

```
01 public class RegistGUI extends JFrame implements ActionListener {
02     private JLabel jl_username = new JLabel("用户名：");
03     private JTextField jtf_username =  new JTextField(20);
04     private JLabel jl_pwd = new JLabel("请输入初始密码：");
05     private JPasswordField jpf_pwd  =  new JPasswordField(20);
06     private JLabel jl_repwd = new JLabel("请再次输入密码：");
07     private JPasswordField jpf_repwd  =  new JPasswordField(20);
08     private JLabel jl_sex  =  new JLabel("性别：");
09     private JLabel jl_interest = new JLabel("兴趣爱好：");
10     private JLabel jl_degree = new JLabel("学历：");
11     private ButtonGroup group;
12     private JRadioButton jrb_male;
13     private JRadioButton jrb_female;
14     private String[] ia = {"阅读","游泳","旅游","其他"};
15     private JCheckBox[] jcb_interest = new JCheckBox[ia.length];
16     private JComboBox jcb_degree;
17     private String[]da = {"高中","专科","本科","硕士研究生","博士研究生"};
18     private JButton jb_reset;
19     private JButton jb_ok;
20     private JPanel jp_top;                      //顶部面板
21     private JPanel jp_center;                   //中间面板
22     private JPanel jp_sex;
23     private JPanel jp_interest;
24     private JPanel jp_floor;                    //底部面板
25     public RegistGUI() {
26         super("用户注册窗口");
27         init();
28     }
29     public void init() {
30         setSize(480,320);
31         setLocationRelativeTo(null);
32         setDefaultCloseOperation(JFrame.EXIT_ON_CLOSE);
33         setLayout(new BorderLayout());
34         //GridLayout 下标签占满一个网格,默认左对齐,改为右对齐
35         jl_username.setHorizontalAlignment(SwingConstants.RIGHT);
36         jl_pwd.setHorizontalAlignment(SwingConstants.RIGHT);
37         jl_repwd.setHorizontalAlignment(SwingConstants.RIGHT);
38         jl_sex.setHorizontalAlignment(SwingConstants.RIGHT);
39         jl_degree.setHorizontalAlignment(SwingConstants.RIGHT);
40         jl_interest.setHorizontalAlignment(SwingConstants.RIGHT);
41         group  =  new ButtonGroup();            //用于逻辑上单选按钮成组
42         jrb_male  =  new JRadioButton("男");
43         jrb_male.setSelected(true);
44         jrb_female  =  new JRadioButton("女");
45         group.add(jrb_male);
46         group.add(jrb_female);
47         jcb_degree = new JComboBox(da);
48         jcb_degree.setMaximumRowCount(5);
49         jp_interest  =  new JPanel();
50         for(int i = 0;i < jcb_interest.length;i++){
```

```
51                jcb_interest[i] = new JCheckBox(ia[i]);
52                jp_interest.add(jcb_interest[i]);
53            }
54            jp_center = new JPanel();
55            jp_center.setLayout(new GridLayout(6,2));
56            jp_center.add(jl_username);
57            jp_center.add(jtf_username);
58            jp_center.add(jl_pwd);
59            jp_center.add(jpf_pwd);
60            jp_center.add(jl_repwd);
61            jp_center.add(jpf_repwd);
62            jp_center.add(jl_sex);
63            jp_sex = new JPanel();
64            jp_sex.add(jrb_male);
65            jp_sex.add(jrb_female);
66            jp_center.add(jp_sex);
67            jp_center.add(jl_interest);
68            jp_center.add(jp_interest);
69            jp_center.add(jl_degree);
70            jp_center.add(jcb_degree);
71            //面板边框设置
72            jp_center.setBorder(BorderFactory.createTitledBorder("请填写用户注册信息"));
73            jp_top = new JPanel();
74            jp_floor = new JPanel();
75            jp_top.add(new JLabel("欢迎你的加入"));
76            jb_ok = new JButton("确定");
77            jb_reset = new JButton("清空");
78            jp_floor.add(jb_ok);
79            jp_floor.add(jb_reset);
80            jb_ok.addActionListener(this);
81            jb_reset.addActionListener(this);
82            add(jp_top, BorderLayout.NORTH);
83            add(jp_center, BorderLayout.CENTER);
84            add(jp_floor, BorderLayout.SOUTH);
85            setVisible(true);
86        }
87        @Override
88        public void actionPerformed(ActionEvent e) {
89            StringBuffer sb = new StringBuffer();
90            if (e.getSource() == jb_ok) {
91                String username = jtf_username.getText().trim();
92                if(username.equals("")){
93                    JOptionPane.showMessageDialog(this, "用户名不能为空,请重新输入!");
94                    jtf_username.requestFocus(true);     //用户名文本框获得焦点
95                    return;
96                }else{
97                    sb.append("用户名: ").append(username);
98                }
99                String psw = new String(jpf_pwd.getPassword());
100               String repsw = new String(jpf_repwd.getPassword());
```

```
101                 if(!psw.equals(repsw)){
102                     JOptionPane.showMessageDialog(this, "两次输入口令不同,请重新
103     输入!");
104                     jpf_pwd.requestFocus(true);
105                     return;
106                 }else{
107                     sb.append(";\n 密码: ").append(psw);
108                 }
109                 String sex = jrb_male.isSelected()?jrb_male.getText(): jrb_female.getText();
110                 sb.append(";\n 性别: ").append(sex).append(";\n 兴趣爱好: ");
111                 for(int i = 0;i < jcb_interest.length;i++){
112                     sb.append(jcb_interest[i].isSelected()?ia[i] + ",":"");
113                 }
114                 String degree = da[jcb_degree.getSelectedIndex()];
115                 sb.append(";\n 学历: ").append(degree);
116                 JOptionPane.showMessageDialog(this, sb.toString());
117             }
118             if (e.getSource() == jb_reset) {
119                 jtf_username.setText("");
120                 jpf_pwd.setText("");
121                 jpf_repwd.setText("");
122                 jrb_male.setSelected(true);
123                 for(int i = 0;i < jcb_interest.length;i++){
124                     jcb_interest[i].setSelected(false);
125                 }
126             }
127         }
128         public static void main(String[] args) {
129             RegistGUI jt = new RegistGUI();
130         }
131     }
```

示例程序 7-11 的讲解视频可扫描二维码观看。

7.4.9 列表组件：JList

JList 是一个对象列表组件。JList 支持 3 种选取模式，即单行选取、单行间隔选取和多行间隔选取，允许用户选择一个或多个项。

JList 类的构造方法如下。

- JList()：构造一个具有空的、只读模型的 JList。
- JList(ListModel dataModel)：根据指定的非 null 模型构造一个显示元素的 JList。
- JList(Object[] listData)：构造一个 JList，使其显示指定数组中的元素，其适用于选项数目固定的应用场合。
- JList(Vector <?> listData)：构造一个 JList，使其显示指定 Vector 中的元素，其适用于选项数目变化不定的应用场合。

注意：必须将 JList 放入 JScrollPane 中，JList 才会根据选项自动出现垂直滚动条。

JList 类的常用方法如下。

- void setSelectionMode(int selectionMode)：selectMode 可取 SINGLE_SELECTION(只

能单选一项)、SELECT_INTERVAL_SELECTION(只能选择连续的多项)、MULTIPLE_INTERVAL_SELECTION(默认,可以结合 Ctrl 或 Shift 键任意多选)。

- public int getSelectedIndex():选择单项时返回选项的索引,选择多项时返回最小的选择项索引。
- public Object getSelectedValue():选择单项时返回选项的文本,选择多项时返回最小的选择项文本。
- public Object[] getSelectedValues():以对象数组的形式返回用户选择的多个选项的文本,注意需要将 Object 强制转换为 String。

【示例程序 7-12】 JList 应用示例(JListTest.java)

功能描述:本程序演示了 JList 的初始化、选择模式设置、事件处理、用数组和 Vector 两种方式实现数据关联、读取选择的数据等基本操作,如图 7-14 所示。

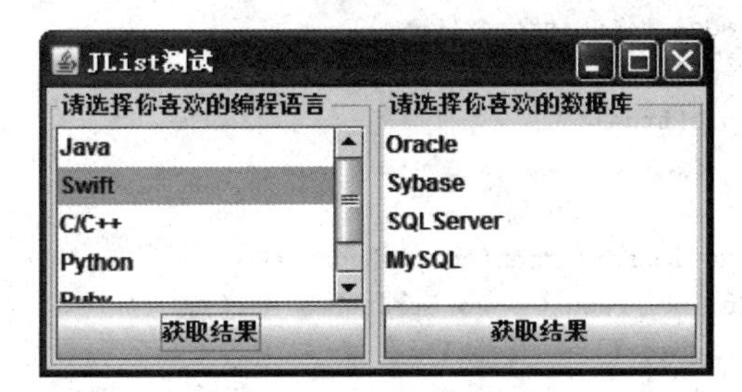

图 7-14 JList 应用测试

```
01  public class JListTest extends JFrame implements ActionListener {
02      private JList list1;
03      private JPanel p_left = new JPanel();
04      private JButton jb_ok1 = new JButton("获取结果");
05      private JList list2;
06      private JPanel p_right = new JPanel();
07      private JButton jb_ok2 = new JButton("获取结果");
08      String[] la = {"Java","Swift","C/C++","Python","Ruby","C#"};
09      Vector<String> v = new Vector<String>();
10      public JListTest() {
11          super("JList 测试");
12          setSize(360, 180);
13          setLocationRelativeTo(null);
14          setDefaultCloseOperation(EXIT_ON_CLOSE);
15          setLayout(new GridLayout(1,2));
16          p_left.setLayout(new BorderLayout());
17          p_right.setLayout(new BorderLayout());
18          p_left.setBorder(BorderFactory.createTitledBorder("请选择你喜欢的编程
19  语言"));
20          p_right.setBorder(BorderFactory.createTitledBorder("请选择你喜欢的
21  数据库"));
22          list1 = new JList<String>(la);
23          //该 JList 只能选择一个
24          list1.setSelectionMode(ListSelectionModel.SINGLE_SELECTION);
```

```
25            v.addElement("Oracle");
26            v.addElement("Sybase");
27            v.addElement("SQLServer");
28            v.addElement("MySQL");
29            list2 = new JList<String>(v);
30            list2.setSelectionMode(ListSelectionModel.SINGLE_INTERVAL_
31    SELECTION);
32            //JList垂直滚动条的自动出现
33            p_left.add(new JScrollPane(list1),BorderLayout.CENTER);
34            p_right.add(list2,BorderLayout.CENTER);
35            p_left.add(jb_ok1,BorderLayout.SOUTH);
36            p_right.add(jb_ok2,BorderLayout.SOUTH);
37            add(p_left);
38            add(p_right);
39            jb_ok1.addActionListener(this);
40            jb_ok2.addActionListener(this);
41            setVisible(true);
42        }
43        @Override
44        public void actionPerformed(ActionEvent e) {
45            StringBuilder result = new StringBuilder();
46            if(e.getSource() == jb_ok1){
47                result.append(la[list1.getSelectedIndex()]);
48            }
49            if(e.getSource() == jb_ok2){
50                Object[] oa = list2.getSelectedValues();
51                for(Object s:oa){
52                    result.append((String)s).append(",");
53                }
54            }
55            JOptionPane.showMessageDialog(this, result.toString());
56        }
57        public static void main(String args[]) {
58            JListTest win =  new JListTest();
59        }
60    }
```

7.4.10 微调选项输入框：JSpinner

JSpinner 让用户从有序序列中选择一个数字或者对象值，或直接在 JSpinner 组件中输入合法值。单击 JSpinner 组件右侧提供的一对带小箭头的按钮或用键盘向上/向下方向键可以依次遍历序列元素。JSpinner 经常用于数值型字段或日期型字段的输入。

1. JSpinner 类

JSpinner 类的常用构造方法如下。

- JSpinner()：用整数 SpinnerNumberModel 构造一个 Spinner 对象，初始化为 0，其没有最小值和最大值限制。
- JSpinner(SpinnerModel model)：用指定 SpinnerModel 构造一个一个 Spinner 对象。

JSpinner 类的常用方法为 public Object getValue()，其返回当前 JSpinner 对象 Editor 当前显示的值，注意将 Object 转换为指定的类型。

2. SpinnerModel 接口

SpinnerModel 接口有两个实现子类，即 **SpinnerNumberModel** 和 **SpinnerDateModel**，这两个类的构造方法如下。

- public SpinnerNumberModel(int value, int minimum, int maximum, int stepSize)：构造一个具有指定当前值 value、最小值 minimum、最大值 maximum 和增减步长 stepSize 的 SpinnerNumberModel 对象。
- public SpinnerDateModel (Date value, Comparable start, Comparable end, int calendarField)：构建一个具有当前日期 value、表示起始值 start 和结束值 end 之间、增减字段的日期序列的 SpinnerDateModel 对象。

【示例程序 7-13】 JSpinner 应用示例(JSpinnerTest.java)

功能描述：本程序演示了如何用 SpinnerNumberModel、SpinnerDateModel 实现整数微调输入框和日期输入微调框的方法，如图 7-15 所示。

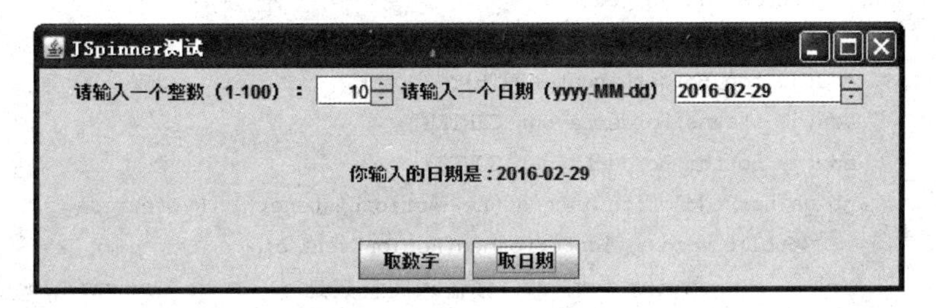

图 7-15 JSpinner 测试

```
01  public class JSpinnerTest extends JFrame {
02      private JSpinner js_num;
03      private JLabel jl_num = new JLabel("请输入一个整数(1 - 100): ");
04      private JSpinner js_date;
05      private JLabel jl_date = new JLabel("请输入一个日期(yyyy - MM - dd)");
06      private JLabel jl_status = new JLabel("提示",JLabel.CENTER);
07      private JPanel jp_top  =  new JPanel();
08      private JButton jb_getnum = new JButton("取数字");
09      private JButton jb_getdate = new JButton("取日期");
10      private JPanel jp_bottom  =  new JPanel();
11      SimpleDateFormat sdf = new SimpleDateFormat("yyyy - MM - dd");
12      public JSpinnerTest() {
13          super("JSpinner 测试");
14          init();
15      }
16      public void init() {
17          setSize(600, 180);
18          setLocationRelativeTo(null);
19          setDefaultCloseOperation(EXIT_ON_CLOSE);
20          setLayout(new BorderLayout());
21          SpinnerNumberModel numMOdel = new SpinnerNumberModel(10,0,100,1);
```

```
22         js_num = new JSpinner(numMOdel);
23         Calendar cal = Calendar.getInstance();
24         Date now = cal.getTime();
25         cal.add(Calendar.YEAR, -50);
26         Date startDate = cal.getTime();
27         cal.add(Calendar.YEAR, 100);
28         Date endDate = cal.getTime();
29         SpinnerModel model = new SpinnerDateModel(now, startDate, endDate,
30 Calendar.YEAR);
31         js_date= new JSpinner(model);
32          //对 Spinner 的时间格式进行设置
33         js_date.setEditor(new JSpinner.DateEditor(js_date,"yyyy-MM-dd"));
34         jp_top.add(jl_num);
35         jp_top.add(js_num);
36         jp_top.add(jl_date);
37         jp_top.add(js_date);
38         jp_bottom.add(jb_getnum);
39         jp_bottom.add(jb_getdate);
40         add(jp_top,BorderLayout.NORTH);
41         add(jl_status,BorderLayout.CENTER);
44         add(jp_bottom,BorderLayout.SOUTH);
45         jb_getnum.addActionListener(new ActionListener() {@Override
43             public void actionPerformed(ActionEvent e) {
44                 jl_status.setText("你输入的整数是 : " + js_num.getValue());
45             }
46         });
47         jb_getdate.addActionListener(new ActionListener() {
48             @Override
49             public void actionPerformed(ActionEvent e) {
50                 jl_status.setText("你输入的日期是 : " +
51 sdf.format((Date)js_date.getValue()));
52             }
53         });
54         js_num.addChangeListener(new ChangeListener() {
55             public void stateChanged(ChangeEvent e) {
56                 jl_status.setText("你输入的整数是 : " + ((JSpinner)
57 e.getSource()).getValue());
58             }
59         });
60         setVisible(true);
61     }
62     public static void main(String args[]) {
63         JSpinnerTest win = new JSpinnerTest();
64     }
65 }
```

7.4.11 表格组件：JTable 和 DefaultTableModel

1. JTable 组件

JTable 是 swing 中最复杂的组件，利用 JTable 类可以方便地用二维表格的形式展示和编辑数据。JTable 也是遵循 MVC 模式设计和实现的。模型(Model)使用的是实现 TableModel 接口的类。Java 提供了 AbstractTableModel 和 DefaultTableModel 供用户使用，用户也可以通过实现 TableModel 接口或者继承 AbstractTableModel 使用自己的 Model。视图(View)指如何显示表格，包括表格大小、表线颜色、前景色和背景色、行高、列宽等。控制器(Controller)主要涉及表格的事件处理，如行选择事件、列选择事件、鼠标事件等。

JTable 类的构造方法如下。

- public JTable()：构造一个默认的 JTable 对象，使用默认的数据模型、默认的列模型和默认的选择模型对其进行初始化。
- public JTable(TableModel dm, TableColumnModel cm)：构造一个 JTable 对象，使用数据模型 dm、列模型 cm 和默认的选择模型对其进行初始化。
- public JTable(Vector rowData,Vector columnNames)：构造一个 JTable 对象，二维表行数据使用 Vector rowData 中的值，列名数据使用 columnNames。
- public JTable(Object[][] rowData,Object[] columnNames)：构造一个 JTable 对象，二维表行数据使用数组 rowData 中的值，其列名数据使用数组 columnNames 中的值。

JTable 类的常用方法如下。

- public TableModel getModel()：返回提供本 JTable 对象的表数据模型。
- public int getSelectedRow()：返回本二维表中第一个被选中行的行号(从 0 开始)。
- public void setRowSelectionInterval(int index0,int index1)：选择本二维表中从 index0 到 index1(包含两端)的所有行。
- public void setSelectionModel(ListSelectionModel newModel)：设置本二维表对象的行选择模型为 newModel。

2. ListSelectionModel 接口

JTable 的行选择模型采用与 List 一致的 ListSelectionModel 接口，在该接口中定义了以下常量。

- MULTIPLE_INTERVAL_SELECTION：可以选择一个或多个连续多行的范围。
- SINGLE_INTERVAL_SELECTION：只能选择一个连续多行的范围。
- SINGLE_SELECTION：一次只能选择一行。

3. AbstractTableModel 抽象类

AbstractTableModel 是一个抽象类，实现了大部分的 TableModel 抽象方法，但没有实现 getRowCount()、getColumnCount()、getValueAt()这 3 个方法。通常用 DefaultTableModel 类代替。

4. DefaultTableModel 类

DefaultTableModel 实现了 TableModel 所有的抽象方法，并且提供了在二维表格中增加一行、删除一行或多行、获取或修改指定单元格中的数据等功能。

DefaultTableModel 类的构造方法如下。

- public DefaultTableModel()：构造一个零列零行的 DefaultTableModel 对象。
- public DefaultTableModel(Object[][] data, Object[] columnNames)：构造一个二维行数据为 data 数组、列名数组为 columnNames 的 DefaultTableModel 对象。
- public DefaultTableModel(Vector data,Vector columnNames)：构造一个二维行数据为 data 向量、列名数组为 columnNames 向量的 DefaultTableModel 对象。

DefaultTableModel 类的常用方法如下。

- public void setDataVector(Vector dataVector, Vector columnIdentifiers)：用新的行 Vector(dataVector)替换当前的 dataVector 实例变量。
- public void addRow(Object[] rowData)：添加一行到模型的结尾。
- public void removeRow(int row)：移除模型中 row 位置的行。
- public int getRowCount()：返回此数据表中的行数。
- public Object getValueAt(int row, int column)：返回 row 和 column 处单元格的属性值。
- public void setValueAt(Object aValue,int row,int column)：设置 column 和 row 处单元格的对象值。

下面是 JTable 最简单的一个应用，自动设置每个单元格为可编辑，每列的数据类型都视为 String，相同宽度。如果想改变列宽、设置单元格不编辑、逻辑类型列显示为复选框、修改默认行列选择规则、排序和筛选、使用下拉式列表框作为编辑器、验证用户输入等，需要进一步阅读 JDK 文档、修改程序。

【示例程序 7-14】 JTable 应用示例(JTableTest1.java)

功能描述：本程序演示了 JTable 组件的应用技巧，列名、行数据来自两个数组，并设置表格字体、设置表格行高、单击列名排序、设置列宽、为 JTable 增加垂直滚动条、设置 JTable 行选择模型为一次只能选择一行等，如图 7-16 所示。

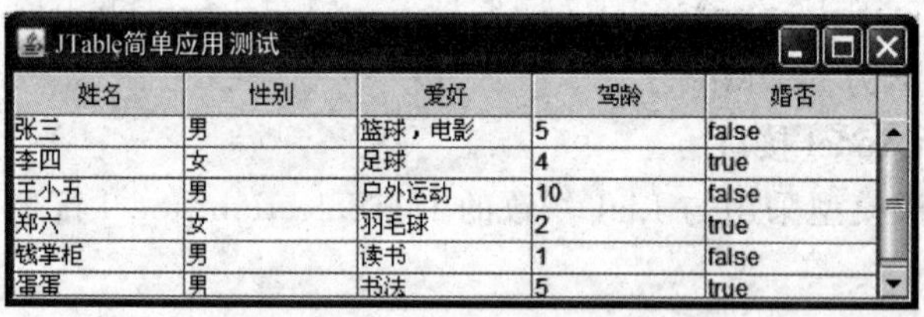

JTable简单应用测试

姓名	性别	爱好	驾龄	婚否
张三	男	篮球，电影	5	false
李四	女	足球	4	true
王小五	男	户外运动	10	false
郑六	女	羽毛球	2	true
钱掌柜	男	读书	1	false
霍霍	男	书法	5	true

图 7-16 JTable 简单应用测试

```
01  public class JTableTest1 extends JFrame{
02      String[] columnNames = {"姓名","性别","爱好","驾龄","婚否"};
03      Object[][] data = {
04              {"张三","男","篮球,电影",5,false},
05              {"李四","女","足球",4,true},
06              {"王小五","男","户外运动",10,false},
07              {"郑六","女","羽毛球",2,true},
08              {"钱掌柜","男","读书",1,false},
```

```
09                {"蛋蛋","男","书法",5,true}};
10        public JTableTest1() {
11            super("JTable 简单应用测试");
12            setSize(480, 150);
13            setLocationRelativeTo(null);
14            setDefaultCloseOperation(EXIT_ON_CLOSE);
15            setLayout(new BorderLayout());
16            //用指定行数组和列名数组去构造一个表格
17            JTable table = new JTable(data, columnNames);
18            //设置表头字体
19            table.getTableHeader().setFont(new Font("宋体",Font.BOLD,14));
20            //设置表格字体
21            table.setFont(new Font("宋体",Font.PLAIN,14));
22            //设置表格行高
23            table.setRowHeight(20);
24            //实现单击列名排序功能
25            TableRowSorter sorter = new TableRowSorter(table.getModel());
26            table.setRowSorter(sorter);
27            //为 JTable 增加垂直滚动条
28            JScrollPane scrollPane = new JScrollPane(table);
29            table.setFillsViewportHeight(true);
30            //设置 JTable 行选择模型为一次只能选择一行
31            table.setSelectionMode(ListSelectionModel.SINGLE_SELECTION);
32            //设置指定列的宽度
33            int[] ia = {80,40,200,40,80};
34            for(int i = 0;i < table.getColumnCount();i++){
35                table.getColumnModel().getColumn(i).setPreferredWidth(ia[i]);
36                table.getColumnModel().getColumn(i).setMaxWidth(ia[i]);
37                table.getColumnModel().getColumn(i).setMinWidth(ia[i]);
38            }
39            add(scrollPane, BorderLayout.CENTER);
40            setVisible(true);
41        }
42        public static void main(String args[]) {
43            JTableTest1 win = new JTableTest1();
44        }
45    }
```

【示例程序 7-15】 采用 TableModel 构建 JTable 应用示例(DefaultTableModelTest.java)

功能描述：本程序演示了利用自定义 TableModel 构建 JTable 组件的应用，列名、列数据来自两个数组，单击列名排序，为 JTable 增加垂直滚动条，设置 JTable 行选择模型为一次只能选择一行，每一单元格设置渲染器等，如图 7-17 所示。

JTable、DefaultTableModel应用测试

姓名	性别	爱好	驾龄 ▲	婚否
钱学柜	男	读书	1	☐
郑六	女	羽毛球	2	☑
李四	女	足球	4	☑
张三	男	篮球，电影	5	☐
蛋蛋	男	书法	5	☑
王小五	男	户外运动	10	☐

图 7-17 采用 TableModel 构建 JTable 应用

```
01  public class DefaultTableModelTest extends JFrame {
02      String[] columnNames = { "姓名", "性别", "爱好", "驾龄", "婚否" };
03      Object[][] data = {
04              {"张三","男","篮球,电影",5,false},
05              {"李四","女","足球",4,true},
06              {"王小五","男","户外运动",10,false},
07              {"郑六","女","羽毛球",2,true},
08              {"钱掌柜","男","读书",1,false},
09              {"蛋蛋","男","书法",5,true}};
10      public DefaultTableModelTest() {
11          super("JTable、DefaultTableModel 应用测试");
12          setSize(480, 150);
13          setLocationRelativeTo(null);
14          setDefaultCloseOperation(EXIT_ON_CLOSE);
15          setLayout(new BorderLayout());
16          MyTableModel dtm = new MyTableModel();
17          dtm.setDataVector(data, columnNames);
18          JTable table = new JTable(dtm);
19          //实现单击列名排序功能
20          TableRowSorter sorter = new TableRowSorter(table.getModel());
21          table.setRowSorter(sorter);
22          //为 JTable 增加垂直滚动条
23          JScrollPane scrollPane = new JScrollPane(table);
24          table.setFillsViewportHeight(true);
25          //设置 JTable 行选择模型为一次只能选择一行
26          table.setSelectionMode(ListSelectionModel.SINGLE_SELECTION);
27          add(scrollPane, BorderLayout.CENTER);
28          setVisible(true);
29      }
30      class MyTableModel extends DefaultTableModel {
31          //JTable 使用该方法来判断每一单元格使用什么渲染器
32          //如果不覆盖此方法,逻辑类型就显示 true/false 文本,而不是多选框
33          public Class getColumnClass(int c) {
34              return getValueAt(0, c).getClass();
35          }
36      }
37      public static void main(String args[]) {
38          DefaultTableModelTest win = new DefaultTableModelTest();
39      }
40  }
```

7.4.12 菜单组件：JMenuBar、JMenu 和 JMenuItem

Java 下拉式菜单系统包括 JMenuBar、JMenu、JMenuItem，如图 7-18 所示。一个 JMenuBar 对象中包含了若干个 JMenu 对象，一个 JMenu 对象中包含了若干个 JMenuItem 对象或 JSeparator 对象。

1. 菜单栏：JMenuBar

JMenuBar 提供了菜单栏的实现。JFrame 可以拥有一个菜单栏，通过 setJMenuBar

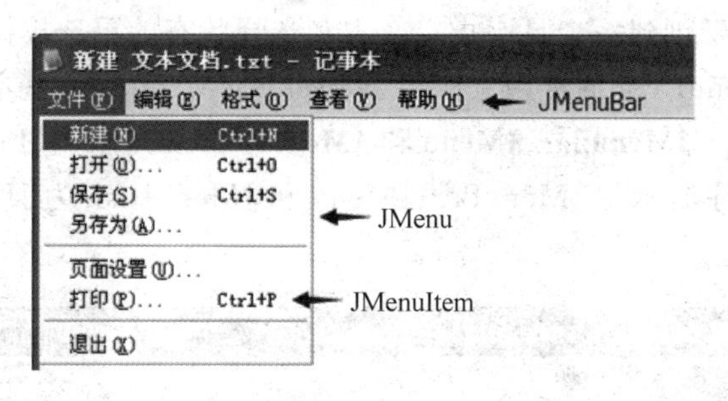

图 7-18 菜单示例

(menuBar)设置。

JMenuBar 类的构造方法为 public JMenuBar(),用于创建新的菜单栏。

JMenuBar 类的常用方法为 public JMenu add(JMenu c),用于将指定的菜单追加到菜单栏的末尾。

2. 菜单:JMenu

JMenuBar 类的构造方法为 public JMenu(String s),用于构造一个显示文本为 s 的新 JMenu 对象。

JMenuBar 类的常用方法如下。

- public Component add(Component c):将某个菜单组件追加到此菜单的末尾。
- public void addSeparator():将分隔线追加到此菜单的末尾。

3. 菜单项:JMenuItem

JMenuItem 本质上是位于列表中的按钮,当用户单击按钮时执行与菜单项关联的操作。

JMenuItem 类的构造方法如下。

- public JMenuItem(String text):创建带有指定文本的 JMenuItem。
- public JMenuItem(String text,Icon icon):创建带有指定文本和图标的 JMenuItem。

JMenuItem 类的常用方法为 public void setEnabled(boolean b),用于设置本菜单项是否有效。

4. JCheckBoxMenuItem

JCheckBoxMenuItem 是 JMenuItem 的实现子类,代表可以被选定或取消选定的复选框菜单项。

JCheckBoxMenuItem 类的构造方法为 public JCheckBoxMenuItem(String text, boolean b),用于创建带有指定文本和选择状态的复选框菜单项对象。

JCheckBoxMenuItem 类的常用方法如下。

- public boolean getState():返回菜单项的选定状态。
- public void setState(boolean b):设置该项的选定状态。

5. JRadioButtonMenuItem

JRadioButtonMenuItem 也是 JMenuItem 的实现子类,代表可以被选定或取消选定的单选框菜单项。如果要控制一组单选按钮菜单项一个时刻只有一项被选择,请使用 ButtonGroup 实现,详见 7.4.6 节。

JRadioButtonMenuItem 类的构造方法为 public JRadioButtonMenuItem(String text, boolean selected),用于创建一个具有指定文本和选择状态的单选按钮菜单项。

JRadioButtonMenuItem 的常用方法与 JCheckBoxMenuItem 基本相同,此处不再赘述。

【示例程序 7-16】 JMenuBar、JMenu 和 JMenuItem 应用示例(JMenuTest.java)

功能描述:本程序演示用 JMenuBar、JMenu 和 JMenuItem 为 JFrame 窗口实现下拉式菜单,如图 7-19 所示。

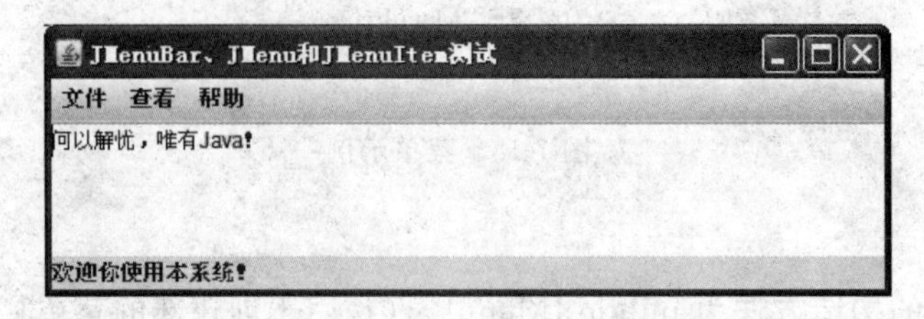

图 7-19 JMenuBar、JMenu 和 JMenuItem 测试

```
01 public class JMenuTest extends JFrame implements ActionListener,ItemListener{
02     JFileChooser fc = new JFileChooser();
03     JScrollPanescrollPane;
04     JMenuBarmenuBar =  new JMenuBar();
05     JMenufile = new JMenu("文件");
06     JMenucheck = new JMenu("查看");
07     JMenuhelp = new JMenu("帮助");
08     JMenuItemf_new = new JMenuItem("新建");
09     JMenuItemf_open = new JMenuItem("打开");
10     JMenuItemf_exit = new JMenuItem("退出");
11     JMenuItemh_about = new JMenuItem("关于");
12     JRadioButtonMenuItemrb_bold = new JRadioButtonMenuItem("加粗");
13     JRadioButtonMenuItemrb_italic = new JRadioButtonMenuItem("倾斜");
14     JRadioButtonMenuItemrb_plain = new JRadioButtonMenuItem("正常");
15     JTextArealog = new JTextArea();
16     JScrollPane jsp = new JScrollPane();
17     JLabel statusBar = new JLabel("欢迎你使用本系统!");
18     JCheckBoxMenuItemcb_status = new JCheckBoxMenuItem("状态栏",true);
19     public JMenuTest() {
20         super("JMenuBar、JMenu 和 JMenuItem 测试");
21         setSize(480, 150);
22         setLocationRelativeTo(null);
23         setDefaultCloseOperation(EXIT_ON_CLOSE);
24         setJMenuBar(menuBar);
25         setLayout(new BorderLayout());
26         f_new.setActionCommand("NEW");
27         f_new.setIcon(new ImageIcon(AbsoluteLayoutTest.class.
28 getResource("/javax/swing/plaf/metal/icons/ocean/file.gif")));
29         f_new.addActionListener(this);
30         file.add(f_new);
31         f_open.setActionCommand("OPEN");
32         f_open.setIcon(new ImageIcon(AbsoluteLayoutTest.
33 class.getResource("/com/sun/java/swing/plaf/windows/icons/TreeOpen.gif")));
```

```
34          f_open.addActionListener(this);
35          file.add(f_open);
36          file.addSeparator();                //分隔线
37          f_exit.setActionCommand("EXIT");
38          f_exit.addActionListener(this);
39          file.add(f_exit);
40          h_about.setActionCommand("ABOUT");
41          help.add(h_about);
42          h_about.addActionListener(this);
43          ButtonGroup group = new ButtonGroup();
44          group.add(rb_plain);
45          rb_plain.addItemListener(this);
46          check.add(rb_plain);
47          group.add(rb_bold);
48          rb_bold.addItemListener(this);
49          check.add(rb_bold);
50          group.add(rb_italic);
51          rb_italic.addItemListener(this);
52          check.add(rb_italic);
53          check.addSeparator();               //分隔线
54          cb_status.setActionCommand("STATUS");
55          cb_status.addActionListener(this);
56          check.add(cb_status);
57          menuBar.add(file);
58          menuBar.add(check);
59          menuBar.add(help);
60          jsp.add(log);
61          log.setText("何以解忧,唯有 Java!\n");
62          log.setLineWrap(true);
63          add(log,BorderLayout.CENTER);
64          add(statusBar,BorderLayout.SOUTH);
65          setVisible(true);
66      }
67      @Override
68      public void itemStateChanged(ItemEvent e) {
69          if (rb_bold.isSelected()) {
70              log.setFont(new Font("黑体", Font.BOLD, 20));
71          }
72          if (rb_italic.isSelected()) {
73              log.setFont(new Font("黑体", Font.ITALIC, 20));
74          }
75          if (rb_plain.isSelected()) {
76              log.setFont(new Font("黑体", Font.PLAIN, 20));
77          }
78      }
79      @Override
80      public void actionPerformed(ActionEvent e) {
81          String cmd = e.getActionCommand();
82          if("ABOUT".equals(cmd)){
```

```
83                JOptionPane.showMessageDialog(this, "菜单测试,版权所有!");
84            }
85            if("OPEN".equals(cmd)){
86                int returnVal = fc.showOpenDialog(this);
87                if (returnVal == JFileChooser.APPROVE_OPTION) {
88                    File file = fc.getSelectedFile();
89                    log.append("你打开的文件: " + file.getName() + ".\n");
90                } else {
91                    log.append("打开文件窗口被关闭.\n");
92                }
93            }
94            if("NEW".equals(cmd)){
95                log.append("你选择了新建菜单!\n");
96            }
97            if("STATUS".equals(cmd)){
98                statusBar.setVisible(!statusBar.isVisible());
99            }
100           if("EXIT".equals(cmd)){
101               System.exit(0);
102           }
103       }
104       public static void main(String args[]) {
105           JMenuTest win = new JMenuTest();
106       }
107   }
```

7.4.13 工具栏：JToolBar

常用软件一般将所有功能依类别放置在菜单中。工具栏(JToolBar)用来放置各种常用的功能或控制组件,以方便用户操作。

JToolBar 类的构造方法如下。

- public JToolBar(): 创建新的工具栏,默认的方向为 HORIZONTAL。
- public JToolBar(String name, int orientation): 创建一个具有指定 name 和 orientation 的新工具栏。

【示例程序 7-17】 JToolBar 应用示例(JToolBarTest.java)

功能描述: 本程序实现一个包含 3 个命令按钮的工具栏,可以拖放到上侧、下侧、左侧、右侧,如图 7-20 所示。

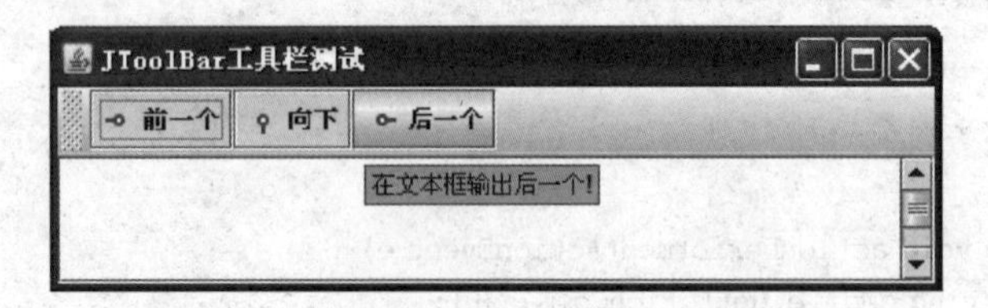

图 7-20　JToolBar 工具栏应用

```
01 public class JToolBarTest extends JFrame implements ActionListener{
02     protected JTextArea textArea;
03     //工具栏默认为 HORIZONTAL
04     JToolBar toolBar = new JToolBar();;
05     JButton jb_prev = new JButton("前一个");;
06     JButton jb_up = new JButton("向上");;
07     JButton jb_next = new JButton("后一个");;
08     JScrollPane scrollPane = new JScrollPane();
09     public JToolBarTest() {
10         super("JToolBar 工具栏测试");
11         setSize(450, 130);
12         setLocationRelativeTo(null);
13         setDefaultCloseOperation(EXIT_ON_CLOSE);
14         setLayout(new BorderLayout());
15         jb_prev.setActionCommand("PREVIOUS");
16         jb_prev.setToolTipText("在文本框输出前一个!");
17         jb_prev.setIcon(new
18 ImageIcon(JToolBarTest.class.getResource("/javax/swing/plaf/metal/icons/
19 ocean/collapsed-rtl.gif")));
20         jb_prev.addActionListener(this);
21         toolBar.add(jb_prev);
22         jb_up.setActionCommand("UP");
23         jb_up.setToolTipText("在文本框输出向下!");
24         jb_up.setIcon(new ImageIcon(JToolBarTest.class.getResource("/javax/
25 swing/plaf/metal/icons/ocean/expanded.gif")));
26         jb_up.addActionListener(this);
27         toolBar.add(jb_up);
28         jb_next.setActionCommand("NEXT");
29         jb_next.setToolTipText("在文本框输出后一个!");
30         jb_next.setIcon(new
31 ImageIcon(JToolBarTest.class.getResource("/javax/swing/plaf/metal/icons/
32 ocean/collapsed.gif")));
33         jb_next.addActionListener(this);
34         toolBar.add(jb_next);
35         add(toolBar,BorderLayout.PAGE_START);
36         textArea = new JTextArea(5, 30);
37         textArea.setEditable(false);
38         scrollPane = new JScrollPane(textArea);
39         add(scrollPane,BorderLayout.CENTER);
40         setVisible(true);
41     }
42     @Override
43     public void actionPerformed(ActionEvent e) {
44         if("PREVIOUS".equals(e.getActionCommand())){
45             textArea.append("...PREVIOUS...\n");
46         }
47     }
48     public static void main(String args[]) {
49         JToolBarTest win = new JToolBarTest();
50     }
51 }
```

7.4.14 文件选择器组件：JFileChooser

JFileChooser 为用户选择文件提供了一种简单的机制。

JFileChooser 类的构造方法如下。

- public JFileChooser()：构造一个指向用户默认目录的 JFileChooser，此默认目录取决于操作系统。
- public JFileChooser(File currentDirectory)：使用给定的 File 作为路径来构造一个 JFileChooser，传入 null 文件会导致文件选择器指向用户的默认目录。

JFileChooser 类的常用方法如下。

- public int showOpenDialog(Component parent)：弹出一个打开文件对话框，返回状态有 JFileChooser.CANCEL_OPTION（用户单击“取消”按钮）、JFileChooser.APPROVE_OPTION（用户单击“确定”按钮）、JFileChooser.ERROR_OPTION（发生错误或者该对话框已被解除）。
- public int showSaveDialog(Component parent)：弹出一个保存文件对话框。
- public File getSelectedFile()：返回选中的文件。
- public File[] getSelectedFiles()：如果将文件选择器设置为允许选择多个文件，则返回选中文件的列表。

【示例程序 7-18】 JFileChooser 应用示例（FileChooserTest.java）

功能描述：本程序演示利用 JFileChooser 实现打开文件对话框和保存文件对话框的方法，并返回用户选择的结果，如图 7-21 和图 7-22 所示。

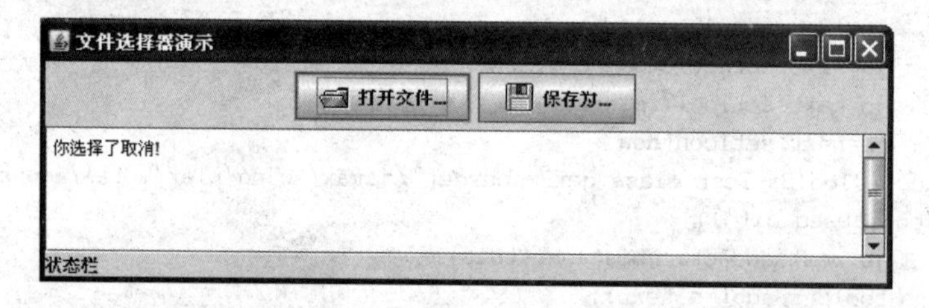

图 7-21 JFileChooser 应用示例

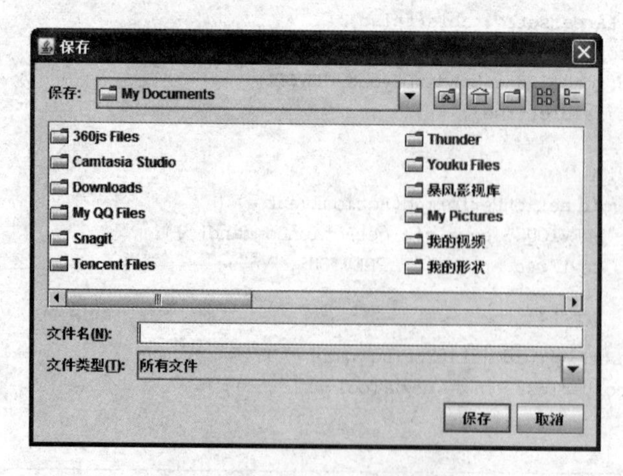

图 7-22 JFileChooser 保存对话框

```java
01 public class FileChooserTest extends JFrame implements ActionListener {
02     JPanel jp_top = new JPanel();          //默认 FlowLayout
03     private JButton jb_open = new JButton("打开文件...");
04     private JButton jb_save = new JButton("保存为...");
05     private JTextArea log = new JTextArea(5, 20);
06     private JFileChooser fc = new JFileChooser();
07     public FileChooserTest() {
08         super("文件选择器演示");
09         init();
10     }
11     public void init() {
12         setSize(600, 180);
13         setLocationRelativeTo(null);
14         setDefaultCloseOperation(EXIT_ON_CLOSE);
15         setLayout(new BorderLayout());
16         log.setMargin(new Insets(5, 5, 5, 5));
17         log.setEditable(false);
18         jb_open.setIcon(new ImageIcon(FileChooserTest.class.getResource("open.
19 gif")));
20         jb_open.addActionListener(this);
21         jb_save.setIcon(new ImageIcon(FileChooserTest.class.getResource("save.
22 gif")));
23         jb_save.addActionListener(this);
24         jp_top.add(jb_open);
25         jp_top.add(jb_save);
26         add(jp_top, BorderLayout.NORTH);
27         add(new JScrollPane(log), BorderLayout.CENTER);
28         add(new JLabel("状态栏"),BorderLayout.SOUTH);
29         setVisible(true);
30     }
31     public void actionPerformed(ActionEvent e) {
32         if (e.getSource() == jb_open) {
33             int n = fc.showOpenDialog(FileChooserTest.this);
34             if (n == 0) {                  //JFileChooser.APPROVE_OPTION
35                 File file = fc.getSelectedFile();
36                 log.append("你打开了: " + file.getName() + "!\n");
37             } else {
38                 log.append("你选择了取消!\n");
39             }
40             log.setCaretPosition(log.getDocument().getLength());
41         } else if (e.getSource() == jb_save) {
42             int n = fc.showSaveDialog(FileChooserTest.this);
43             if (n == 0 ) {                 //JFileChooser.APPROVE_OPTION
44                 File file = fc.getSelectedFile();
45                 log.append("保存为: " + file.getName() + ".\n");
46             } else {
47                 log.append("你选择了取消保存!\n");
48             }
49             log.setCaretPosition(log.getDocument().getLength());
50         }
```

```
51        }
52        public static void main(String[ ] args) {
53            swingUtilities.invokeLater(new Runnable() {
54                public void run() {
55                    FileChooserTest fc = new FileChooserTest();
56                }
57            });
58        }
59    }
```

7.4.15　树形组件：JTree

一个树只有一个根结点；除根结点外，每一个树结点有且只有一个父结点；除叶子结点外，每一个树结点都有一个或多个子结点。JTree 提供了树形菜单的 Java 实现。

1. JTree

JTree 类的常用构造方法如下。

- public JTree()：构造一个带有示例模型的 JTree 对象。
- public JTree(TreeNode root)：构造一个用指定 TreeNode 作为其根结点的 JTree 对象。

JTree 类的常用方法为 public void addTreeSelectionListener(TreeSelectionListener tsl)，用于为 TreeSelection 事件添加监听器。当选中或取消选中树结点时将产生 TreeSelection 事件对象并传递给 TreeSelectionListener。

2. DefaultMutableTreeNode

TreeNode 是一个接口。DefaultMutableTreeNode 实现了 TreeNode 接口，是树数据结构中的通用结点。

DefaultMutableTreeNode 类的构造方法为 public DefaultMutableTreeNode()，用于创建没有父结点和子结点的树结点，该树结点允许有子结点。

DefaultMutableTreeNode 类的常用方法如下。

- public void add(MutableTreeNode newChild)，用于从其父结点移除 newChild，并通过将其添加到此结点的子数组的结尾使其成为此结点的子结点。
- public boolean isLeaf()：如果此结点没有子结点，则返回 true。

3. JTree 事件处理机制

选择一个 JTree 结点的事件处理步骤如下：

(1) 为 JTree 对象添加事件监听器，即"jt_left. addTreeSelectionListener(JTreeTest. this);"。

(2) 事件监听器类必须实现 TreeSelectionListener 接口，接口 TreeSelectionListener 中只有一个抽象方法 void valueChanged(TreeSelectionEvent e)。

【示例程序 7-19】 JTree 和 JSplitPane 应用示例(JTreeTest. java)

功能描述：本程序利用 JTree 实现了树形菜单，用 JSplitPane 将窗口划分为左、右两部分。单击左边菜单，在右边窗口中显示相关信息，如图 7-23 所示。

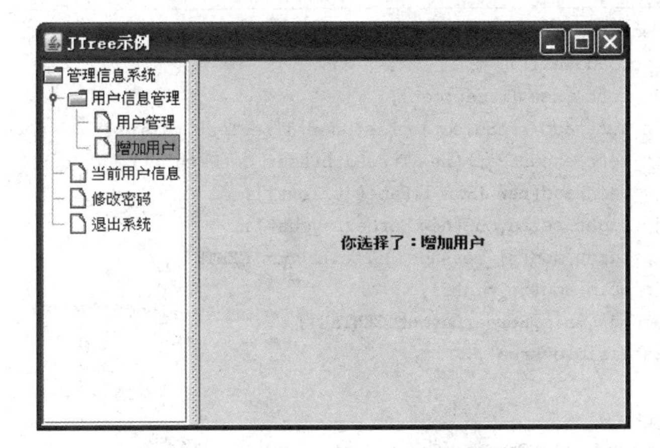

图 7-23　JTree 和 JSplitPane 应用示例

```
01  public class JTreeTest extends JFrame implements
02  TreeSelectionListener{
03      JSplitPane jp_main = new JSplitPane(JSplitPane.HORIZONTAL_SPLIT);
04      JLabel jl_message = new JLabel("",JLabel.CENTER);
05      JTree jt_left;
06      JPanel jp_right = new JPanel();
07      public JTreeTest() {
08          super("JTree 示例");
09          init();
10      }
11      public void init() {
12          setSize(480,320);
13          setLocationRelativeTo(null);
14          setDefaultCloseOperation(EXIT_ON_CLOSE);
15          setLayout(new BorderLayout());
16          //初始化 JTree 组件
17          DefaultMutableTreeNoderoot = new DefaultMutableTreeNode("管理信息系统");
18          DefaultMutableTreeNode user = new DefaultMutableTreeNode("用户
19  信息管理");
20          DefaultMutableTreeNode user_add = new DefaultMutableTreeNode("增加用户");
21          DefaultMutableTreeNode user_list = new
22  DefaultMutableTreeNode("用户管理");
23          user.add(user_list);
24          user.add(user_add);
25          DefaultMutableTreeNode userInfo = new DefaultMutableTreeNode("当前
26  用户信息");
27          DefaultMutableTreeNode modifyPSW = new
28  DefaultMutableTreeNode("修改密码");
29          DefaultMutableTreeNode exit = new DefaultMutableTreeNode("退出系统");
30          root.add(user);
31          root.add(userInfo);
```

```
32            root.add(modifyPSW);
33            root.add(exit);
34            jt_left = new JTree(root);
35            jt_left.addTreeSelectionListener(JTreeTest.this);
36            jt_left.expandPath(new TreePath(user.getPath()));
37            jp_main.add(new JScrollPane(jt_left));
38            jp_right.setLayout(new BorderLayout());
39            jp_right.add(jl_message,BorderLayout.CENTER);
40            jp_main.add(jp_right);
41            add(jp_main,BorderLayout.CENTER);
42            setVisible(true);
43        }
44        @Override
45        public void valueChanged(TreeSelectionEvent e) {
46            DefaultMutableTreeNode
47    node = (DefaultMutableTreeNode)jt_left.getLastSelectedPathComponent
48    ();
49            if(node == null){
50                return;
51            }
52            if(node.isLeaf()){
53                String s = node.toString();
54                System.out.println(s);
55                if("退出系统".equals(s)){
56                    System.exit(0);
57                }else {
58                    jl_message.setText("你选择了: " + s);
59                }
60            }
61        }
62        public static void main(String args[]) {
63            JTreeTestwin = new JTreeTest();
64        }
65    }
```

7.5 线程安全的 swing 编程

7.5.1 swing 的线程安全

swing API 的设计目标是强大、灵活和易用，但 swing 是线程不安全的。swing 组件不支持多线程访问，只能通过一个 UI 线程来统一构造、访问和修改，不能通过其他线程直接去修改 UI 元素，否则会出现阻塞，甚至死锁，这个 UI 线程称为事件派发线程。

用户在使用 swing 编写多线程应用程序时要记住下面两个约束条件：

(1) 不应该在事件指派线程上运行耗时任务，否则应用程序将无响应。

(2) 只能在事件指派线程上访问 swing 组件。

若需要从 UI 线程以外的地方(如主线程)构建 UI 组件、修改属性等，必须直接或间接使用 SwingUtilities 类或 EventQueue 类的 invokeLate()或 invokeAndWait()方法，以保证线程安全。

在 Eclipse 中查看 SwingUtilities. invokeLater(Runnable doRun)方法的源码，发现它实际上是在调用 EventQueue. invokeLater(doRun)方法，所以两者是等价的。

如果需要处理计算任务繁重或受 I/O 能力限制的工作，可以使用 SwingWorker 或 Timer 进行。

【示例程序 7-20】 线程安全的 swing 编程(ThreadSafeTest. java)

功能描述：本程序演示用线程安全的方式启动一个 JFrame 窗口。

```
01  public class ThreadSafeTest extends JFrame {
02      public ThreadSafeTest(){
03          super("标题栏");
04          setDefaultCloseOperation(JFrame.EXIT_ON_CLOSE);
05          setSize(400,300);
06          setLocationRelativeTo(null);
07      }
08      public static void main(String[] args) {
09          //这两种方法等价,都是线程安全的
10          SwingUtilities.invokeLater(new Runnable() {
11          //EventQueue.invokeLater(new Runnable() {
12              public void run() {
13                  try {
14                      ThreadSafeTest frame = new ThreadSafeTest();
15                      frame.setVisible(true);
16                  } catch (Exception e) {
17                      e.printStackTrace();
18                  }
19              }
20          });
21      }
22  }
```

7.5.2 利用 SwingWorker 类实现线程安全的 swing 编程

SwingWorker 设计用于需要在后台线程中长时间运行任务的情况，并可以在完成后或者在处理过程中更新 UI 组件的属性。

SwingWorker 类的常用构造方法为 public SwingWorker()，用于构造一个 SwingWorker 对象。

SwingWorker 类的常用方法如下。

- protected abstract T doInBackground()：计算结果，如果无法计算结果则抛出异常。
- protected final void publish(V…chunks)：将数据块发送给 process(java. util. List) 方法，将从 doInBackground 方法内部使用此方法传送中间结果，以便在 process 方法内部对事件指派线程进行处理。
- protected void done()：doInBackground 方法完成后，在事件指派线程上执行此方法。

- public final void execute()：调度本 SwingWorker 对象在 worker 线程上执行。

【示例程序 7-21】 SwingWorker 和 JProcessBar 应用示例(swingWorkerTest.java)

功能描述：本程序演示了如何在线程安全的方式下采用 JProcessBar 组件实现程序进度条的功能，如图 7-24 所示。

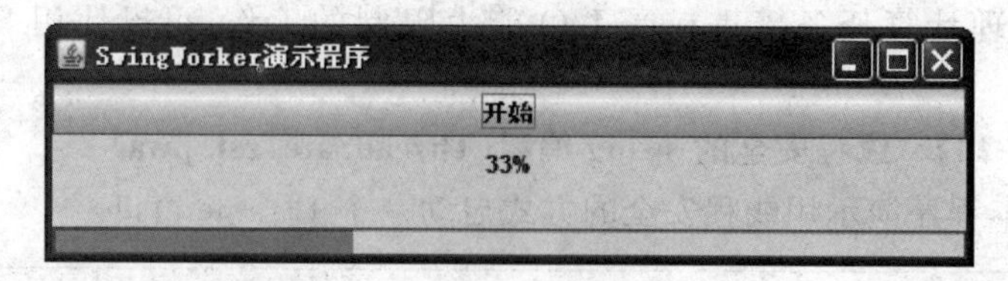

图 7-24　SwingWorker 应用示例程序

```
01 public class swingWorkerTest extends JFrame implements ActionListener {
02     JLabel jl_message = new JLabel("0 % ",JLabel.CENTER);
03     JPanel jp_center = new JPanel();
04     private JProgressBar progressBar = new JProgressBar(0, 1000);
05     JButton jb_start  =  new JButton("开始");
06     public swingWorkerTest() {
07         super("SwingWorker 演示程序");
08         init();
09     }
10     private void init() {
11         setSize(480,320);
12         setLocationRelativeTo(null);
13         setDefaultCloseOperation(EXIT_ON_CLOSE);
14         setLayout(new BorderLayout());
15         add(progressBar, BorderLayout.SOUTH);
16         add(jp_center, BorderLayout.CENTER);
17         jp_center.add(jl_message);
18         jb_start.addActionListener(this);
19         add(jb_start, BorderLayout.NORTH);
20         setVisible(true);
21     }
22     @Override
23     public void actionPerformed(ActionEvent e) {
24         new swingWorker<String, Integer>() {
25             @Override
26             protected String doInBackground() throws Exception {
27                 for (int i  = 1; i <=  1000; i++) {
28                     Thread.sleep(10);
29                     publish(i);
30                 }
31                 return null;
32             }
33             @Override
```

```
34                protected void process(List< Integer > chunks) {
35                    for (Integer i: chunks) {
36                        progressBar.setValue(i);
37                        jl_message.setText(i/10 + "%");
38                    }
39                }
40                @Override
41                protected void done() {
42                    jl_message.setText("加载完成!");
43                }
44            }.execute();
45        }
46        public static void main(String[] args) {
47            EventQueue.invokeLater(new Runnable() {
48                public void run() {
49                    try {
50                        swingWorkerTest frame = new swingWorkerTest();
51                    } catch (Exception e) {
52                        e.printStackTrace();
53                    }
54                }
55            });
56        }
57    }
```

7.5.3 利用 Timer 类实现线程安全的 swing 编程

javax.swing.Timer 在指定时间间隔触发一个或多个 ActionEvent。

Timer 类的常用构造方法为 public Timer(int delay, ActionListener listener)，用于构造一个 Timer 对象，并将初始延迟和事件间延迟初始化为 delay 毫秒。如果 delay 小于等于0，则该 Timer 对象一启动就触发事件。

【示例程序 7-22】 用 swing Timer 实现时钟(MyClock.java)

功能描述：本程序演示了如何在线程安全的方式下采用 Timer 类实现电子时钟的功能，如图 7-25 所示。

图 7-25 用 swing Timer 实现的时钟

```
01  public class MyClock extends JFrame {
02      JLabel dateTime = new JLabel("",JLabel.CENTER);
03      public MyClock() {
04          super("我的时钟");
```

```
05          setSize(480, 100);
06          setLocationRelativeTo(null);
07          setDefaultCloseOperation(EXIT_ON_CLOSE);
08          add("Center", dateTime);
09          dateTime.setAlignmentX(CENTER_ALIGNMENT);
10          dateTime.setFont(new Font("宋体", Font.BOLD, 20));
11          Timer timer = new Timer(1000, new ActionListener() {
12              @Override
13              public void actionPerformed(ActionEvent e) {
14                  Date date = new Date();
15                  SimpleDateFormat sdf = new SimpleDateFormat("yyyy年MM月dd日  hh时
16  mm分ss秒");
17                  dateTime.setText(sdf.format(date));
18              }
19          });
20          timer.start();
21          setVisible(true);
22      }
23      public static void main(String args[]) {
24          swingUtilities.invokeLater(new Runnable() {
25              //EventQueue.invokeLater(new Runnable() {
26              public void run() {
27                  try {
28                      MyClock win = new MyClock();
29                  } catch (Exception e) {
30                      e.printStackTrace();
31                  }
32              }
33          });
34      }
35  }
```

示例程序 7-22 的讲解视频可扫描二维码观看。

7.6 利用 WindowBuilder Pro 进行 swing 应用开发

7.6.1 WindowBuilder Pro 的下载和安装

Eclipse Standard 4.4 中已经默认包含 WindowBuilder Pro 插件，但 Eclipse IDE for Java Developers 其他版本中没有包含 WindowBuilder Pro，需要单独安装该插件。下面讲解在线安装 WindowBuilder Pro 插件的步骤。

(1) 在 http://www.eclipse.org/Projects 页面中查找 WindowBuilder Pro 开源项目，结果如图 7-26 所示，其安装界面如图 7-27 所示。

(2) 在 Eclipse 中选择 Help|Install New Software 命令，在弹出的对话框的 Work with 文本框中粘贴与所使用 Eclipse 版本对应的 WindowBuilder Pro 更新地址，选择要安装的插件(如图 7-28 所示)，单击 Finish 按钮，即开始下载插件，自动安装重启 Eclipse 后生效。

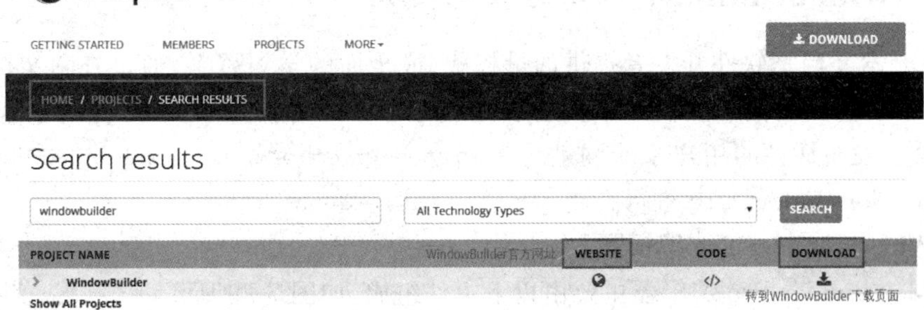

图 7-26　WindowBuilder Pro 搜索结果界面

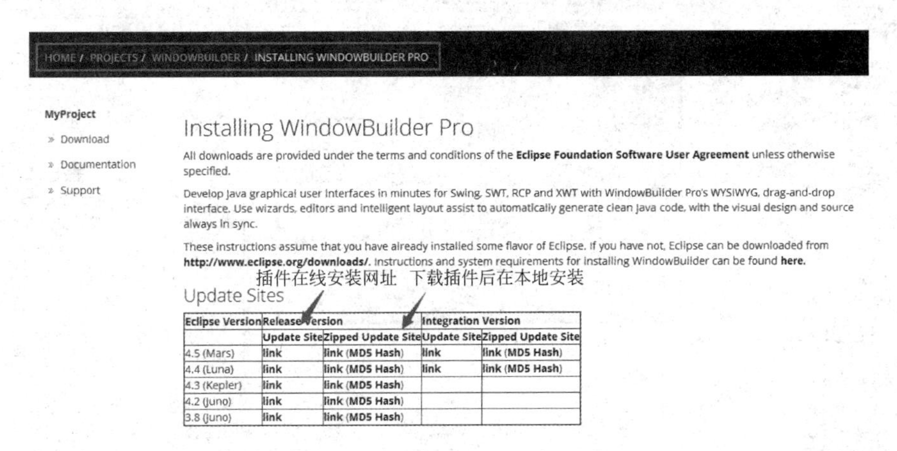

Eclipse Version	Release Version		Integration Version	
	Update Site	Zipped Update Site	Update Site	Zipped Update Site
4.5 (Mars)	link	link (MD5 Hash)	link	link (MD5 Hash)
4.4 (Luna)	link	link (MD5 Hash)	link	link (MD5 Hash)
4.3 (Kepler)	link	link (MD5 Hash)		
4.2 (Juno)	link	link (MD5 Hash)		
3.8 (Juno)	link	link (MD5 Hash)		

图 7-27　WindowBuilder Pro 安装界面

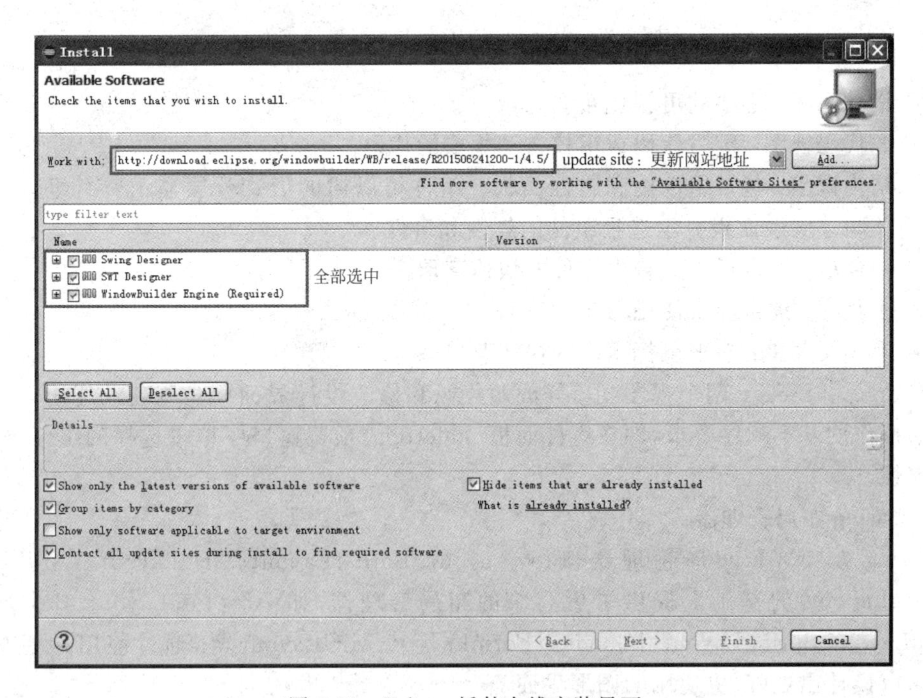

图 7-28　Eclipse 插件在线安装界面

7.6.2 WindowBuilder Pro 的基本使用

软件开发文档是软件开发者提供的最权威、最全面的学习资料，通过查阅文档，用户可以快速地使用该软件。用户在开发过程中如有疑问，请在软件开发文档中查找答案。Eclipse 公开发布插件的用户手册网址为 http://help.eclipse.org/mars/index.jsp，请在左侧选择 WindowBuilder Pro 进行查阅。

1. WindowBuilder Pro 编辑器

WindowBuilder Pro 编辑器主要由以下组件组成，如图 7-29 所示。

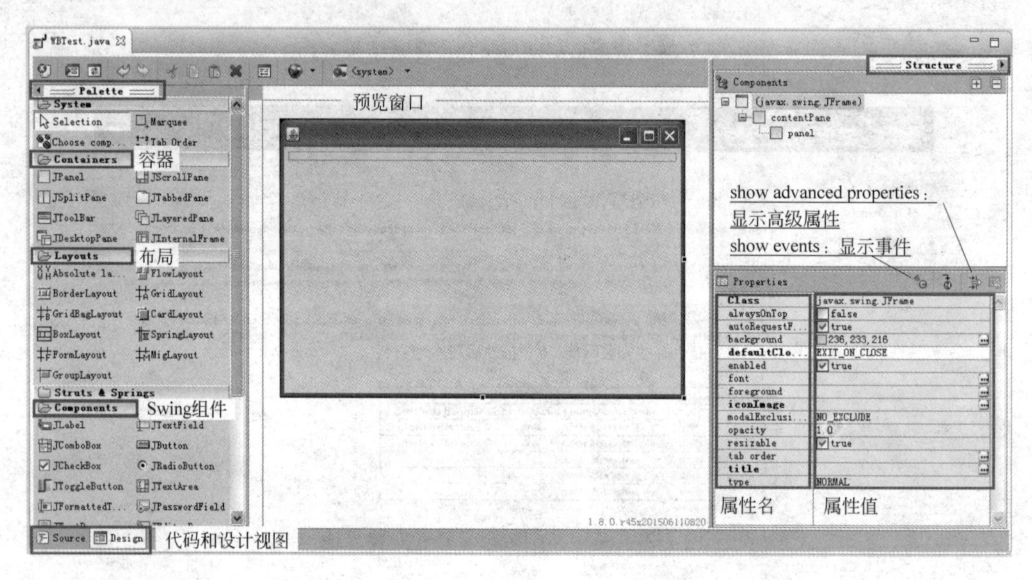

图 7-29 WindowBuilder Pro 编辑器界面

- 设计视图：主要的可视化布局区域。
- 源代码视图：编写代码或审核自动生成的代码。
- 结构视图：包括组件树和属性面板。组件树以树的形式分层显示所有组件之间的关联。属性面板显示选择组件的属性和事件。
- 调色板：提供对工具箱中组件的快速存取。
- 工具栏：提供经常使用命令的访问。
- 上下文菜单：右击鼠标出现的快捷菜单。

Source 和 Design 两个视图支持修改源代码和修改设计界面同步刷新。请用户遵循先选择后操作的基本顺序要求，即在组件面板、Palette 或预览窗口中单击选择的组件，然后查看其属性。

2. swing 布局管理器

swing 在 AWT 布局管理器(FlowLayout、BorderLayout、GridLayout、CardLayout、GridBagLayout)的基础上提供了更高级的布局管理器，如 AbsoluteLayout、BoxLayout、GroupLayout、SpringLayout、JGoodies FormLayout、MiGLayout 等，通过使用这些布局管理器可以设计出更好、更适用的图形界面。

WindowBuilder Pro 提供了以上布局管理器的支持，如图 7-30 所示。

现将常用的几种介绍如下，其他详细介绍请参考帮助文档。

Layouts
Absolute layout　FlowLayout
BorderLayout　GridLayout
GridBagLayout　CardLayout
BoxLayout　SpringLayout
FormLayout　MigLayout
GroupLayout
Struts & Springs
Horizontal Box　Vertical Box
Horizontal strut　Vertical strut
Horizontal glue　Vertical glue
Rigid area　Glue

图 7-30　WindowBuilder Pro 布局、支柱与弹簧界面

- **AbsoluteLayout(绝对布局)**：绝对布局是一个简单的面向 *XY* 坐标的布局，通过组件位置和尺寸属性进行拖曳控制。刚从工具箱中拖出放置到窗口之前，组件可以即时显示组件的位置(x，y)和大小。组件放置时会自动出现和其他组件垂直/水平对齐、和窗口边缘对齐的参考线，以方便对齐。绝对布局在所有布局中灵活度最高，适用于窗口固定大小，用户不能更改窗口大小的应用场合。
- **BoxLayout(盒式布局)**：用来管理一组水平或垂直排列的组件。通过唯一的构造方法 BoxLayout (Container target,int axis)，target 代表采用该布局方式的窗口对象，axis 为布局方式。X_AXIS 代表水平箱(组件水平排列)，Y_AXIS 代表垂直箱(组件垂直排列)。
- **SpringLayout(弹簧布局)**：利用 SpringLayout 管理组件，当改变窗口的大小时能够在不改变组件间相对位置的前提下自动调整组件的大小，使组件能够自动适应窗口的变化，从而保证窗口的整体效果。
- **GroupLayout(分组布局)**：分组布局中最复杂的布局管理器之一，可以用来实现绝大多数组件排布的需求。GroupLayout 以 Group 为单位管理布局，即把多个组件按区域划分到不同的组，再根据各个组相对于水平轴和垂直轴的排列方式来管理。

3. 在 Eclipse 中快速使用 WindowBuilderPro 的步骤

(1) 在 Eclipse 中安装最新的 WindowBuilder Pro 插件。

(2) 选择合适的工程向导生成一个新的 Java Project，如图 7-31 所示。

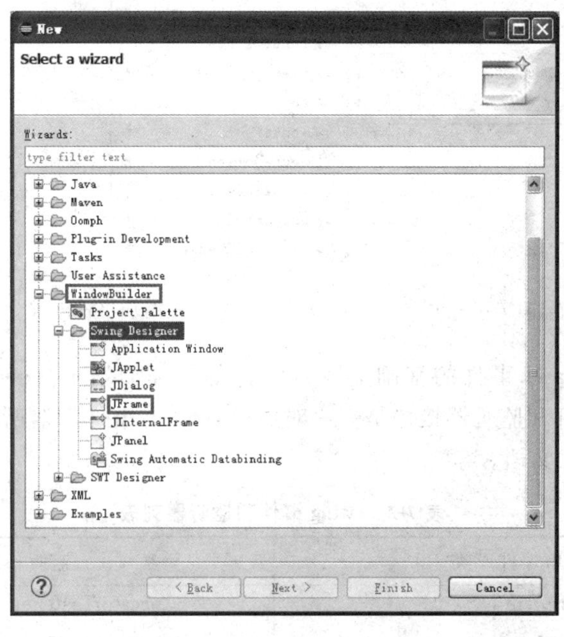

图 7-31　新建 JFrame 界面

(3) 用向导生成 swing Designer 中的一个类(如 JFrame 类)或编辑一个已经存在的窗口。

(4) 在设计视图中为容器选择一个合适的布局管理器,生成并编辑自己的菜单栏,在容器中增加各种组件并编辑其属性。

(5) 在代码视图中为组件增加事件处理器以提供事件处理行为。

(6) 通过 Run As|Java Application 来测试 GUI 程序。

(7) 通过管理区域设置国际化的应用程序。

(8) 将工程导出为可执行的 Jar 包,发布自己的应用。

7.6.3 WindowBuilder 事件处理

在 WindowBuilder 设计视图中,在容器或组件上右击 Add event handler,然后选择事件和处理方法(如图 7-32 所示),自动生成的代码采用匿名内部类的方式,如 01～05 行代码。

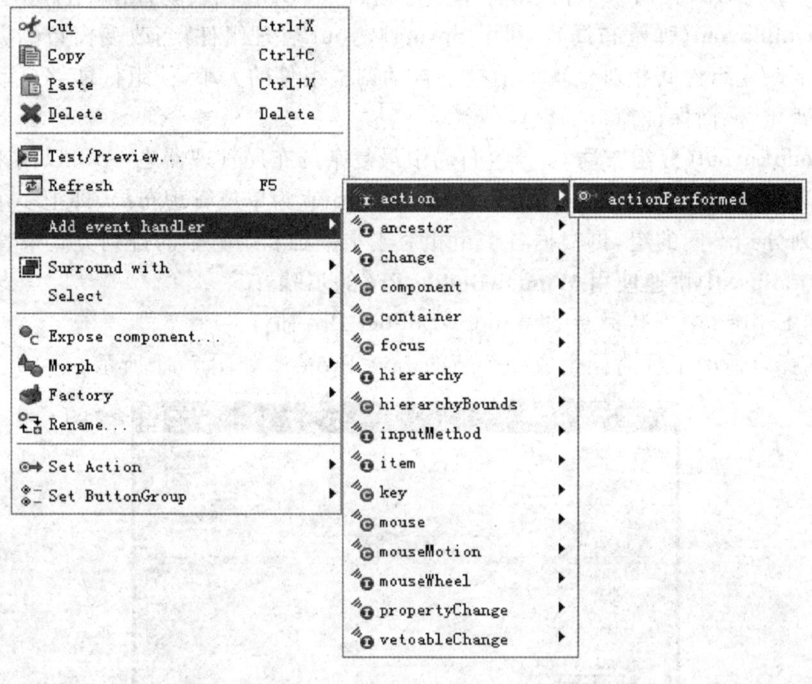

图 7-32 在 WindowBuilder 中为组件添加事件处理

swing 事件是在 awt 事件的基础上随着组件的增加而增加。swing 事件集中存放在 swing. event 中。事件和监听器接口是一一对应的,swing 事件和监听器列表如表 7-2 所示详细内容请查阅 JDK 文档。

表 7-2 swing 事件和监听器列表

序号	事　件　类	监听器接口
1	AncestorEvent	AncestorListener
2	CaretEvent	CaretListener

续表

序号	事　件　类	监听器接口
3	ChangeEvent	CellEditorListener
4	DocumentEvent. EventType	ChangeListener
5	EventListenerList	DocumentEvent
6	HyperlinkEvent	DocumentEvent. ElementChange
7	HyperlinkEvent. EventType	DocumentListener
8	InternalFrameAdapter	HyperlinkListener
9	InternalFrameEvent	InternalFrameListener
10	ListDataEvent	ListDataListener
11	ListSelectionEvent	ListSelectionListener
12	MenuDragMouseEvent	MenuDragMouseListener
13	MenuEvent	MenuKeyListener
14	MenuKeyEvent	MenuListener
15	MouseInputAdapter	MouseInputListener
16	PopupMenuEvent	PopupMenuListener
17	RowSorterEvent	RowSorterListener
18	SwingPropertyChangeSupport	TableColumnModelListener
19	TableColumnModelEvent	TableModelListener
20	TableModelEvent	TreeExpansionListener
21	TreeExpansionEvent	TreeModelListener
22	TreeModelEvent	TreeSelectionListener
23	TreeSelectionEvent	TreeWillExpandListener
24	UndoableEditEvent	UndoableEditListenerI

7.6.4 WindowBuilder 生成代码的改造

为方便阅读程序，使程序框架更为清晰，WindowBuilder 生成的 Java 源代码需要做以下改造。

1. 所有涉及事件响应处理的组件均由局部变量改为私有对象属性

在设计视图中选中该组件，然后在属性栏中单击 Convert local to field 图标即可，如图 7-33 所示，或在代码视图中手工修改。

2. 事件处理代码的改造

为防止代码过长、内部类访问外部类属性时的诸多限制等原因，建议将监听器由匿名内部类（如 01～05 行所示）改为本类或单独类（如 07 行所示）。

```
01  jb_ok.addActionListener(new ActionListener() {
02      public void actionPerformed(ActionEvent e) {
03
04      }
05  });
06  …
07  jb_ok.addActionListener(this);
08  …
```

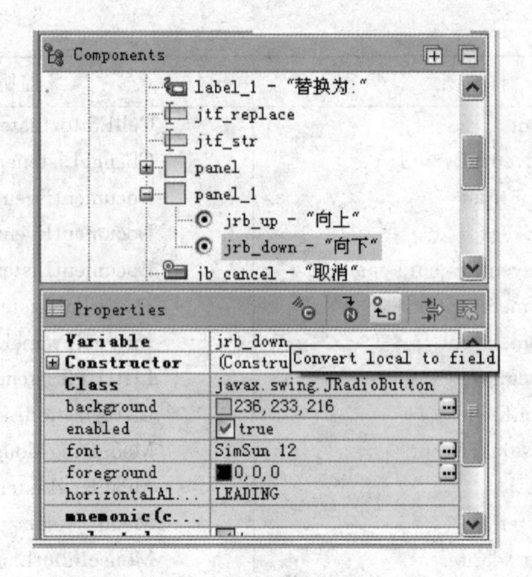

图 7-33　局部变量和对象属性之间的转换

3. 将 WindowBuilderGUI 代码独立成一个方法

WindowBuilder 虽然比 Mattise 生成的 GUI 代码更清晰,但依然非常复杂,可读性较差。为保证 GUI 代码和设计视图同步,一般禁止手工修改。因此,建议将全部 GUI 代码独立成一个方法 public void initUI(),放到最后位置,并在构造方法中调用。这样做将界面生成代码和其他业务逻辑代码分开,方便程序的阅读和维护。

4. 将 main 方法移动到类的最后

最后形成的代码框架如下:

```
01  public class WBTest extends JFrame implements ActionListener{
02      public WBTest () {
03          super("窗口标题");
04          initUI();
05      }
06      @Override
07      public void actionPerformed(ActionEvent e) {
08      }
09      //initUI 负责 GUI 界面初始化设置
10      public void initUI(){
11          //界面生成代码统一复制到此
12          setLocationRelativeTo(null);
13          setDefaultCloseOperation(EXIT_ON_CLOSE);
14          setLayout(new BorderLayout());
15          setVisible(true);
16      }
17      //用线程安全的方式呈现 GUI 界面
18      public static void main(String[ ] args) throws Exception {
19          swingUtilities.invokeLater(new Runnable() {
20              @Override
21              public void run() {
```

```
22                  WBTest win = new WBTest();
23              }
24          });
25      }
26  }
```

5. 注意 WindowBuilder 生成 Java 文件的打开方式

Java 源文件有自己默认的编辑器方式。在 Java 源文件上右击，选择 Open With|WindowBuilder Editor，如图 7-34 所示。

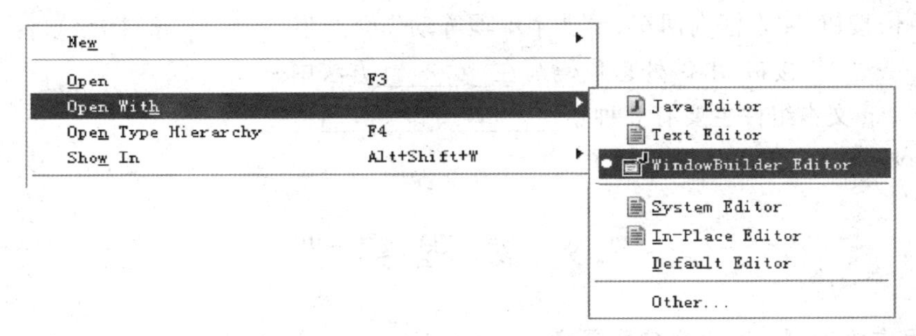

图 7-34 用 WindowBuilder 编辑器打开

扫描二维码观看视频，讲解如何利用 WindowBuilder Pro 进行 Swing 应用开发。

7.7 本章小结

美观大方、交互性强、用户体验程度高的用户界面对一个应用程序来说是非常重要的。本章主要学习 Java GUI 编程技术，重点讲解了 swing 编程的基本原理和开发技巧。首先介绍了 AWT 编程技术，重点讲解布局管理器、Java 事件处理机制；然后介绍了 swing 编程技术，swing 组件介绍占用了很大的篇幅；最后介绍了利用 WindowBuilder 插件来简化 swing 编程，讨论如何实现线程安全的 swing 编程。

本章内容繁多、综合性强，有一定的难度。在讲解典型 swing 组件时基本遵循了先简单介绍，再讲解构造方法和常用方法，最后给出应用示例的步骤。用 Java 代码去讲解组件的综合应用是最好的方法，因此认真研读示例程序、编写课后实训题目、多阅读 JDK 文档是熟练掌握 Java GUI 编程技术的捷径。

7.8 自 测 题

1. ________借助窗口、菜单、对话框、按钮等组件利用键盘、鼠标提供用户与应用程序的可视化人机交互界面。

2. Java 主要采用________和________来 GUI 编程。JDK 中与 GUI 编程相关的类和接口集中存放在________和________包。

3. GUI 组件(Component)是构成 GUI 界面的基本元素，具有坐标位置、尺寸、字体、颜色等属性，能获得焦点、可被操作、可响应事件等。例如在 swing 组件中，________用来实现不可编辑信息，________用来实现命令按钮，________用来实现单行文本框，________用来实现密码框，________用来实现多行文本框等。

4. 顶级容器 JFrame 的布局管理器默认为________，中间容器 JPanel 的布局管理器默认为________。

5. AWT 提供的常见的布局管理器有________、________、________、________、GridBagLayout。

6. BorderLayout 将容器划分为________、________、________、________、________ 5 个区域。

7. 单击按钮、文本框内回车、单击菜单项等动作会产生________事件，该事件的监听器需要实现________接口，事件处理代码写在________方法中。

8. swing 文本组件主要有 3 种：________、________、________。

9. Java 下拉式菜单系统包括了________、________、________ 3 个组件。

7.9 编程实训

【编程作业 7-1】 实现用户登录窗口(LoginUI.java)

具体要求：

(1) 界面要求如图 7-35 所示。

(2) 用户名和密码不能为空，单击“确定”按钮用信息框输出输入的用户名和密码。

(3) 单击关闭窗口图标或取消，弹出确认框，确认后关闭窗口。

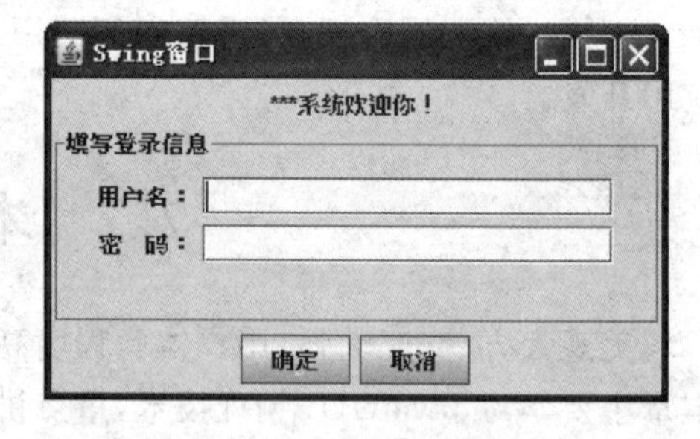

图 7-35 用户登录界面

编程提示：

(1) 采用 BorderLayout 布局。

(2) JPanel 边框的实现。

```
jp_center.setBorder(BorderFactory.createTitledBorder("请填写登录信息"));
```

本作业的程序讲解视频可扫描二维码观看。

【编程作业 7-2】 使用 JSlider 控件实现颜色调整器(ColorAdjust.java)

具体要求：

(1) 界面要求如图 7-36 所示。

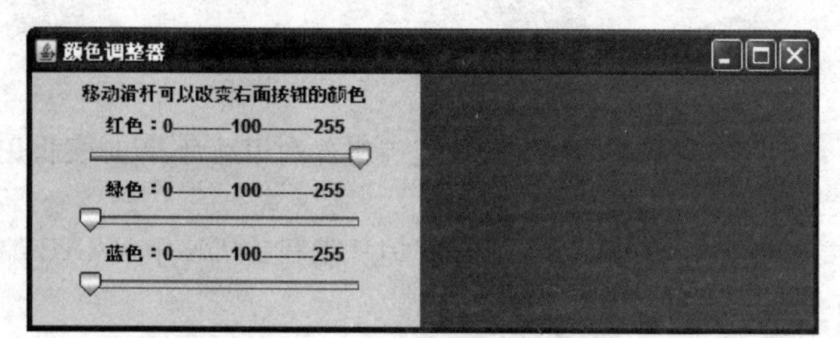

图 7-36 颜色调整器界面

(2) 拖动红、绿、蓝对应的 JSlider 组件滑块时右侧按钮的颜色马上随之变化。

编程提示：

(1) 采用 GridLayout 布局。

(2) 拖动 JSlider 组件滑块时产生 ChangeEvent 事件，用实现 ChangeListener 接口的类实例作事件监听器，在 stateChanged 方法中实现事件处理代码。

```
01  public class ColorAdjust extends JFrame implements ChangeListener{
02      //用指定的最小值、最大值和初始值创建一个水平滑块
03      JSlider js_red = newJSlider(0,255,255);
04      …
05      js_red.addChangeListener(this);
06      @Override
07      public void stateChanged(ChangeEvent e) {
08          if(e.getSource() == js_red){
09          }
10      }
11  }
```

本作业的程序讲解视频可扫描二维码观看。

【编程作业 7-3】 聊天室客户端界面的实现(ChatClient.java)

具体要求：

(1) 界面要求如图 7-37 所示。

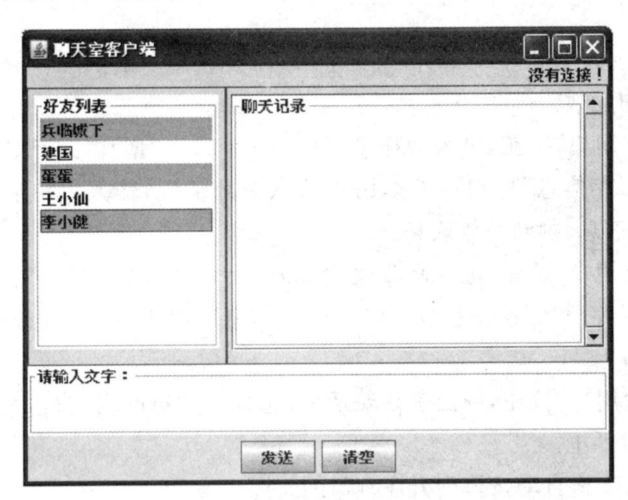

图 7-37 聊天室客户端界面

(2) 单击“发送”按钮，聊天信息空时光标定位到输入框，弹出信息框提示重新输入，不空时将聊天信息增加到聊天记录框中。聊天信息格式为我对{好友列表}说“×××”，好友列表是从 JList 中选择的好友，用“,”分开(可以多选)。

(3) 单击“清空”按钮，输入框清空。

(4) 好友列表要求用 JList 实现。

编程提示：

(1) 采用 BorderLayout 布局管理即可。

(2) JList 多选模式的实现请参考 7.4.8 节。

【编程作业 7-4】 利用 JTable 实现用户信息的增加、修改、删除、显示、排序等功能(UserManager.java)

具体要求：

(1) 实现用户简单信息(用户编号、用户名称和备注)的管理，包括显示、增加、修改、删除、排序等功能，界面要求如图 7-38 所示。

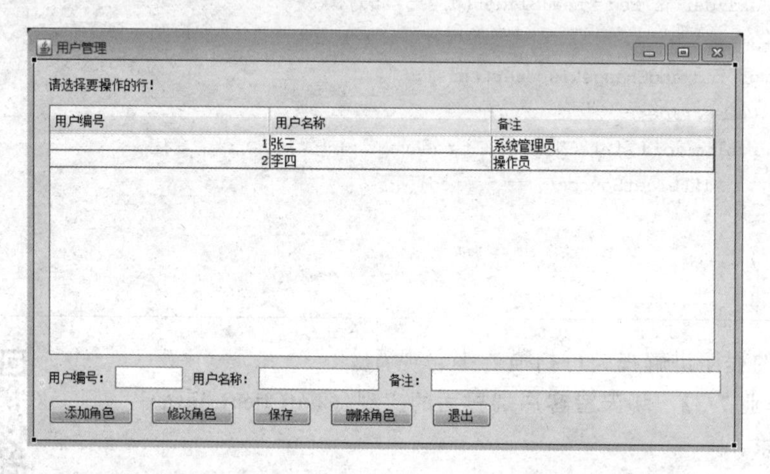

图 7-38 用 JTable 实现用户简单信息的增删改查功能

(2) 程序运行进入浏览模式(mode=0)。“增加用户”、“删除用户”、“修改用户”按钮有效，“保存信息”按钮无效。

(3) 单击“增加用户”按钮，进入增加模式(mode=1)。“增加用户”、“删除用户”、“修改用户”按钮无效，“保存信息”按钮有效。用户信息全部清空，输入用户信息后单击“保存信息”按钮，保存用户信息，刷新二维表格。

(4) 单击“修改用户”按钮，进入修改模式(mode=2)。“增加用户”、“删除用户”、“修改用户”按钮无效，“保存信息”按钮有效。修改用户信息后单击“保存信息”按钮，保存用户信息，刷新二维表格。

(5) 单击“删除用户”按钮，弹出确认对话框，选择“是”删除当前行，刷新二维表格，选择“否”或取消，关闭对话框。

(6) 单击表头，表格自动按该列升序/降序排序。

(7) 表格最多选择一行。

编程提示：

(1) 用户信息管理的图形界面要求在 Eclipse 环境下用 WindowBuilder 实现，请参考 7.6 节。

(2) 关于 JFrame 和 JDialog 的内容，请参考 7.4.1 节。

(3) 关于 Table 和 DefaultTableModel 的相关内容，请参考 7.4.11 节。

(4) String[] columnNames={"用户编号","用户名称","备注"};

(5) Object[][] rowData={{1,"张三","系统管理员"},{2,"李四","操作员"},{3,"王小五","部门经理"},{4,"郑六","总经理"},{5,"张三","待定"}};

扩展要求：

(1) 实现用户复杂信息(用户编号、姓名、性别、身高、学位、出生日期)管理：显示、增加、修改、删除、排序等功能，界面要求如图 7-39 所示。

(2) 关于 JSpinner 的相关内容请参考 7.4.10 节。

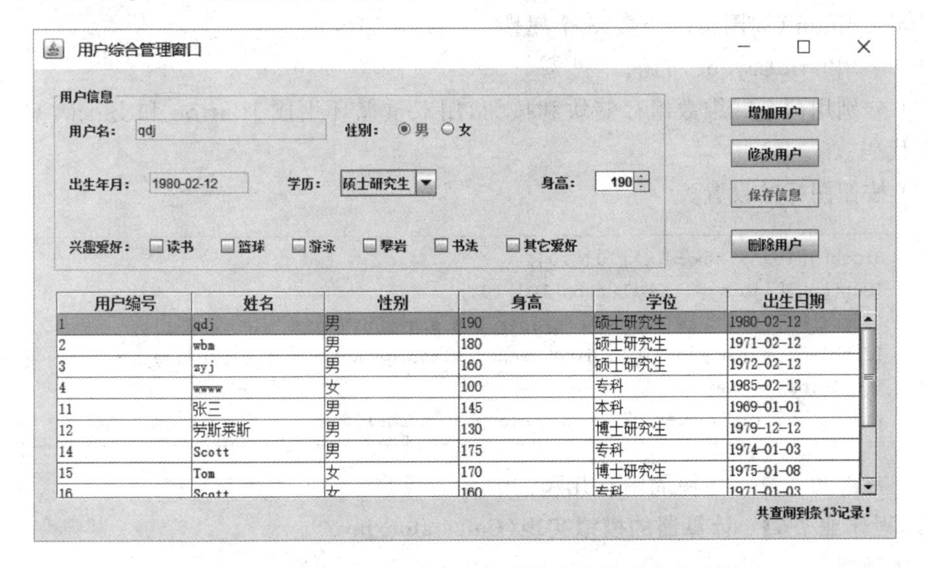

图 7-39　用 JTable 实现用户复杂信息的增删改查功能

本作业的程序讲解视频可扫描二维码观看。

【编程作业 7-5】　扫雷游戏的 Java 实现(MineSweeper.java)

具体要求：

(1) 界面要求如图 7-40 所示。

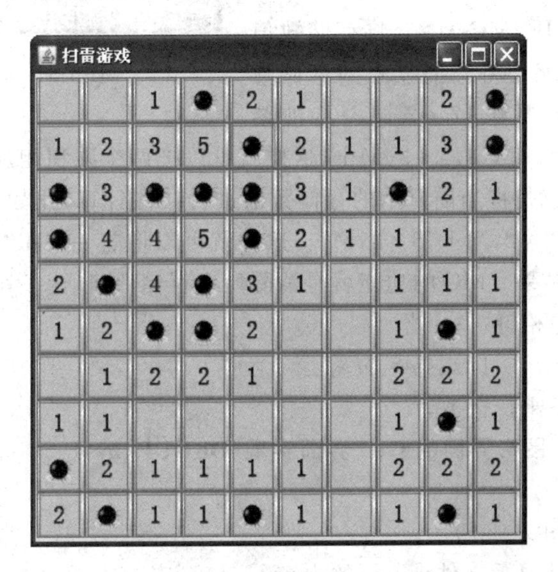

图 7-40　扫雷游戏

（2）程序开始运行，先随机布 N 个雷，并计算每个块周围的雷数。初始状态下每个块的图标都是空白。单击某个块，如果是雷，则爆炸，显示全部块的实际情况，游戏结束。如果不是雷，则图标为该块周围雷的个数，雷的个数为 0 时该块的图标是空白，继续游戏，右击该块可以将该块标记为雷。

编程提示：

（1）Block 类代表一个块，有 name（如果是雷赋值@，否则赋值周围雷的个数）、isMine（true/false）、num（周围雷的个数）3 个属性。

（2）采用 GridLayout 布局。

（3）分别用两个二维数组存储块和按钮，用双重循环生成 JButton 和 Block，减少太多的重复代码。

（4）按钮图标的设置。

```
01  Block[][]ba = new Block[10][10];
02  JButton[][]jb_a = new JButton[10][10];
03  Iconmine = new mageIcon(MineSweeper.class.getResource("mine.png"));
04  Iconblank = new ImageIcon(MineSweeper.class.getResource("0.png"));
05  Iconnormal = new
06  ImageIcon(MineSweeper.class.getResource("normal.png"));
```

（5）布雷和计算每一块周围有几颗雷的算法请参考编程作业 5-10。

【编程作业 7-6】 计算器的模拟实现（Calculator.java）

具体要求：

（1）界面要求如图 7-41 所示。

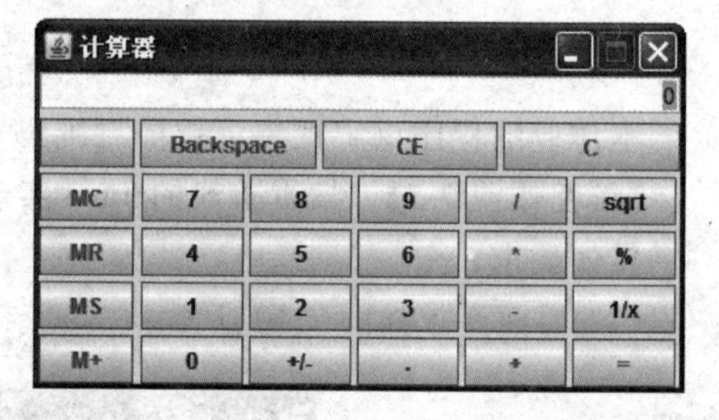

图 7-41 计算器界面

（2）每输入一个字符都要判断，要保证“.”不能出现两次。

（3）CE：Clear Enter，清除。

（4）C：Clear，清除全部。

（5）M＋，M－，MR，MC：一套将存储数值进行运算的键。M＋就是将当前显示的存储数值进行加法计算，比如要算 12＊2＋5＊3 的结果，那么可以输入 12＊2，M＋，5＊3，M＋，这样就可以把两个乘积相加，再按下 MR 就可以读出相加结果。M－就是将当前显示的存储数值进行减法计算，比如要算 12＊2－5＊3 的结果，那么可以输入 12＊2，M＋，5＊3，M－，这样就可以将前一乘积减去后一乘积，再按下 MR 就可以读出相减结果。MC 的功能就是清除所有存储数值，让一切重新开始。

（6）Backspace：退格键。

（7）单目运算：＋/－、1/x、sqrt、%等。

（8）双目运算符：＋、－、＊、/。

【编程作业 7-7】 图形界面的 GUI 界面实现（DirGUI.java）

具体要求：

（1）界面要求如图 7-42 所示。

（2）程序运行默认显示文件夹 C:\的内容。

图 7-42　Dir 命令的 GUI 界面实现

(3) 单击“打开文件夹”按钮可以选择文件夹以获得路径。

编程提示：表格内容的更新可以采用“table.setModel(new DefaultTableModel(rows, columnNames));”。

第8章 Java 多线程技术

在本章我们将一起学习以下内容：

- 什么是线程？
- 通过继承 Thread 类或实现 Runnable 接口来实现线程。
- 通过实现 Callable 接口来实现带返回值的线程。
- 实现线程的状态控制。
- 实现线程的同步和互斥。
- Concurrency 开发库的应用。

作为计算核心的 CPU 经过 30 多年的发展，单位面积上集成的晶体管数目、主频速度已经接近物理极限。目前，单核处理器正在向多核处理器方向实现跨越式发展，这为分布式计算、并行处理、集群计算、P2P、分布式数据库等应用提供了硬件上的支持和准备。多核处理器确实可以提升计算机的运算速度和性能，但**多核处理性能的发挥依赖于软件，依赖于多线程编程技术的支持**。

8.1 程序、进程和线程

(1) **程序(Program)**是能完成预定功能和性能的静态的指令序列。

(2) 为提高操作系统的并行性和资源利用率，在 Java 中提出了**进程(Process)**的概念。简单地说**进程是程序的一次执行**，它是动态的。**进程是操作系统资源分配和处理器调度的基本单位**，拥有独立的代码、内部数据和程序运行状态(进程上下文、一组寄存器的值)。因此，频繁的进程状态的切换必然消耗大量的系统资源。

(3) 为解决此问题，在 Java 中又提出了**线程(Thread)**的概念。将资源分配和处理器调度的基本单位分离，**进程只是资源分配的单位，线程是处理器调度的基本单位**。**一个进程包含一个以上的线程**。一个进程中的线程只能使用进程的资源和环境。线程只包含程序计数器、栈指针及堆栈，不包含进程地址空间的代码和数据，因此**线程被称为轻质进程(Light Weight Process)**。线程提高了系统的整体性能和效率。

在一个程序内部实现多个任务(顺序执行线索)的并发执行，其中每个任务称为线程，即线程是一个程序内部的顺序控制流。线程并不是程序，它自己本身并不能运行，必须在程序中运行。

在引入进程概念之后只是实现了程序**宏观上的并发执行**，而微观上程序仍是**串行执行**的，如图 8-1 所示。

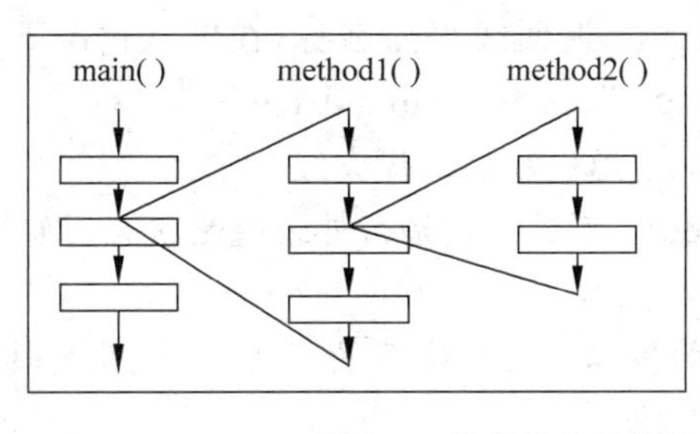

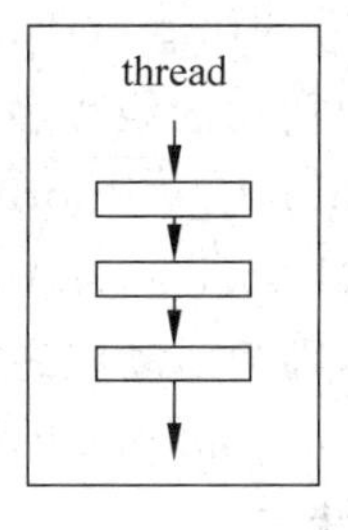

图 8-1 程序的串行执行

引入线程概念后在多核 CPU 的硬件配合下可以实现真正意义上**程序的并行执行**，如图 8-2 所示。

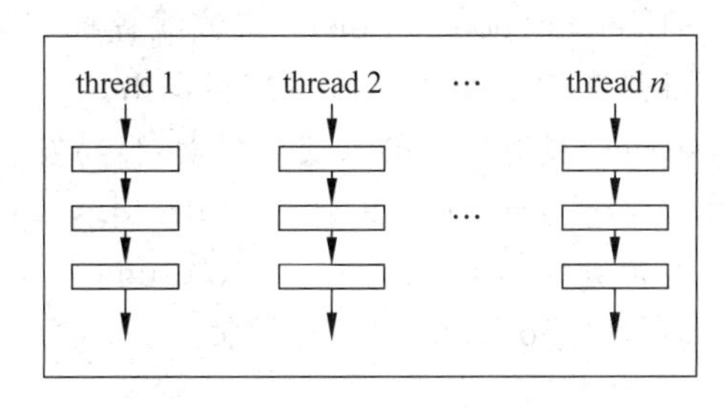

图 8-2 程序的并行执行

8.2 Java 多线程技术

计算机的并发能力由 CPU 和操作系统提供。线程于 20 世纪 80 年代末引入，在 UNIX、Linux、Solaris、Windows 等操作系统中得到了广泛的应用。虽然大部分操作系统都支持多线程技术，但若要用 C、C++或其他语言编写多线程程序是十分困难的，因为它们对数据同步的支持不充分。**Java 是第一个在语言级支持多线程并发编程的语言。多线程可以使程序反应更快、交互性更强、执行效率更高。**

那么什么时候选择线程编程？如果一段代码要**执行较长的时间（循环执行）且计算量不太密集**（如监控程序），否则没有意义。

在 Java 中可以通过**继承 Thread 类**或**实现 Runnable 接口**来实现线程的编程。

8.2.1 Thread 类和 Runnable 接口

1. Thread 类

Thread 类在 java. lang 包中，定义如下：

```
public class Thread extends Object implements Runnable
```

Thread 类的构造方法如下：

- public Thread(Runnable target)
- public Thread(String name)

Thread 类的常用方法如下：

- public static Thread currentThread()：返回对当前正在执行的线程对象的引用。

- public final String getName()：返回线程的名称，在默认情况下，主线程的名称为 main，用户启动的线程名称为 Thread-0、Thread-1……
- public final int getPriority()：返回线程的优先级。
- public final boolean isAlive()：测试线程是否处于就绪状态。如果线程已经启动且尚未终止，则为活动状态。
- public static void yield()：暂停当前正在执行的线程对象，让给其他线程执行，自己进入就绪状态。
- public final void join()：强行指定线程对象进入运行状态，相当于加塞。
- public static void sleep(long millis) throws InterruptedException：在指定的毫秒数内让当前正在执行的线程休眠(暂停执行)。
- public final void setDaemon(boolean on)：将该线程标记为守护线程或用户线程。当正在运行的线程都是守护线程时 Java 虚拟机退出。

stop()、suspend()、resume()具有内在的不安全因素，容易发生死锁，所以不提倡使用。在 Sun 公司的一篇文章《Why are Thread.stop，Thread.suspend and Thread.resume Deprecated?》中详细讲解了舍弃 stop()、suspend()、resume()方法的原因。suspend()、resume()可以用 wait()、notify()/notifyAll()方法代替。

2. Runnable 接口

Runnable 接口在 java.lang 包中，定义如下：

```
public interface Runnable
```

Runnable 接口中只包含一个抽象方法 void run()，线程执行代码应该写在此方法中。注意，run()不能返回数据，也不能抛出异常。

8.2.2 两种传统的创建线程的方法

main()方法是 Java Application 的入口点。执行一个 Java 应用程序，首先会启动一个主线程，由主线程来实现对其他线程的启动、终止、暂时挂起等。如果只需要实现一个线程，在 main 方法中实现即可。如果需要实现多个线程，那么就需要下面的办法了。

在 Java 中传统的创建线程的方法有下面两种：

(1) 通过创建 Thread 类的子类来实现。

(2) 通过实现 Runnable 接口来实现。

【示例程序 8-1】 main 主线程应用示例(MainThreadTest.java)

功能描述：本程序每隔两秒输出一次主线程信息、名称、优先级，循环输出 100 次。

```
01  public class MainThreadTest {
02      public static void main(String[ ] args) throws Exception {
03          for (int i = 0; i < 100; i++) {
04              System.out.println(Thread.currentThread().toString());
05              System.out.println(Thread.currentThread().getName());
06              System.out.print(Thread.currentThread().getPriority());
07              Thread.currentThread().sleep(2000);
08          }
```

```
09        }
10    }
```

控制台输出：

```
Thread[main,5,main]
main
5
…
```

用户通过查看 Java 源码或 JDK 文档可以知道 Thread 对象的 toString()方法返回的是 Thread[线程名,优先级,线程组]。

【示例程序 8-2】 用 Thread 和 Runnable 两种方式来实现线程的应用示例

功能描述：本程序用 Thread 方式实现了 Alpha 线程(每隔 3 秒输出一个随机大写字母)，用 Runnable 方式来实现 Digit 线程(每隔 6 秒输出一个随机数字)，在 ThreadRunnableTest 类的主方法中依次启动了一个 Alpha 线程和一个 Digit 线程进行测试。

```
01  //通过创建 Thread 类的子类的方式来实现
02  class Alpha extends Thread {
03      public void run() {
04          char ch = ' ';
05          try {
06              for (int i = 0; i < 100; i++) {
07                  ch = (char)('A' + (int)(Math.random() * 26));
08                  System.out.printf(" %20c\n", ch);
09                  sleep(3000);                    //this 可省略
10              }
11          } catch (InterruptedException e) {
12              e.printStackTrace();
13          }
14      }
15  }
16  //通过实现 Runnable 接口的类的方式来实现
17  class Digit implements Runnable {
18      @Override
19      public void run() {
20          char ch = ' ';
21          try {
22              for (int i = 0; i < 50; i++) {
23                  ch = (char)('0' + (int)(Math.random() * 10));
24                  System.out.printf(" % - 20c\n", ch);
25                  //为什么和 09 行的处理方式不同
26                  Thread.sleep(6000);
27              }
28          } catch (InterruptedException e) {
29              e.printStackTrace();
30          }
```

```
31          }
32      }
33      public class ThreadRunnableTest {
34          public static void main(String[ ] args) {
35              Alpha t1 = new Alpha();
36              //t1.run();
37              //线程必须通过 start()来启动,对象名.run()是方法调用
38              t1.start();
39              //public Thread(Runnable target)
40              Digit d = new Digit();
41              Thread t2 = new Thread(d);
42              t2.start();
43          }
44      }
```

示例程序 8-2 的讲解视频可扫描二维码观看。

8.3 线程的状态控制

8.3.1 线程的状态

在 Java 中线程可以处于下列 5 种状态之一,在给定的时间点上,一个线程只能处于其中一种状态。

- **新建状态(New)**: 用 new Thread()等方法创建了线程对象后尚未启动,线程处于新建状态。
- **就绪状态(Runnable)**: 调用线程对象的 start()方法启动线程后线程处于就绪状态。
- **运行状态(Running)**: JVM 按照线程调度策略选中就绪队列中的一个线程,使其进入运行状态。
- **阻塞状态**: 处于运行状态的线程可能由于发生等待事件而放弃 CPU 进入阻塞状态。阻塞状态分为 Blocked、Waiting、Timed_Waiting 3 种,详细内容请阅读 JDK 文档。
- **死亡状态(Terminated)**: 已终止线程的线程状态,线程已经结束执行。

8.3.2 线程的生命周期

线程从创建到执行完毕的整个过程称为线程的生命周期。在整个生命周期中,线程会在 5 种状态之间切换,如图 8-3 所示。

对图 8-3 的解释如下。

- **新建状态→就绪状态**:用 new Thread()等方法创建的线程处于新建状态,当程序员显式调用线程的 start()方法时线程进入就绪状态。
- **就绪状态→运行状态**: JVM 按照线程调度策略从就绪队列中选择一个线程,使其获得 CPU 进入运行状态。
- **运行状态→阻塞状态**: 处于运行状态的线程可能由于发生等待事件而放弃 CPU 进入阻塞队列,处于阻塞状态。

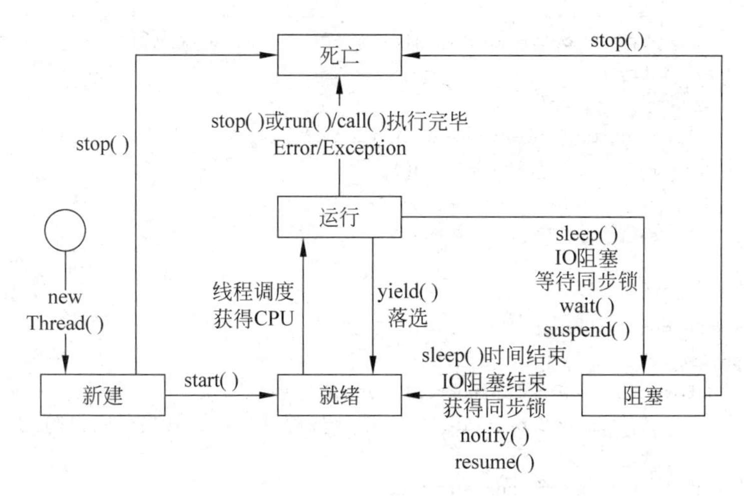

图 8-3　线程的生命周期

- **阻塞状态→就绪状态**：处于阻塞状态的线程等待事件结束时被唤醒进入就绪队列，处于就绪状态。
- **运行状态→死亡状态**：线程结束运行，进入终止状态。

8.3.3　守护线程

一个 Java 程序可以包含**守护线程（后台线程）和非守护线程（前台线程）**。守护线程是为其他线程的运行提供服务的线程。例如 JVM 的垃圾回收、内存管理等线程都属于守护线程。**主线程默认是前台线程，前台线程创建的子线程默认是前台线程，守护线程创建的子线程默认是守护线程。当程序中只有守护线程运行时该程序便可以结束运行。**

通过调用 setDaemon(true)方法可以将该线程定义为一个守护线程。注意，必须在 start()方法之前进行设置，否则会抛出 IllegalThreadStateException。如果线程是守护线程，则 isDaemon 方法返回 true。

【示例程序 8-3】　守护线程应用示例(DaemonTest.java)

功能描述：本程序中共有 MyCommon、Main、MyDaemon 几个线程，MyDaemon 线程为守护线程(后台)，MyCommon、Main 线程为非守护线程(前台)。

```
01  public class DaemonTest {
02      public static void main(String[ ] args) {
03          Thread t1 = new MyCommon();
04          Thread t2 = new Thread(new MyDaemon());
05          //将 t2 设置为守护线程,线程 main 和 t1 是非守护线程
06          t2.setDaemon(true);
07          t2.start();
08          t1.start();
09      }
10  }
11  class MyCommon extends Thread {
12      public void run() {
13          for (int i = 0; i < 5; i++) {
```

```
14                System.out.println("前台线程第" + i + "次执行!");
15                try {
16                    sleep(1);
17                } catch (InterruptedException e) {
18                    e.printStackTrace();
19                }
20            }
21        }
22    }
23    class MyDaemon implements Runnable {
24        public void run() {
25            for (int i = 0;i < Integer.MAX_VALUE; i++) {
26                System.out.println("\t\t 后台线程第" + i + "次执行!");
27                try {
28                    Thread. currentThread().sleep(7);
29                } catch (InterruptedException e) {
30                    e.printStackTrace();
31                }
32            }
33        }
34    }
```

8.3.4 线程的加塞运行

t.join()使 t 线程加塞到当前线程之前获得 CPU，当前线程进入等待状态，直到线程 t 结束为止，当前线程恢复为就绪状态，等待线程调度。

【示例程序 8-4】 join 线程应用示例(JoinTest.java)

功能描述：本程序创建了 T1、T2、T3 几个线程，保证 T2 在 T1 执行完后执行，T3 在 T2 执行完后执行。

```
01    public class JoinTest {
02        public static void main(String[] args) throws Exception{
03            T p3 = new T("C",null);
04            T p2 = new T("B",p3);
05            T p1 = new T("A",p2);
06            p1.start();
07            p2.start();
08            p3.start();
09        }
10    }
11    class T extends Thread {
12        Thread t;
13        public T(String name, Thread t) {
14            setName(name);
15            this.t = t;
16        }
17        public void run() {
18            try {
```

```
19                if(t!= null){
20                    t.join();
21                }
22                System.out.println(getName() + " 开始...");
23                Thread.sleep(1000);
24                System.out.println(getName() + " 结束.");
25            } catch (InterruptedException e) {
26                e.printStackTrace();
27            }
28        }
29    }
```

8.3.5 线程的“礼让”

yield()让当前线程落选，让出 CPU 回到就绪状态，让线程调试器重新调度一次，以便让优先级高或相等的线程获得执行的机会。没有相同优先级的线程是就绪状态，yield()什么也不做，即该线程将继续运行。

8.3.6 线程的优先级

Java 线程调度是一种**基于优先级的抢夺式调度**。线程的优先级可能影响线程的执行顺序。Thread 类有 3 个有关线程优先级的常量：

- Thread.MIN_PRIORITY=1；
- Thread.MAX_PRIORITY=10；
- Thread.NORM_PRIORITY=5；

每个线程都有自己的优先级。**主线程的默认优先级是 5，其他线程的优先级默认与父线程相同，可以通过 getPriority()、setPriority()来获得或设置线程对象的优先级。**

【示例程序 8-5】 线程优先级应用示例(PriorityTest.java)

功能描述：本程序创建了 3 个线程，分别设置和读取了各自的优先级。

```
01  public class PriorityTest implements Runnable {
02      public void run() {
03          for (int i = 0; i < 5; ++i) {
04              System.out.println(Thread.currentThread().getName() + "运行" + i);
05          }
06      }
07      public static void main(String[] args) {
08          System.out.println("main:" + Thread.currentThread().
09  getPriority());
10          Thread t1 = new Thread(new PriorityTest(),"A");
11          Thread t2 = new Thread(new PriorityTest(),"B");
12          Thread t3 = new Thread(new PriorityTest(),"C");
13          System.out.println("h1:" + t1.getPriority());
14          t1.setPriority(8);
15          t2.setPriority(2);
```

```
16          t3.setPriority(6);
17          t1.start();
18          t2.start();
19          t3.start();
20      }
21  }
```

8.3.7 线程的定时执行

1. Timer 类

Timer 类是一种定时工具,可以让指定线程在指定时间执行一次,或者在指定时间后定期重复执行 *n* 次。

- public void cancel(): 终止此计时器,不再安排新的任务,但不影响当前正在执行的任务(如果存在)。
- public void schedule(TimerTask task, Date firstTime, long period): 安排指定的任务在指定的时间开始进行重复的固定延迟执行。
- public void schedule(TimerTask task,Date time): 安排在指定的时间执行指定的任务。
- public void scheduleAtFixedRate(TimerTask task,long delay,long period): 安排指定的任务在指定的延迟后开始进行重复的固定速率执行。

2. TimerTask 类

TimerTask 类为 Timer 安排一次执行或重复执行的任务。TimerTask 类的定义如下:

```
public abstract class TimerTask extends Object implements Runnable
```

【示例程序 8-6】 定时器 Timer 应用示例(TimerTest.java)

功能描述:本程序利用 java.util.Timer 和 TimerTask 实现了一秒后开始每隔两秒执行一次 TimerTask、在指定时间执行某个 TimerTask 两个功能。

```
01  class MyTask extends TimerTask{
02  @Override
03  public void run() {
04          System.out.println("^_^该起床了");
05      }
06  }
07  public class TimerTest {
08      public static void main(String[] args) throws Exception{
09          Timer timer = new Timer();
10          //一秒后开始,每隔两秒执行一次 TimerTask
11          timer.schedule(new MyTask(),1000,2000);
12          //可以实现闹钟功能: 在指定时间执行某个 TimerTask
13          String dateTime = "2016 - 05 - 08 11:23:00";
14          SimpleDateFormat sdf = new SimpleDateFormat("yyyy - MM - dd hh:mm:ss");
15          Date date = sdf.parse(dateTime);
16          timer.schedule(new MyTask(),date);
```

```
17          //主线程睡眠 50 秒后中止调度,否则定时器会不停地执行下去
18          Thread.sleep(50000);
19          //定时器停止调度
20          timer.cancel();
21      }
22  }
```

示例程序 8-6 的讲解视频可扫描二维码观看。

8.3.8 线程的中止

如何中止 Java 的线程一直是困扰程序员开发多线程程序的一个问题。可以通过以下几种方法实现:

- 在无限循环中使用**退出标志**,使线程正常退出。
- **使用 stop()方法强行终止线程**,不推荐使用。
- 线程处于运行状态:**通过给 Thread 对象变量赋 null 值来实现**。
- 线程处于非运行状态:**用 interrupt()来中止线程**。当 interrupt()被调用的时候将抛出 InterruptedException,可以在 run 方法中用 try…catch 语句捕获 InterruptedException 异常,让线程安全退出。

8.4 线程的同步和互斥

临界区(CriticalArea)是在多个线程中访问共享变量的代码段。在线程并发执行时应保持对临界区的串行访问,否则可能导致与时间相关的错误。

8.4.1 用 synchronized 实现线程的互斥

在 Java 语言中,为保证共享数据操作的完整性,引入了**互斥锁**的概念。Java 中每个类的对象都有一个唯一的互斥锁。通过 synchronized 关键字来设置一个代码块或方法的互斥访问。注意,synchronized 翻译过来是同步,但 synchronized 实际指的是互斥。

synchronized 关键字的两种使用方式如下。

- **用在一段代码(语句块)前**:只有获取锁的线程才可以执行该语句块,由于一个时间只有一个线程可以获取到锁,其他想获取锁的线程只能进入等待该锁的队列。
- **用在方法声明中:表示整个方法为同步方法。**

【示例程序 8-7】 用 synchronized 实现线程安全的堆栈应用示例(MySynchronizedStack.java)

功能描述:本程序用数组实现了一个线程安全的堆栈,用互斥方法实现 pop()方法,用互斥语句块实现 push()方法,最后进行了测试。

```
01  public class MySynchronizedStack {
02      private char[] ca = new char[10];
03      private int point = 0;
04          public int size(){
```

```
05            return point;
06        }
07        //互斥方法,保证一个时间只有一个线程在执行该方法,其他想执行该方法的线程进入阻塞
08        //状态
09        public synchronized char pop(){
10            if(this.size()>0){
11                point--;
12                return ca[point];
13            }else{
14                return '0';
15            }
16        }
17        public void push(char c){
18        //互斥语句块,粒度更小,保证一个时间只有一个线程在执行该语句块,其他想执行该语句
19        //块的线程进入阻塞状态
20            synchronized(this){
21                if(this.size()<10){
22                    ca[point] = c;
23                    point++;
24                }
25            }
26        }
27        public static void main(String[] args) {
28            MySynchronizedStack stack = new MySynchronizedStack();
29            stack.push('a');
30        }
31    }
```

8.4.2 用 ThreadLocal 实现线程局部变量

如对象变量为每个对象独享一样,线程局部变量(ThreadLocal)就是为每一个使用该变量的线程都提供一个变量值的副本,是 Java 中一种较为特殊的线程绑定机制,是每一个线程都可以独立地改变自己的副本,而不会和其他线程的副本冲突。

【示例程序 8-8】 用 ThreadLocal 实现线程局部变量示例(ThreadLocalTest.java)

功能描述:本程序在 Cal 线程定义了一个线程局部变量(线程之间不会相互影响),然后启动 3 个 Cal 线程进行了测试。

```
01    class Cal extends Thread{
02        public ThreadLocal<Integer> sum = new ThreadLocal<Integer>();
03        public void run(){
04            sum.set(0);
05            for(int i = 1;i <= 100;i++) {
06                sum.set(sum.get() + i);
07            }
08            System.out.println(getName() + ":" + sum.get());
09        }
10    }
11    public class ThreadLocalTest {
```

```
12        public static void main(String[ ] args) {
13            new Cal().start();
14            new Cal().start();
15            new Cal().start();
16        }
17    }
```

8.4.3 用 Object 类的 wait()和 notify()实现线程的同步

wait()和 notify()必须与 synchronized 关键字联合使用才能实现线程的同步。注意必须保证 wait()、notify()和 notifyAll()是同一个对象监视器。**一次只能有一个线程拥有某个对象的监视器**。

与线程同步相关的方法如下：

- public final void wait() throws InterruptedException：在其他线程调用此对象的 notify()方法或 notifyAll()方法前导致当前线程进入等待状态。

为防止中断和虚假唤醒，wait()方法应该始终在循环中使用：

```
synchronized(obj){
while(条件不满足时){
    obj.wait();
}
```

- public final void notify()：唤醒在此对象监视器上等待的单个线程。如果所有线程都在此对象上等待，则会选择唤醒其中一个线程。
- public final void notifyAll()：唤醒在此对象监视器上等待的所有线程。

【示例程序 8-9】 用 wait()、notify()和内部类实现线程的同步示例(LeftRight.java)

功能描述：本程序用 wait()、notify()和内部类实现了 Left 和 Right 线程之间的同步。Left 和 Right 是 LeftRight 类的内部类，可以直接访问 LeftRight 类的对象成员变量 flag。

```
01    public class LeftRight {
02        boolean flag = false;
03        class Left extends Thread{
04            public void run(){
05                for (int i = 0;i < 50;i++) {
06                    synchronized (LeftRight.class) {
07                        while(flag){
08                            try {
09                                LeftRight.class.wait();
10                            } catch (InterruptedException e) {
11                                e.printStackTrace();
12                            }
13
14                        }
15                        System.out.printf("%s\n","左脚一步!");
16                        flag = true;
17                        LeftRight.class.notify();
```

```
18                }
19
20            }
21        }
22    }
23    class Right extends Thread{
24        public void run(){
25            for (int i = 0;i < 50;i++) {
26                synchronized (LeftRight.class) {
27                    while(!flag){
28                        try {
29                            LeftRight.class.wait();
30                        } catch (InterruptedException e) {
31                            e.printStackTrace();
32                        }
33                    }
34                    System.out.printf("%30s\n","右脚一步!");
35                    flag = false;
36                    LeftRight.class.notify();
37                }
38            }
39        }
40    }
41    public static void main(String[] args) {
42        LeftRight lf = new LeftRight();
43        lf.new Left().start();
44        lf.new Right().start();
45    }
46 }
```

【示例程序 8-10】 用 wait()、notify()和匿名内部类实现线程的同步示例(LeftRightInner.java)

功能描述：本程序用 wait()、notify()和匿名内部类实现了 Left 和 Right 线程之间的同步。Left 和 Right 是 LeftRightInner 类的内部类，可以直接访问 LeftRightInner 类的对象成员变量 flag。

```
01 public class LeftRightInner {
02     public static boolean flag = true;
03     public static void main(String[] args) {
04         new Thread(){
05             public void run(){
06                 for (int i = 0;i < 50;i++) {
07                     synchronized (LeftRightInner.class) {
08                         while(flag){
09                             try {
10                                 LeftRightInner.class.wait();
11                             } catch (InterruptedException e) {
12                                 e.printStackTrace();
```

```
13                                  }
14
15                              }
16                              System.out.printf("%s\n","左脚一步!");
17                              flag = true;
18                              LeftRightInner.class.notify();
19                          }
20
21                      }
22                  }
23              }.start();
24              new Thread(new Runnable() {
25                  public void run(){
26                      for (int i = 0;i < 50;i++) {
27                          synchronized (LeftRightInner.class) {
28                              while(!flag){
29                                  try {
30                                      LeftRightInner.class.wait();
31                                  } catch (InterruptedException e) {
32                                      e.printStackTrace();
33                                  }
34                              }
35                              System.out.printf("%30s\n","右脚一步!");
36                              flag = false;
37                              LeftRightInner.class.notify();
38                          }
39                      }
40                  }
41              }).start();
42          }
43      }
```

8.4.4 生产者和消费者问题

生产者和消费者问题是**多线程(进程)同步互斥**的典型案例。m 个生产者,n 个消费者,共享可以盛放 r 个产品的缓冲区。m 个生产者向缓冲区放入产品时要实现互斥,n 个消费者从缓冲区取产品时要实现互斥,生产者向缓冲区放入产品和消费者从缓冲区取走产品要实现同步,即缓冲区满时生产者不能放入产品,缓冲区空时消费者不能取走产品。

【示例程序 8-11】 用 wait()、notify()解决生产者和消费者问题(PCTest.java)

功能描述:

(1) MyStack.java 用整型数组去模拟缓冲区同步堆栈功能。

(2) Producer 类模拟生产者的行为,其 run()方法循环:顺序产生数字 i 并将之压栈的功能。

(3) Consumer 类模拟消费者的行为,其 run()方法提供从同步堆栈中弹出随机字符并显示的功能,共循环 20 次。

(4) SyncTest 类作为应用程序,创建 t1、t2 两个线程,分别利用 Producer 和 Consumer

对象操纵同一个堆栈,并通过同步方法及 wait()/notiry()方法实现两个线程的同步。

```
01  class MyStack {
02      static final int MAX = 5;
03      //用整型数组去模拟缓冲区
04      private int[] buffer = new int[MAX];
05      private int put_i = 0;                    //放入产品位置
06      private int get_i = 0;                    //取产品位置
07      private int size = 0;                     //缓冲区中的产品数量
08      //不能同时放
09      public synchronized void push(int i) {
10          while (size == MAX ) {
11              System.out.println("缓冲区满,不能放入,请等待...");
12              try {
13                  wait();
14              } catch (InterruptedException e) {
15                  e.printStackTrace();
16              }
17          }
18          buffer[put_i] = i;
19          System.out.println("放入产品: " + buffer[put_i] + "到第" + put_i + "格");
20          size++;
21          if(put_i == MAX - 1){
22              put_i = 1;
23          }else{
24              put_i++;
25          }
26          notify();
27      }
28      //不能同时取
29      public synchronized int pop() {
30          while (size == 0) {
31              System.out.println("缓冲区空,不能取,请等待...");
32              try {
33                  wait();
34              } catch (InterruptedException e) {
35                  e.printStackTrace();
36              }
37          }
38          size--;
39          System.out.printf("%80s\n","取出产品" + buffer[get_i]);
40          if(get_i == MAX - 1){
41              get_i = 1;
42          }else {
43              get_i++;
44          }
45          return buffer[get_i];
46      }
47
48  }
```

```
49  //生产者线程
50  class Producer extends Thread {
51      private MyStack buffer;
52      public Producer(MyStack buffer) {
53          this.buffer = buffer;
54      }
55      @Override
56      public void run() {
57          try {
58              for (int i = 0;; i++) {
59                  sleep((long) Math.random() * 1000 + 500);
60                  buffer.push(i);
61              }
62          } catch (InterruptedException e) {
63          }
64      }
65  }
66  //消费者线程
67  class Consumer extends Thread {
68      private MyStack buffer;
69      public Consumer(MyStack buffer) {
70          this.buffer = buffer;
71      }
72      @Override
73      public void run() {
74          int i = 0;
75          try {
76              while (true) {
77                  i = buffer.pop();
78                  sleep((long) Math.random() * 1000 + 500);
79              }
80          } catch (InterruptedException e) {
81          }
82      }
83  }
84  //测试类
85  public class PCTest {
86      public static void main(String[] args) {
87          MyStack buffer = new MyStack();
88          new Consumer(buffer).start();
89          new Consumer(buffer).start();
90          new Consumer(buffer).start();
91          new Producer(buffer).start();
92      }
93  }
```

示例程序 8-11 的讲解视频可扫描二维码观看。

8.5 Concurrency 开发库简介

传统的多线程技术中没有提供信号量、线程池、执行管理器等高级特性，而这些高级特性是创建强大的并发应用时不可或缺的。从 JDK 1.5 开始，JDK 开始提供 Concurrency 开发库。**Concurrency 提供了一个功能强大、高性能、高扩展、线程安全的开发库，方便程序员开发多线程的类和应用程序。Concurrency 处于 java.util.concurrent 包，主要包括同步器、执行器、并发集合、Fork/Join 框架、Atomic、Locks 等内容**，现分别介绍如下。

- **同步器**：为每种特定的进程同步问题提供了解决方案。
- **线程池**：线程池是预先创建线程的一种技术。
- **执行器**：用来管理线程的执行，如线程池。
- **Locks**：替代 syschronized 的一种解决方案。
- **Atomic**：提供了不需要锁即可完成并发环境使用的原子性操作。
- **并发集合**：提供了线程安全的集合类框架。
- **Fork/Join 框架**：针对当前多核 CPU 硬件的发展提供了并行编程的可行性。

由于篇幅限制，下面只对同步器、线程池、执行器、Locks、Fork/Join 框架进行介绍，其他内容请读者自行学习。

8.5.1 同步器

同步器包括 Semaphore、CountDownLatch、CyclicBarrier、Exchanger 和 Phaser，分别适用于不同的应用场合。

1. Semaphore

荷兰学者 Dijkstra 于 1965 年提出的**信号量机制（Semaphores）**是一种非常经典、卓有成效的进程同步工具。Semaphore 通常用于限制可以访问某些资源的线程数目。线程想访问共享资源必须获得许可证（许可证数减 1），否则处于等待状态。通过计数器控制对共享资源的访问。

Semaphore 的构造方法为 Semaphore(int permits)，用于构造一个拥有 permits 许可证的 Semaphore 对象。

Semaphore 的常用方法如下。

- public void acquire()：从本信号量获取一个许可证，并在获取该许可证前一直将线程阻塞。在获取了一个许可证后线程继续运行，并将可用的许可证数减 1。
- public void acquire(int num)：从本信号量获取 num 个许可证，在提供这些许可证前一直将线程阻塞。
- void signal()：按照一定的调试算法从等待队列中唤醒一个等待线程。
- void signalAll()：唤醒所有等待线程。

【示例程序 8-12】 Semaphore 信号量机制示例（SemphoreTest.java）

功能描述：本程序演示了在银行营业中每一个客户到来后取牌，排队等待，接受服务，把牌交还的应用场景。

```
01  public class SemphoreTest {
02      public static void main(String[] args) {
03          Semaphore semaphore = new Semaphore(2);
04          Client p1 = new Client(semaphore,"A");
05          Client p2 = new Client(semaphore,"B");
06          Client p3 = new Client(semaphore,"C");
07          p1.start();
08          p2.start();
09          p3.start();
10      }
11  }
12  class Client extends Thread{
13      private Semaphore semaphore;
14      public Client(Semaphore semaphore,String name){
15          setName(name);
16          this.semaphore = semaphore;
17      }
18      public void run() {
19          System.out.println(getName() + "顾客排队等待中...");
20          try {
21              semaphore.acquire();            //申请信息量
22              System.out.println(getName() + "接受服务中...");
23              Thread.sleep(1000);
24          } catch (InterruptedException e) {
25              e.printStackTrace();
26          }
27          System.out.println(getName() + "顾客离开.");
28          semaphore.release();                //释放信息量
29      }
30  }
```

2. CountDownLatch

CountDownLatch 是一个倒计数的锁存器，当计数减至 0 时触发特定的事件(如释放等待的线程)，利用这种特性可以让主线程等待子线程的结束。

CountDownLatch 类的常用构造方法为 CountDownLatch(int count)，用于构造一个初始计数值为 count 的 CountDownLatch 对象。

CountDownLatch 类的常用方法如下。

- public void await()：使当前线程在锁存器倒计数至零之前一直等待，除非线程被中断。
- public void countDown()：将锁存器的计数减 1，如果计数器到达零，则释放所有等待的线程。

下面以一个模拟运动员比赛的例子加以说明。

【示例程序 8-13】 CountDownLatch 应用示例(CountDownLatchTest.java)

功能描述：运动员 100m 比赛，裁判员(主线程)喊 321 鸣枪，所有运动员(子线程)听到发令枪响开始比赛。

```
01  public class CountDownLatchTest {
02      public static void main(String[] args) {
03          final int N = 3;
04          CountDownLatch countDownLatch = new CountDownLatch(N);
05          Athlete p1 = new Athlete(countDownLatch, "A");
06          Athlete p2 = new Athlete(countDownLatch, "B");
07          Athlete p3 = new Athlete(countDownLatch, "C");
08          p1.start();
09          p2.start();
10          p3.start();
11          for(int i = 1;i <= N;i++){
12              try {
13                  Thread.sleep(1000);
14              } catch (InterruptedException e) {
15                  e.printStackTrace();
16              }
17              System.out.print(N - i + 1 + " ");
18              countDownLatch.countDown();
19          }
20          System.out.println("开始跑!");
21      }
22  }
23  class Athlete extends Thread{
24      private CountDownLatch countDownLatch;
25      public Athlete(CountDownLatch countDownLatch, String name){
26          setName(name);
27          this.countDownLatch = countDownLatch;
28      }
29      public void run() {
30          System.out.println(getName() + "等待发令枪响...");
31          try {
32              countDownLatch.await();           //等待计数器递减为 0
33              for(int i = 1;i <= 3;i++){
34                  System.out.println(getName() + "拼命奔跑中...");
35              }
36          } catch (InterruptedException e) {
37              e.printStackTrace();
38          }
39          System.out.println(getName() + "is done.");
40      }
41  }
```

3. CyclicBarrier

CyclicBarrier 是一个同步辅助类，它允许一组线程互相等待，直到都到达某个公共屏障点(Common Barrier Point)。

CyclicBarrier 类的常用构造方法如下。

- public CyclicBarrier(int parties)：parties 是在启动 barrier 前必须调用 await()的线程数。

- public CyclicBarrier（int parties，Runnable barrierAction）：构造一个新的CyclicBarrier对象，它将在给定数量的参与者（线程）处于等待状态时启动给定屏障操作barrierAction。

CyclicBarrier类的常用方法如下。

- public int await()：调用barrier.await()方法的线程进入等待某个公共屏障点的状态。
- public int getNumberWaiting()：返回当前在屏障处等待的参与者数目。
- public int getParties()：返回要求启动此barrier的参与者数目。

【示例程序8-14】 CyclicBarrier应用示例（CyclicBarrierTest.java）

功能描述：导游带领一个3人团旅游，当全部游客都返回集合地点后才能开始下一个景点的旅途。

```
01  public class CyclicBarrierTest {
02      public static void main(String[] args) {
03          CyclicBarrier cb = new CyclicBarrier(3, new Runnable() {
04              @Override
05              public void run() {
06                  System.out.println("导游：出发去下一个景点!");
07
08              }
09          });
10          new Player(cb, "张三").start();
11          new Player(cb, "李四").start();
12          new Player(cb, "王五").start();
13      }
14  }
15  class Player extends Thread{
16      private CyclicBarrier cb;
17      public Player(CyclicBarrier cb,String name){
18          setName(name);
19          this.cb = cb;
20      }
21      public void run() {
22          try {
23              System.out.println(getName() + "开始游览!");
24              sleep((long)Math.random() * 10000);          //模拟旅游
25              System.out.println(getName() + "浏览结束,返回集合地点!");
26              cb.await();
27          } catch (InterruptedException e) {
28              e.printStackTrace();
29          } catch (BrokenBarrierException e) {
30              e.printStackTrace();
31          }
32      }
33  }
```

4. Exchanger

Exchanger 类用于两个线程之间数据的同步交换，即当两个线程都准备好数据时才能交换，否则等待另一方。

Exchanger 类的构造方法为 public Exchanger()，用于构造一个 Exchanger 对象。

Exchanger 类的常用方法为 public V exchange(V x)，用于等待另一个线程到达此交换点（除非当前线程被中断），然后将给定的对象传送给该线程，并接收该线程的对象。

【示例程序 8-15】 Exchanger 应用示例（ExchangeTest.java）

功能描述：本程序演示两个人（线程）交易，一手交钱，一手交货。

```
01  public class ExchangeTest {
02      public static void main(String[] args) {
03          ExecutorService service = Executors.newCachedThreadPool();
04          final Exchanger exchanger = new Exchanger();
05          service.execute(new Runnable() {
06              @Override
07              public void run() {
08                  try{
09                      String data1 = "金币";
10  System.out.println(Thread.currentThread().getName() + "准备好:
11  " + data1 + "等待交换!");
12                      Thread.sleep((long)Math.random() * 10000);
13                      String data2 = (String)exchanger.exchange(data1);
14  System.out.println(Thread.currentThread().getName() + "得到: " + data2);
15                  }catch(Exception e){
16                      e.printStackTrace();
17                  }
18              }
19          });
20          service.execute(new Runnable() {
21              @Override
22              public void run() {
23                  try{
24                      String data1 = "货物";
25  System.out.println(Thread.currentThread().getName() + "准备好:
26  " + data1 + "等待交换!");
27                      Thread.sleep((long)(Math.random() * 10000));
28                      String data2 = (String)exchanger.exchange(data1);
29  System.out.println(Thread.currentThread().getName() + "得到: " + data2);
30                  }catch(Exception e){
31                      e.printStackTrace();
32                  }
33              }
34          });
35      }
36  }
```

8.5.2 线程池

网络编程时服务器程序为每一个客户请求创建一个线程来提供服务，但当有大量请求并发访问时服务器需要不停地创建和销毁线程对象，系统开销非常大。为了提高服务器系统的运行效率，最直接的办法是尽可能减少创建和销毁线程对象的次数，特别是一些很耗资源的对象的创建和销毁，这样就引入了"池"的概念，如数据库连接池技术、线程池技术等。

线程池是预先创建线程的一种技术。线程池在还没有任务到来之前创建并启动一定数量的线程，并使其进入睡眠状态，放入空闲队列中。当大量请求到来之后，线程池为每一次请求分配一个空闲线程，执行指定的线程。线程执行完毕并不销毁线程对象，而是直接放回线程池空闲队伍中。如果预制线程不够，线程池可以自由创建一定数量的新线程，用于处理更多的请求。当系统比较闲的时候也可以移除一部分一直处于停用状态的线程。

Executors 是一个 Java 线程池管理工具类，提供对 Executor、ExecutorService、ScheduledExecutorService、ThreadFactory 和 Callable 类的一些实用方法。

- public static ExecutorService newCachedThreadPool()：构造一个可根据需要创建新线程的线程池。
- public static ExecutorService newFixedThreadPool(int n)：构造一个固定数目 *n* 可重用的线程池。
- public static ScheduledExecutorService newScheduledThreadPool (int corePoolSize)：创建一个线程池，它可安排在给定延迟时间后运行线程或者定期地执行某个线程。

【示例程序 8-16】 线程池应用示例(ThreadPoolTest.java)

功能描述：本程序演示了创建一个可根据需要创建新线程的线程池，然后在其中启动了 10 个线程，又创建一个可调度线程池，10 秒以后每两秒调度一次指定的线程。

```
01  public class ThreadPoolTest {
02      public static void main(String[ ] args) {
03          //ExecutorService pool = Executors.newFixedThreadPool(3);
04          ExecutorService pool = Executors.newCachedThreadPool();
05          for(int i = 1;i <= 10;i++){
06              final int task  = i;
07              pool.execute(new Runnable(){
08                  @Override
09                  public void run() {
10                      for(int j = 1;j <= 10;j++){
11                          System.out.println("执行第" + task + "个任务的第" + j + "次
12  循环");
13                      }
14                  }
15              });
16          }
17          pool.shutdown();
18          Executors.newScheduledThreadPool(1).scheduleAtFixedRate(new Runnable() {
```

```
19                 @Override public void run() {
20                     System.out.println("每隔两秒爆炸一次");
21                 }
22             },10,2,TimeUnit.SECONDS);
23             //10 秒以后每两秒调度一次
24         }
25     }
```

8.5.3 执行器

执行器用于执行已提交的 Runnable 任务的对象,其核心接口是 Executor:

```
public interface Executor
```

该接口中只有一个抽象方法 void execute(Runnable command),用于执行指定的线程。

ExecutorService 是 Executor 的子接口,用于控制线程的执行。ExecutorService 的直接实现子类主要包括 AbstractExecutorService、ThreadPoolExecutor、ScheduledThreadPoolExecutor、ForkJoinPool。

```
public interface ExecutorService extends Executor
```

Executors 类为 Executor、ExecutorService、ScheduledExecutorService、ThreadFactory 和 Callable 提供了工厂和实用方法。

- public static ExecutorService newFixedThreadPool(int n):创建一个可重用固定线程数的线程池,以共享的无界队列方式来运行这些线程。
- Future<T> submit(Callable<T> task):提交一个返回值的线程任务用于执行,返回一个表示该任务的 Future 对象。通过该 Future 对象的 get()方法可以获取线程执行结束返回的结果。
- Future<T> submit(Runnable task,T result):提交一个 Runnable 线程任务用于执行,并返回一个表示该任务的 Future 对象。通过该 Future 对象的 get()方法可以获取线程执行结束返回的结果。
- void shutdown():启动一次顺序关闭,执行以前提交的任务,但不接受新任务。如果已经关闭,则调用没有其他作用。

8.5.4 创建可以返回数据的线程

用传统方法创建的线程有两个限制,即无法返回数据、不能抛出异常。要想突破这两个限制,就得使用 JDK 1.5 增加的 Callable 接口和 Future 接口。

Callable<V>接口表示具有返回值 V 的线程。Callable 接口中只有一个抽象方法 V call() throws Exception,用来执行线程任务,与 run()类似。与 run()不同的是 call()可以返回结果 V,也可以 throw 异常。

Future<V>接口表示 Callable 线程的返回值,定义如下:

```
public interface Callable<V>
```

Future 接口中的抽象方法如下。

- V get()：返回线程的结果。
- boolean cancel(boolean mayInterruptIfRunning)：试图取消对此线程任务的执行。

FutureTask< V >是 Future 接口的实现子类，提供了对 Future 接口的基本实现，定义如下：

```
public class FutureTask < V > extends Object implements RunnableFuture < V >
```

【示例程序 8-17】 带返回值的线程应用示例(CallableThread.java)

功能描述：本程序演示了用 Callable 接口实现带返回值的线程(求指定范围内整数的和)，然后启动两个线程，一个负责计算 1～100，一个负责计算 101～200，最后汇总输出。

```
01  class CallableThread implements Callable < Integer >{
02      private int begin;
03      private int end;
04      public CallableThread(int begin, int end){
05          this.begin = begin;
06          this.end = end;
07      }
08      //负责计算 begin…end 的整数的和
09      @Override
10      public Integer call() throws Exception {
11          int sum = 0;
12          for (int i = begin;i < = end;i++){
13              sum = sum + i;
14          }
15          return sum;
16      }
17  }
18  public class CallabledAndFutureTest {
19      public static void main(String[ ] args) throws Exception{
20          //创建带有两个固定数目线程池的执行器
21          ExecutorService es = Executors.newFixedThreadPool(2);
22          Future < Integer > ft1 = es.submit(new CallableThread(1,100));
23          Future < Integer > ft2 = es.submit(new CallableThread(101,200));
24          System.out.println("1～200 整数的和: " + (ft1.get() + ft2.get()));
25          es.shutdown();
26      }
27  }
```

8.5.5 锁机制

软件包 java.util.concurrent.lock 提供了对锁机制的支持。锁机制比使用 synchronized 方法和语句块更加灵活，可以获得更广泛的锁定操作。锁机制的基本步骤是对共享资源(临界区)访问之前申请锁，访问完毕后释放锁。

```
Lock l = …;
l.lock();
try {
```

```
        //访问数据共享代码区
    } finally {
        l.unlock();
    }
```


Lock 接口的直接实现子类有 ReentrantLock、ReentrantReadWriteLock.ReadLock、ReentrantReadWriteLock.WriteLock。

- 接口 ReadWriteLock：其实现子类 ReentrantLock，ReentrantReadWriteLock.ReadLock 用于只读操作，ReentrantReadWriteLock.WriteLock 用于写入操作。
- 类 ReentrantLock：一个可重入的互斥锁 Lock，它具有与使用 synchronized 方法和语句所访问的隐式监视器锁相同的一些基本行为和语义，但功能更强大。
- 接口 Condition：将 Object 监视器方法（wait、notify 和 notifyAll）分解成截然不同的对象，以便将这些对象与任意 Lock 实现组合使用，为每个对象提供多个等待集。

【示例程序 8-18】 用同步锁实现线程安全的堆栈应用示例（MyLockStack.java）

功能描述：本程序用同步锁和数组实现线程安全的堆栈，实现了 push(char ch)和 char pop()方法的串行调用。

```
01  public class MyLockStack {
02      private char[] ca = new char[10];
03      private int point = 0;
04      private final ReentrantLock lock = new ReentrantLock();
05      public int size(){
06          return point;
07      }
08      public char pop(){
09          lock.lock();
10          char ch = '0';
11          try{
12              if(this.size()> 0){
13                  point -- ;
14                  ch = ca[point];
15              }
16          }catch (Exception e) {
17          }finally{
18              lock.unlock();
19              return ch;
20          }
21      }
22      public void push(char c){
23          lock.lock();
24          try {
25              if(this.size()< ca.length){
26                  ca[point] = c;
27                  point++;
28              }
29          } catch (Exception e) {
30          } finally{
```

```
31                lock.unlock();
32            }
33        }
34        public static void main(String[ ] args){
35            MyLockStack stack = new MyLockStack();
36            stack.push('A');
37            stack.push('B');
38            stack.push('C');
39            System.out.println(stack.pop());
40            System.out.println(stack.pop());
41            System.out.println(stack.pop());
42
43        }
44    }
```

8.5.6 Fork/Join 框架

Fork/Join 框架是 Java 7 提供的一个用于**并行执行任务**的框架。Fork/Join 框架采用**"分而治之"**策略，把一个大任务分割成若干个子任务，递归分割直到子任务足够小，将每个子任务的计算结果汇总后得到最终结果。

Fork/Join 框架的优势是可以真正实现并行计算，特别适合基于多核处理器的并行编程。

Fork/Join 框架的主要类如下。

- ForkJoinTask<V>：描述任务的抽象类。
- ForkJoinPool：管理 ForkJoinTask 的线程池。
- RecursiveAction：ForkJoinTask 子类，描述无返回值的任务。
- RecursiveTask<V>：ForkJoinTask 子类，描述有返回值的任务。

【示例程序 8-19】 用 Fork/Join 框架实现并行计算的应用示例(FKTest.java)

功能描述：本程序用 Fork/Join 框架把一个大的计算任务分而治之，例如计算 1～100000000 的所有整数的和，递归划分为一个个小的计算任务，如负责计算 1000 个数。

```
01    public class FKTest {
02        public static void main(String[ ] args) throws Exception{
03            ForkJoinPool fjp = new ForkJoinPool();
04            Future<Long> result = fjp.submit(new NTTask(1,100000000));
05            System.out.println(result.get());
06        }
07    }
08    class NTTask extends RecursiveTask<Long>{
09        public static final int THREADHOLD = 10000;
10        private int begin;
11        private int end;
12        public NTTask(int begin, int end){
13            this.begin = begin;
14            this.end = end;
```

```
15      }
16      @Override
17      protected Long compute() {
18          long sum = 0;
19          if((end - begin)<= 1000){
20              for(int i = begin; i <= end; i++){
21                  sum = sum + i;
22              }
23          }else{
24              int mid = begin + (end - begin)/2;
25              NTTask left = new NTTask(begin, mid);
26              left.fork();
27              NTTask right = new NTTask(mid, end);
28              right.fork();
29              long l = left.join();
30              long r = right.join();
31              return l + r;
32          }
33          return sum;
34      }
35  }
```

示例程序 8-19 的讲解视频可扫描二维码观看。

8.6　本章小结

本章主要介绍了如何利用 Java 多线程编程技术解决实际问题，首先介绍了线程的概念和与线程相关的类、接口、方法，然后通过编程示例对如何实现线程、如何对线程的状态进行控制、如何实现多个线程之间的同步和互斥等问题进行了详细的介绍，最后对 JDK 1.5 以后引入的 Concurrency 并发库的应用进行了研究。

将 I/O 技术、Java GUI 编程技术、Java 多线程技术等结合起来，用户就可以解决现实生活中许多的应用难题和问题。

8.7　自测题

一、填空题

1. Thread 类位于________包下。

2. 在 Java 中创建线程的方法有两种，即通过创建________类的子类来实现，通过实现接口________来实现。

3. 在________接口中只有一个抽象方法 V call() throws Exception。与 run()不同的是 call()可以返回结果，也可以抛出异常。

4. 通过调用线程名.________(true)方法可以将该线程定义为一个守护线程。

5. Thread 类有 3 个线程优先级的常量，即 Thread.MIN_PRIORITY＝________、Thread.MAX_PRIORITY＝________、Thread.NORM_PRIORITY＝________。

6. ________关键字可以用作方法修饰符，使该方法成为互斥方法；也可以用在一段代码(语句块)前实现代码的互斥调用。

7. Object 类中的________()和________()方法与 synchronized 关键字联合使用可以实现线程的同步。

8. ________类是一种定时工具,可以让指定线程在指定时间执行一次,或者在指定时间后定期重复执行 n 次。

9. 从 JDK 1.5 开始,Java 核心库中增加了________,提供了一个功能强大、高性能、高扩展、线程安全的开发库,方便程序员开发多线程的类和应用程序。

二、SCJP 选择题

1. Which statement is true?

A. To call the wait() method, a thread must own the lock of the current thread

B. To call the wait() method, a thread must own the lock of the object on which the call is to be made

C. To call the join() method, a thread must own the lock of the object on which the call is to be made

D. To call the sleep() method, a thread must own the lock of the object on which the call is to be made

E. To call the yield() method, a thread must own the lock of the object on which the call is to be made

Correct Answers:

2. Given:

```
01  public class Foo implements Runnable {
02      public void run() {
03          System.out.println("Running");
04      }
05      public void start() {
06          System.out.println("Starting");
07      }
08      public static void main(String[ ]args) {
09          new Thread(newFoo()).start();
10      }
11  }
```

What is the result?

A. Running

B. Starting

C. Compilation fails

D. The code runs with no output

E. An exception is thrown at runtime

Correct Answers:

3. Which statement is true?

A. To call the join() method, a thread must own the lock of the current thread

B. To call the sleep() method, a thread must own the lock of the current thread

C. To call the yield() method, a thread must own the lock of the current thread

D. To call the notify() method, a thread must own the lock of the current thread

E. To call the notify() method, a thread must own the lock of the object on which the call is to be made

Correct Answers:

4. Given a class that extends java.lang.Thread, where do you put the code that should execute in the thread?

A. the constructor

B. the go() method

C. the run() method

D. the start() method

Correct Answers:

5. Given:

```
01  class MyThread extends Thread {
02      public void run() {System.out.println("AAA"); }
03      public void run(Runnable r) { System.out.println("BBB"); }
04
05      public static void main(String[ ]args) {
06          new Thread(new MyThread()).start();
07      }
```

What is the result?

A. AAA

B. BBB

C. Compilation fails

D. The code runs with no output

Correct Answers:

8.8 编程实训

【编程作业 8-1】 线程同步的实现(MainSubTest.java)

具体要求：子线程循环 10 次，然后主线程循环 3 次，然后又回到子线程循环 10 次，再回到主线程循环 3 次，如此循环 10 次。

编程提示：利用 wait()、notify()实现线程的同步。

【编程作业 8-2】 GUI 界面计时器(CountTimer.java)

具体要求：

(1) 界面如图 8-4 所示。

(2) 初始状态：计时器为 00 时 0 分 0 秒，“开始”按钮有效、“暂停”按钮无效、“继续”按钮无效、“清零”按钮无效。

(3) 单击“开始”按钮后的状态：计时器开始计时，“开始”按钮无效、“暂停”按钮有效、“继续”按钮无效、“清零”按钮有效。

图 8-4 GUI 界面的计时器

(4) 单击“暂停”按钮后的状态：计时器暂停计时，“开始”按钮无效、“暂停”按钮无效、“继续”按钮有效、“清零”按钮有效。

(5) 单击“继续”按钮后的状态：计时器继续计时，“开始”按钮无效、“暂停”按钮有效、“继续”按钮无效、“清零”按钮有效。

(6) 单击“清零”按钮后的状态：本次计时结束，计时器清零为00时0分0秒，“开始”按钮有效、“暂停”按钮无效、“继续”按钮无效、“清零”按钮无效。

【编程作业 8-3】 GUI 闹钟(AlarmClock.java)

具体要求：

(1) 界面如图 8-5 所示。

图 8-5　GUI 界面的闹钟

(2) 可以设置闹钟时间，到指定时间后响铃。

编程提示：用 SwingWorker 实现，详见 7.5.2 节。

【编程作业 8-4】 实现欢迎窗口(SplashScreen.java)

欢迎窗口又称为 Splash 窗口，在软件启动时显示。

具体要求：

(1) 欢迎窗口如图 8-6 所示，显示 3 秒后自动关闭。

图 8-6　欢迎窗口

(2) 欢迎窗口下方的进度条动态显示过去了多少时间。

编程提示：

(1) 没有边界、没有标题栏和菜单栏的窗口请用 java.awt.Window 或 javax.swing.JWindow 组件实现。窗口的默认布局是 BorderLayout。

(2) 用 SwingWorker 实现，详见 7.5.2 节。

【编程作业 8-5】 请用信号量机制实现停车场管理(ParkTest.java)

具体要求：某停车场拥有 10 个车位，每一辆车(线程)进入停车场前车位数减 1，进入停车场停车 1～10s，开出停车场，车位数加 1。当车位数为 0 时没有停车位，排队等候，有车开出时唤醒等待车位的车辆。

编程提示：

(1) 信号量机制的 Java 实现请参考 8.5.1 节。

(2) 停车场：构造一个拥有 permits 许可证的 Semaphore 对象。

(3) 将车辆写成一个线程。动作：用 acquire()从信号量申请一个许可证，获取到许可证前等待；进入停车场，停车用 sleep 随机时间模拟，驶出停车场，归还许可证，用 signal()唤醒等待进入的车辆。

(4) 用线程池模拟每隔几秒产生一辆车。

```
01  …
02  ScheduledExecutorService pool = Executors.newScheduledThreadPool(1);
03  //从第 0 秒开始每隔两秒产生一个 Vehicle 线程
04  pool.scheduleAtFixedRate(new Vehicle(),0,2,TimeUnit.SECONDS);
05  …
06  class Vehicle implements Runnable{
07      @Override
08      public void run() {
09          …
10      }
11  }
```

本作业的程序讲解视频可扫描二维码观看。

【编程作业 8-6】 多线程分别求和，然后汇总(SumTest.java)

具体要求：编写 10 个线程，第 1 个线程从 0 加到 9999，第 2 个线程从 10000 加到 19999，依此类推，第 10 个线程从 90000 加到 99999，最后将 10 个线程的计算结果相加。

编程提示：

(1) 使用线程池创建线程。

(2) 创建可以返回数据的线程。

【编程作业 8-7】 小球病毒的模拟(SmallBall.java)

具体要求：

(1) 界面要求如图 8-7 所示。

(2) 运动轨迹：小球碰到边界就改变方向弹回来，每 10ms 运动一次。

(3) 初始界面："开始"按钮有效，"停止"、"恢复"按钮无效。

(4) 开始按钮：单击后小球开始运动，"开始"按钮无效，"停止"、"恢复"按钮有效。

(5) 停止按钮：单击后小球暂停运动，"开始"按钮无效，"停止"按钮无效，"恢复"按钮有效。

(6) 恢复按钮：单击恢复后小球继续运动，"开始"按钮无效，"停止"按钮有效，"恢复"按钮无效。

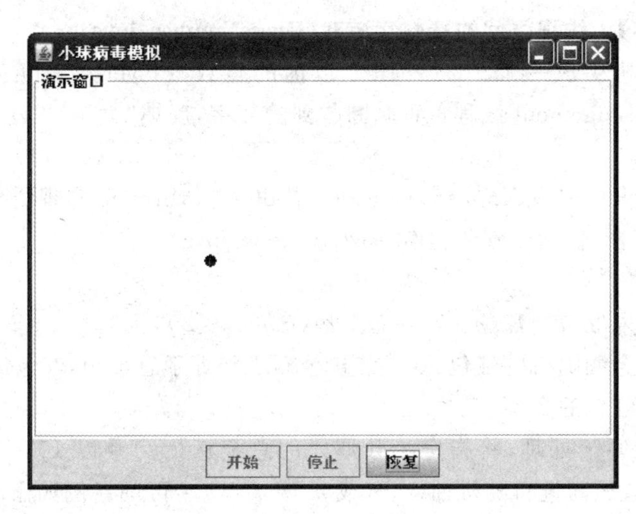

图 8-7　小球病毒模拟

编程提示：

(1) 线程的启动、暂停、继续功能的实现：可以直接采用java.lang.Object中的start()、suspend()、resume()方法。由于suspend()、resume()方法已经过时，这里不再推荐使用，可以改为用wait()和notity()方法实现。

(2) 小球的运动轨迹的控制与实现请参考以下程序片段：

```
01  Graphics g = jp_win.getGraphics();
02  int x = 10, y = 15;
03  //计算画球时的最大坐标
04  int x_max = 440 - BALLSIZE;
05  int y_max = 260 - BALLSIZE;
06  //球移动的增量
07  int x_increase = 5;
08  int y_increase = 5;
09  while(true){
10  //将上一次画的球擦掉
11  g.setColor(Color.WHITE);
12  g.fillOval(x, y, BALLSIZE, BALLSIZE);
13  //画球
14  g.setColor(BALLCOLOR);
15  x = x + x_increase;
16  y = y + y_increase;
17  g.fillOval(x, y, BALLSIZE, BALLSIZE);
18  //判断球是否到达了边界,若到达了则转向
19  if(x <= 10 || x >= x_max) x_increase = - x_increase;
20  if(y <= 15 || y >= y_max) y_increase = - y_increase;
21  try {
22      Thread.sleep(10);
23  }catch(Exception e){
24  }
```

【编程作业 8-8】 线程之间的猜数字游戏(GuessNumber.java)

具体要求:随机生成一个 1024×1024 以内的整数,Player 线程负责猜数字,发送给 Judgement 线程。Judgement 线程负责判断收到的数字,反馈“大了”、“小了”或“相等,恭喜你猜对了!”。

编程提示:要求用 PipedInputStream 和 PipedOutputStream 实现线程之间的通信。

【编程作业 8-9】 仿微信红包程序(RedEnvelope.java)

具体要求:

(1) 从键盘输入红包个数($n \geqslant 1$)和总金额(money≤200 元)。

(2) 生成 n 个金额随机的红包,要求红包金额之和等于总金额,红包最小值为 1 分。

(3) 输出每个红包的金额。

编程提示:为便于处理,将指定小数形式的总金额(元)乘以 100 倍变成整数金额 n(分)。对$[1,n]$整数区间进行随机抽样,分成 m 或 $m+1$ 个区间。例如输入金额 1.00 元,人数 $m=3$,$n=100\times1$。从 1 到 100 随机选中的 3 个整数为 15、42、88,这时产生了 $m+1$ 个区间,最后的两个区间合并,最终得到 3 个区间,即 1～15、16～42、43～100,根据这 3 个区间计算金额为 0.15、0.42－0.15＝0.27、1.00－0.42＝0.58,最终得到的随机金额为 0.15、0.27、0.58。

第9章 Java网络编程技术

在本章我们将一起学习以下内容：

- 计算机网络基础知识。
- URL和URI。
- TCP Socket编程。
- UDP编程。

9.1 计算机网络基础知识

通过网络，计算机和网络设备之间可以实现物理上的连接和通信。

9.1.1 几个重要的概念

TCP/IP网络参考模型包括**应用层**、**传输层**、**网络层**、**链路层**、**物理层**5个层次。大多数基于Internet的应用程序都被看作TCP/IP网络的最上层——应用层，例如FTP、HTTP、SMTP、POP3、Telnet等。

- **协议(Protocol)**：两台计算机通信时对传送信息内容的理解、信息表示形式以及各种情况下应答信号都必须遵守的共同约定。
- **TCP/IP**：指传输控制协议(Transmission Control Protocol)和网间协议(Internet Protocol)。TCP/IP是Internet近百个协议中的主要协议，定义了计算机和外设进行通信所使用的规则，是事实上的工业标准。
- **IP地址**：**IPv4(32bits)**用来标识计算机、交换机、路由器等网络设备的网络地址，由小数点分成4个部分，每部分的取值为0～255。为解决IP资源耗尽的问题，IETF提出了**IPv6(128bits)**。
- **域名(Domain)**：网络地址的助记名，按照域名进行分级管理。通过域名或IP地址只能定位到某一台计算机、网络设备或服务器等。但一台计算机可能运行多个网络程序，因此需要用端口来标识某个网络程序。注意，最终域名也是要通过DNS服务器解析为IP地址后再进行网络通信的。
- **端口号(Port)**：这里指逻辑意义上的端口，每台计算机的逻辑端口号16bits，因此取值范围为0～65535，其中0～1023为系统保留，例如HTTP服务的端口号为80，用于浏览网页服务的80端口，用于FTP服务的21端口等。用户开发的网络应用程序应该使用1024以后的端口号，从而避免端口号已被另一个应用或系统所用。如果端口冲突，请用命令“netstat -a -n”来查看各个端口的侦听占用情况。

网络程序一般为服务器端和客户端，服务器端必须使用约定的端口号，而客户端可以使用本机与其他网络程序不发生冲突的端口。

9.1.2 URL 和 URI

(1) **URI(Uniform Resource Identifier)：统一资源标识符**，用来唯一地标识一个资源。URI 可以是绝对路径，也可以是相对路径（如< a herf＝"104/2627604. shtml">或< img src＝"…/images/logo. png"），甚至是一个资源的内部（如 http://www. somesite. com/html/top. html# section_1)，只要符合 URI 语法规则就行。

(2) **URL(Uniform Resource Locator)：统一资源定位器**，是 URI 命名机制的一个子集，指明如何定位这个资源。URL 只能是绝对路径。

URL 的语法格式为"**Schema://host:port/path**"。

- Schema：表示 Internet 资源类型(即协议)，如 http://表示采用 HTTP 协议访问 WWW 服务器，ftp://表示用 FTP 协议访问 FTP 服务器等。
- host：表示服务器地址，即域名或 IP 地址。
- port：表示程序端口。
- path：表示服务器上某资源的位置，与 DOS 操作系统中路径的格式相同，分隔符采用/而不是\。

典型 URL 如"http://auto. sohu. com/20160214/n437035941. shtml"。

(3) **URN**(Uniform Resource Name)：**统一资源命名**，通过名字来标识资源。URN 表示 Internet 上某一资源的地址。

综上所述，URI 以一种相对更广泛的、抽象的、高层次的定义统一资源标识，而 URL 和 URN 则是具体的资源标识的方式。URL 和 URN 都是 URI 的一种。

9.1.3 TCP 和 UDP

1. TCP 协议

TCP 传输控制协议(Tranfer Control Protocol)是一种面向连接的可以保证数据可靠传输的协议。通过 TCP 协议可以在网络设备之间建立一条虚拟的连接线路，网络设备或计算机就可以在这个线路上进行数据通信。

两台网络设备或计算机通过 TCP 协议进行通信时要经过 3 次握手：

(1) 希望与服务器端建立联系的客户端向服务器发送数据包；

(2) 服务器端在收到客户端的数据包后要进行确认，并向客户端发送数据包；

(3) 客户端在收到服务器端发出的数据包后向服务器端发送确认的信息。

3 次握手完成以后，服务器端和客户端之间就建立了一条虚拟的通信线路，就可以进行数据通信了。

TCP 协议的可靠传输是依赖于对数据包添加序列号及响应应答的方式实现的。接收端响应数据包丢失或超时都会导致服务端重新发送数据包，这样的机制保证了数据的可靠传输。

使用 TCP 协议进行网络数据传输是编写网络应用程序的前提，很多更高层的应用级协议(如 HTTP、FTP 等)都是建立在 TCP 协议基础之上的。

2. UDP 协议

UDP 协议(User Datagram Protocol,用户数据报协议)是一种无连接的协议,提供不可靠信息传输服务。NFS、SNMP、DNS、TFTP 等协议都是采用 UDP 协议实现的。

在正式通信前不必与对方先建立连接,不管对方状态就直接发送。每个 UDP 数据报都包含一个完整的传输信息,包括源地址、源端口、目的地址、目的端口、帧序号、数据帧等。UDP 在网络上以任何可能的路径传往目的地,因此能否到达目的地、到达目的地的时间以及内容的正确性都是不能被保证的。

如果 TCP 是电话通信,那么 UDP 就可以收发短信和邮件了,因此 UDP 适用于网络环境良好、对可靠性要求不太高、发送广播数据包不关心接收端是否收到等应用环境,如 QQ、广播等软件。

UDP 和 TCP 的应用比较如表 9-1 所示。

表 9-1　TCP 和 UDP 的应用比较

序号	TCP	UDP
1	面向连接	不需要连接
2	稳定可靠	传输不太可靠,不提供可靠传输、流控制、错误恢复等机制,没有收到确认和重传机制
3	适合传输大量数据	适合一次只传输少量数据
4	速度慢,效率较低	速度快,效率高

9.2　Java 网络编程的地址类

Java 语言对 TCP 协议、UDP 协议提供了良好的封装和支持,与 Java 网络编程相关的类、接口和异常集中存放在 java. net 包中。

9.2.1　URL 类

在 Java 中用 java. net. URL 类来表示 URL。

URL 类的常见构造方法如下:

- public URL (String spec)
- public URL(URL context,String spec)
- public URL(String protocol,String host,String file)

在一个 URL 对象生成后,其属性是不能被改变的,用户只能通过 URL 类提供的 getXXXX()来获取这些属性。在 Java 编程中可以使用 URI. toURL()和 URL. toURI()方法来完成 URL 和 URI 类型的对象互相转换。

【示例程序 9-1】　URL 类应用示例(URLTest. java)

功能描述:本程序演示了 URL 类的构造方法、获取 URL 相关信息的方法。

```
01  public class URLTest {
02      public static void main(String[ ] args) throws Exception {
03          URL aurl = new URL("http://java.sun.com:80/docs/books/");
```

```
04            URL tuto = new URL(aurl, "tutorial.intro.html#DOWNLOADING");
05            System.out.println("protocol = " + tuto.getProtocol());
06            System.out.println("host = " + tuto.getHost());
07            System.out.println("filename = " + tuto.getFile());
08            System.out.println("port = " + tuto.getPort());
09            System.out.println("ref = " + tuto.getRef());
10            System.out.println("query = " + tuto.getQuery());
11            System.out.println("path = " + tuto.getPath());
12            System.out.println("UserInfo = " + tuto.getUserInfo());
13            System.out.println("Authority = " + tuto.getAuthority());
14     }
15 }
```

9.2.2 InetAddress 类

在 Java 中,InetAddress 用于表示一个互联网协议地址(封装 IP 地址和域名),与网络编程相关的其他类可能需要用到 InetAddress 类的实例。

InetAddress 类没有提供构造方法,而是通过以下 4 个方法来构造 InetAddress 对象。

- static InetAddress getByName(String host):根据主机名返回一个 InterAddress 对象。
- static InetAddress[] getAllByName(String host):根据主机名返回一个 InterAddress 数组(IP 地址组成)。
- static InetAddress getByAddress(byte[] addr):根据 IP 地址返回一个 InterAddress 对象。
- static InetAddress getByAddress(String host, byte[] addr):根据主机名和 IP 地址创建一个 InetAddress 对象。

InetAddress 类的常用方法请参考示例程序 9-2。

【示例程序 9-2】 InetAddress 类应用示例(InetAddressTest.java)

功能描述:本程序演示了获取本机 InetAddress 对象的 3 种方法、从 InetAddress 对象中获取 IP 地址或域名等相关信息的方法。

```
1  public class InetAddressTest {
2       public static void main(String[] args) throws
3  UnknownHostException {
4           //获取本机 InetAddress 对象的 3 种方法
5           InetAddress local1 = InetAddress.getByName("localhost");
6            byte [] ba = {127,0,0,1};
7           InetAddress local2 = InetAddress.getByAddress(ba);
8           InetAddress local3 = InetAddress.getLocalHost();
9           System.out.println("取 InetAddress 中的 IP 地址: " + local1.getHostAddress());
10          System.out.println("取 InetAddress 中的域名或计算机名: " + local2.getHostName());
11          //以下代码需要连网
12          InetAddress local4 = InetAddress.getByName("www.baidu.com");
```

```
13          System. out .println(local4.getHostAddress());
14          System. out .println(Arrays.toString(local4.getAddress()));
15          System.out.println((byte)220);
16      }
17  }
```

运行结果：

```
取 InetAddress 中的 IP 地址：127.0.0.1
取 InetAddress 中的域名或计算机名：localhost
220.181.112.244
[-36, -75, 112, -12]
```

运行结果分析：

为什么是－36，而不是 220？220 强制转换为 byte 类型。

9.3 TCP Socket 编程

在使用 TCP 协议进行网络编程时，一般有一个提供服务的**服务器端程序**和若干个接受服务的**客户端程序**。服务器端程序循环监控某个端口，接收客户端程序的请求并做出响应。客户端程序请求连接服务器端程序，建立连接后发出请求并接收服务器端程序的响应。

Socket 又称为"套接字"，Java 应用程序通常通过套接字向网络发出请求或应答网络请求。ServerSocket 类实现服务器端 Socket，Socket 类实现客户端 Socket。在建立连接后，服务器端和客户端都会产生一个 Socket 实例。Socket 之间是平等的、双向连通的。服务器端或客户端可以用 OutputStream 的方式向 Socket 中写入数据，另外一端就可以从 Socket 中以 InputStream 的方式读取数据，从而实现通信，具体示意图如图 9-1 所示。

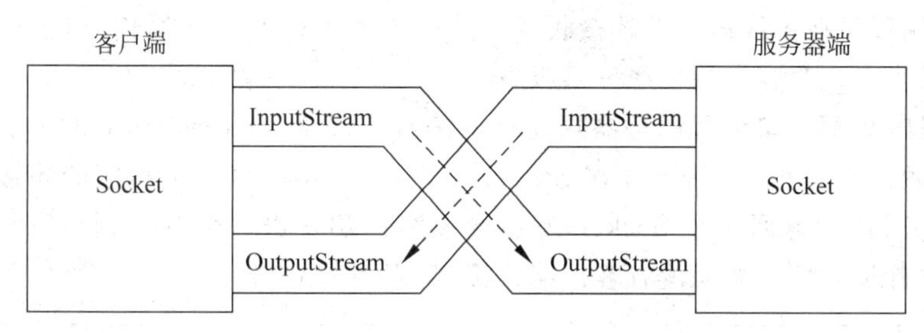

图 9-1　服务器端和客户端的数据传输

在 Java 中，ServerSocket 和 Socket 类都集中存放在 java.net 包中。ServerSocket 类接收其他通信实体的连接请求，ServerSocket 类的对象用于监听来自客户端的 Socket 连接，如果没有连接，它将一直处于等待状态。

ServerSocket 类的构造方法如下：

```
public ServerSocket(int port)
```

其用于创建一个绑定到本机 prot 端口的 ServerSocket 对象。

ServerSocket 类的常用方法如下。

- public Socket accept()：侦听服务端口并接收客户端的连接申请，连接后返回一个 Socket 对象，否则阻塞。
- public void close()：关闭此 ServerSocket 对象，与该 ServerSocket 相关联的通道将被关闭。

客户端的 Socket 发送连接请求，一旦与服务器端建立连接，就可以通过 Socket 对象取得输入和输出流对象，然后通过流进行数据的读/写。一个 Socket 由一个 IP 地址和一个端口号唯一确定。

Socket 类的构造方法如下。

- public Socket(InetAddress address,int port)：用指定的 InetAddress 和端口构建一个 Socket 对象。
- public Socket(String host,int port)：构建一个 Socket 对象，并和指定主机和端口的服务端程序建立连接。

Socket 类的常用方法如下。

- public InputStream getInputStream()：获取当前 Socket 的输入流。
- public OutputStream getOutputStream()：获取当前 Socket 的输出流。
- public InetAddress getLocalAddress()：获取当前 Socket 绑定的本地地址。
- public int getLocalPort()：返回当前 Socket 绑定到的本地端口。
- public int getPort()：返回当前 Socket 连接到的远程端口。
- public SocketAddress getRemoteSocketAddress()：返回当前 Socket 连接服务端的 IP 地址。
- public void close()：关闭当前 Socket。

9.3.1 传统单线程 Socket 编程

服务器端程序在主线程中循环接收客户端程序的连接并与之通信，但这样的服务是串行的，一次只能为一个客户端程序提供服务。

【示例程序 9-3】 单线程服务器端 Socket 编程应用示例(ServerSocketTest.java)

功能描述：本程序演示服务器端 Socket 编程，循环接收客户端程序的连接。如果有客户端连接服务器，就返回一个 Socket，然后给该客户端发送一个“同志们好!”，并接收客户端发过来的“首长好!”。如果没有客户端连接，就阻塞等待。

```
01  public class ServerSocketTest {
02      public static void main(String[] args) throws Exception {
03          System.out.println("服务器端程序启动…");
04          //服务器端程序监听 8080 端口
05          ServerSocket ss = new ServerSocket(8080);
06          while ( true ) {
07              Socket socket = ss.accept();
08              //无客户端访问,阻塞等待
09              //有客户端访问 8080 端口,返回 Socket 对象(客户端的 IP 地址和端口号)
10              String sip = socket.getLocalAddress().toString();     //服务器端 IP
```

```
11                  int sport = socket.getLocalPort();      //服务器端端口 8080
12                  String cip = socket.getRemoteSocketAddress().toString();
13  //客户端 IP 地址
14                  int cport = socket.getPort();           //客户端端口
15                  PrintStream ps =  new PrintStream(socket.getOutputStream());
16                  ps.println("同志们好!");
17                  Scanner sc =  new Scanner(socket.getInputStream());
18                  System. out .println("客户端" + cip + ":" + cport + "说: " + sc.
19  nextLine());
20          }
21      }
22  }
```

【示例程序 9-4】 单线程客户端 Socket 编程应用示例(SocketTest.java)

功能描述:本程序演示客户端 Socket 编程,即连接到 127.0.0.1:8080 的服务器端程序,接收服务器端发过来的字符串"同志们好!",并给服务器端程序发送一个字符串"首长好!",然后退出。

```
01  public class SocketTest {
02      public static void main(String[] args) throws Exception{
03          //连接到 127.0.0.1:8080 的服务器端程序
04          Socket socket =  new Socket("127.0.0.1",8080);
05          InputStream is = socket.getInputStream();
06          Scanner sc =  new Scanner(is);
07          String s = sc.nextLine();
08          System. out .println("服务器端说: " + s);
09          PrintStream ps =  new PrintStream(socket.getOutputStream());
10          ps.println("首长好!");
11          ps.flush();
12          ps.close();
13      }
14  }
```

本小节内容讲解视频可扫描二维码观看。

9.3.2 多线程 Socket 编程

9.3.1 节中服务器端接收一个客户端的请求结束后才能接收下一个客户端,即串行服务。显然这样的实现是低效率的,无法满足对服务器端程序的要求。其处理办法为对于每个客户端的连接请求,服务器启动一个单独的线程专门和该客户端通信,服务器继续接收其他客户端的连接请求,而不是阻塞等待,从而提高服务器端程序对客户端的响应效率。

【示例程序 9-5】 基于多线程的服务器端应用示例(MultiThreadServer.java)

功能描述:本程序在 9.3.1 节的基础上进行了改进,对于每个客户端的连接请求,服务器启动一个单独的线程专门和该客户端通信,收到客户端发送过来的字符串后显示,然后回复客户端收到了该字符串,直到客户端输入"exit"。

```
01  public class MultiThreadServer {
02      public static void main(String[ ] args) {
03          ServerSocket s = null ;
04          try {
05              s = new ServerSocket(8000);
06              System. out .println("服务已经开启…");
07              while ( true ) {
08                  Socket socket = s.accept();
09                  String addr =
10  socket.getInetAddress().getHostAddress() +":" + socket.getPort();
11                  System. out .println("客户 " + addr + "访问!");
12                  //启动一个专门接收指定 Socket 的客户端信息的线程
13                  new ServerReaderThread(socket,addr).start();
14              }
15          } catch (Exception e) {
16              e.printStackTrace();
17          }
18      }
19  }
20  //接收指定 Socket 的客户端信息的线程
21  class ServerReaderThread extends Thread {
22      Socket socket;
23      String addr;
24      Scanner sc;
25      PrintStream ps;
26      public ServerReaderThread(Socket socket,String addr) {
27          this .socket = socket;
28          this .addr = addr;
29      }
30      public void run() {
31          try {
32              sc = new Scanner(socket.getInputStream());
33              ps = new PrintStream(socket.getOutputStream());
34              while ( true ) {
35                  String str = sc.nextLine();
36                  System. out .println(addr + "说:" + str);
37                  ps.println(str);
38                  ps.flush();
39                  if ("exit".equalsIgnoreCase(str)) {
40                      break ;
41                  }
42              }
43          } catch (IOException e1) {
44              e1.printStackTrace();
45          }
46      }
47  }
```

【示例程序 9-6】 基于多线程的客户端应用示例(MultiThreadClient.java)

功能描述：本程序将从键盘输入的字符串发向服务器端,并接收服务器返回的信息,直到输入“exit”为止。

```
01  public class MultiThreadClient {
02      public static void main(String[ ] args) throws Exception {
03          Socket socket = new Socket("127.0.0.1", 8000);
04          PrintWriter pm = new PrintWriter(socket.getOutputStream());
05          Scanner sc1 = new Scanner(socket.getInputStream());
06          Scanner sc = new Scanner(System. in );
07           while ( true ) {
08              System. out .print("请输入字符串(Exit 退出): ");
09              String s = sc.nextLine();
10              pm.println(s);
11              pm.flush();
12              String s1 = sc1.nextLine();
13              System. out .println("收到服务器: " + s1);
14               if ("exit".equalsIgnoreCase(s)) {
15                   break ;
16              }
17          }
18      }
19  }
```

先运行服务器端程序,然后运行两个客户端程序进行测试。

在调用 PrintStream 类的 println 方法输出信息后,用户要记住调用 flush()方法。

运行结果如图 9-2 所示。

Console
1 MultiThreadServer [Java Application] C:\Program Files\Java\jdk1.7.0_79\bin\javaw.exe (2016年4月2日 下午12:22:52)
2 <terminated> MultiThreadClient [Java Application] C:\Program Files\Java\jdk1.7.0_79\bin\javaw.exe (2016年4月2日 下午12:22:56)
3 <terminated> MultiThreadClient [Java Application] C:\Program Files\Java\jdk1.7.0_79\bin\javaw.exe (2016年4月2日 下午12:23:12)

图 9-2 在 Eclipse 控制台之间切换

服务器端程序运行信息：

```
服务已经开启…
客户 127.0.0.1:60409 访问!
127.0.0.1:60409 说:aa
客户 127.0.0.1:60410 访问!
127.0.0.1:60410 说:bb
127.0.0.1:60410 说:b
127.0.0.1:60410 说:exit
127.0.0.1:60409 说:a
127.0.0.1:60409 说:exit
```

客户端运行信息 1：

```
请输入字符串(Exit 退出): aa
收到服务器: aa
```

请输入字符串(Exit 退出): a
收到服务器: a
请输入字符串(Exit 退出): exit
收到服务器: exit

客户端运行信息 2:

请输入字符串(Exit 退出): bb
收到服务器: bb
请输入字符串(Exit 退出): b
收到服务器: b
请输入字符串(Exit 退出): exit
收到服务器: exit

本小节内容讲解视频可扫描二维码观看。

9.3.3 从客户端上传文件到服务器端

客户端和服务器端除了可以发送字符串信息外,还可以发送文件和对象。下面的示例程序演示了如何从客户端将一个文件发送给服务器。

【示例程序 9-7】 文件上传的服务器端程序示例(FTPServer.java)

功能描述:本程序循环接收客户端上传文件到 D:\upload 文件夹的请求。为防止文件重名,上传的文件名为年月日时分秒毫秒的格式。上传成功向客户端发送信息。

```
01  public class FTPServer {
02      static {
03          File f = new File("D:\upload");
04          if (!f.exists()){
05              f.mkdir();
06          }
07      }
08      public static void main(String[] args) throws Exception {
09          System. out .println("服务器端程序启动…");
10          //服务器端程序监听 8080 端口
11          ServerSocket ss = new ServerSocket(8888);
12          while ( true ) {
13              Socket socket = ss.accept();
14              new ReadFileThread(socket).start();
15          }
16      }
17  }
18  class ReadFileThread extends Thread{
19      Socket socket;
20      public ReadFileThread(Socket socket){
21          this .socket = socket;
22      }
23      @Override
24      public void run() {
25          try {
26              SimpleDateFormat sdf = new SimpleDateFormat
27  ("yyyyMMddhhmmss");
```

```
28                String name = "D:\\upload\\" + sdf.format( new Date()) +
29    .jpg;
30                FileOutputStream fos =  new FileOutputStream(name);
31                InputStream is = socket.getInputStream();
32                 int len = 0;
33                 byte [] ba =  new byte [1024];
34                 while ((len = is.read(ba))!= -1){
35                     fos.write(ba,0,len);
36                }
37
38                PrintStream ps =  new
39    PrintStream(socket.getOutputStream());
40                ps.println("上传成功!");
41                ps.flush();
42                fos.close();
43            } catch (Exception e) {
44                e.printStackTrace();
            }
        }
    }
```

【示例程序 9-8】 文件上传的客户端程序示例(FTPClient.java)

功能描述:本程序连接服务器,然后将 D:\2.jpg 发送给服务器,最后接收服务器上传成功的信息输出。

```
01  public class FTPClient {
02      public static void main(String[] args) throws Exception{
03          Socket socket =  new Socket("127.0.0.1",8888);
04          OutputStream os = socket.getOutputStream();
05          FileInputStream fis =  new FileInputStream("D:\2.jpg");
06           byte [] ba =  new byte [1024];
07           int len = 0;
08           while ((len = fis.read(ba))!= -1){
09              os.write(ba);
10          }
11          socket.shutdownOutput();
12          Scanner sc =  new Scanner(socket.getInputStream());
13          String msg = sc.nextLine();
14          System. out .println(msg);
15          socket.close();
16      }
17  }
```

9.4 UDP Socket 编程

Java 在 java.net 包中提供了 DatagramSocket 和 DatagramPacket 两个类,用来支持数据报通信的编程。

1. DatagramSocket 类

DatagramSocket(数据报套接字)用于在 Java 程序之间建立传送数据报的通信连接，DatagramSocket 表示用来发送和接收数据报的 Socket。数据报套接字是包投递服务的发送点或接收点。

DatagramSocket 类的构造方法如下。

- public DatagramSocket()：用一个空闲端口构造一个 DatagramSocket 对象。
- public DatagramSocket(int prot)：用指定端口构造一个 DatagramSocket 对象。

DatagramSocket 类的常用方法如下。

- public void send(DatagramPacket p)：从当前套接字发送数据报包。DatagramPacket 对象中包含了将要发送的数据、其长度、远程主机的 IP 地址和远程主机的端口号等信息。
- public void receive(DatagramPacket p)：该方法用于将接收到的数据填充到 DatagramPacket 的缓冲区中，在接收到数据之前一直处于阻塞状态。数据报包对象也包含发送方的 IP 地址和发送方计算机的端口号。
- public void close()：关闭当前数据报套接字。

2. DatagramPacket 类

无论是发送 UDP 包还是接收 UDP 包，都要通过 DatagramPacket 类的对象。如果是要发送的数据报包，则 DatagramPacket 对象中必须包含待发送的数据以及数据包要到达的 IP 地址和端口号。如果是在接收 UPD 数据报包，则需要创建一个 DatagramPacket 对象，以便存放接收到的数据及其相关信息。通常，无论是发送数据还是要接收数据都将使用 byte[]来充当缓冲区。

DatagramPacket 类的构造方法如下。

- public DatagramPacket(byte buf[],int length)：构造一个用 byte 数组来接收 length 长度的数据的 DatagramPacket 实例。
- public DatagramPacket(byte[] buf,int offset,int length)：构造一个用 byte 数组(从 offset 位置开始存放)来接收 length 长度的数据的 DatagramPacket 实例。
- public DatagramPacket(byte buf[], int length, InetAddress addr, int port)：用来构造一个将长度为 length 的数据包发送到指定主机上的指定端口号中去的 DatagramPacket 实例，从 0 开始。
- public DatagramPacket(byte[] buf, int offset, int length, InetAddress address, int port)：用来构造一个将长度为 length 的数据包发送到指定主机上的指定端口号中去的 DatagramPacket 实例，取数据时从 buf[offset]开始。

DatagramPacket 类的常用方法如下。

- public InetAddress getAddress()：如果发送数据包，则取的是本机发送端口；如果是接收包，则取的是发送端的端口。
- public int getPort()：如果发送数据包，则取的是本机地址；如果是接收包，则取的是发送端的主机地址。返回某台远程主机的端口号。
- public byte[] getData()：返回数据缓冲区。
- public int getLength()：返回将要发送或接收到的数据的长度。

- public void setData(byte[] buf,int offset,int length)：为此数据包设置数据缓冲区。此方法设置包的数据、长度和偏移量。

【示例程序 9-9】 UDP 发送端的程序实现(UDPChatSend.java)

功能描述：本程序循环从键盘上输入字符串并发送到本机的 3000 端口上，直到输入“exit”为止。

```
01  Public class UDPChatSend {
02      public static void main(String[ ] args) throws Exception{
03          //发送数据报,端口号指定不指定都行
04          DatagramSocket ds  =  new DatagramSocket();
05          Scanner sc =  new Scanner(System. in );
06          System. out .print("请输入要发送本机 3000 端口的数据: ");
07          String str = sc.nextLine();
08          DatagramPacket dp = null;
09           while (!str.equals("exit")){
10              dp =  new DatagramPacket(str.getBytes(),str.getBytes
11  ().length,InetAddress.getByName("localhost"),3000);
12              ds.send(dp);
13              System. out .print("请输入要发送本机 3000 端口的数据: ");
14              str = sc.nextLine();
15          }
16          ds.close();
17      }
18  }
```

【示例程序 9-10】 UDP 接收端的程序实现(UDPChatReceive.java)

功能描述：本程序循环接收发送到本机的 3000 端口上的数据，直到接收到“exit”为止。

```
01  public class UDPChatReceive {
02      public static void main(String[ ] args) throws Exception{
03          DatagramSocket ds =  new DatagramSocket(3000);
04           byte [ ] buf =  new byte [1024];
05          //构建长度为 1024 的缓冲区,用于接收数据
06          DatagramPacket dp =  new DatagramPacket(buf,buf.length);
07           while ( true ){
08              ds.receive(dp);
09              String s =  new String(dp.getData(),0,dp.getLength());
10              System. out .printf("从 %s: %d 接收的数据:
11  %s\n",dp.getAddress().getHostAddress(),dp.getPort(),s);
12               if (s.equals("exit")){
13                   break ;
14              }
15          }
16      }
17  }
```

本节内容的讲解视频可扫描二维码观看。

9.5 本章小结

本章介绍了Java网络编程的相关知识，主要包括计算机网络基础知识、Java网络编程的地址类URL和InetAddress、TCP Socket编程、UDP Socket编程等内容。

Java GUI编程技术、Java网络编程技术、Java I/O技术、Java多线程技术和第10章的JDBC编程技术一起构成了开发Java应用的完整解决方案。本章内容综合性强，知识较为抽象。对于初学者来说，本章是Java高级编程部分的集大成者，是学习的重点和难点。

9.6 自测题

1. 在Java中，与网络编程相关的类和接口一般放在________包中。
2. ________是一种面向连接的可以保证数据可靠传输的协议。
3. ________是一种无连接的协议，提供不可靠信息传输服务。
4. 在Java中，________用于表示一个互联网协议地址(封装IP地址和域名)。
5. 一个Socket由一个________和一个________号唯一确定。
6. 在计算机中，逻辑端口号用________位二进制数表示，端口号的范围为0～________。

9.7 编程实训

【编程作业9-1】 输出指定网址的IP地址和主机名(OracleInetAddress.java)

具体要求：

(1) 利用InetAddress类提供的相关方法实现。

(2) 甲骨文公司网址为"http://www.oracle.com"，IP地址为"184.26.250.202"。

【编程作业9-2】 可以显示HTML和源码的简单浏览器(MyBrowser.java)

具体要求：

(1) 界面要求如图9-3和图9-4所示。

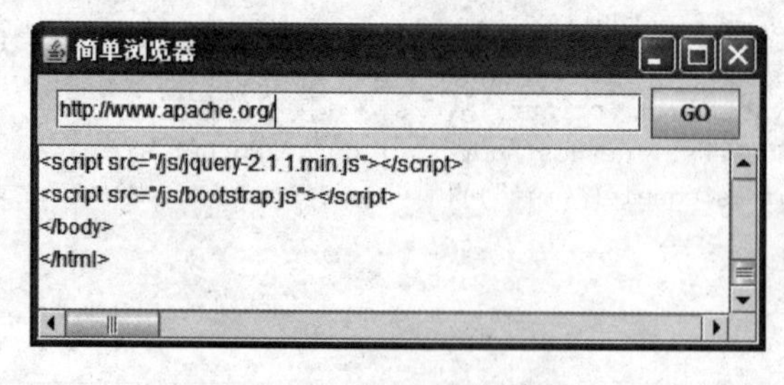

图9-3 HTML源码的显示

(2) 输入一个网址，单击GO按钮后在文本区域显示该网页的源码和内容。

编程提示：

(1) public URL(String spec)：用指定网址构建一个URL对象。

(2) public URLConnection openConnection()：从URL对象上打开一个URL连接。

图 9-4　简单浏览器

(3) public InputStream getInputStream()：获取该 URL 连接对象上的一个输入流，这样就可以读取 HTML 文件中的字符串了。

(4) public void setText(String t)：将从 HTML 文件中获取的字符串设置到 JTextArea 对象中。

(5) public void setPage(URL page)：用 JEditorPane 类的方法实现 HTML 文件的显示。

【编程作业 9-3】 编写一个 GUI 界面的 Socket 聊天室(UDPChatGUI.java)

具体要求：

(1) 界面要求如图 9-5 所示。

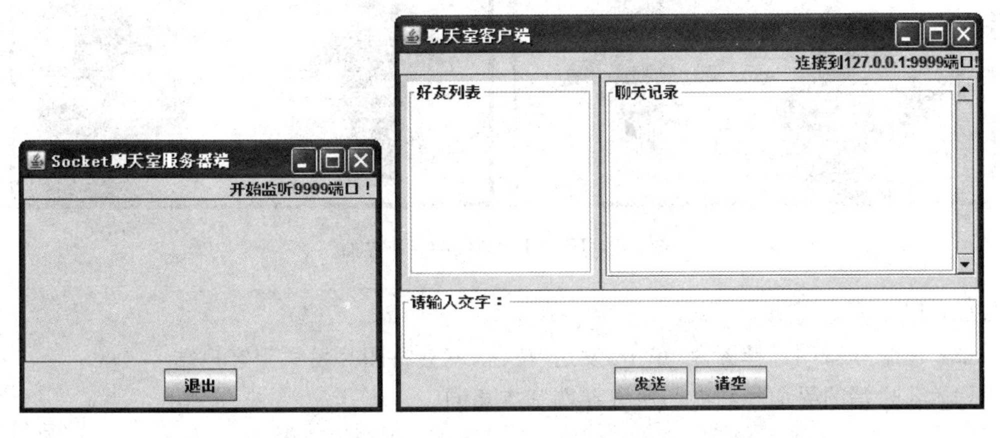

图 9-5　Socket 聊天室服务器和客户端程序的 GUI 界面

(2) 用 Socket 编程实现服务器端和客户端程序的编写。

(3) 服务器端只负责好友列表的刷新，不负责客户端聊天信息的转发。

【编程作业 9-4】 编写一个 GUI 界面的 UDP 聊天室(UDPChatGUI.java)

具体要求：

(1) 界面要求如图 9-6 所示。

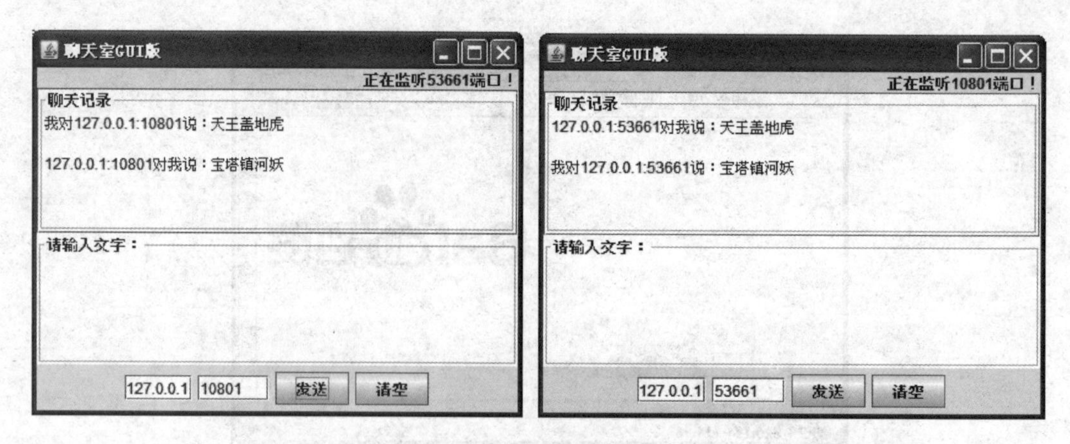

图 9-6　UDP 聊天室的 GUI 界面

（2）用 UDP 实现程序的编写。

（3）UDP 没有服务器端和客户端的区分。

【编程作业 9-5】　编写一个可以在服务器端和客户端选择图片文件并互相发送的 GUI 界面程序（ServerPicture.java 和 ClientPicture.java）

具体要求：

（1）界面要求如图 9-7 所示。

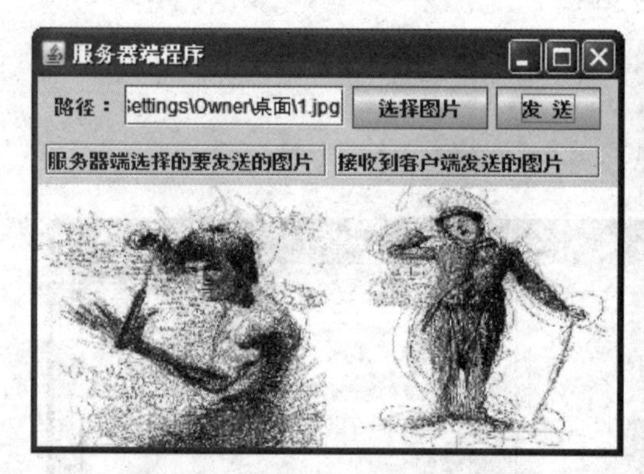

图 9-7　UDP 聊天室的 GUI 界面

（2）用 Socket 实现。

（3）在服务器端选择图片，单击“发送”按钮，就会将图片发送到客户端。

（4）客户端的界面和功能与服务器端基本相同。

第10章 JDBC 编程技术

在本章我们将一起学习以下内容：
- 数据库基础知识。
- 常见关系数据库产品。
- MySQL 数据库的下载、安装以及 Navicat 的使用。
- JDBC 编程技术。
- 数据持久化技术。

关系数据库是当前信息管理的主流技术，和网络技术一起组成信息技术的基础设施。

10.1 数据库基本知识

数据库（**DataBase**）指的是以一定方式存储在存储器中、能为多个用户共享、冗余度小、与应用程序彼此独立的数据集合。从发展的历史看，数据库是数据管理的高级阶段，它是由文件管理系统发展起来的。数据库技术是管理信息系统、办公自动化系统、决策支持系统等各类信息系统的核心部分，是进行科学研究和决策管理的重要技术手段。

数据库中比较重要的概念如下。
- **DB**（**DataBase**）：数据库。
- **DBA**（**DataBase Administrator**）：数据库管理员。
- **DBMS**（**DataBase Management System**）：能保存数据本身及数据之间的联系并提供强大的管理、查询功能。
- **SQL**（**Structured Query Language**）：使用关系模型的数据库语言，用于和各类数据库连接，提供通用的数据库管理和查询功能。
- **CRUD**（**Create Read Update Delete**）：指插入、查询、更新、删除等操作。

SQL 语句的分类如表 10-1 所示。

表 10-1　SQL 语句的分类

分　　类	SQL 语句
DQL 数据查询语言	select
DDL 数据定义语言	create、drop、alter
DML 数据操作语言	insert、delete、update
DCL 数据控制语言	grant、revoke
TPL 事务处理语言	commit、rollback
CCL 指针控制语言	declare cursor、fetch into 等

10.1.1　常见的关系数据库产品

关系数据库是建立在关系数据库模型基础上的数据库。由于关系模型简单明了，具有坚实的数学理论基础，所以关系数据库一经推出就受到了学术界和产业界的高度重视和广泛响应，并很快成为数据库市场的主流。

目前的主流大型关系型数据库产品如下。

- **Oralce** 公司：**Oralce 9i/10g/11g**；
- IBM 公司：**DB/2**；
- Microsoft 公司 **SQL Server 2000/2005/2008**；
- Sybase 公司：**ASE**(Adaptive Server Enterprise)等。

常用的计算机数据库产品如下。

- Oralce 公司：**MySQL**；
- Microsoft 公司：**Access**；
- Microsoft 公司：**Foxpro DBF**。

10.1.2　数据库编程接口

所有数据库厂商都提供了 API 操作接口，以方便软件开发人员连接数据库，完成对数据库中数据的存取等操作。常用的数据库编程接口有 ODBC(RDO、ADO)、JDBC 等，现分别介绍如下。

1. ODBC

Microsoft 公司的 **ODBC(Open DataBase Connectivity)**是目前使用最广的、访问关系数据库的编程接口 API。ODBC 采用 C 语言编写，几乎所有主流的数据库都提供了对 ODBC 的支持。ODBC 负责将应用程序发送来的 SQL 语句传递给各种数据库驱动程序处理，再将处理结果送回应用程序，如图 10-1 所示。

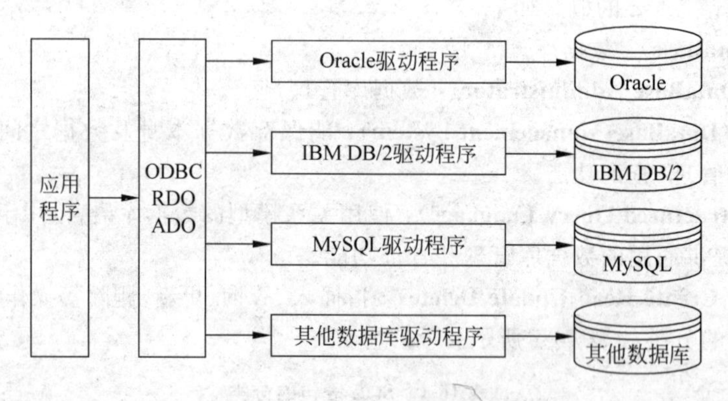

图 10-1　用 ODBC 连接数据库

用户可以通过 Windows 的控制面板查看本机所支持的 ODBC 数据源，如图 10-2 所示。常用的 RDO、ADO 技术其实也是基于 ODBC 技术的数据库连接技术。

2. JDBC

因为 ODBC 使用 C 语言接口，所以不适合直接在 Java 编程中使用。从 Java 中调用本地 C 语言代码在安全性、可移植性、鲁棒性等方面都存在缺点。**JDBC(Java DataBase**

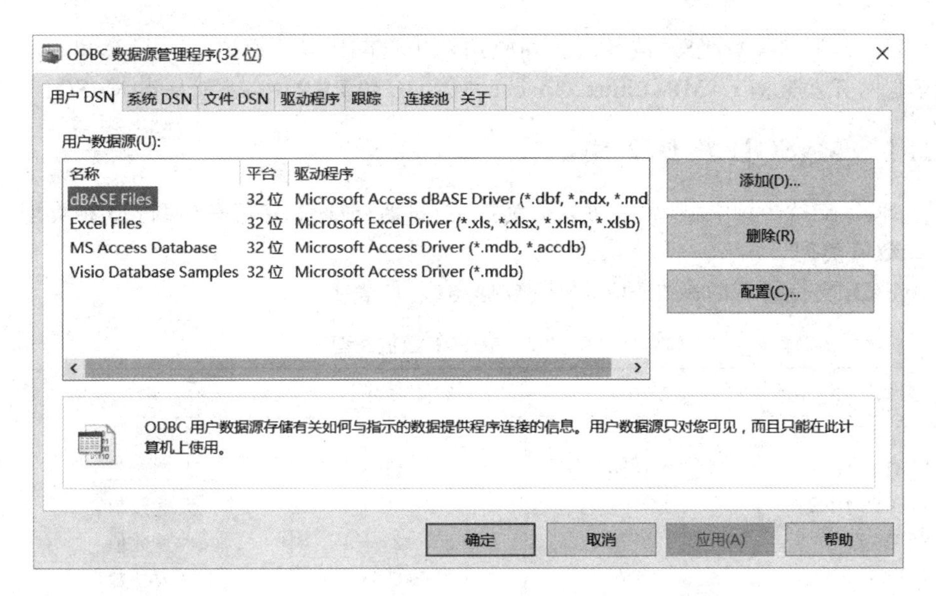

图 10-2　ODBC 数据源管理程序

Connectivity)由一组用 Java 编程语言编写的类和接口组成，如图 10-3 所示。JDBC 为数据库开发人员提供了一个标准的 API，使他们能够用纯 Java API 来编写数据库应用程序。

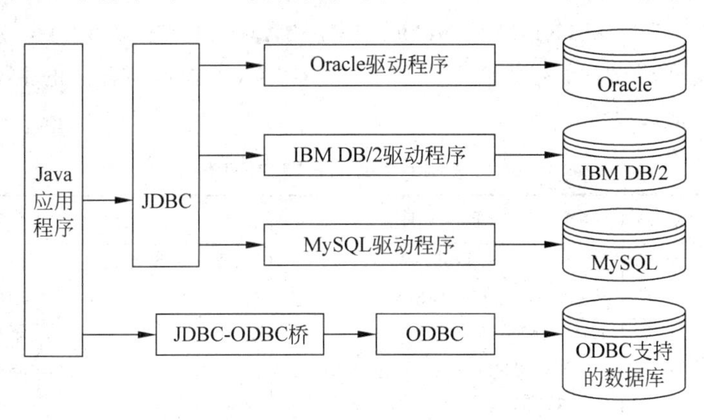

图 10-3　用 JDBC 连接数据库

JDBC 的功能如下：

(1) 与特定的数据库进行连接。

(2) 向数据库发送 SQL 语句，实现对数据库的特定操作。

(3) 对数据库返回来的结果进行处理。

Java 可以通过使用 JDBC-ODBC 桥的方式来使用 ODBC。总之，JDBC 建立在 ODBC 基础之上，而不是从零开始。

10.2　MySQL 数据库和数据库管理工具

MySQL 是世界上最流行的关系型数据库管理系统，其开发公司为瑞典的 MySQL AB 公司。由于体积小、速度快、开放源码、社区版免费等原因，MySQL 成为中小企业的首选数据库产品。2008 年，AB 公司被 Sun 公司收购，2009 年，Sun 公司被 Oracle 公司收购。在流行的互联网开发架构 **LAMP**(**Linux**、**Apache**、**MySQL 和 PHP**)中 M 就是指 MySQL 数据库。

10.2.1 MySQL 数据类型

MySQL 支持多种类型，大致可以分为**数值、日期/时间和字符串(字符)3 种类型**。

1. 数值类型

MySQL 支持所有的标准 SQL 数值数据类型，如表 10-2 所示。

表 10-2　MySQL 数值类型

类　　型	大小	数 值 范 围	用　　途
TINYINT	1 字节	$-2^7 \sim 2^7-1$	小整数值
SMALLINT	2 字节	$-2^{15} \sim 2^{15}-1$	大整数值
MEDIUMINT	3 字节	$-2^{23} \sim 2^{23}-1$	大整数值
INTEGER	4 字节	$-2^{31} \sim 2^{31}-1$	大整数值
BIGINT	8 字节	$-2^{63} \sim 2^{63}-1$	极大整数值
FLOAT	4 字节		单精度浮点数值
DOUBLE	8 字节		双精度浮点数值

2. 日期/时间类型

日期/时间类型为 **DATETIME**、**DATE**、**TIMESTAMP**、**TIME 和 YEAR**，如表 10-3 所示。

每个时间类型都有一个有效值范围和一个“零”值，当指定不合法的 MySQL 不能表示的值时使用“零”值。

表 10-3　MySQL 的日期/时间类型

类型	大小	范　　围	格　　式	用　途
DATE	3 字节	1000-01-01～9999-12-31	YYYY-MM-DD	日期值
TIME	3 字节	−838:59:59'～'838:59:59	HH:MM:SS	时间值或持续时间
YEAR	1 字节	1901/2155	YYYY	年份值
DATETIME	8 字节	1000-01-01 00:00:00～9999-12-31 23:59:59	YYYY-MM-DD HH:MM:SS	混合日期和时间值
TIMESTAMP	8 字节	1970-01-01 00:00:00～2037-12-31 23: 59: 59	YYYY-MM-DD HH:MM: SS	混合日期和时间值，时间戳

3. 字符类型

MySQL 字符类型如表 10-4 所示。

表 10-4　MySQL 字符类型

类　　型	大　　小	用　　途
CHAR	0～255 字节	定长字符串
VARCHAR	0～65 535 字节	变长字符串
TINYBLOB	0～255 字节	不超过 255 个字符的二进制字符串
TINYTEXT	0～255 字节	短文本字符串
BLOB	0～65 535 字节	二进制形式的长文本数据

续表

类　型	大　小	用　途
TEXT	0～65 535 字节	长文本数据
MEDIUMBLOB	0～16 777 215 字节	二进制形式的中等长度文本数据
MEDIUMTEXT	0～16 777 215 字节	中等长度文本数据
LONGBLOB	0～4 294 967 295 字节	二进制形式的极大文本数据
LONGTEXT	0～4 294 967 295 字节	极大文本数据

注意：

(1) CHAR 和 VARCHAR 类型类似，但它们保存和检索的方式不同，它们在最大长度和尾部空格是否被保留等方面也不同，在存储或检索过程中不进行大小写转换。

(2) BINARY 和 VARBINARY 类似于 CHAR 和 VARCHAR，不同的是它们包含二进制字符串而不包含非二进制字符串。也就是说，它们包含字节字符串而不是字符字符串。这说明它们没有字符集，并且排序和比较基于列值字节的数值。

(3) BLOB 是一个二进制大对象，可以容纳可变数量的数据，共有 TINYBLOB、BLOB、MEDIUMBLOB 和 LONGBLOB 几种 BLOB 类型，它们只是可容纳值的最大长度不同。

(4) 其有 4 种 TEXT 类型，即 TINYTEXT、TEXT、MEDIUMTEXT 和 LONGTEXT。它们对应 4 种 BLOB 类型，有相同的最大长度和存储需求。

10.2.2 MySQL 数据库的下载和安装

MySQL 数据库的下载地址为“http://dev.mysql.com/downloads/”。

MySQL 有 EnterPrise(企业版)和 Community(社区版)两种，下载时可以选择 Install MSI(安装版)和 ZIP Archive(解压缩版)之一。这里以 Community(社区版)的安装版为例进行讲解，主要下载和安装界面如图 10-4～图 10-10 所示。

图 10-4　MySQL 下载界面 1

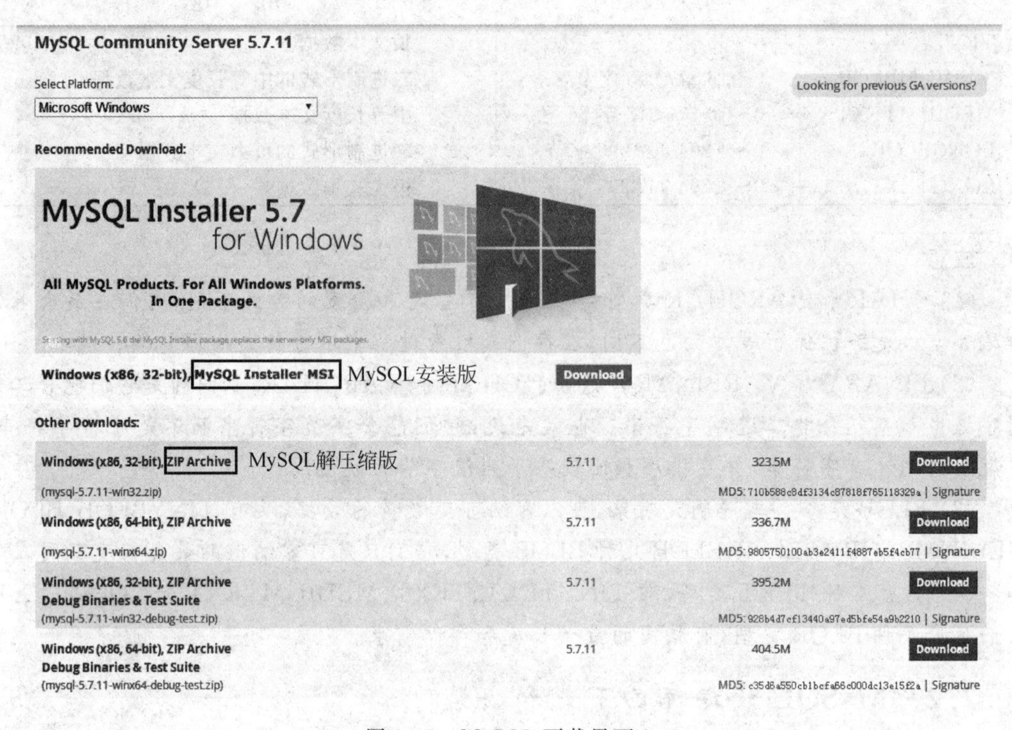

图 10-5　MySQL 下载界面 2

Begin Your Download - mysql-5.7.11-win32.zip

Login Now or Sign Up for a free account.

An Oracle Web Account provides you with the following advantages:

- Fast access to MySQL software downloads
- Download technical White Papers and Presentations
- Post messages in the MySQL Discussion Forums
- Report and track bugs in the MySQL bug system
- Comment in the MySQL Documentation

No thanks, just start my download.

图 10-6　MySQL 下载界面 3

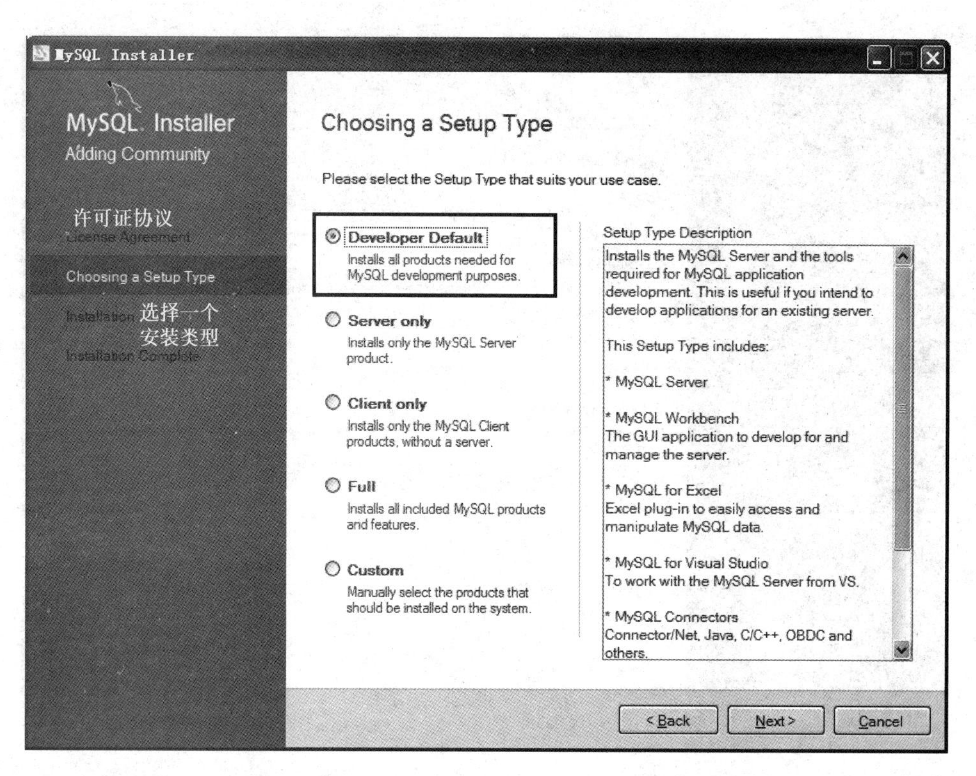

图 10-7　MySQL 安装界面——选择一个安装类型

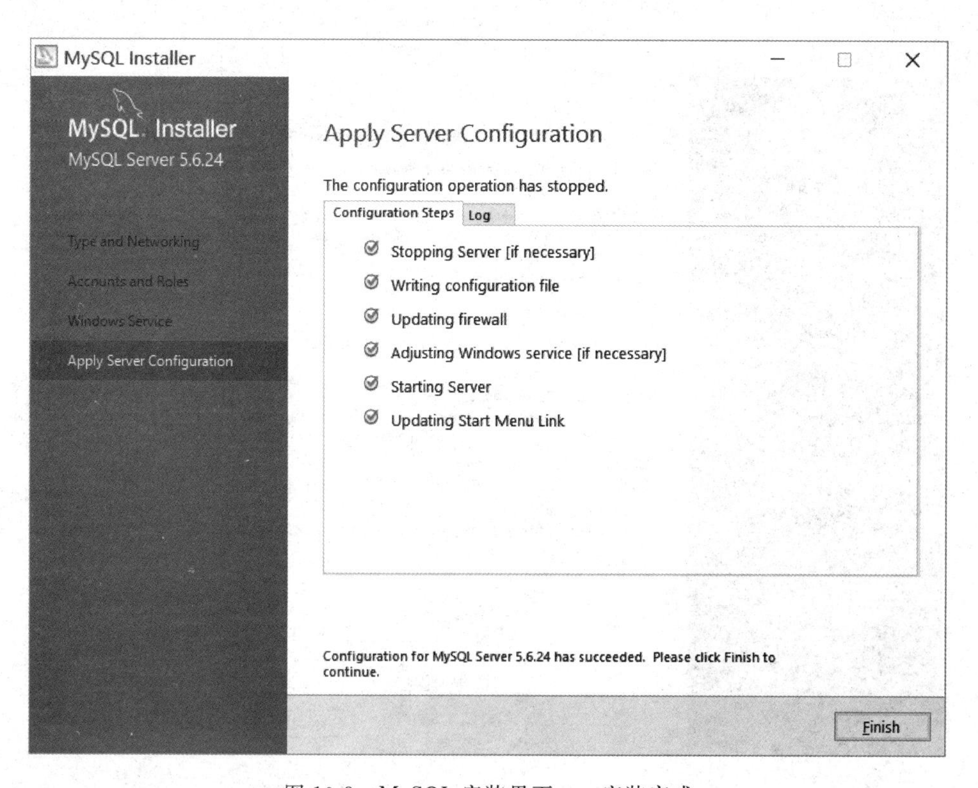

图 10-8　MySQL 安装界面——安装完成

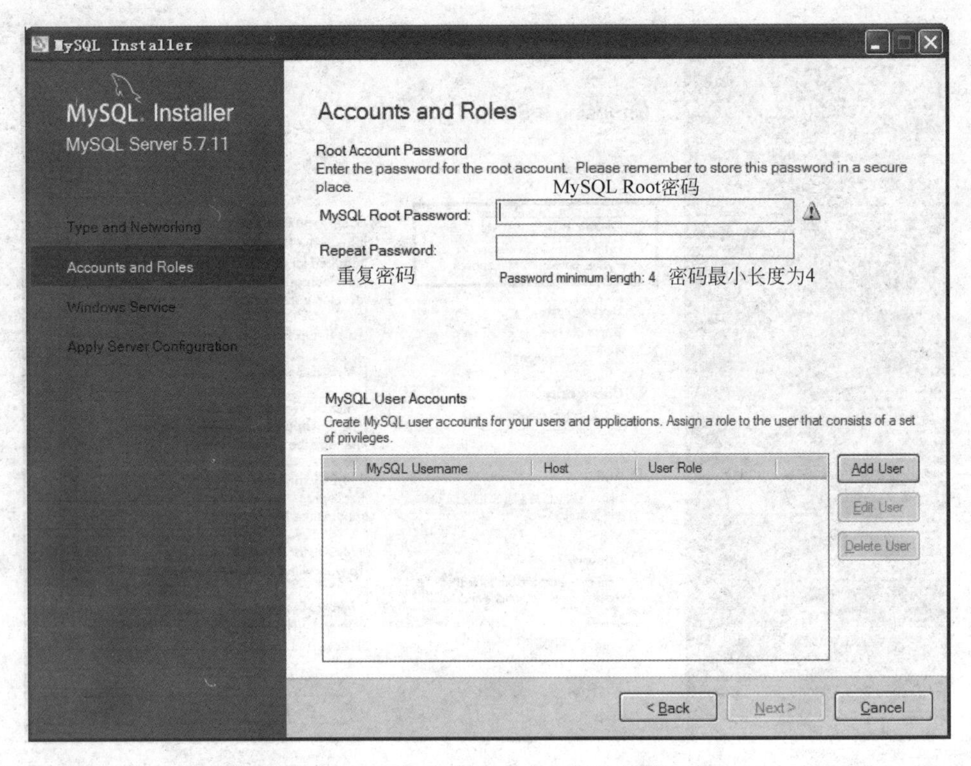

图 10-9　MySQL 安装界面——账户和角色配置

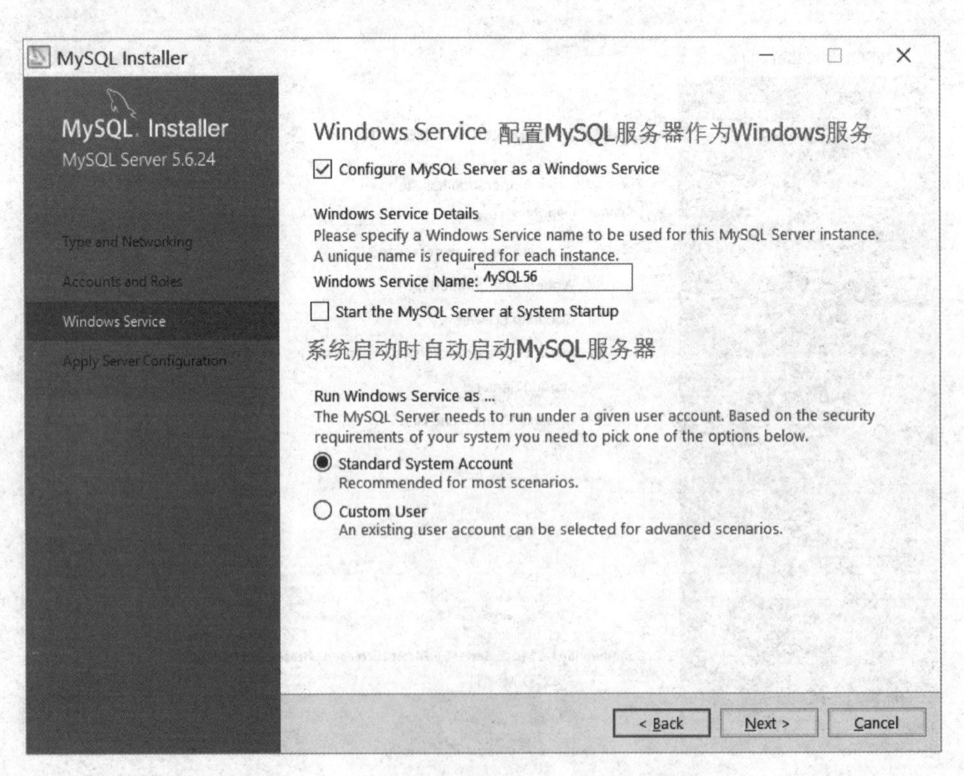

图 10-10　MySQL 安装界面——Windows 服务

下载后得到 mysql-installer-community-5.7.11.0.msi，双击启动 MySQL Installer 进行安装。

下载与 MySQL 数据库版本一致的 JDBC 驱动程序：mysql-connector-java-5.1.38.zip。

在安装过程中要对 MySQL 数据库服务器进行配置，包括**安装类型和网络、账号和角色、Windows 服务、应用服务器配置**。在安装结束后可以单击“开始”|“程序”|MySQL Installer 启动安装器，再次对 MySQL 数据库服务器进行配置。

在安装完毕后可以查看一下 MySQL 的安装文件夹，Windows 操作系统默认的安装路径为“C:\Program Files\MySQL\MySQL Server5.7\”。

- bin：存放 MySQL 的常用命令和管理工具。
- data：存放 MySQL 数据库的默认数据文件和日志文件。
- docs：帮助文件。
- include 和 lib：头文件和库文件。
- share：配置文件和错误信息。

本小节内容的讲解视频可扫描二维码观看。

10.2.3 数据库管理工具 Navicat 的使用

MySQL 数据库的管理可以使用两种方式，即在 DOS 命令行下通过 MySQL 自带的工具 mysql 和 mysqladmin 命令来管理数据库；通过 MySQL 图形化管理工具来管理数据库。

在“C:\Program Files\MySQL\MySQL Server5.7\bin>mysql-u root -p”后输入密码，即可进入 MySQL 命令行管理界面。MySQL 命令行中的常用命令如下。

- mysql>show database：显示数据库列表。
- mysql>user test：打开 test 数据库。
- mysql>show tables：显示当前数据库的所有表。
- mysql>quit：退出 MySQL 命令行管理界面。

MySQL 命令行管理对使用者要求较高，不太方便，这里不再详述，有兴趣的读者可以自行学习。

常用的 MySQL 图形管理工具有 **MySQL 自带的 MySQL Workbench、Navicat、MySQL Front 等**，下面以 Navicat 为例进行数据库管理的介绍。

Navicat 是一个桌面版 MySQL 数据库管理和开发工具。它和微软 SQL Server 的企业管理器很像，易学易用。Navicat 使用图形化的用户界面，如图 10-11 所示，可以让用户使用和管理起来更为轻松，并支持中文，有免费的版本提供。

用户应该掌握的 Navicat 基本操作如下：

1. 新建连接

在图 10-12 所示的对话框中输入连接名、IP 地址、端口、用户名、密码信息，可以单击“连接测试”按钮看能否连接成功。

2. 数据库基本操作

在指定的数据库上右击，显示如图 10-13 所示的菜单，要求用户掌握新建数据库、删除数据库、数据库属性、运行 SQL 文件、转储 SQL 文件(仅结构或结构和数据)、新建模型、逆向数据库到模型等。

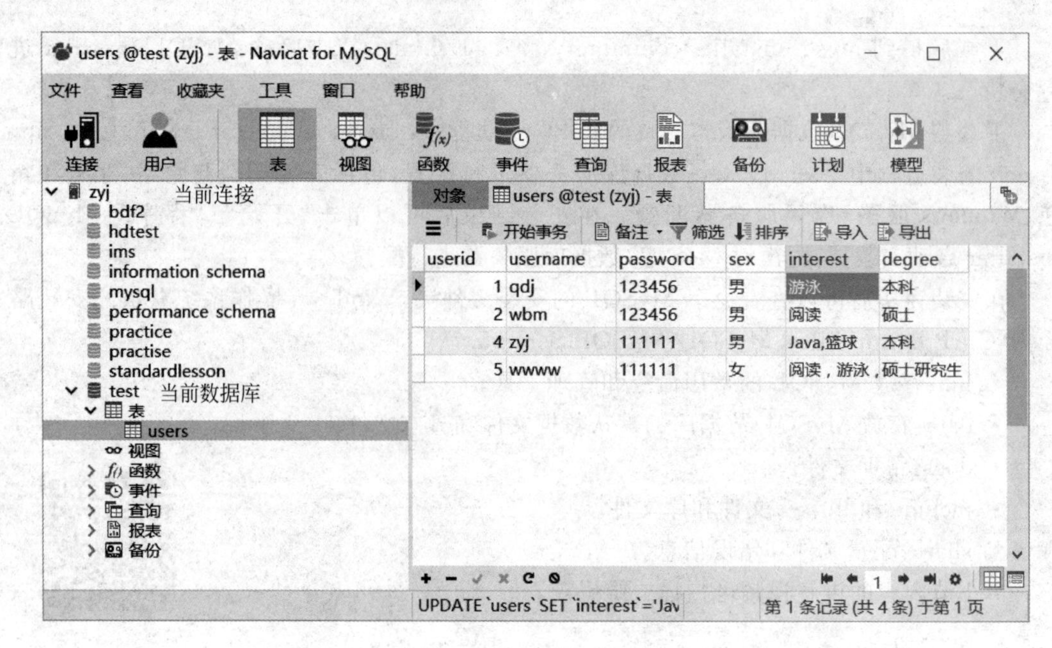

图 10-11 Navicat 主界面

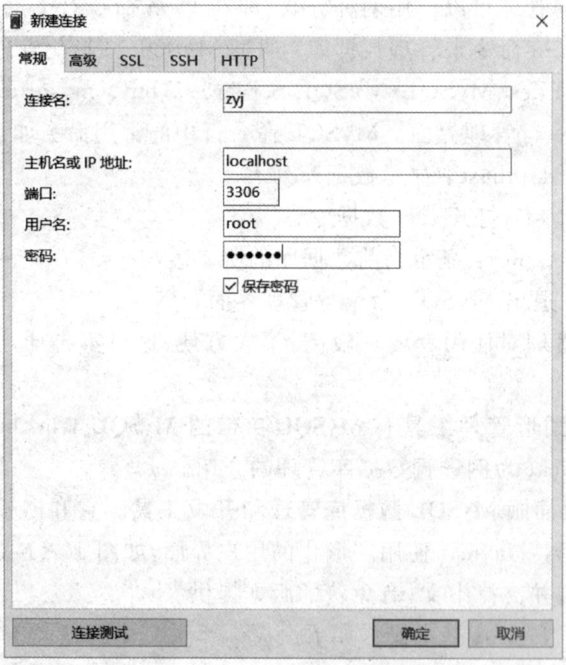

图 10-12 在 Navicat 中新建连接

SQL 文件是可以自动执行 SQL 语句的数据库脚本文件，是一种文本文件。在 Navicat 中把数据库、表建好后输入基础数据，然后就可以转储为 SQL 文件实现数据库的备份，接着就可以在其他计算机中执行该 SQL 文件，批量执行完毕即可实现数据库的复制。

3. 表基本操作

在指定的表上右击，弹出的菜单如图 10-14 所示。

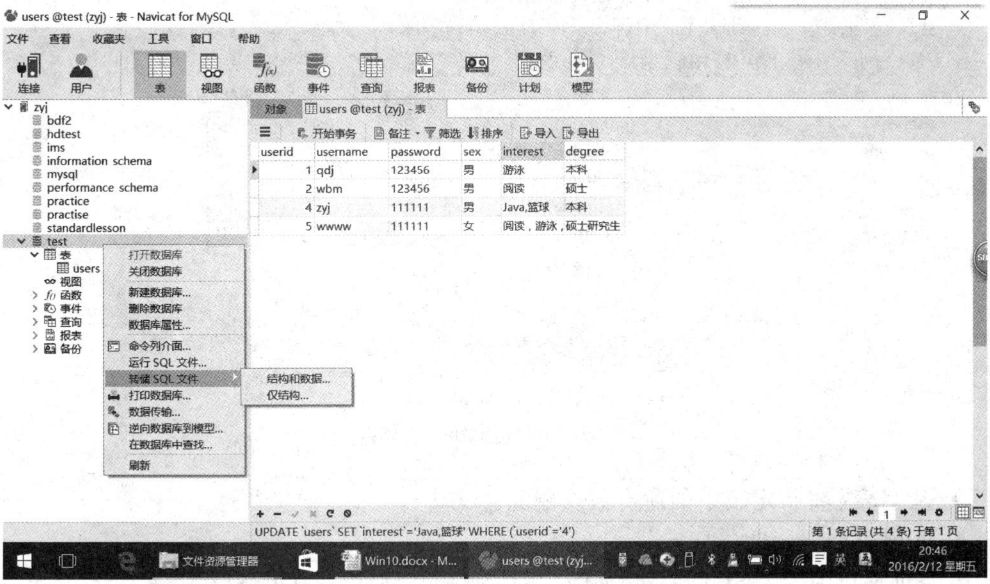

图 10-13　Navicat 的数据库操作

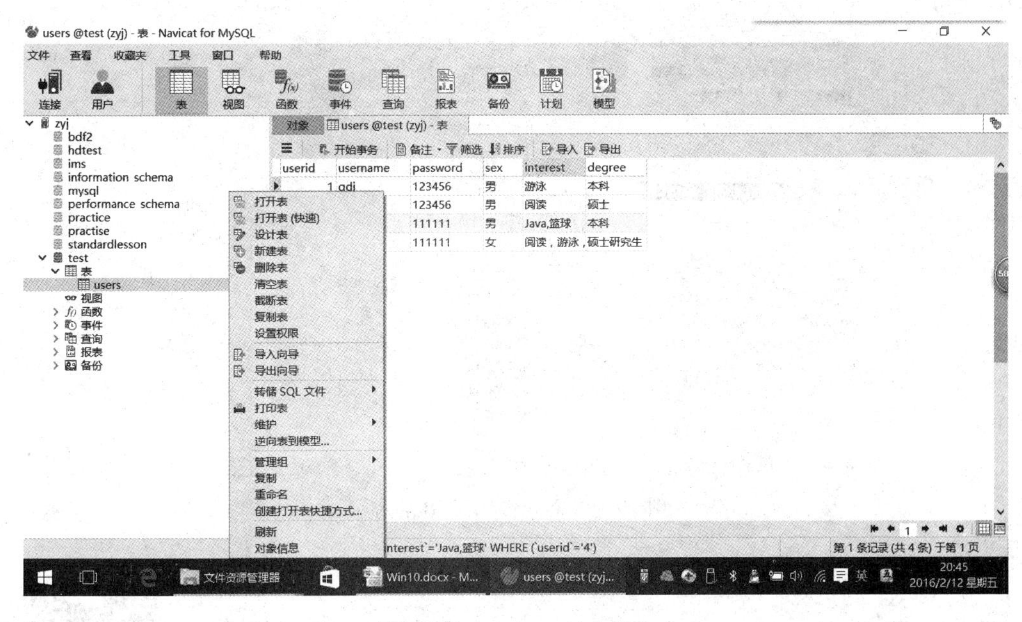

图 10-14　Navicat 的表操作

- 打开表：可以进行输入记录、删除记录、修改记录等操作。
- 新建表：指新建表的结构，如图 10-15 所示，可以进行新增字段、删除字段、修改字段、指定主键和外键等操作。
- 设计表：修改表的信息，也可以进行新增字段、删除字段、修改字段、指定主键和外键等操作。
- 删除表：从数据库中将指定的表删除，包括结构和数据。

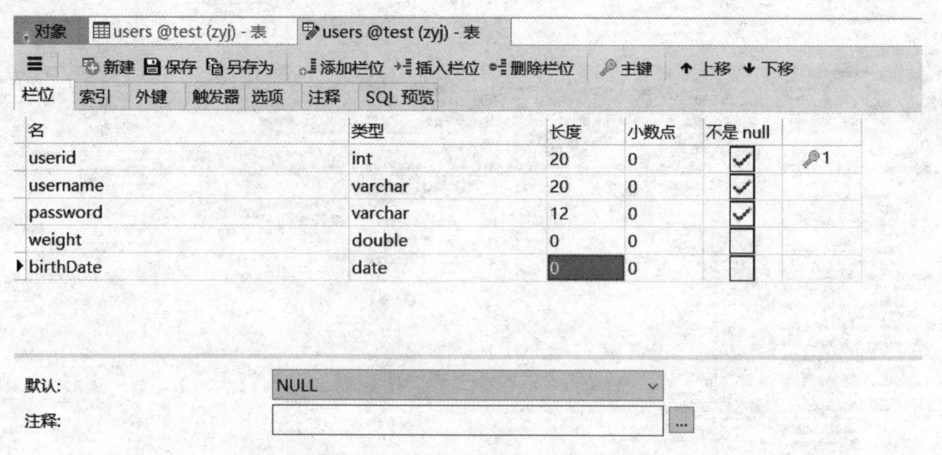

图 10-15 在 Navicat 中建立或修改表结构

- 清空表：将指定表中的所有数据删除。

4. 新建查询

在查询窗口中输入 SQL 语句，如图 10-16 所示，然后可以执行 SQL 语句并查看运行结果。在这里可以选择**运行**，指运行输入的全部 SQL 语句，或者**运行已选择的**，指运行选择的 SQL 语句。

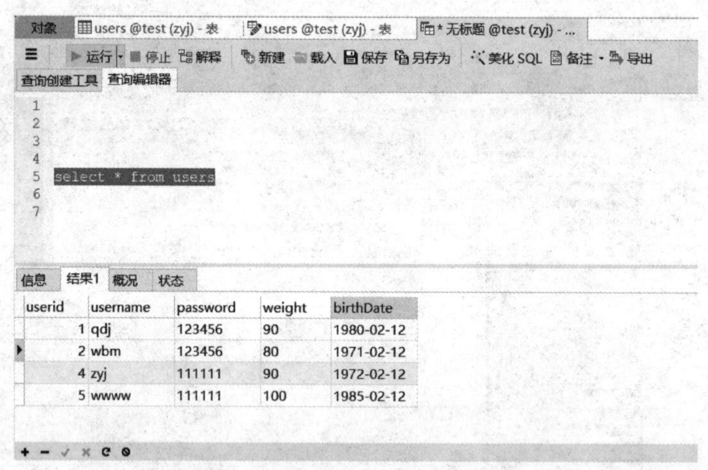

图 10-16 Navicat 查询编辑器

本小节内容的讲解视频可扫描二维码观看。

10.3 JDBC 编程技术

10.3.1 JDBC API 介绍

JDK 中提供的 JDBC API 主要包含在 java.sql 包和 javax.sql 包中，详见 JDK 文档。

1. Driver 接口

- public interface Driver：要求每个数据库驱动程序都必须提供一个实现 Driver 接口的类。

• public static Connection getConnection(String url) throws SQLException：试图建立到给定数据库 URL 的连接。

2. Connection 接口

public interface Connection extends Wrapper 指与特定数据库的连接（会话）。Connection 对象的数据库能够提供描述其表、所支持的 SQL 语法、存储过程、此连接功能等信息。

3. Statement 接口

public interface Statement extends Wrapper 用于执行静态 SQL 语句并返回它所生成结果的对象。

4. ResultSet 接口

public interface ResultSet extends Wrapper 表示数据库结果集的数据表，通常通过执行查询数据库的语句生成。

5. PreparedStatement 接口

public interface PreparedStatement extends Statement 表示预编译的 SQL 语句的对象，由方法 conn.prepareStatement(String sql)创建，用于发送带有一个或多个输入参数的 SQL 语句，这些参数的位置先由占位符？表示。每个占位符必须在该语句执行前使用 setXXX 方法设置传入参数的值。PreparedStatement 对象由于预先编译了，所以执行速度快，增加了程序设计的动态性。

6. CallableStatement 接口

public interface CallableStatement extends PreparedStatement 用于执行 SQL 存储过程的接口，由方法 prepareCall 创建，用于调用 SQL 存储过程、函数等(一组可通过名称来调用的 SQL 语句)。CallableStatement 对象从 PreparedStatement 中继承了用于处理传入参数 IN 的方法，而且增加了用于处理传出 OUT 参数和 INOUT 参数的方法。在调用存储过程、函数前必须创建 CallableStatement 对象。

(1) 不带参数的存储过程：

```
CallableStatement cs = conn.preparedCall("{call 存储过程名()}");
```

(2) 传入 IN 参数的存储过程：

```
CallableStatement cs = conn.preparedCall("{call 存储过程名(?,?,?)}");
```

(3) 传入 IN 或者 OUT 参数的存储过程：

```
CallableStatement cs = conn.preparedCall("{? = call 存储过程名(?,?,?)}")
```

7. DriverManager 接口

不同的驱动程序必须首先到 DriverManager 中注册，以便用户来使用，用来产生一个和数据库连接的对象 Connection。

10.3.2 JDBC 访问数据库的步骤

用 JDBC 编程访问数据库的步骤可以简单地总结如下：

1. 下载 JDBC 驱动程序并且加入到 classpath 或 buildpath 中

从 Internet 下载指定数据库的 JDBC 驱动程序(一般以 *. jar 形式发布)。例如 MySQL 数据库驱动程序为 mysql-connector-java-5. 0. 4-bin. jar,Oracle 数据库驱动程序为 classes12. jar。

(1) 如果在 DOS、Linux 下编程,必须手工添加到系统环境变量 classpath 路径中。

(2) 如果在 Eclipse/MyEclipse 下编程,将 Jar 文件复制到项目中,然后添加到项目的 BuildPath 中。

2. 加载驱动程序

通过 Class. forName(JDBC 驱动程序名)来创建驱动程序的实例,并注册到 JDBC 驱动程序管理器。

例如:

- Class. forName("oracle. jdbc. driver. OracleDriver");
- Class. forName("com. mysql. jdbc. Driver");

3. 建立 Connection 对象以连接数据库

```
Connection conn = DriverManager.getConnection(url,user,password);
```

(1) Oracle 数据库的 url 为形如"jdbc:oracle:thin:@211. 82. 206. 71:1521:orcl"的字符串。

(2) MySQL 数据库的 url 为形如"jdbc:mysql://localhost:3306/test"的字符串。

4. 建立 SQL 语句对象

SQL 语句对象用来生成 Statement、PreparedStatement、CallableStatement 对象,以执行 SQL 语句、带参数的 SQL 语句或调用存储过程。

- Statement stmt = conn. createStatement();
- ResultSet result=stmt. executeQuery("select * from users"); //用于执行静态 select 语句
- select int i=stmt. executeUpdate("delete from users"); //用于执行静态 delete、update、insert 语句

5. 对 SQL 语句的执行结果(ResultSet 或 int)进行处理

对于此内容这里不再赘述。

6. 通过 Connection 对象的 close()方法关闭数据库连接

对于此内容这里不再赘述。

10.3.3 用 Statement 实现静态 SQL 语句编程

【示例程序 10-1】 MySQL 数据库编程 Statement 测试(MySqlStatementTest. java)

功能描述:本程序演示了 JDBC 访问数据库的步骤,用 Statement 对象向数据库发送 SQL 语句,并对返回结果进行处理。

```
01  public class MySqlStatementTest {
02      public static void main(String[] args) throws Exception {
03          //1. 加载 JDBC 驱动程序
```

```
04            //mysql - connector - java - 5.0.4 - bin.jar 必须加入 BuildPath 中
05            Class.forName("com.mysql.jdbc.Driver");
06            //2.通过 URL 与数据库建立连接
07            String url = "jdbc:MySQL://localhost:3306/test";
08            Connection
09    conn = DriverManager.getConnection(url,"root","721212");
10            Statement stmt = conn.createStatement();
11            //3.创建 Statement 对象,向数据库发送 SQL 语句执行
12            String sql = "select * from users order by userid desc";
13            //4.使用 stmt.executeQuery(sql)执行 select 语句并处理返回记录集
14            ResultSet rs  =  stmt.executeQuery(sql);
15             while (rs.next()) {
16                //getString(int index)代表取第 index 列,从 1 开始
17                //getString(String fieldName)代表取指定列名 fieldName
18            System. out .printf(" %10s, %8s\n",rs.getString(2),rs.getString("interest"));
19            }
20            //5.使用 stmt.executeQuery(sql)执行 insert、delete、update 语句
21             int i  =  stmt.executeUpdate("update users set username = 'HYP'
22    where userid = 1");
23             if (i == 1) {
24                System. out .println("更新成功!");
25            } else {
26                System. out .println("更新失败!");
27            }
28            //6.关闭数据库连接
29            conn.close();
30        }
31    }
```

示例程序 10-1 的讲解视频可扫描二维码观看。

10.3.4 用 PreparedStatement 实现带参数 SQL 语句编程

【示例程序 10-2】 MySQL 数据库编程 PreparedStatement 测试(PreparedStatementTest.java)

功能描述:本程序在利用 JDBC 访问数据库的过程中采用 PreparedStatement 对象向数据库发送 SQL 语句,并对返回结果进行处理。

```
01    public class PreparedStatementTest {
02        public static void main(String[] args) throws Exception {
03            Class.forName("com.mysql.jdbc.Driver");
04            String url = "jdbc:MySQL://localhost:3306/test";
05            Connection conn = DriverManager.getConnection(url,"root",721212);
06            String sql = "select count( * ) from users where username = ?and password = ?";
07            PreparedStatement ptmt = conn.prepareStatement(sql);
08            ptmt.setString(1,"zyj");
09            ptmt.setString(2,"123456");
10            ResultSet rs  =  ptmt.executeQuery();
11             int i  =  0;
```

```
12            if (rs.next()) {
13                i = rs.getInt(1);
14            }
15            if (i == 1) {
16                System.out.println("登录成功!");
17            } else {
18                System.out.println("登录失败!");
19            }
20            //关闭连接
21            ptmt.close();
22            conn.close();
23        }
24    }
```

示例程序 10-2 的讲解视频可扫描二维码观看。

10.3.5 用 CallableStatement 实现存储过程编程

存储过程(Stored Procedure)是一组已经命名的用于完成特定功能的SQL 语句和过程语言集合,经编译和优化后存储在数据库服务器中。简单地说,存储过程语言是数据库查询语言(SQL 语句)加上高级语言(流程控制语句和异常处理)的混合体。用户通过指定存储过程的名字并给出参数就可以直接调用存储过程。

把具有大量数据库访问的应用以存储过程的方式编译后放在数据库服务器端来执行,有效地减少了客户端与服务器之间的数据交换,降低了在通信方面的系统消耗。可见,存储过程具有可以反复调用、执行效率高、安全性高等特点。

- Oracle 附带了 PL/SQL(Procedure Language/Structured Query Language),PL/SQL 是 Oracle 在标准 SQL 上的过程性扩展,允许在 PL/SQL 程序内嵌入 SQL 语句,而且允许使用各种过程控制语句。
- MicroSoft 公司的 SQL Server 采用 T-SQL(Transact-SQL)进行存储过程编程。
- MySQL 从 5.0 开始支持存储过程编程。

下面讲解在 Navicat 环境下如何建立 MySQL 存储过程。存储过程 page2 的功能如下:输入参数 pageSize(每页多少记录)、currentPage(当前页码),返回参数 total(users 表的总记录数)和指定页所有记录的结果集。

1. 在 Navicat 中建立存储过程

如图 10-17 所示,在快捷菜单中选择"新建函数"命令。

如图 10-18 所示,在弹出的对话框中选择"过程"。

存储过程的参数一般由 3 个部分组成。第一部分可以是 in、out 或 inout。in 表示向存储过程中传入参数;out 表示向外传出参数;inout 表示定义的参数可传入存储过程,并可以被存储过程修改后传出存储过程。第二部分为参数名。第三部分为参数

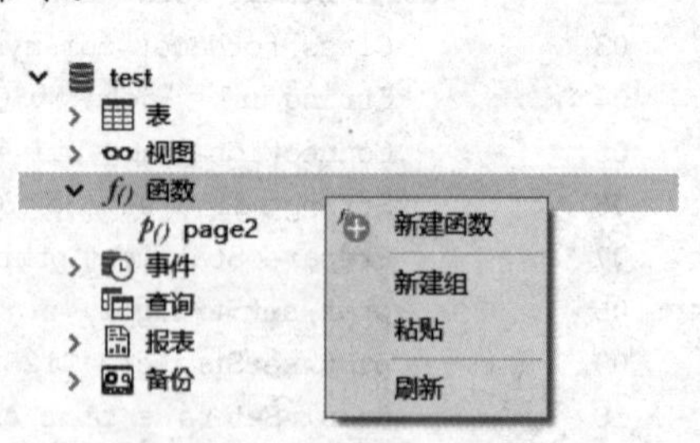

图 10-17 选择"新建函数"命令

图 10-18　根据函数向导完成存储过程的创建

的类型，该类型为 MySQL 数据库中所有可用的字段类型，如果有多个参数，参数之间可以用逗号进行分隔。

如图 10-19 所示，在参数文本框中输入存储过程的输入参数和输出参数，在编辑区中输入存储过程代码。

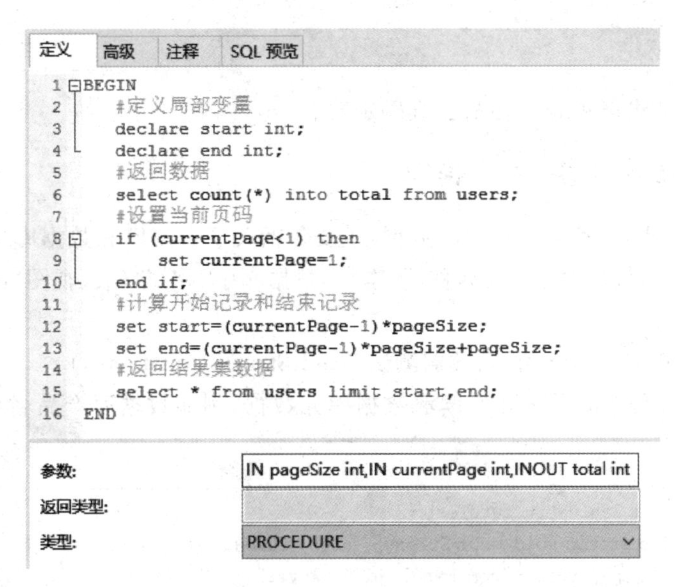

图 10-19　在 Navicat 中定义存储过程

2. 在 JDBC 编程中调用存储过程

【示例程序 10-3】　MySQL 存储过程的调用(ProcedureTest. java)

功能描述：本程序演示了在 JDBC 编程中如何调用 MySQL 数据库中的存储过程，如何设置输入参数，如何接收返回的数据和结果集。

```
01  public class ProcedureTest {
02      public static void main(String[] args) throws Exception {
03          Connection conn = JDBCMySQLUtil.getConnection();
04          //调用 test 数据库中的函数存储过程 page2
05          String sql = "{call page2(?,?,?)}";
06          CallableStatement cs = conn.prepareCall(sql);
07          //设置输入参数
08          cs.setInt(1,10);
09          cs.setInt(2,1);
10          //设置返回值类型
11          cs.registerOutParameter(3,Types. INTEGER );
12          boolean hadResults = cs.execute();
13          if (hadResults){
14              //接收返回的一般数据
15              System. out .println(cs.getInt(3));
16              //接收返回的 ResultSet 数据
17              ResultSet rs = cs.getResultSet();
18              while (rs != null && rs.next()) {
19                  int id1 = rs.getInt(1);
20                  String name1 = rs.getString(2);
21                  System. out .println(id1 + ":" + name1);
22              }
23          }
24      }
25  }
```

本小节内容的讲解视频可扫描二维码观看。

10.3.6 数据库元数据的读取

元数据(Metadata)是关于数据的数据,主要包括关于数据库和数据库中各种对象的信息,如数据库产品名称、版本号、数据库中的对象(表、视图、函数、查询、事件、报表等)的信息。

【示例程序 10-4】 MySQL 元数据测试(TableStructureTest.java)

功能描述:本程序演示了如何读取数据库元数据,例如数据库产品名称、版本号、某个表所有列的信息等。

```
01  public class TableStructureTest {
02      public static void main(String[] args) throws Exception{
03          Class.forName("com.mysql.jdbc.Driver");
04          String url = "jdbc:MySQL://localhost:3306/test";
05          Connection conn = DriverManager.getConnection(url, "root", 721212);
06          DatabaseMetaData dmd = conn.getMetaData();
07          //获取数据库产品名称
08          System. out .println(dmd.getDatabaseProductName());
09          //获取数据库产品版本号
```

```
10          System. out .println(dmd.getDatabaseProductVersion());
11          //获取所有数据库列表
12          ResultSet rs = dmd.getCatalogs();
13           while (rs.next()){
14                 System. out .println(rs.getString(1));
15          }
16          //获取指定数据库、表中所有列的信息
17          //来自 java.sql.Types 的 SQL 类型
18          rs = dmd.getColumns("test", null , "users", null );
19          System. out .printf(" %12s %12s %12s %12s %12s\n","字段名称","数据类型",
20  数据长度,"是否允许为空","备注");
21           while (rs.next()){
22  System. out .printf(" %12s %12s %12s %12s\n",rs.getString("COLUMN_NAME")
23  ,rs.getInt("DATA_TYPE"),rs.getInt("COLUMN_SIZE"),rs.getInt
24  ("NULLABLE"),rs.getString("REMARKS"));
25          }
26      }
27  }
```

10.3.7 数据库数据的批量插入

在数据库表中批量插入数据时要注意效率问题。

【示例程序 10-5】 MySQL 数据库数据的批量插入(BatchTest.java)

功能描述：本程序测试利用 PreparedStatement 类的 addBatch()方法实现效率比较高的记录的批量自动插入操作。

```
01  public class BatchTest {
02      public static void main(String[] args){
03          Connection conn = null ;
04          PreparedStatement psmt = null ;
05           int [] ia;
06           try {
07              conn = JDBCMySQLUtil.getConnection();
08              psmt = conn.prepareStatement("insert into users
09  (username,password,birthDate,weight)values(?,?,str_to_date
10  (?,'%Y-%m-%d'),?);");
11              psmt.setString(1,"Scott");
12              psmt.setString(2,"oracle");
13              psmt.setString(3,"1971-01-03");
14              psmt.setDouble(4,75);
15              psmt.addBatch();
16              psmt.setString(1,"Tom");
17              psmt.setString(2,"tiger");
18              psmt.setString(3,"1975-01-08");
19              psmt.addBatch();
20              ia= psmt.executeBatch();
21              System. out .println(Arrays.toString(ia));
22          } catch (Exception e) {
```

```
23              e.printStackTrace();
24          } finally {
25              JDBCMySQLUtil.close(conn, null ,psmt, null );
26          }
27      }
28  }
```

10.3.8 在 MySQL 数据库中存取文件

在数据库表中存储文件类型的数据时字段类型请选择 TINYBLOB、BLOB、MEDIUMBLOB 和 LONGBLOB,详见 10.2.1 节。

【示例程序 10-6】 向 MySQL 中存储文件(FileDB.java)

功能描述:本程序演示了如何将一个磁盘文件写入数据库表中,然后从数据库表中读取文件到磁盘上。

```
01  public class FileDBTest {
02      //将文件写入数据库表中
03      public static void write() {
04          Connection conn = null ;
05          PreparedStatement psmt = null ;
06          try {
07              conn = JDBCMySQLUtil.getConnection();
08              psmt = conn.prepareStatement("insert into files(file) values(?)");
09              File f = new
10  File(FileDBTest.class.getResource("exam.png").toURI());
11              System.out.println(f.length());
12              psmt.setBinaryStream(1, new FileInputStream(f));
13              int i = psmt.executeUpdate();
14              if (i == 1) {
15                  System.out.println("文件上传数据库成功!");
16              } else {
17                  System.out.println("文件上传数据库失败!");
18              }
19          } catch (Exception e) {
20              e.printStackTrace();
21          } finally {
22              JDBCMySQLUtil.close(conn, null , psmt, null );
23          }
24      }
25      //将数据库表中的图片写入磁盘文件
26      public static void read() {
27          Connection conn = null ;
28          Statement stmt = null ;
29          ResultSet rs = null ;
30          try {
31              conn = JDBCMySQLUtil.getConnection();
32              stmt = conn.createStatement();
```

```
33                rs = stmt.executeQuery("select * from files");
34                if (rs.next()) {
35                    Blob blob = rs.getBlob(2);
36                    InputStream in = blob.getBinaryStream();
37                    OutputStream out = new FileOutputStream("d:\\2.png");
38                    byte [] b = new byte [1024];
39                    int c = 0;
40                    while ((c = in.read(b, 0, 1024)) != -1) {
41                        out.write(b, 0, c);
42                    }
43                    System. out .println("文件从数据库下载成功!");
44                }
45            } catch (Exception e) {
46                e.printStackTrace();
47            } finally {
48                JDBCMySQLUtil.close(conn, stmt, null , rs);
49            }
50        }
51        public static void main(String[] args) {
52            //write();
53            read();
54        }
55    }
```

10.3.9 数据库事务处理

Transaction 事务指用户自己组织的一个数据库操作序列(多个 SQL 语句),这些操作要么全做,要么全不做,是一个不可分割的工作单位。

编程实现:

(1) 开始事务,设置 conn. setAutoCommit(false);

(2) 组织由多个 SQL 语句组成的事务;

(3) 事务执行完毕,执行 commit(),否则执行 rollback()全部回滚或回滚到指定断点。

Savepoint 允许将事务分割成各个逻辑点,以控制有多少事务需要回滚。用户可以在事务中保存多个断点。

- Savepoint setSavepoint(String name) throws SQLException: 设置回滚断点。
- void releaseSavepoint(Savepoint savepoint) throws SQLException: 删除指定的回滚断点。
- void rollback(Savepoint savepoint) throws SQLException: 回滚到指定的断点。

【示例程序 10-7】 MySQL 数据库事务编程测试(TransactionTest. java)

功能描述: 本程序主要测试在 JDBC 编程中如何实现事务管理,在程序中设置了两个断点,进行了提交和回滚指定断点等操作。

```
01  public class TransactionTest {
02      public static void main(String[] args) throws Exception {
03          Class.forName("com.mysql.jdbc.Driver");
04          String url = "jdbc:MySQL://localhost:3306/test";
```

```
05          Connection conn = DriverManager.getConnection(url, "root", 721212);
06          Statement stmt = conn.createStatement();
07          String sql1 = "insert into users(username) values('test1')";
08          String sql2 = "insert into users(username) values('test2')";
09          String sql3 = "insert into users(username) values('test3')";
10          String sql4 = "insert into users(username) values('test4')";
11          String sql5 = "insert into users(username) values('test5')";
12          conn.setAutoCommit( false );
13           int i = stmt.executeUpdate(sql1);
14          i = stmt.executeUpdate(sql2);
15          conn.rollback();
16          i = stmt.executeUpdate(sql3);
17          Savepoint sp1 = conn.setSavepoint();
18          i = stmt.executeUpdate(sql4);
19          Savepoint sp2 = conn.setSavepoint();
20          conn.rollback(sp1);
21          conn.commit();
22          conn.close();
23      }
24  }
```

10.3.10 MySQL 数据库的 JDBC 工具类

每次 JDBC 编程都要经过 10.3.2 节的 6 个步骤。为了提高编程效率，把经常使用的操作(如取得数据库连接、关闭连接等)独立成静态方法，以工具类的方式提供。

数据库连接信息一般写在一个参数属性文件中，env.properties 属性文件的内容如下：

```
01  driver = com.mysql.jdbc.Driver
02  url = jdbc:mysql://localhost:3306/test
03  username = root
04  password = 721212
```

【示例程序 10-8】 MySQL 数据库 JDBC 编程工具类(JDBCMySQLUtil.java)

功能描述：本程序在 MySQL 编程工具类提供了类加载时自动读取数据库属性文件、取得数据库连接、关闭数据库连接等操作。

```
01  public class JDBCMySQLUtil {
02      private static Properties properties = new Properties();
03      private static String driver;
04      private static String url;
05      private static String username;
06      private static String password;
07      //静态语句块当类载入内存时自动执行
08      static {
09          try {
10      properties.load(JDBCMySQLUtil. class .getResourceAsStream("/env.properties"));
```

```
11              driver = properties.getProperty("driver");
12              url = properties.getProperty("url");
13              username = properties.getProperty("username");
14              password = properties.getProperty("password");
15          } catch (Exception e) {
16              e.printStackTrace();
17          }
18      }
19      //获得连接
20       private static ThreadLocal<Connection> td = new
21  ThreadLocal<Connection>();
22       public static Connection getConnection() {
23          Connection conn = td.get();
24           try {
25               if (conn == null ) {
26                   Class.forName(driver);
27                   conn = DriverManager.getConnection(url, username, password);
28                   td.set(conn);
29               }
30          } catch (Exception e) {
31              e.printStackTrace();
32          }
33           return conn;
34      }
35      /**
36       * 关闭 Connection、Statement、PreparedStatement、ResultSet 对象
37       * @param conn
38       * @param stmt
39       * @param psmt
40       * @param rs
41       */
42       public static void close(Connection conn,Statement
43  stmt,PreparedStatement psmt,ResultSet rs) {
44           if (conn != null ) {
45               try {
46                   conn.close();
47                   td.remove();
48               } catch (Exception e) {
49                   e.printStackTrace();
50               }
51          }
52           if (stmt != null ) {
53               try {
54                   stmt.close();
55               } catch (Exception e) {
56                   e.printStackTrace();
57               }
58          }
59           if (psmt != null ) {
```

```
60                  try {
61                      psmt.close();
62                  } catch (Exception e) {
63                      e.printStackTrace();
64                  }
65              }
66              if (rs != null ) {
67                  try {
68                      rs.close();
69                  } catch (Exception e) {
70                      e.printStackTrace();
71                  }
72              }
73          }
74          public static void main(String[] args) {
75              getConnection();
76          }
77      }
```

10.4 数据持久化技术

数据持久化(**Persistence**)指将内存中的数据存储到关系型数据库中，当然也可以存储到磁盘文件、XML数据文件中等。

目前比较流行的数据持久化技术有**JDBC**、**Hibernate**、**Spring JDBCTemplate**、**MyBatis**等。

ORM的实现思想就是将**关系数据库中表的数据映射成对象**，以对象的形式展现，这样开发人员就可以把对数据库的操作转化为对这些对象的操作，因此其目的是为了方便开发人员以面向对象的思想来实现对数据库的操作。

1. JDBC

详见10.3节。

2. Hibernate

Hibernate是一个开放源代码的对象关系映射框架，它对JDBC进行了非常轻量级的对象封装，使得Java程序员可以随心所欲地使用对象编程思维来操纵数据库。Hibernate可以应用在任何使用JDBC的场合，既可以在Java的客户端程序使用，也可以在Servlet/JSP的Web应用中使用。最具革命意义的是，Hibernate可以在应用EJB的J2EE架构中取代CMP，完成数据持久化的重任。Hibernate的轻量级ORM模型逐步确立了在Java ORM架构中的领导地位，甚至取代了复杂而又烦琐的EJB模型成为事实上的Java ORM工业标准，而且Hibernate的许多设计均被J2EE标准组织吸纳成为最新EJB 3.0规范的标准。

3. MyBatis

MyBatis是一个支持普通SQL查询、存储过程和高级映射的优秀的持久层框架。MyBatis消除了几乎所有的JDBC代码和参数的手工设置以及对结果集的检索封装。MyBatis可以使用简单的XML或注解用于配置和原始映射，将接口和Java的POJO(Plain Old Java Objects，普通的Java对象)映射成数据库中的记录。

4. Spring JDBCTemplate

Spring 的 JDBCTemplate 框架能够承担资源管理和异常处理的工作，从而简化 JDBC 代码，用户只需编写从数据库读/写数据所必需的代码。Spring 把数据访问的样板代码隐藏到模板类之下，结合 Spring 的事务管理可以大大简化代码。

10.5 本章小结

本章主要介绍 JDBC 编程技术，包括数据库基本知识、常见关系数据库产品、MySQL 数据库的下载和安装、Navicat for MySQL 的使用、JDBC 编程技术、数据持久化技术等内容。

10.6 自测题

一、填空题

1. 常见的大型关系型数据库产品有甲骨文公司的________、IBM 公司的________、Microsoft 公司的________和 Sybase 公司的 ASE 等。

2. JDK 中提供的 JDBC API 主要包含在________包中。

数据库 JDBC 驱动程序一般以________文件的形式提供，在 Eclipse/MyEclipse 下进行 JDBC 编程时必须将第三方的驱动程序添加到 Java 项目的________中。

3. 在数据库 URL"jdbc:MySQL://localhost:3306/test"中，3306 代表________、test 代表________。

4. 在 JDBC 编程中，通过________类的对象执行静态 SQL 语句，通过________类的对象执行带参数(占位符?)的 SQL 语句，通过________类的对象调用存储过程。

5. 在 JDBC 编程中，通过设置 conn. ________(false)开始事务，事务执行完毕，执行 conn. ________()提交事务；否则执行 conn. ________()全部回滚或回滚到指定断点。

6. 常见的数据持久化技术有 JDBC、________、________和 Spring ________等。

二、简答题

简述 JDBC 数据库编程的步骤。

10.7 编程实训

【编程作业 10-1】 在 Navicat 中运行 SQL 文件

具体要求：

(1) 在 Navicat 中运行 hr_mysql. sql，自动建立人力资源管理数据库 hr 和 7 个表，并导入基础数据。

(2) 在 Navicat 中运行 test. sql，自动建立数据库 test 及其中的表，并导入基础数据。

【编程作业 10-2】 在编程作业 7-1 的基础上实现用户登录的数据库验证(LoginUI. java)

具体要求：

(1) 使用 Navicat，在数据库 test 中建立 user 表，并输入测试数据。

(2) 用 PreparedStatement 对象实现，防止 SQL 注入。

(3) 用户名和密码均正确,显示登录成功,否则显示用户不存在或密码错误的信息。

编程提示: 可以直接调用 10.3.9 节 MySQL 数据库的 JDBC 工具类中的方法。

【编程作业 10-3】 在示例程序 7-9 的基础上实现将用户注册信息存储到数据库表中(RegistGUI.java)

具体要求:

(1) 用户信息经过验证后存入数据库 test 的 user 表。

(2) 用户记录插入成功显示用户注册成功对话框,否则显示用户注册失败。

【编程作业 10-4】 对职工表进行查询并控制输出结果(QueryTest.java)

具体要求:

(1) 对 hr 数据库的 Employees 表进行编程。

(2) 查询参加工作时间在 1997-7-9 之后,并且不从事 IT_PROG 工作的员工的信息。

(3) 查询部门最低工资高于 100 号部门最低工资的部门的编号、名称及部门最低工资。

(4) 显示经理是 KING 的员工、姓名、工资。

【编程作业 10-5】 在编程作业 7-4 的基础上实现 JDBC 的 CRUD 操作(CRUDTest.java)实现的增加、删除、修改、浏览功能

具体要求:

(1) 对 test 数据库的 users 表进行编程。

(2) CRUD 操作包括增加用户、删除指定用户、修改用户的信息、浏览所有用户信息。

【编程作业 10-6】 在 MySQL 中建立一个存储过程并调用(Pro_Login.java)

具体要求:

(1) 用户信息存储在 test 数据库的 users 表中。

(2) 用户验证存储过程名称 p_login,传入参数用户名和密码,返回验证结果。如果不成功,返回 0,如果成功,返回 1。

编程提示: 请参考 10.3.5 节。

下篇　课程设计

第11章 Java课程设计

课程设计是工科专业实践教学的重要组成部分，是在教师指导下对学生进行的阶段性专业技术训练。课程设计是利用所学知识分析问题、解决问题的过程。课程设计在培养学生动手能力、综合能力、实践能力与创新精神的同时夯实了理论基础，完善了知识体系，加深了学生对技术的理解，为后续的毕业设计和就业打下了坚实的基础。

CDIO工程教育是美国麻省理工学院、瑞典皇家工学院、查尔摩斯工学院和林雪平大学4所高校于2001年提出的工程人才创新模式。CDIO是近年来国际工程教育改革的最新成果。CDIO以工程项目从研发到运行的生命周期为载体，让学生以主动的、实践的、课程之间有机联系的方式学习工程。经过国内外工程教育多年来的反复实践，证明CDIO“做中学”的理念和方法是有效的，适合工科教育教学过程各个环节的改革。

理论和实践之间存在巨大的差距。没有理论指导的实践是盲目的，没有在实践中应用的理论是苍白无力的。如何在教学过程中带领学生迅速消除书面理论知识和实践应用这个差距是每一个高校教师必须考虑的事情。工科教学要求学以致用，应用为王，不能让学生停留在苍白的理论世界中。

本书前10章以“学中做”为主要教学理念，课程设计以“做中学”为教学理念，形成一个螺旋式上升的学习过程，构成一个往返反复的回路。没有课程设计的理论学习，学生零散的知识不能形成完整的知识体系，不能融会贯通。

在基本掌握Java面向对象编程的相关知识与技术后，利用所学知识亲身体验一个项目开发的全部过程是非常重要的。

Java课程设计以工程或项目的方式进行，以解决现实生活中的一个实际应用问题为主要目标。Java课程设计对应CDIO教学模式的构思、设计、运行和实施4个阶段，结合软件工程生命周期和归档分为以下几个阶段。

(1) 下达项目任务：解决做什么的问题。

(2) 系统设计：技术方案、界面设计、功能详细描述，解决怎么做的问题。

(3) 技术准备：有针对性地讲解准备知识、算法。

(4) 项目学做：系统实现(做中学)。

(5) 总结提高：对本次课程设计进行全面总结。

课程设计一般要求一个学生独立完成，基本要求如下。

(1) 时间：1～2周。

(2) 任务要求明确，知识准备针对性强，充分。

(3) 工作量适中：以代码的行数为衡量标准。在招聘过程中，IT行业企业衡量软件工程类大学生的工作经验时往往以10000行左右编程量为一年的工作经验。

(4) 综合性强：一个课程设计往往涉及相关章节的所有知识点，以便学生真正做到学以致用。

(5) 选题新颖：创新性强，有一定的应用和推广价值。

Java 课程设计在 IT 培训行业已经做得非常好。

根据界面，课程设计分为 CUI 版和 GUI 版。根据是否包含网络功能，课程设计分为单机版和网络版。因为有后续课程《Java Web 开发技术》，Java 课程设计的网络版主要关注 C/S 架构。

Java 课程设计举例如表 11-1 所示。

表 11-1　Java 课程设计

CUI	GUI 单机版	GUI 网络版 C/S	外　　延
21 点游戏	通讯录 我的记事本 ATM 柜员机 银行排队叫号 坦克大战游戏	管理信息系统 飞鸽传书 * 聊天室	B/S * Android *

注：带 * 的课程设计本书暂不涉及。

11.1　21 点游戏

11.1.1　项目任务

1. 总体目标

本项目实现一个 CUI 界面的 21 点游戏，要求只有庄家和一个玩家，且不下注。庄家和玩家可玩多局。游戏结束，输出庄家和玩家的积分。积分规则是每局赢者积分加 1，输者积分减 1，平局积分不增不减。

2. 具体功能要求

(1) 游戏初始界面如图 11-1 所示。

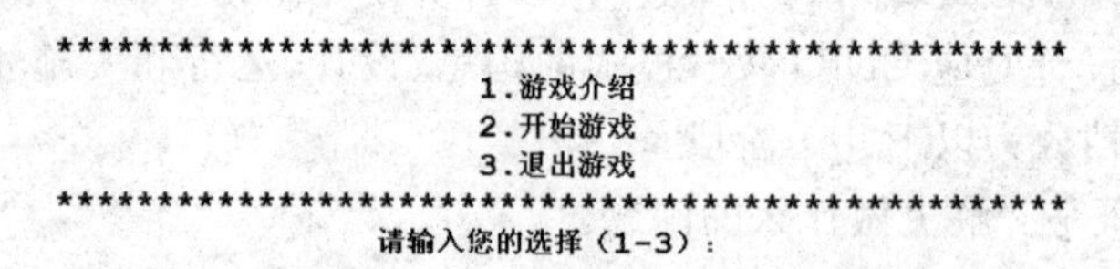

图 11-1　游戏初始界面

(2) 游戏介绍界面如图 11-2 所示。

3. 游戏演示

玩家在详细阅读游戏简介、游戏规则及游戏操作过程后根据系统提示与庄家开始玩游戏。现演示如下：

(1) 模拟荷官为庄家和玩家发牌并显示，玩家能看到自己所有的牌，但看不到别人的暗牌，如图 11-3 所示。

(2) 玩家能根据自己和庄家的牌选择是否继续要牌，如图 11-4 和图 11-5 所示。

```
♠♥♦♣♠♥♦♣♠♥♦♣♠♥♦♣♠♥♦♣♠♥♦♣♠♥♦♣♠♥♦♣♠♥♦♣♠♥♦♣♠♥♦♣♠♥♦♣♠♥♦♣♠♥♦♣♠♥♦♣♠♥♦♣♠♥♦♣♠♥♦♣♠♥♦♣♠♥♦♣♠♥♦♣♠♥♦♣♠♥♦♣♠♥♦♣
  游戏简介
      21点游戏又名黑杰克，该游戏由2到6个人玩，使用除大小王之外的52张牌，游戏者的目标是使手中的牌的点数之和不超过21点且尽量大。
      如果玩家拿到 黑心"A"和 黑心"J"， 就会给予额外的奖励，故英文的名字叫黑杰克(Blackjack)。
  游戏规则
      拥有最高点数的玩家获胜，其点数必须等于或低于21点；超过21点的玩家称为爆牌。
      2点至10点的牌以牌面的点数计算，J、Q、K 每张为10点；A可记为1点或为11点，若玩家会因A而爆牌则A可算为1 点。
      庄家在取得17点之前必须要牌，每位玩家的目的是要取得最接近21点数的牌来击败庄家，但同时要避免爆牌。
      若玩家爆牌在先即为输，就算随后庄家爆牌也是如此。若玩家和庄家拥有同样点数，玩家和庄家皆不算输赢。
  游戏过程
      本程序仅演示庄家和一个玩家的游戏，且不下注。庄家和玩家可玩多局，每局赢者积分加1，输者积分减1，平局积分无变化。
      每局操作流程：
         首先荷官向玩家派发一张暗牌（即不掀开的牌），然后向庄家派发一张暗牌；
         接着向玩家派发一张明牌（即掀开的牌），之后又向庄家派发一张明牌。
         然后荷官询问玩家是否再要牌（以明牌方式派发），玩家此时要计算是否要牌。若玩家要牌后爆牌，则玩家输。
         当玩家决定不再要牌后且没有爆牌，庄家就必须揭开自己所有手上的牌，若庄家总点数少于17点，就必须继续要牌。
         如庄家要牌后爆牌的话，则玩家胜；如庄家最终没有爆牌的话，玩家揭开手上所有的牌，比较点数决定胜负，点数较大的取胜。
      游戏结束时比较庄家和玩家的积分。
♠♥♦♣♠♥♦♣♠♥♦♣♠♥♦♣♠♥♦♣♠♥♦♣♠♥♦♣♠♥♦♣♠♥♦♣♠♥♦♣♠♥♦♣♠♥♦♣♠♥♦♣♠♥♦♣♠♥♦♣♠♥♦♣♠♥♦♣♠♥♦♣♠♥♦♣♠♥♦♣♠♥♦♣♠♥♦♣♠♥♦♣♠♥♦♣♠♥♦♣
```

图 11-2 游戏介绍界面

```
玩家和庄家获得的暗牌和明牌
庄家：■♣10
玩家：♠A ♣3          点数：14
```

图 11-3 发牌后显示庄家和玩家的牌

```
------------第1局------------

玩家和庄家获得的暗牌和明牌
庄家：■♣10
玩家：♠A ♣3        点数：14

玩家是否继续要牌(Y/N)Y
玩家：♠A ♣3 ♦A     点数：15

玩家是否继续要牌(Y/N)Y
玩家：♠A ♣3 ♦A ♥9           点数：14

玩家是否继续要牌(Y/N)Y
玩家：♠A ♣3 ♦A ♥9 ♠7        点数：21

玩家是否继续要牌(Y/N)N
```

图 11-4 玩家根据游戏进程选择是否继续要牌

```
------------第4局------------

玩家和庄家获得的暗牌和明牌
庄家：■♣A
玩家：♠8 ♥J          点数：18

玩家是否继续要牌(Y/N)N

玩家不再要牌，庄家亮牌
庄家：♦2 ♣A          点数：13
庄家要牌
庄家：♦2 ♣A ♠2       点数：15
庄家要牌
庄家：♦2 ♣A ♠2 ♣3            点数：18
```

图 11-5 庄家根据游戏进程选择是否继续要牌

（3）输出每局游戏输赢的结果。玩家可以选择继续玩游戏还是退出，如果选择继续，则回到第(1)步；如果选择退出，则输出庄家和玩家的积分，游戏结束。

11.1.2 项目设计

1. 技术方案

（1）IDE 环境：Eclipse，请参考第 12 章。

（2）Java 基本语法及面向对象基础知识。

（3）使用 UTF-8 字符编码方式输出扑克牌的 4 种花色。

2. Java 工程结构

21 点游戏项目结构如图 11-6 所示。

```
BlackJack
  src
    blackJack
      Card.java
      CardColor.java
      CardRank.java
      Dealer.java
      Deck.java
      Person.java
      Player.java
      StartGame.java
  JRE System Library [JavaSE-1.6]
```

图 11-6 21 点游戏项目结构

3. 类设计

- CardRank 类：扑克牌的 13 个点数枚举类，A、2～10、Jack、Queen、King。
- CardColor 类：扑克牌的 4 种花色枚举类，Heart ♥、Diamond ♦、Club ♣、Black ♠。
- Card 类：代表一张扑克牌，有花色和点数两个属性。
- Deck 类：代表一副扑克牌，共 54 张牌。
- Person 类：代表抽象玩家，有存放扑克牌的 Card 数组和积分等属性。
- Dealer 类：代表庄家，继承 Person 类，包含判断是否超过 16 点，输出扑克牌等方法。
- Player 类：代表玩家，继承 Person 类，包含是否继续、比较大小、显示扑克牌等方法。
- StartGame 类：本游戏的主类。

```
01  public class StartGame {
02      //主程序
03      public static void main(String[ ] args) {}
04      //初始界面
05      public static int menu(){}
06      //游戏介绍
07      public static void introGame(){}
08      //每局游戏
09      public static void perGame(Dealer d,Player p){}
10  }
```

11.1.3 项目做中学

请参考相关章节，现将有关技术实现的重点和难点以及容易发生错误、容易忽略的地方进行补充说明。

1. 流程控制结构的使用

switch、while、do…while 及嵌套。

2. 面向对象的基础知识

(1) 枚举类的定义及使用。

(2) 抽象类的定义及使用。

(3) 类中构造方法、this 关键字及 super 关键字的使用。

(4) 类的继承、方法重载、方法重写。

3. 扑克牌花色的输出

(1) 使用 utf-8 字符编码方式输出扑克牌花色。

(2) 花色的 Unicode 编码：黑桃♠\u2660 ♤\u2664；红桃♥\u2665♡\u2661；梅花♣\u2663 ♧\u2667；方块♦\u2666◇\u2662。

11.1.4 总结提高

(1) 重复使用的代码尽量独立成方法。

(2) 应该能扩展程序实现多玩家的游戏。

(3) 根据课程设计要求准备项目文档。

(4) 做 PPT 准备课程设计的汇报。

11.2 个人通讯录

11.2.1 项目任务

1. 总体目标

用 Java 技术实现一个单机版、图形界面、单用户的个人通讯录,包括通讯信息的浏览、增加、修改、删除、存储等功能,如图 11-7 所示。

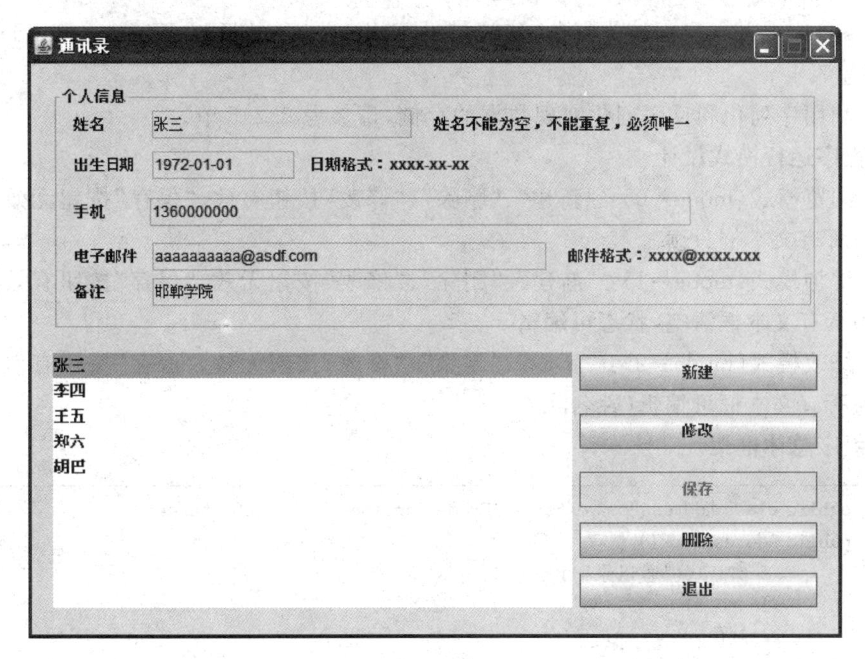

图 11-7　个人通讯录主界面

通信信息包括姓名、出生日期、手机、电子邮件、备注等字段。姓名作为通信信息的主键,要求唯一,不能为空。

2. 具体功能要求

- “新建”按钮：可以增加通信信息。
- “修改”按钮：可以修改当前通信信息。
- “保存”按钮：用户单击此按钮,在增加模式下姓名不能为空,出生日期、手机、电子邮件要符合相应格式,要求进行验证；在修改模式下只需出生日期、手机、电子邮件要符合相应格式,要求进行验证。验证通过后才能保存。
- “删除”按钮：可以删除当前通信信息,弹出确认提示框,用户再次确认后删除当前通信记录。
- “退出”按钮：单击“退出”按钮弹出确认提示框,用户再次确认后先保存通信信息,然后退出本系统。
- 关闭窗口按钮：与“退出”按钮的功能类似。

3. 程序的运行和退出

(1) 程序默认 D:\address.ini 作为通讯录基础数据存储文件。如果没有自动创建,若 D\address.ini 文件的长度为 0,则初始化数据,否则进行反序列化。

(2) 文件退出时要求将通讯录数据存储到 D:\address.ini。

11.2.2 项目设计

1. 技术方案

(1) IDE 环境: Eclipse,请参考第 12 章。

(2) swing 技术: 界面较为复杂,建议借助 Eclipse swing 插件 Window Builder Pro 完成,请参考 7.4 节。

(3) 利用序列化和反序列化实现数据的存储,请参考 6.2.5 节。

2. 程序运行模式设计

(1) 浏览模式(mode=0): "新建"、"删除"、"修改"按钮有效,"保存"按钮无效,个人信息栏中的所有文本框只读。

(2) 增加模式(mode=1): "新建"、"删除"、"修改"按钮无效,"保存"按钮有效,个人信息栏中的所有文本框清空,状态可编辑。

(3) 修改模式(mode=2): "新建"、"删除"、"修改"按钮无效,"保存"按钮有效,个人信息栏中的所有文本框可编辑(姓名除外)。

3. 程序总体框架

```
01  public class AddressBook extends JFrame implements ActionListener{
02  public AddressBook() {
03          setTitle("通讯录");
04          initUI();
05          init();
06      }
07      //集中存放 WindowBuilder 生成界面代码
08       private void initUI() {}
09       public void actionPerformed(ActionEvent e) {}
10      //除 UI 初始化的其他工作,方便构造方法调用
11      public void init() {}
12      //设置模式: 浏览 0、新建 1、修改 2
13      public void setMode( int mode) {}
14      //清空所有文本框
15       public void clearAll() {}
16      //反序列化集合
17       public void load() {}
18      //序列化集合
19      public void save() {}
20      //用正则表达式检验姓名是否为空、出生日期是否符合 yyyy-MM-dd 格式、电子邮件
21      //是否符合 xxxx@xxxx.xxx 格式
22      public boolean verify() {}
23      //将文本框中的值设置到 Person 对象中
24       public Person getInfo() {}
25      //将 Person 对象设置到文本框
```

```
26        public void setInfo(Person p) {
27        //在退出之前要求先序列化
28        public void exit() {
29        public static void main(String[] args) {}
```

11.2.3 项目做中学

请参考相关章节，现将有关技术实现的重点和难点以及容易发生错误、容易忽略的地方进行补充说明。

1. JList 相关

- public JList()：用一个空的、只读的数据模型构造一个 JList 对象。
- public JList(Vector <?> listData)：用指定的 Vector 构造一个 JList 对象。
- public void setListData(Vector <?> listData)：将 JList 的数据模型设置为指定的 Vector。当 Vector 中的数据改变时再次调用该方法可实现 JList 数据的刷新。
- public int getSelectedIndex()：取当前 List 被选中的列表项的索引(从 0 开始)。
- public Object getSelectedValue()：取当前 List 被选中的列表项的名称，返回 Object 对象，一般要强制转换为 String 类型。
- public void setSelectedIndex(int index)：将当前 List 的第 index 个列表项(从 0 开始)设置为当前。

当前 JList 列表项改变将触发 ListSelectionEvent，因此 JList 一定要 ListSelectionListener 接口，重写其中的 void valueChanged(ListSelectionEvent e)方法，才能捕捉 JList 列表项的变化，实时刷新个人信息栏中各项文本框的值。

2. Person 类

Person 类是一个 JavaBean，作为 Hashtable 和 Vector 的泛型引用。Person 类包含联系人的姓名 name、出生日期 birthDate、手机 phone、电子邮件 email、备注 memo 等私有属性及其 Getter 和 Setter 方法，无参构造方法和包含全部属性的构造方法，重写了 toString()方法。

3. 集合类 Hashtable 相关

用 Hashtable 在内存中存储通讯录，用姓名 name 做 key，Person 做 value。通讯录在序列化、保存、删除、反序列化时要注意数据的同步更新。

```
01  Hashtable<String,Person> ht = new Hashtable<String,Person>();
02  ht.put("tom",new Person("tom,"1976-1-1","1360000000","aaaaa@asdf.com","hdc"));
03  ht.put("tom",new Person("tom,"1976-1-1","13611111111","aaaaa@asdf.com","hdc"));
04  Person p = ht.get("name");
```

注意：在向 Hashtable 中写入 key-value 对时，如果 Key 不存在，则插入 key-value 对，实现新增后的保存功能；如果 Key 已经存在，则覆盖该 Key 原来对应的值，实现修改后的保存功能。

4. 集合类 Vector 相关

用 Vector 在内存中存储通讯录中所有联系人的姓名：

```
JList list = new JList < String >();
```

5. JTextField 组件相关属性的设置

- public void setEnabled(boolean b)：将当前组件设置为无效状态。
- public void setEditable(boolean aFlag)：将当前文本组件设置为只读状态。
- public boolean requestFocusInWindow()：将光标定位于当前组件。
- public String getText()：取当前文本组件的文本。
- publicvoid setText(String text)：将 text 设置为当前文本组件的文本。

6. 在窗口关闭之前做一些操作

```
01  setDefaultCloseOperation(JFrame. DO_NOTHING_ON_CLOSE );
02  addWindowListener( new WindowAdapter() {
03      @Override
04      public void windowClosing(WindowEvent e) {
05          exitSystem();
06      }
07  });
08  void exitSystem() {
09      //退出前的工作
10      int i = JOptionPane. showConfirmDialog( this , "你确定要退出吗?");
11      if (i == 0JOptionPane. YES_OPTION ) {
12          System. exit(0);
13      }
14  }
```

7. 对象的序列化和反序列化

```
01  //对象的序列化
02  fo = new FileOutputStream("D:\\newFile");
03  so = new ObjectOutputStream(fo);
04  so. writeObject(ht);
05  so. writeObject(v);
06  //对象的反序列化
07  fi = new FileInputStream("D:\\newFile");
08  so = new ObjectInputStream(fi);
09  ht = (Hashtable) so. readObject();
10  v = (Vector) so. readObject();
```

11.2.4 总结提高

(1) 重复使用的代码尽量独立成方法。

(2) 应该为 JDBC 编程留下接口。

(3) 根据课程设计要求准备项目文档。

(4) 做 PPT 准备课程设计的汇报。

11.3 我的记事本

11.3.1 项目任务

1. 总体目标

模仿 Window 自带的记事本，用 Java 技术实现一个提供 90%以上功能的类似记事本，记事本界面从总体布局上分为菜单栏、工具栏、文本编辑区和状态栏，如图 11-8 所示。

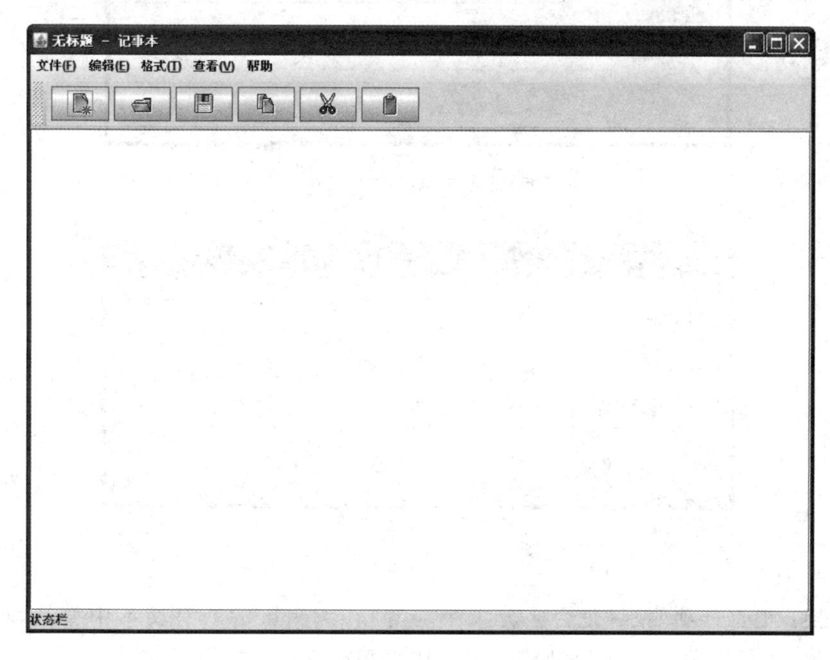

图 11-8 记事本的主界面

2. 具体功能要求

• 新建：新建一个文本文件。

• 打开：调用 JDK 提供的“打开”对话框，选择要打开的文本文件，要求返回带路径的文件名，如图 11-9 所示。

• 保存或另存为：如果已有文件名，直接保存文件，否则调用“保存”对话框，获取文件名和位置后保存。其界面与“打开”对话框基本相同。
• 退出：在退出前要判断是否保存，保存时要求如上，不保存直接退出。
• 撤销/重做：记录用户在编辑区的历史操作，以便撤销或重复。
• 复制/剪切/粘贴：将选中的文本复制到系统剪贴板上；将选中的文本剪切到系统剪贴板上；将系统剪贴板上的文本内容粘贴到光标处。
• 全部选中：将编辑区中的文件全部选中。
• 查找：根据选项要求(是否区分大小写，向上还是向下等)在编辑区的所有文本中查找指定的字符串，如图 11-10 所示。查到后选中，查找下一处，若没有找到，则弹出“找不到了！”提示信息框。

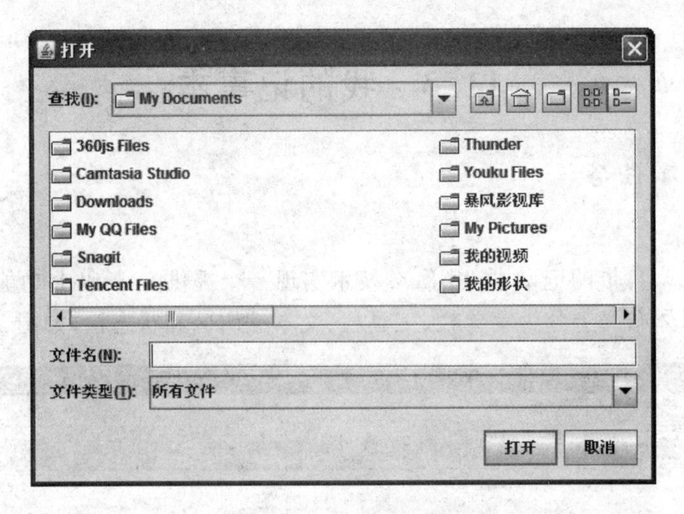

图 11-9 “打开”对话框

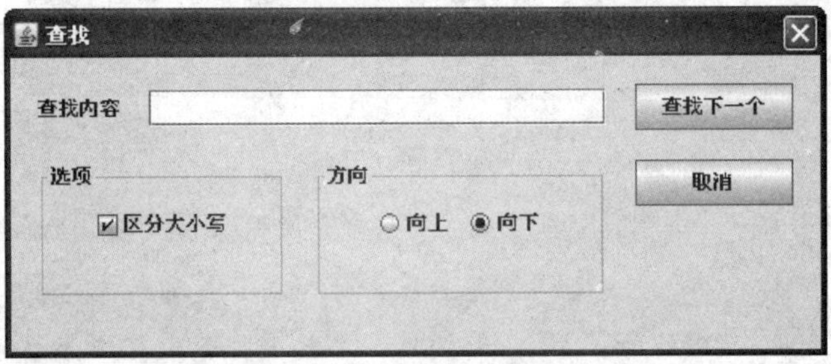

查找
查找内容
查找下一个
选项
区分大小写
方向
向上
向下
取消

图 11-10 “查找”对话框

• 替换：根据选项要求(是否区分大小写等)在编辑区的所有文本中替换，如图 11-11 所示，也可以单击“全部替换”按钮一次性替换查找到的全部文本。

图 11-11 “替换”对话框

• 转到：输入行数，转到指定行，如图 11-12 所示。

图 11-12 “转到”对话框

• 自动换行：文本编辑区是否自动换行。
• 字体：调用“字体”对话框设置文本编辑区的字体、字形和大小，如图 11-13 所示。

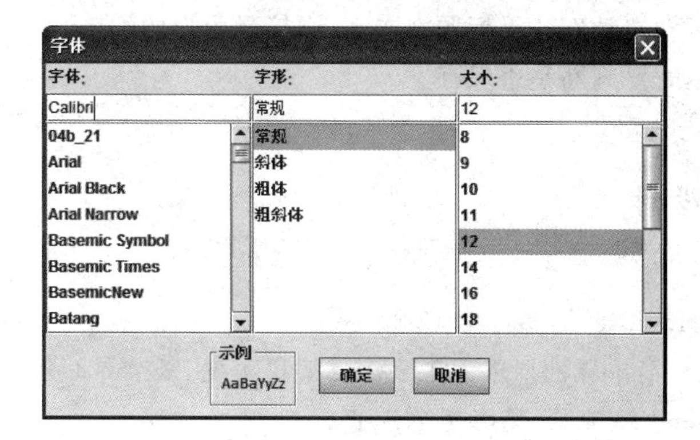

图 11-13 “字体”对话框

• 颜色：调用“调色板”对话框设置文本编辑区的颜色，如图 11-14 所示。

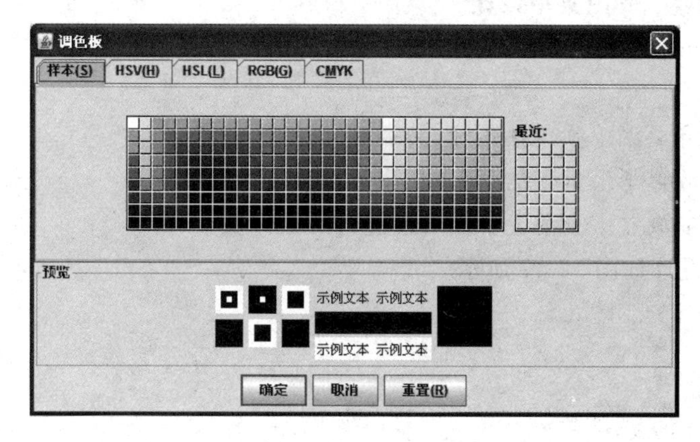

图 11-14 “调色板”对话框

• 帮助主题：调用 notepad.chm 帮助文件，如图 11-15 所示。

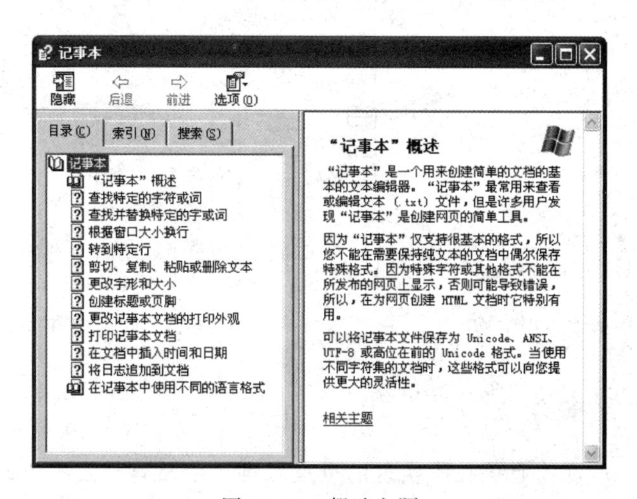

图 11-15 帮助主题

- 关于我的记事本：调用对话框，显示版权、开发者、开发日期等信息。

3. 程序的运行和退出

（1）记事本运行即自动新建无标题文本文件，接受用户的编辑。

（2）退出记事本时要判断是否保存。

（3）关闭窗口。

11.3.2 项目设计

1. 技术方案

（1）IDE 环境：Eclipse，请参考第 12 章。

（2）swing 技术：简单界面要求手工 swing 编程实现，复杂界面建议借助 Eclipse swing 插件 Window Builder Pro 完成，请参考 7.4 节。

2. Java 工程结构

我的记事本工程结构如图 11-16 所示。

3. 菜单、工具栏、弹出菜单设计

作为应用程序最常见的功能组织方式，庞大的菜单要求组织分类科学、容易查找、描述准确等。

- 下拉式菜单：菜单项包括图标、文字、快捷键等信息。
- 工具栏：放置了最常用的菜单项。
- 弹出菜单：放置了当前上下文可以进行的操作。

记事本菜单设计如图 11-17 所示。

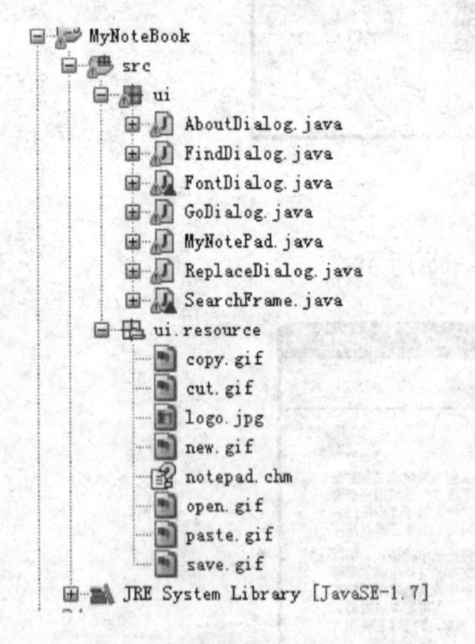

图 11-16 我的记事本工程结构

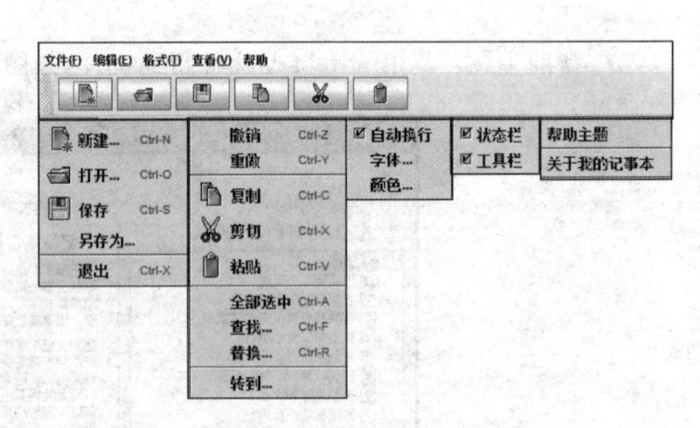

图 11-17 我的记事本菜单设计

11.3.3 项目做中学

请参考相关章节，现将有关技术实现的重点和难点以及容易发生错误、容易忽略的地方进行补充说明。

1. 菜单初始化的简化

几乎每一个 GUI 应用程序都有自己的菜单系统，主要形式有下拉式菜单、工具栏、快捷菜单等。

下拉式菜单的初始化 JMenuBar、JMenu、JMenuItem（JCheckBoxMenuItem、JRadioButtonMenuItem）等菜单组件均涉及定义、构造对象、设置名称、设置快捷键、设置动作命令、设置图标、添加监听器等动作，如果不加以提炼用循环实现，则每个菜单组件都需要6行以上的代码，代码量急剧增加，编写和维护都比较困难。

工具栏是最常用命令按钮的集合，快捷菜单与上下文相关的菜单项的集合。为防止事件处理代码的重复，请为重复的操作通过 setActionCommand(String cmd)方法设置同一动作命令。

```
01  //JMenuBar、JMenu、JMenuItem 初始数据
02  JMenuBarmenuBar = new JMenuBar();
03  //JMenu 名称数组
04  String[]mnames = { "文件(F)", "编辑(E)", "格式(T)","查看(V)", "帮助" };
05  //JMenu 快捷键数组
06  char [] mkeys = { 'F', 'E', 'T','V', 0 };
07  JMenu[]menus = new JMenu[mnames.length];
08  //JMenuItem 名称数组
09  String[][]names = {{ "新建…", "打开…", "保存", "另存为…", "-",退出 },
10  {"撤销", "重做", "-", "复制", "剪切", "粘贴", "-", "全部选中", "查找…",
11  替换…,"-","转到…"},{"自动换行","字体…","颜色…"},{"状态栏",
12  工具栏}, { "帮助主题", "-", "关于我的记事本" } };
13  JMenuItem[][]items = new JMenuItem[names.length][names[1].length];
14  //JMenuItem 动作命令
15  String[][]actions = { { "new", "open", "save", "saveAs", "-", "exit" },
16  {"undo", "redo", "-", "copy", "cut", "paste", "-", "selectAll",
17  find, "replace","-","go"},
18  {"autoWrap","font","color"},{"status","toolBar"}, { "help", "-",about } };
19  //JMenuItem 图标
20  String[][]icons = { { "new.gif", "open.gif", "save.gif", null , null , null },
21  { null , null , null , "copy.gif", "cut.gif", "paste.gif", null , null ,
22  null , null , null , null }, { null , null , null },{ null , null },{ null , null ,
23  null } };
24  //JMenuItem 快捷键数组
25  char [][] keys = { { 'N', 'O', 'S', 0, 0, 'X' }, { 'Z', 'Y', 0, 'C',
26  'X', 'V', 0, 'A', 'F', 'R',0,0},{0, 0, 0}, {0, 0}, { 0, 0, 0 } };
27  //JMenuItem 类型数组：0 - JMenuItem 1 - JCheckBoxMenuItem
28  //2 - JRadioButtonMenuItem
29  int [][] type = { { 0, 0, 0, 0, 0, 0}, { 0, 0, 0, 0, 0, 0, 0, 0, 0,
30  0, 0,0 }, {1,0,0}, {1,1}, {0, 0, 0 }};
31  …
32  private void initMenu() {
33          //初始化菜单栏
```

```
34          for ( int i = 0; i < menus.length; i++) {
35              menus[i] = new JMenu(mnames[i]);
36              if (mkeys[i] != 0) {
37                  menus[i].setMnemonic(mkeys[i]);
38              }
39              menuBar.add(menus[i]);
40          }
41          //初始化菜单项
42      for ( int i = 0; i < names.length; i++) {
43          for ( int j = 0; j < names[i].length; j++) {
44              if (!names[i][j].equals("-")) {
45                  //生成菜单项
46                  if (type[i][j] == 0) {
47                      items[i][j] = new JMenuItem(names[i][j]);
48                  }
49                  if (type[i][j] == 1) {
50                      items[i][j] = new JCheckBoxMenuItem(names[i][j],
51      true );
52                  }
53                  if (type[i][j] == 2) {
54                      items[i][j] = new JRadioButtonMenuItem
55      (names[i][j], true );
56                  }
57                  //设置动作命令
58                  items[i][j].setActionCommand(actions[i][j]);
59                  if (keys[i][j] != 0) {
60                      items[i][j].setMnemonic(keys[i][j]);
61                      items[i][j].setAccelerator(KeyStroke.getKeyStroke(
62      keys[i][j], InputEvent.CTRL_MASK ));
63                  }
64                  //设置图标
65                  if (icons[i][j] != null ) {
66                      items[i][j].setIcon( new ImageIcon(MDI.class.
67      getResource ("resource/" + icons[i][j])));
68                  }
69                      //设置监听器
70                      items[i][j].addActionListener( this );
71                      menus[i].add(items[i][j]);
72                  } else {
73                      menus[i].addSeparator();
74                  }
75              }
76          }
77      }
```

2. 文本编辑器的撤销和重做动作的实现

UndoManager 管理 UndoableEdit 列表,提供撤销或恢复适当编辑的方法。UndoManager 类的定义如下:

```
public class UndoManager extends CompoundEdit implements UndoableEditListener
```

JTextArea 增加 Redo 和 Undo 功能的步骤如下：

```
01  //1.创建 UndoManager 实例
02  UndoManagerundo = new UndoManager();
03  //2.创建各种实现 UndoableEdit 的具体操作类
04  JTextAreaarea = new JTextArea();
05  //3.加入 UndoManager
06  area.getDocument().addUndoableEditListener(undo);
07  //4.在 Undo/Redo 时直接调用 UndoManager 的 undo/redo 方法
08  if ("undo".equals(cmd)) {
09       if (undo.canUndo()) {          //撤销
10           undo.undo();
11       }
12  }
13  if ("redo".equals(cmd)) {
14       if (undo.canRedo()) {          //恢复
15           undo.redo();
16       }
17  }
```

3. 字符串的查找和替换

查找字符串主要涉及查找方向(向上或向下)、是否忽略字母大小写、是否支持正则表达式等。

- public int indexOf(String str,int fromIndex):从指定的索引开始搜索,返回指定子字符串在此字符串中第一次出现处的索引。
- public int lastIndexOf(String str,int fromIndex): 从指定的索引开始反向搜索,返回指定子字符串在此字符串中最后一次出现处的索引。
- public String replace(CharSequence target,CharSequence replacement): 使用指定的 replacement 字符序列去替换 target 字符序列中所有匹配的子字符串。
- publicString toLowerCase():将字符串中的英文字母全部转换为小写。
- public void select(int selectionStart, int selectionEnd):将文本组件中从开始到结束位置的字符选中。
- public void setSelectedTextColor(Color c):指定文本组件被选中字符的颜色。
- public String replace(CharSequence target,CharSequence replacement): 使用指定的字符序列替换此字符串所有匹配字符序列的子字符串。

字符串正向查找和反向查找的示例代码如下：

```
01  Strings_a = "AA01234A01234aa01234aA01234Aa01234aa";
02  boolean f_case = true ;
03  boolean f_down = true ;
04  Strings_b = "aa";
05  if (f_case){
06       s_a = s_a.toLowerCase();
07  }
08  if (f_down){
```

```
09          int n = s_a.indexOf(s_b);
10          while (n!= -1){
11              System.out.println(n);
12              System.out.println(s_a.substring(n, n + s_b.length()));
13              n = s_a.indexOf(s_b,n + s_b.length());
14          }
15      } else {
16          int n = s_a.lastIndexOf(s_b);
17          while (n!= -1){
18              System.out.println(n);
19              System.out.println(s_a.substring(n, n + s_b.length()));
20              //start 是从左到右数的索引位置
21              n = s_a.lastIndexOf(s_b,n - s_b.length());
22          }
23      }
```

4. CHM 文件的调用

软件帮助文档经常以编译后 HTML 文件(扩展名为.chm)的方式提供,单击帮助后打开 CHM 文件的代码如下:

```
01  try {
02      File f = new File(MyNotePad.class.getResource("resource/notepad.
03  chm").toURI());
04      Desktop desktop = Desktop.getDesktop();
05      desktop.open(f);
06  } catch (IOException e1) {
07      e1.printStackTrace();
08  } catch (URISyntaxException e1) {
09      e1.printStackTrace();
10  }
```

11.3.4 总结提高

(1) 重复使用的代码尽量独立成方法。

(2) 根据课程设计要求准备项目文档。

(3) 做 PPT 准备课程设计的汇报。

11.4 ATM 柜员机模拟项目

11.4.1 项目任务

1. 总体目标

模仿银行 ATM 机,用 JavaGUI 编程技术和 JDBC 编程技术实现 ATM 机的大部分功能。

2. 具体功能要求

- 登录窗口:从系统备选账号中选择一个账号,对应密码自动赋值到密码框中,单击

"确认"按钮登录,如图 11-18 所示。

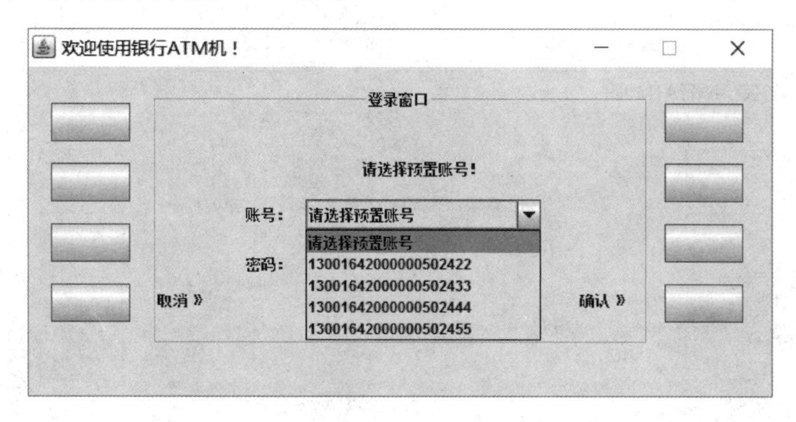

图 11-18 ATM 登录窗口

- ATM 主窗口:包括取款、存款、转账、查询余额、修改密码、历史数据查询、退出系统等功能,如图 11-19 所示。

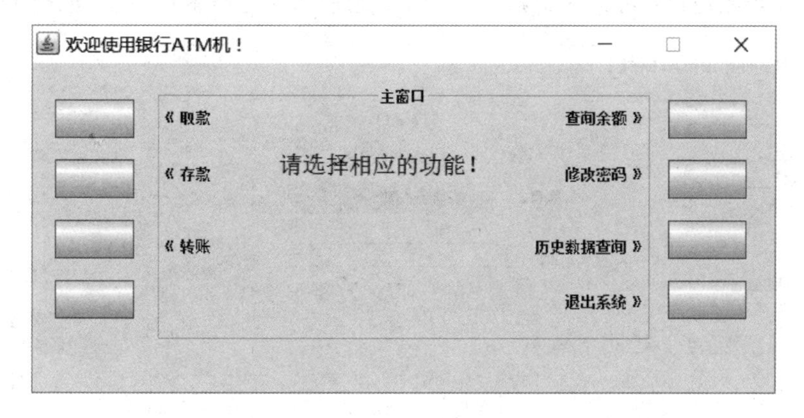

图 11-19 ATM 主界面

- ATM 取款窗口:可以直接单击对应按钮取 100、200、300、500、1000、1500 元现金,也可输入其他金额(必须是 100 的倍数),如图 11-20 所示。

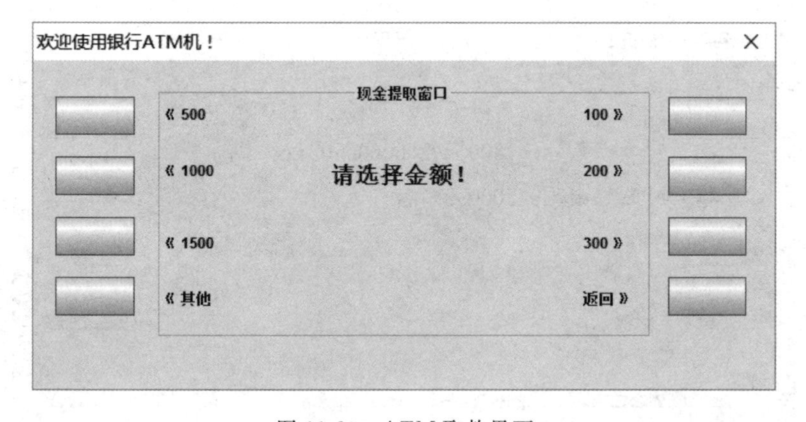

图 11-20 ATM 取款界面

• ATM 存款窗口：用输入金额(必须是 100 的倍数)去模拟存款操作，如图 11-21 所示。

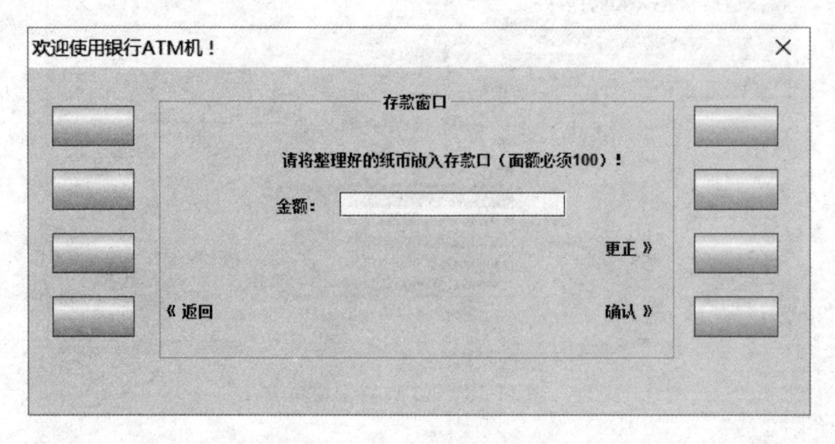

图 11-21　ATM 存款界面

• ATM 转账窗口：可以从本账号向指定账号转入指定金额的现金，如图 11-22 所示。

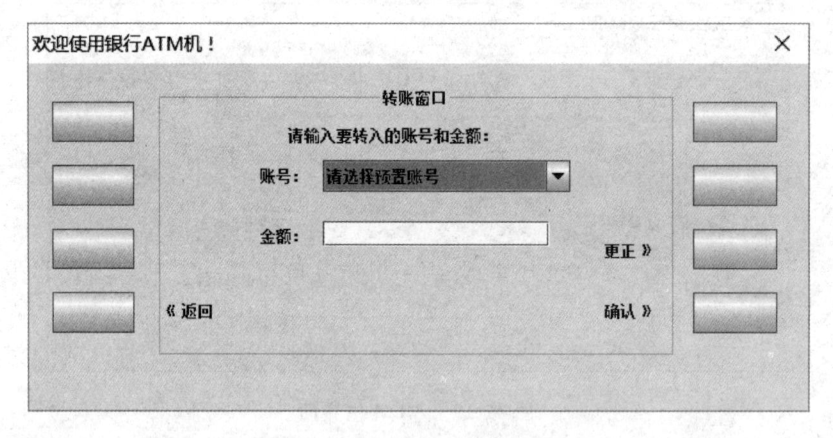

图 11-22　ATM 转账界面

• 余额查询窗口：查询本账号的余额，如图 11-23 所示。

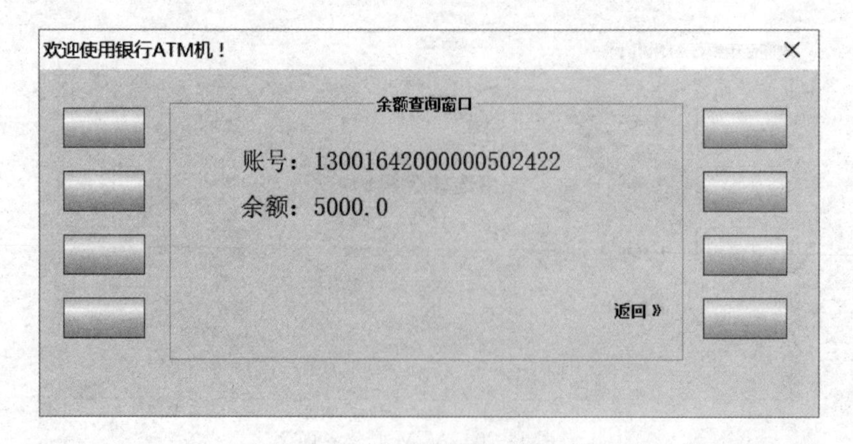

图 11-23　ATM 余额查询界面

• 历史数据查询窗口：可以查询本账号最近一个月或全部的历史交易信息，如图 11-24 所示。

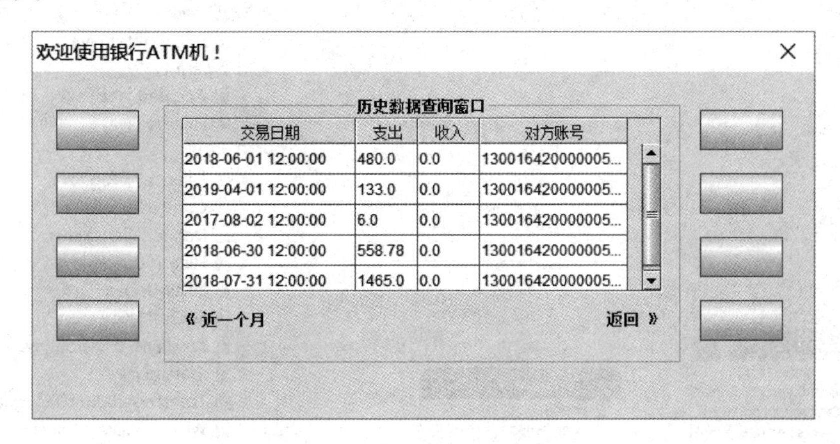

图 11-24　ATM 历史数据查询界面

• 修改密码：只有原密码正确、新密码和确认密码一致时才能成功地修改密码，如图 11-25 所示。

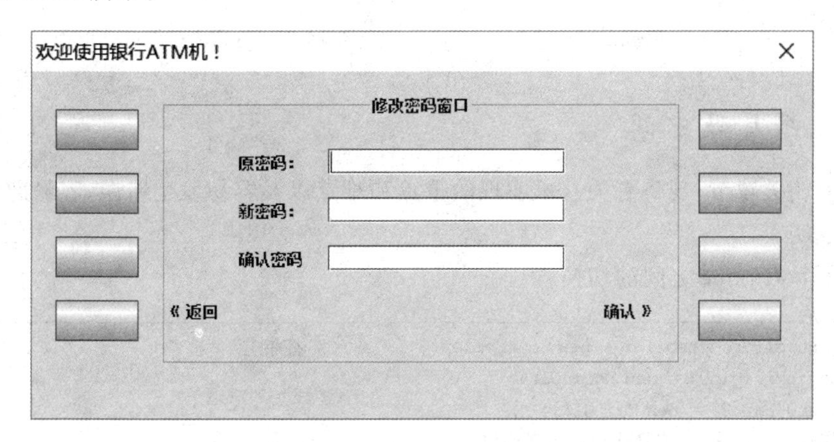

图 11-25　ATM 修改密码界面

11.4.2　项目设计

1. 技术方案

(1) IDE 环境：Eclipse，请参考第 12 章。

(2) swing 技术：界面借助 Eclipse swing 插件 Window Builder Pro 来完成，请参考 7.4 节。

(3) 数据库采用 MySQL 5.6。

(4) 数据库访问采用 JDBC 编程技术。

2. 数据库设计

本数据库用到 Account(账号表)和 History(历史记录表)两个表，如图 11-26 所示。

3. Java 工程结构

本项目分为视图层、控制层、数据访问层，如图 11-27 所示。

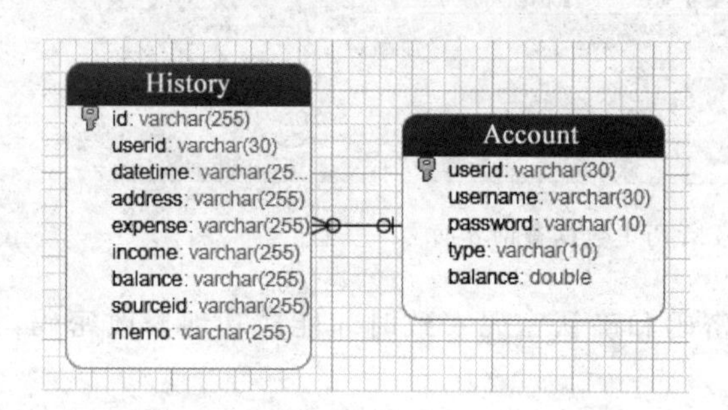

图 11-26　用到的两个表

```
ATM
  src
    zyj.dao
      DBOPerater.java
    zyj.entity
      Account.java
      History.java
    zyj.ui
      BalanceDialog.java
      Controller.java
      DepositDialog.java
      HistoryDialog.java
      LoginUI.java
      MainUI.java
      ModifyPSWDialog.java
      Startup.java
      TransferAccountDialog.java
      WithDrawDialog.java
    zyj.util
      Constants.java
      JDBCMySQLUtil.java
    env.properties
  JRE System Library [JavaSE-1.7]
```

图 11-27　ATM 柜员机模拟项目工程结构

11.4.3　项目做中学

请参考相关章节，现将有关技术实现的重点和难点以及容易发生错误、容易忽略的地方进行补充说明。

(1) 多个 JFrame 之间的切换。

```
01  Controllercontroller = new Controller();          //控制层
02  LoginUIloginUI = new LoginUI();
03  MainUImainUI = new MainUI();
04  //将控制层和业务层建立关系
05  controller.setLoginUI(loginUI);
06  controller.setMainUI(mainUI);
07  //UI 和控制层建立关系
08  loginUI.setController(controller);
09  mainUI.setController(controller);
10  loginUI.setVisible( true );
```

(2) MySQL 数据库的 JDBC 编程工具类的内容请参考 10.3.10 节。

(3) JTable 的使用请参考 7.4.10 节。

11.4.4　总结提高

(1) 重复使用的代码尽量独立成方法。

(2) 根据课程设计要求准备项目文档。

(3) 做 PPT 准备课程设计的汇报。

11.5 银行排队叫号模拟系统

11.5.1 项目任务

1. 总体目标

用 Java GUI 界面模拟实现银行排队叫号系统的业务逻辑，如图 11-28 和图 11-29 所示。

图 11-28　银行叫号排队系统主界面

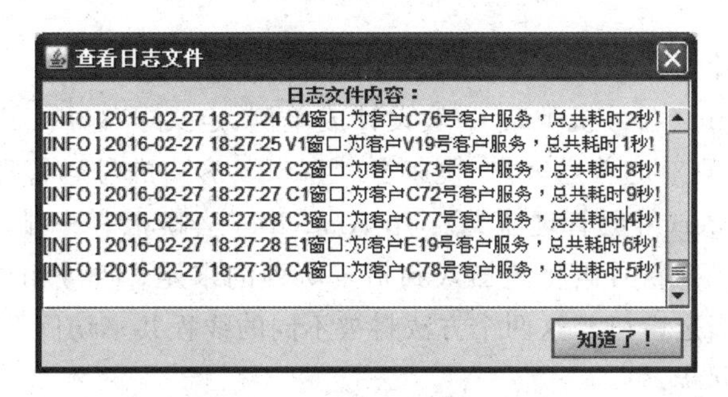

图 11-29　查看日志文件界面

2. 具体功能要求(包括界面)

(1) 银行内有 6 个业务窗口，1～4 号窗口为普通窗口，5 号窗口为快速窗口，6 号窗口为 VIP 窗口。

(2) 客户类型包括 VIP 客户、普通客户、快速客户(办理交水电费、电话费之类业务的客户)3 种，随机生成各种类型的客户，普通客户、快速客户、VIP 客户的比例大约为 1∶6∶3。

为了保证模拟效果,办理业务所需的时间随机生成,范围为 1～10s(提示：办理业务的过程可通过线程 Sleep 的方式模拟)。

(3) 提示信息完善：请××号用户到第×窗口办理业务,今天累计接待客户×××人。

(4) 每天办理的窗口编号、窗口名称、用户号码、接待时间等信息保存到一个文本文件中(可以通过 Log4j 实现)。

(5) 适时显示每个服务窗口叫号、开始办理、办理业务结束等信息。

(6) 适时显示 VIP 客户、普通客户、快速客户等待办理情况。

3. 程序的运行和退出

要求以 Jar 包的形式运行。

11.5.2 项目设计

1. 技术方案

- JDK 1.7 以上。
- IDE 环境：Eclipse,请参考第 12 章。
- swing 技术：简单界面手写代码实现,复杂界面建议利用 Eclipse swing 插件 Window Builder Pro 生成,请参考 7.4 节。
- 用 Log4j 实现文本文件每天办理业务信息的写入。

2. Java 工程结构

银行排队叫号模拟系统工程结构如图 11-30 所示。

```
QueueSystem
  src
    zyj.controller
      CallingMachine.java
      CallingManger.java
      ServiceWindow.java
    zyj.ui
      Log4jTest.java
      MainUI.java
      ViewDialog.java
    log4j.properties
  JRE System Library [JavaSE-1.7]
  Referenced Libraries
    log4j-1.2.17.jar
```

图 11-30 银行排队叫号模拟系统工程结构

11.5.3 项目做中学

请参考相关章节,现将有关技术实现的重点和难点以及容易发生错误、容易忽略的地方进行补充说明。

1. 项目框架设计

- CallingMachine(叫号机类)：一般设计成单例,定义了 3 个 CallingManager 类型的成员变量,分别对应普通客户、快速客户和 VIP 客户的号码管理器。
- CallingManager(号码管理器类)：用 ArrayList 去模拟客户排队的队列。客户取号相当于产生一个新号码将其加入到指定队列的末尾；叫号相当于从指定队列取第一个号码到指定窗口。这两个方法将被不同的线程共享访问队列,所以一定要注意队列操作的同步。
- ServiceWindow 类(服务窗口类)：用线程实现的服务窗口,主要包含从指定队列叫号、开始服务(用文本区输出消息模拟)、提供服务(用 sleep 方法模拟)、结束服务(用文本区输出消息模拟)4 个动作,循环进行,直到下班。
- MainUI 类(系统主界面)：主要包括用 JTextArea 动态显示的 4 个普通客户窗口、一个快速客户窗口和一个 VIP 客户窗口,用 JList 动态显示的普通客户队列、快速客户队列、VIP 客户队列。
- ViewDialog 类：显示日志文件。日志文件是文本文件,由 Log4j 写入。

2. 用线程池定时调度启动线程来模拟客户进入银行

```
01  //普通客户拿号
02  threadPool1.scheduleAtFixedRate( new Runnable(){
03        public void run(){
04            String serviceNumber = CallingMachine.getInstance().
05  getCommonManager().generateNewNumber();
06                  v_common.addElement(serviceNumber);
07                  list_common.setListData(v_common);
08            }
09  },0,1,TimeUnit.SECONDS );
10  //快速客户拿号
11  threadPool2.scheduleAtFixedRate( new Runnable(){
12        public void run(){
13            String serviceNumber = CallingMachine.getInstance().
14  getExpressManager().generateNewNumber();
15            v_express.addElement(serviceNumber);
16            list_express.setListData(v_express);
17        }
18  },0,2,TimeUnit.SECONDS );
19  //VIP客户拿号
20  threadPool3.scheduleAtFixedRate( new Runnable(){
21        public void run(){
22            String serviceNumber = CallingMachine.getInstance().
23  getVipManager().generateNewNumber();
24            v_vip.addElement(serviceNumber);
25            list_vip.setListData(v_vip);
26  }
27  },0,6,TimeUnit.SECONDS );
```

3. Log4j 的使用

Log4j 是 Apache 的一个开源项目。Log4j 由 3 个重要组件构成,即日志信息的优先级、日志信息的输出目的地、日志信息的输出格式。

- **日志信息的优先级**:用来指定日志信息的重要程度,从高到低依次为 OFF、FATAL、ERROR、WARN、INFO、DEBUG、ALL,但 Log4j 建议只使用 4 个级别,即 ERROR、WARN、INFO、DEBUG。
- **日志信息的输出目的地**::常用目的地有 org.apache.log4j.ConsoleAppender(控制台)、org.apache.log4j.FileAppender(文件)、org.apache.log4j.DailyRollingFileAppender(每天产生一个日志文件)、org.apache.log4j.RollingFileAppender(文件大小到达指定尺寸的时候产生一个新的文件)、org.apache.log4j.WriterAppender(将日志信息以流格式发送到任意指定的地方)等。
- **输出格式**:可以设置日志信息的显示内容。

在 Java Project 中应用 Log4j 的步骤如下:

(1) 将 log4j-1.2.17 复制到项目文件夹中并添加到 BuildPath。

(2) 在项目文件夹 src 中建立 log4j.properties,文件内容如下。

```
01  ###将 debug 级别以上的信息输入到 stdout,D ###
02  log4j.rootLogger = debug,stdout,D
03  ###输出 DEBUG 级别以上的日志到控制台###
04  log4j.appender.stdout = org.apache.log4j.ConsoleAppender
05  log4j.appender.stdout.Target = System.out
06  log4j.appender.stdout.layout = org.apache.log4j.PatternLayout
07  log4j.appender.stdout.layout.ConversionPattern = [ %-5p]    %d{yyyy-MM-dd
08  HH:mm:ss} method: %l%n%m%n
09  ###输出 DEBUG 级别以上的日志到"D://logs/log.txt" ###
10  log4j.appender.D = org.apache.log4j.DailyRollingFileAppender
11  log4j.appender.D.File = D://logs//log.txt
12  log4j.appender.D.Append = true
13  log4j.appender.D.Threshold = DEBUG
14  log4j.appender.D.layout = org.apache.log4j.PatternLayout
15  log4j.appender.D.layout.ConversionPattern = [ %-5p]    %-d{yyyy-MM-dd
16  HH:mm:ss}                                              %m%n
```

(3) Log4j 的测试。

```
01  public class Log4jTest {
02      private static Logger log = Logger.getLogger(Log4jTest.class);
03      public static void main(String[] args) {
04          //Log4j 建议只使用 4 个级别,优先级从高到低分别是 ERROR、WARN、INFO、DEBUG
05          log.debug("这是一个 debug 信息!");
06          log.info("这是一个 info 信息!");
07          log.error("这是一个 error 信息!");
08      }
09  }
```

11.5.4 总结提高

(1) 重复使用的代码尽量独立成方法。
(2) 根据课程设计要求准备项目文档。
(3) 做 PPT 准备课程设计的汇报。

11.6 坦克大战游戏

11.6.1 项目任务

1. 总体目标

设计一个坦克大战单机桌面游戏。游戏规则：玩家坦克守护自己的家园不被攻击，击毁敌方坦克。在玩家坦克或家园血量为 0 之前消灭所有的敌方坦克，任务完成，闯关成功，可以进入下一关。玩家坦克或家园血量为 0 时任务失败，游戏结束。

2. 具体功能要求

- **开场动画**：开场动画用游戏主题图片淡入然后淡出实现，要求同时播放背景音乐，如图 11-31 所示。

图 11-31　开场动画界面

- **故事背景**：用滚动图片的方式介绍坦克大战的故事背景，结束后自动进入游戏主界面，如图 11-32 所示。

图 11-32　故事背景界面

- **游戏主界面**：游戏主界面主要有“开始游戏”、“地图绘制”、“游戏设置”、“退出游戏” 4 个按钮，如图 11-33 所示。

图 11-33　游戏主界面

（1）**开始游戏**：单击“开始游戏”按钮进入新手教程，通关后才能进入游戏的第一关，按 Esc 键可跳过新手教程。

新手教程：让新手迅速入门，熟悉游戏中控制坦克和发射炮弹的按键。按 W 键坦克向上移动一步，按 S 键坦克向下移动一步，按 A 键坦克向左移动一步，按 D 键坦克向右移动一步，按 J 键发射普通炮弹，按 U 键发射可穿墙炮弹，按 I 键发射散射炮弹，按 K 键发射可蓄力炮弹，按 O 键在当前位置放置地雷。

坦克大战的第一关：如图 11-34 所示。

图 11-34　坦克大战的第一关

坦克大战的第二关：如图 11-35 所示。

图 11-35　坦克大战的第二关

（2）**地图绘制**：游戏自带两关的地图，设置了不同的墙体障碍，玩家定制自己的地图功能。

（3）**游戏设置**：本游戏分为两关，用背景图片和背景音乐来区分不同关。敌方坦克分普通坦克、快速坦克和抗打击坦克 3 类。第一关敌方坦克数量较少，产生频率较低，特殊坦克（快速坦克和抗打击坦克）出现次数较少；第二关在第一关的基础上从坦克数量、产生频率、特殊坦克出现次数都大大增加。

（4）**退出游戏**：单击该按钮退出本游戏。

3. 游戏相关说明

1）玩家坦克和家园

(1) 玩家坦克：6 滴血，移速 5。

(2) 家园：两滴血。

2）敌方坦克

敌方坦克分普通坦克、快速坦克和抗打击坦克 3 类。

(1) 普通坦克：两滴血，移速 5。

(2) 快速坦克：两滴血，移速 10。

(3) 抗打击坦克：5 滴血，移速 3。

3）炮弹和地雷

(1) 普通炮弹：无限弹药，不能击穿墙体，直线轨迹，攻击力为 2。

(2) 穿墙炮弹：可以发射 18 次，一次两颗炮弹以圆周轨迹旋转前进，可以穿越墙体，每颗的攻击力为 2。

(3) 散射炮弹：可以发射 25 次，一次发散 3 颗炮弹，不能击穿墙体，直线轨迹，每颗的攻击力为 2。

(4) 可蓄力炮弹：按 K 键开始蓄力，两秒可以蓄满，松开 K 键后发射，直线轨迹。在炮弹前进过程中按 K 键引发大范围爆炸，攻击力为 5。

(5) 地雷：按 O 键在当前位置放置一颗地雷。当敌方坦克碾过时爆炸，攻击力为 2。

4）游戏道具

在游戏过程中敌方坦克被炸毁后以一定的概率爆出游戏道具，共有下面 6 类。

(1) 加血道具：坦克共有 6 滴血，获得本道具后随机增加 2～3 滴血。

(2) 加弹药量道具：获得本道具可以增加发射穿墙炮弹和散射炮弹各 1 次。

(3) 加地雷量道具：获得本道具可以增加地雷两颗。

(4) 加快射速道具：本道具持续 13 秒时间，射击速度加快一倍。

(5) 增加移速道具：本道具持续 13 秒时间，移动速度加快一倍。

(6) 无限弹药道具：本道具持续 13 秒时间。

4. 程序的运行和退出

(1) 运行环境为 JRE 1.7，要求以可运行 Jar 包的形式运行。

(2) 要求界面美观，游戏运行快速、稳定。

11.6.2 项目设计

1. 技术方案

(1) JDK 1.7 以上。

(2) IDE 环境：Eclipse，请参考第 12 章。

(3) 利用 swing 技术实现游戏图形界面。

(4) 多线程技术。

2. 类的介绍

- StartCarton 类：StartCartoon 类中用 java.util.Timer 类实现了 GIF 动画的依次播放以及背景音乐的播放，另外添加了游戏主界面控制按钮。

- TankClient 类：TankClient 类相当于进入游戏后运行的总开关，通过调用各种类与其内方法实现游戏过程中的玩家移动、射击，以及电脑坦克的添加、移动、碰撞检测等。

3. Java 工程结构

坦克大战项目工程结构如图 11-36 所示。

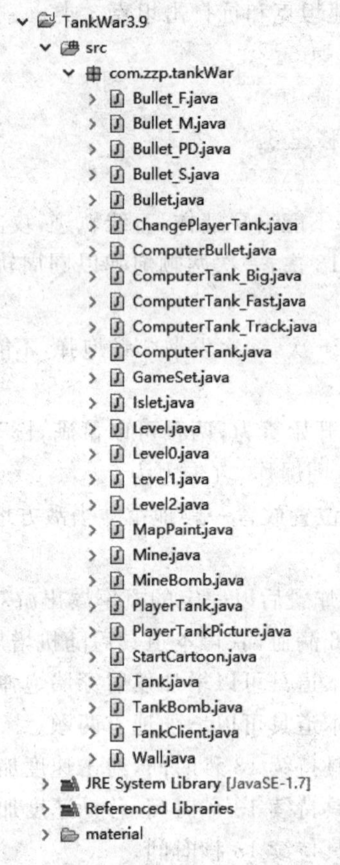

图 11-36　坦克大战项目工程结构

4. 部分 UML 类图设计

1) Tank 类及其子类(如图 11-37 所示)

- Tank 类：所有坦克的超类，凡是与坦克相关的都继承自 Tank，其内部包含了坦克血量、坦克的移动速度、当前方向、坦克的大小等属性，包含了坦克的移动方式，是否碰到墙体，掉血、是否炸毁等基础方法。
- PlayerTank 类：该类在继承了 Tank 类的基础上增加了 3 种炮弹种类和一种安放地雷的方法，坦克的移动方式及射击由 TankClient 中的键盘监听方法控制。
- ComputerTank 类：此类是所有电脑坦克的超类，其内包含了电脑坦克的一些基本属性和方法，如坦克的随机移动、电脑坦克的射击方式等。
- ComputerTank_Big 类：继承了 ComputerTank 类，修改了 ComputerTank 中的基础血量、体积和移速。

• ComputerTank_Fast 类：继承了 ComputerTank 类，修改了 ComputerTank 中的移速。

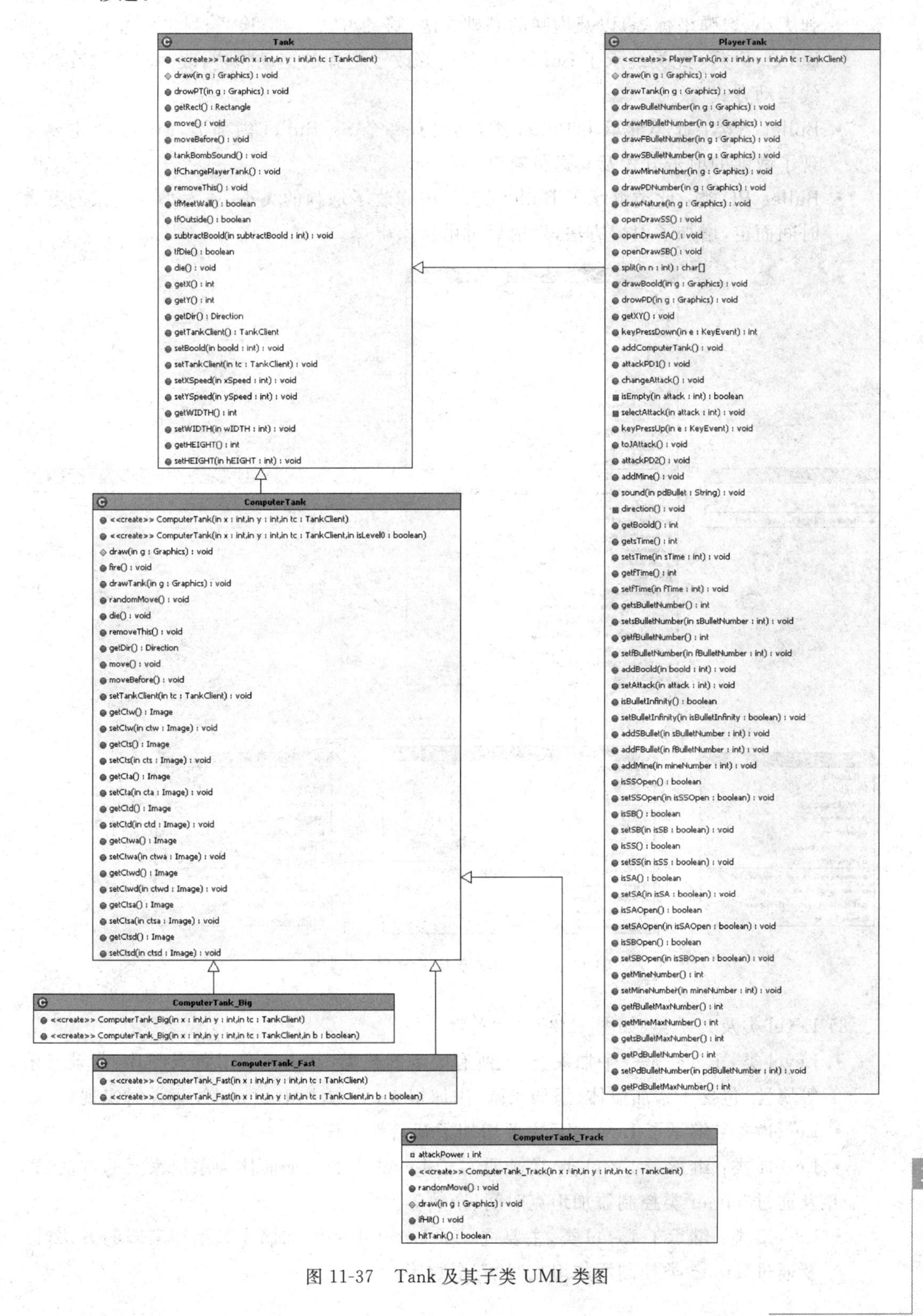

图 11-37　Tank 及其子类 UML 类图

2）Bullet 类及其子类（如图 11-38 所示）

- Bullet 类：此类为所有炮弹类的超类，其内包含了炮弹的基础属性（炮弹攻击力、炮弹大小、炮弹坐标等）以及炮弹的基础方法（移动方式、碰撞检测、射击声音）等。
- Bullet_F 类：此类继承了 Bullet 类，其内修改了炮弹的运动轨迹，改为圆周型旋转直线运动方式。
- Bullet_S 类：此类继承了 Bullet 类，其内有一个 Ss_Bullet 内部类，Bullet_S 主要实现了散弹的射击方式及其运行轨道。
- Bullet_PD 类：此类继承了 Bullet 类，其内修改了炮弹的大小，该大小由玩家的蓄力时间而定，增加了引爆方法，发射后可由玩家引爆。

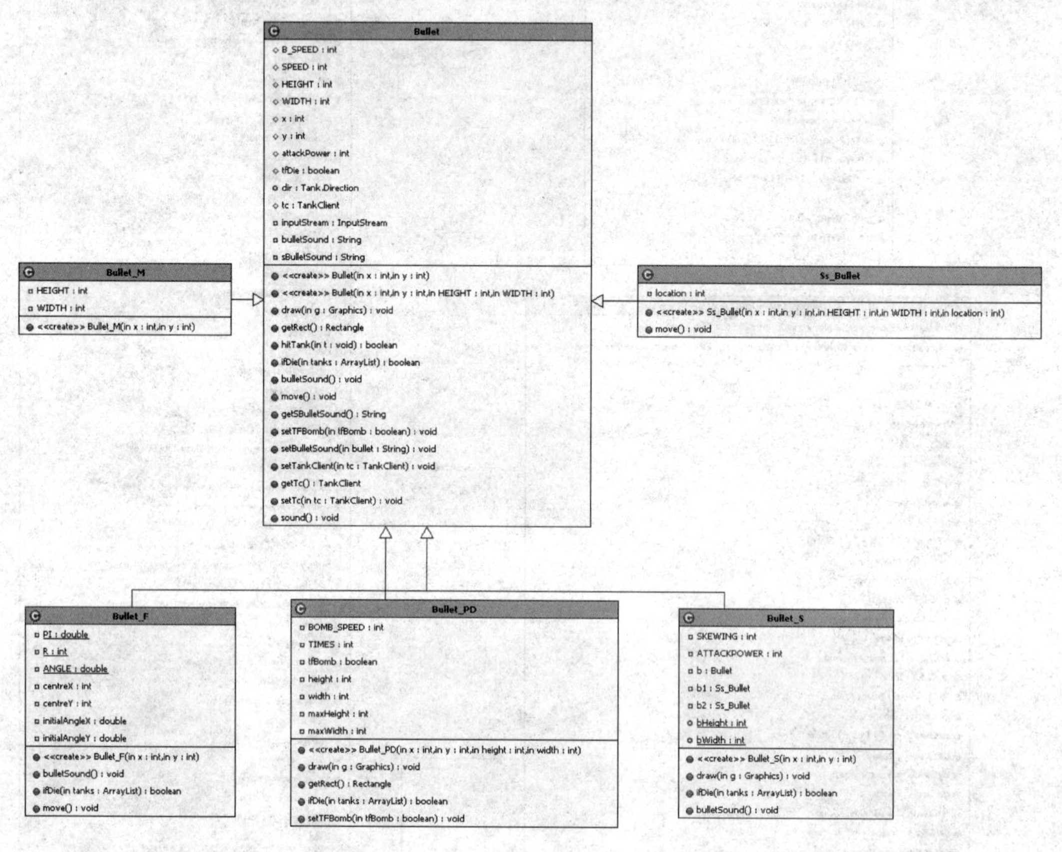

图 11-38　Bullet 及其子类 UML 类图

3）Level 类及其子类（如图 11-39 所示）

- Level 类：Level 是一个抽象类，是所有关卡的超类，其内包含了背景图片、背景音乐等属性，包含了添加墙体、添加家园、添加坦克（此方法由 Timer 线程计时实现）。
- Level0 类：继承了 Level 类，主要增加了开始教程任务方法。
- Level1 类：继承了 Level 类，主要重写了 Level 中的添加墙体和添加家园的方法，以及通过 Timer 类控制添加坦克时间、个数等。
- Level2 类：继承了 Level 类，主要重写了 Level 中的添加墙体和添加家园的方法，以及通过 Timer 类控制添加坦克时间、个数等。

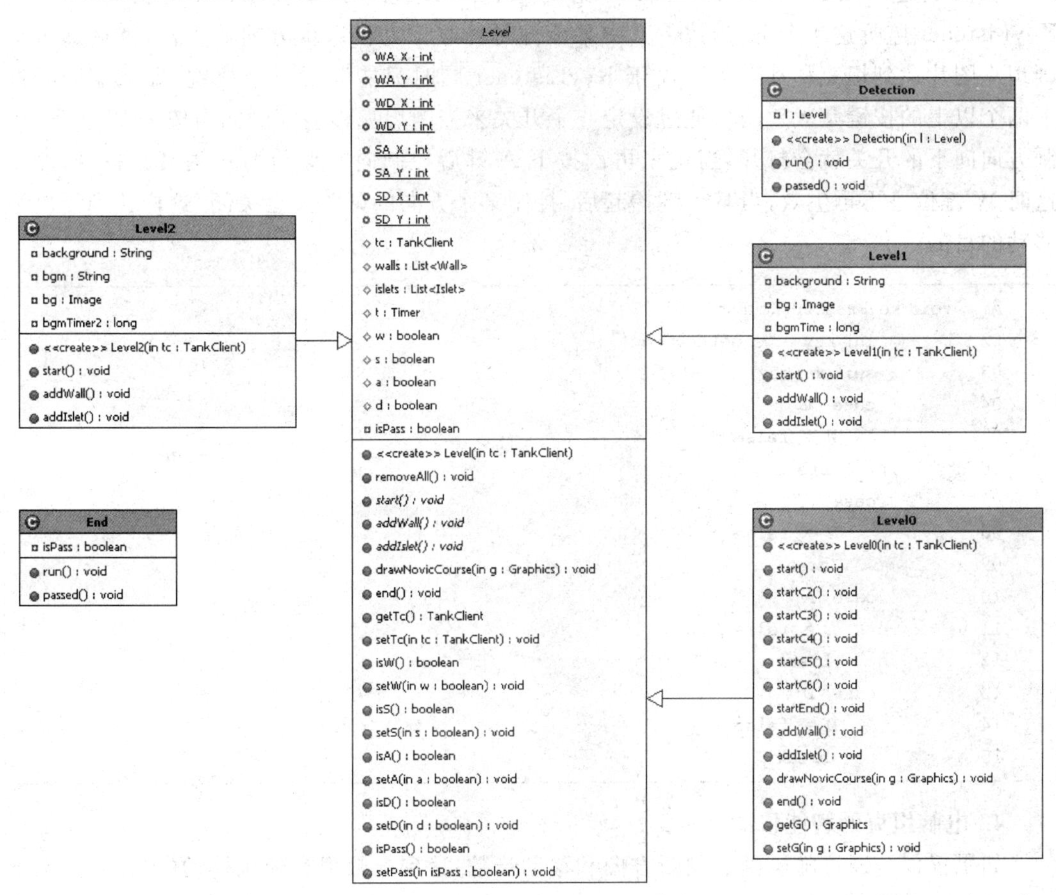

图 11-39 Level 及其子类 UML 类图

11.6.3 项目做中学

请参考相关章节，现将有关技术实现的重点和难点以及容易发生错误、容易忽略的地方进行补充说明。

1. 开场动画的实现

(1) 开场动画通过播放 GIF 图片实现：提前计算好各 GIF 文件的播放时间和背景音乐时间，通过 Timer 类在指定时间间隔后播放指定 GIF 文件，爆炸效果也采用这种技巧，详见 8.3.7 节。

(2) 按 Esc 键跳过开场动画：如果同时添加 JFrame 的 KeyListener 和 JButton 的 ActionListener 可能会发生冲突，导致只有一个监听器起作用。解决方法是用 Timer 类在一定延迟后再添加按钮，和键盘监听器的添加隔开时间。

2. 游戏界面的设计

设计一个色彩绚丽、美观大方、视觉冲击力强、用户体验度高的游戏界面是非常重要的，但是从网络中搜集的图片素材不一定满足本游戏内容、整体风格、色调、布局等方面的要求，因此使用 Photoshop 对素材进行组合、处理是对软件开发人员的一个基本要求。

3. 玩家坦克的移动和发射炮弹

玩家通过 W、S、A、D 键控制坦克向上、下、左、右方向移动，当然也可以通过 KeyListener 监听这 4 个键，当按下其中某个键时修改坦克在这个方向的坐标，然后通过重画坦克图片达到坦克移动效果。由于 KeyListener 同时只能监听一个按键，即玩家同时按下两个以上的按键是无效的。通过设定 4 个开关来控制坦克移动。例如当按下 W 键后，控制方向向下的开关就会打开，当玩家再次按下 A 键后控制向左移动的开关又会打开，注意这时 W 键位已不再生效，当某个键抬起后，控制某个方向的开关又会关闭，这样达到了灵活移动的目的。

```
01  void keyPressUp(KeyEvent e) {
02          int key = e.getKeyCode();
03          switch (key) {
04          case 'W':
05              W = false ;
06               break ;
07          case 'S':
08              S = false ;
09               break ;
10          case 'A':
11              A = false ;
12               break ;
13          case 'D':
14              D = false ;
15               break ;
```

4. 电脑坦克的智能移动

如果仅仅是通过随机函数判断方向和移动步数，达到电脑坦克随机移动的目的，显然不够智能化，而必须考虑玩家坦克的位置这个因素做出的电脑坦克太过僵化。具体实现算法是采用随机函数，让电脑坦克每次判断方向时有 1/6 的概率是向玩家坦克所在的位置移动并开火。

```
01  void randomMove() {
02        if (step < 1) {
03              step = rn.nextInt(20) + 20;
04               if (rn.nextInt(6) == 1 && tc.ct != null ) {
05                     dir = getDir();
06              } else {
07                     dir = dirs[rn.nextInt(8)];
08              }
09      }
```

```
10          step -- ;
11          move();
12   }
```

5. 碰撞检测

碰撞检测一直是游戏射击中的一个难点，本游戏采用了 Rectangle 类中的 intersects() 方法达到碰撞检测的目的。

```
01   boolean hitTank(Tank t) {
02          if ( this .getRect().intersects(t.getRect())) {
03                  return true ;
04           }
05           return false ;
 6   }
```

6. 炮弹的运动轨迹

炮弹运动轨迹的难点如下。

(1) Bullet_F 类炮弹：该类炮弹以圆周轨迹旋转前进。在计算轨迹时必须计算某时刻轨迹向前移动加上炮弹做圆周之和的坐标。计算时采用了每次移动只变化 5 度角，每次重画炮弹时都变化 5 个角度，再加上前进坐标，若为斜上角或斜下角则还要计算相对直线轨迹运行时的每次运动距离，从而与其他运动方向的速度保持一致。

```
01   @Override
02          void move() {
03              switch (dir) {
04              case W :
05                  if (initialAngleX == -1) {
06                      initialAngleX = (0/360) * PI ;
07                      initialAngleY = (180/360) * PI ;
08                  }
09                  for ( int i = 0; i < B_SPEED/SPEED; i++) {
10                      centreY -= SPEED;
11                      initialAngleX += ANGLE ;
12                      initialAngleY += ANGLE ;
13                      x = centreX + ( int )( R + R * Math.cos(initialAngleX));
14                      y = centreY + ( int )( R * Math.sin(initialAngleY));
15                  }
16                  break ;
17          }
18   }
```

(2) Bullet_S 类炮弹：该类炮弹轨迹的难点在于一次要发射出散射时 3 个方向的炮弹，3 颗炮弹之间的角度不能太大。这里在 Bullet_S 内添加了内部类 Ss_Bullet。这个类每次通过计算 Bullet_S 中炮弹的方向自动生成另外两种散射式炮弹。通过改变坐标(X,Y)的变化速率快慢控制 3 颗炮弹发射角度的大小。

```
01  private class Ss_Bullet extends Bullet {
02      private int location;
03      public Ss_Bullet( int x, int y, Tank.Direction dir, int HEIGHT, int
04  WIDTH, int location) {
05          super (x, y, dir, HEIGHT, WIDTH);
06          this . location = location;
07      }
08      @Override
09      void move() {
10          switch (dir) {
11              case W :
12                  if (location == 1) {
13                      for ( int i = 0; i < B_SPEED/SPEED; i++) {
14                          y -= SPEED;
15                          x -= SKEWING;
16                      }
17                  } else {
18                      for ( int i = 0; i < B_SPEED/SPEED; i++) {
19                          y -= SPEED;
20                          x += SKEWING;
21                      }
22                  }
23                  break ;
24          …
25          }
26      }
27  }
```

(3) Bullet_PD 类炮弹：此类炮弹的难点在于要有一个引爆过程，引爆后炮弹会在一定的时间内扩张，达到大范围爆炸效果。游戏中根据蓄力的能量炮弹的大小乘以要扩张的倍数来确定最大扩张范围，并且在扩张中碰撞检测范围也在不断扩大，当达到最大范围后消失，重写了 draw()方法。

```
01  /**
02   * 重画能量球模型分为两种,一种是未爆炸运动轨迹,</br>
03   * 另一种是已爆炸后扩张的轨迹
04   */
05  @Override
06  void draw(Graphics g) {
07      Color c = g.getColor();
08      g.setColor(Color.getHSBColor(39, 193, 35));
09      if (!tfBomb) {
10          g.fillOval(x, y, height, width);
11          move();
12      } else if (tfBomb) {
13          g.fillOval(x, y, height, width);
14          x -= BOMB_SPEED/2;
15          y -= BOMB_SPEED/2;
16          height += BOMB_SPEED;
```

```
17            width += BOMB_SPEED;
18        }
19    }
```

7. 向地图中添加墙体

游戏中的墙体分为横着和竖着的墙体,为了便于使用,设计了一个开关用来控制是横着还是竖着的墙体,true 为横着,false 为竖着。在 Wall 类中的构造方法内添加了一个 number 变量,用来控制添加几个墙体。每个墙体都有固定的长和宽,用 number 控制总长度和宽度。

```
01  /**
02   *默认构造方法
03   * @param x 初始坐标 X
04   * @param y 初始坐标 Y
05   * @param number 要重画的墙体的个数
06   * @param height 单个墙体高(相对于平面,非实际高度)
07   * @param width 单个墙体宽
08   */
09  public Wall( int x, int y, int number, boolean isAcross) {
10      this .x = x;
11      this .y = y;
12      this .number = number;
13      this .isAcross = isAcross;
14      if (isAcross) {
15          wall = new ImageIcon(wallTrue).getImage();
16          width = this .WIDTH_TRUE;
17          height = this .HEIGHT_TRUE;
18      } else {
19          wall = new ImageIcon(wallFalse).getImage();
20          width = this .WIDTH_FALSE;
21          height = this .HEIGHT_FALSE;
22      }
23  }
```

11.6.4 总结提高

(1) 重复使用的代码尽量独立成方法。

(2) 根据课程设计要求准备项目文档。

(3) 做 PPT 准备课程设计的汇报。

11.7 聊 天 室

11.7.1 项目任务

1. 总体目标

用 Java 技术实现一个网络聊天室,即供多人通过文字与命令进行实时交谈、聊天的网络应用程序,该应用程序分为服务器端和客户端两个部分。

服务器端的职责是为每个客户端建立连接,完成客户端与客户端之间的信息转发功能,也可向所有客户端发送广播信息。服务器端界面如图 11-40 所示。

客户端的功能是用户登录后可选择聊天对象进行聊天,也可接收服务器端的广播消息。用户登录成功则可连接到服务器端,用户登录界面如图 11-41 所示。用户登录成功后进入聊天室客户端,界面如图 11-42 所示。

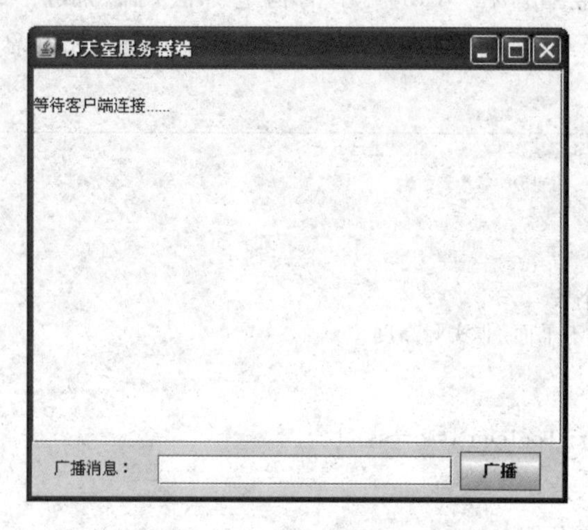

图 11-40　聊天室服务器端界面

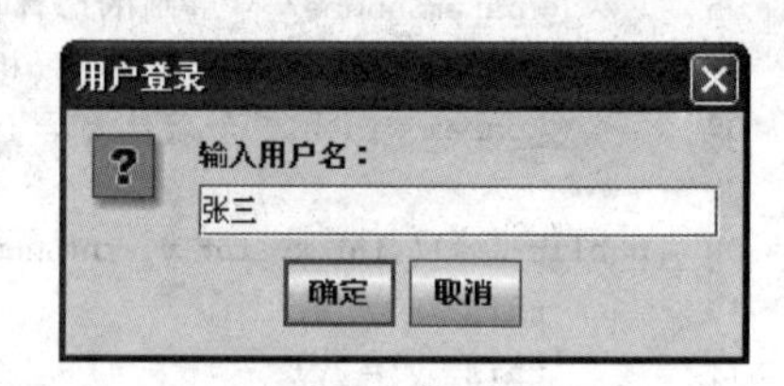

图 11-41　聊天室客户端登录界面

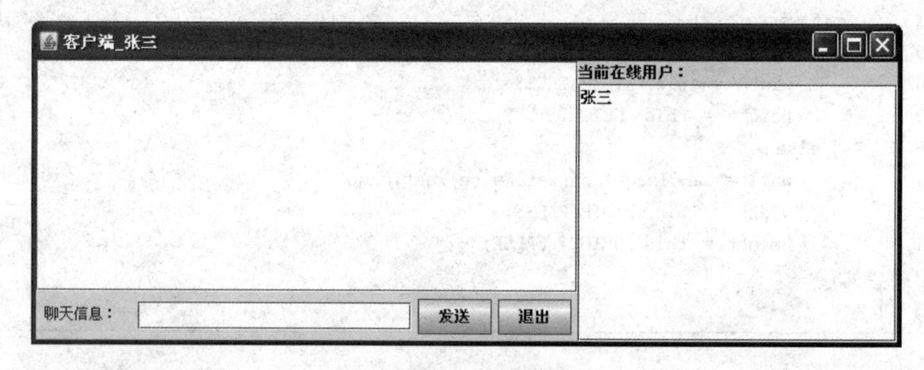

图 11-42　聊天室客户端界面

2. 具体功能要求

(1) 服务器端程序启动,等待客户端程序连接。

(2) 服务器端接收到客户端发送过来的信息,需转发给其他在线用户,发送规则是以"登录"开头表示新用户登录,其他在线用户接到此消息刷新当前在线用户列表,添加此新用户;以"消息"开头表示后面是要发的信息,此消息在发送者和接收者的聊天面板中均显示;以"退出"开头表示用户退出,其他在线用户接到此消息,刷新当前在线用户列表,删除该用户;以"广播"开头表示服务器端要为所有当前在线用户发送消息。

(3) 用户登录,与服务器端连接,且用户名显示在当前在线用户列表中。如张三已登录,李四再登录后客户端程序如图 11-43 所示,服务器端程序显示信息如图 11-44 所示。

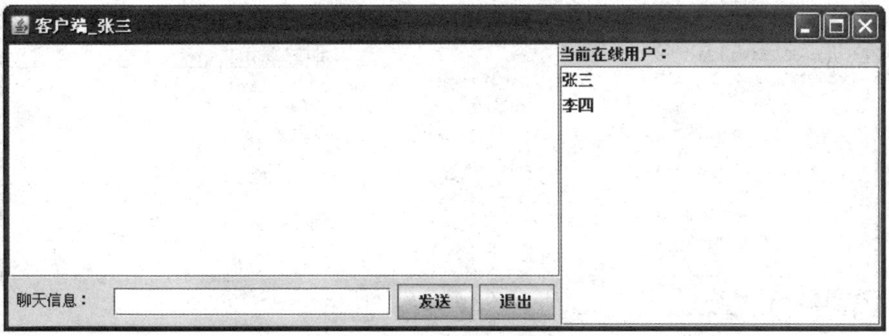

图 11-43　聊天室客户端用户张三的界面

图 11-44　聊天室服务器端用户登录显示的界面

(4) 客户端可以在当前在线用户列表中选择多个聊天对象聊天：在聊天信息文本框中输入聊天信息，然后按回车或单击“发送”按钮发送聊天信息给选中的聊天对象，如图 11-45 所示。

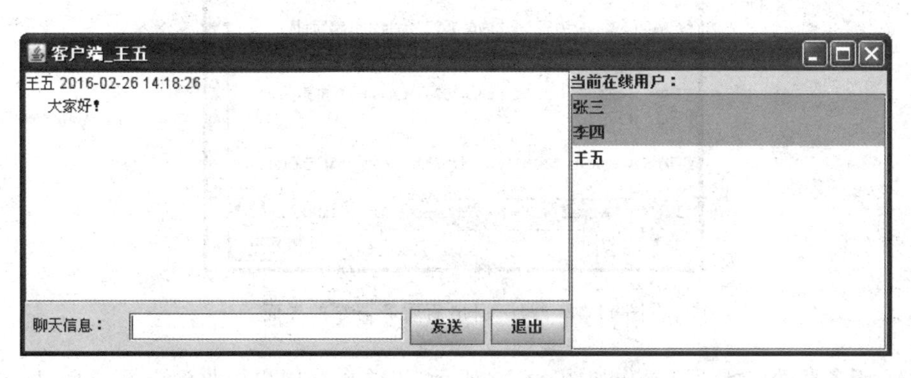

图 11-45　王五发消息给张三和李四的界面

(5) 用户张三、李四收到王五的消息，客户端程序如图 11-46 所示(以李四为例)。

(6) 用户退出，断开与服务器的连接，当前用户列表刷新。如张三退出后，客户端程序

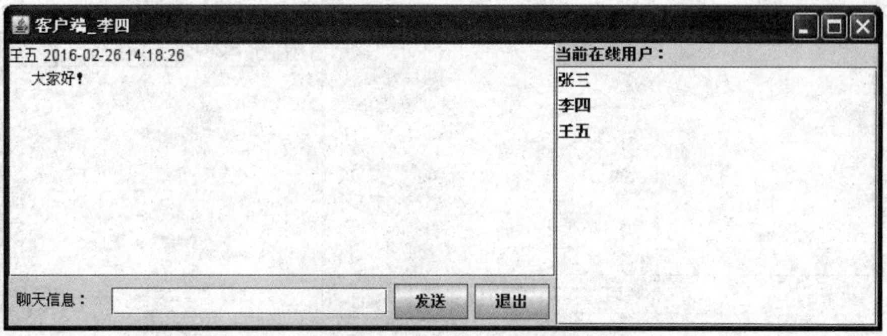

客户端_李四
王五 2016-02-26 14:18:26
大家好！
当前在线用户：
张三
李四
王五
聊天信息：
发送
退出

图 11-46　李四收到王五消息的界面

如图 11-47 所示(以王五为例)，服务器端程序如图 11-48 所示。

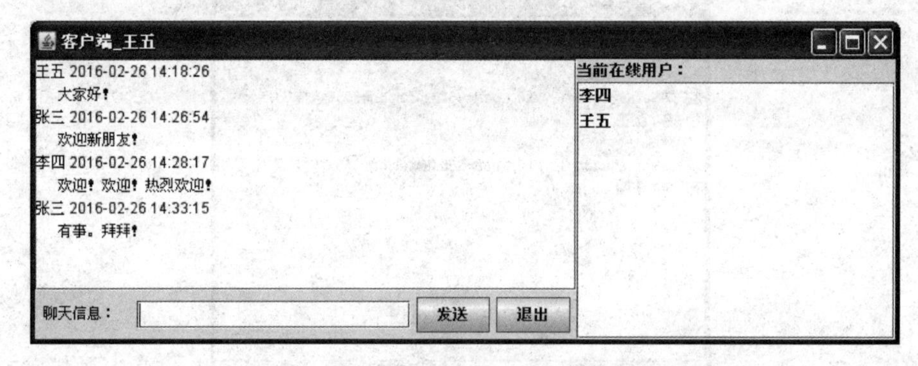

图 11-47　张三退出后用户王五的界面

图 11-48　张三退出后服务器端的界面

(7) 服务器端广播消息操作如图 11-49 所示，当前在线用户接收到广播消息，如图 11-50 所示(以用户王五为例)。

3. 程序的运行和退出

(1) 聊天室程序要求服务器端先启动，然后用户才可以登录到客户端聊天。

图 11-49　服务器端广播消息界面

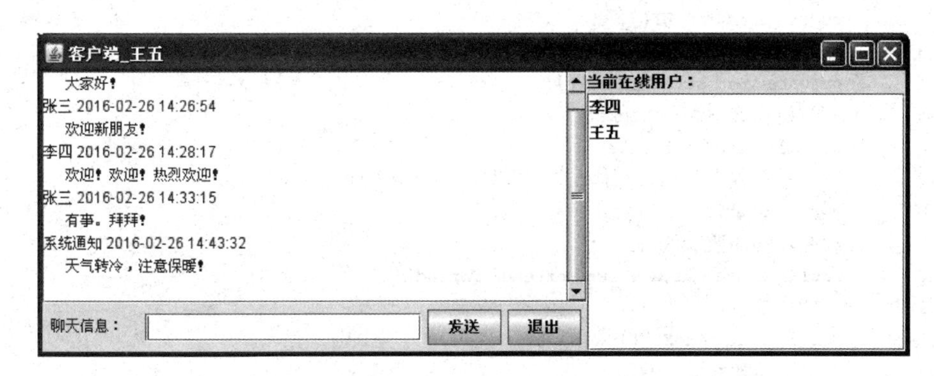

图 11-50　用户收到服务器端广播消息界面

(2) 所有客户端程序退出后服务器端程序才能关闭。

11.7.2　项目设计

1. 技术方案

(1) IDE 环境：Eclipse，请参考第 12 章。

(2) swing 技术：界面较为简单，请参考 7.4 节。

(3) 利用 Socket 技术和输入/输出流实现网络编程，请参考 6.2.5 节。

(4) 用多线程技术实现多用户在线聊天。

2. 设计思路

本程序是网络程序设计的应用，能实现多用户实时聊天功能，即多个客户端访问同一个服务器端，因此服务器端需要为每个客户端创建一个对应的 Socket，并且开启一个新的线程使两个 Socket 建立专线进行通信，如图 11-51 所示。

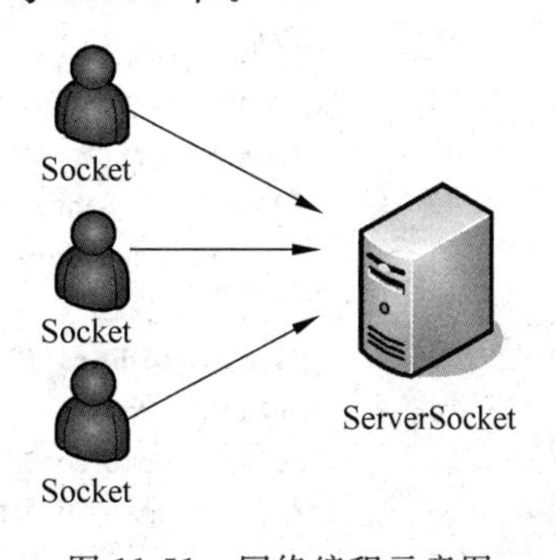

图 11-51　网络编程示意图

每个客户端与服务器端连接的具体步骤如下：

(1) 开启服务器端程序，线程发生阻塞，等待客户端访问。

（2）开启客户端程序，向服务器端发送数据。

（3）服务器端结束阻塞，与客户端开始交互数据，交互完成，通信结束。

3. 程序总体框架

客户端程序框架如下。

```
01  public class ChatClient extends JFrame implements ActionListener{
02      private static final long serialVersionUID = 1L;
03      //集中存放生成界面的成员变量
04      JTextField inputField;
05      JTextArea chatContent;
06      JButton btnSend, btnExit;
07      JList users;
08      DefaultListModel userList = new DefaultListModel();
09      Socket s;
10      String username;
11      //初始化界面
12      public void initUI(){
13      //添加监听器
14      private void setListener (){
15      //初始化客户端的 Socket
16      private void initSocket(){
17      //客户端程序的构造方法,其中首先弹出登录界面
18      public ChatClient(){
19      //客户端的监听线程
20      public class ClientThread extends Thread{
21      //发送消息
22      public void sendMsg(){
23      //监听器的相关事件
24      public void actionPerformed(ActionEvent e){
25      //调用客户端程序
26      public static void main(String[ ] args){
27          new ChatClient();
28      }
29  }
```

服务器端程序框架如下：

```
01  public class ChatServer extends JFrame implements ActionListener{
02      private static final long serialVersionUID = 1L;
03      //集中存放生成界面的成员变量
04      JTextArea chatContent;
05      JTextField inputField;
06      JButton btnSend;
07      Map < String, Socket > clients =  Collections. synchronizedSortedMap{
08      //初始化界面
09      public void initUI(){
10      //添加监听器
11      private void setListener(){
12      //初始化服务器端的 ServerSocket
```

```
13      private void initSocket(){
14      //服务器端程序的构造方法
15      public ChatServer(){
16      //服务器端的监听线程
17      public class ServerThread extends Thread {
18      //发送广播消息
19      public void sendAllMsg(String message) {
20      //监听器的相关事件
21      public void actionPerformed(ActionEvent e) {
22      //调用服务器端程序
23      public static void main(String[ ]args) {
24  }
```

11.7.3 项目做中学

请参考相关章节，现将有关技术实现的重点和难点以及容易发生错误、容易忽略的地方进行补充说明。

1. 使用输入框实现登录界面的设计

```
JOptionPane.showInputDialog(this, "输入用户名：", "用户登录",
                  JOptionPane.QUESTION_MESSAGE);
```

2. 网络编程的关键技术

- 服务器端：ServerSocket ss = new ServerSocket(5555)；
- 客户端：s = new Socket("127.0.0.1", 5555)；

3. 多线程的应用

服务器端每接收到一个客户端的请求并建立连接后就为该客户端启动一个监听线程，以便监听该客户端向服务器端发送的消息。

```
while (true){
    Socket s = ss.accept();
    new ServerThread(s).start();
}
```

每个客户端与服务器端建立连接后都会启动一个监听线程，以便接收服务器发来的消息。

```
new ClientThread().start();
```

4. 使用输入流和输出流实现消息的发送和接收

```
01  PrintWriter out = new PrintWriter(new BufferedWriter(new
02  OutputStreamWriter(s.getOutputStream(),"utf-8")), true);
03  out.println("登录：" + username);
04  BufferedReader in = new BufferedReader(new InputStreamReader(s.
05  getInputStream(),"utf-8"));
06  String msg = in.readLine();
```

5. JTextArea 组件相关属性的设置

- public void setEditable(boolean aFlag)：将当前文本组件设置为只读状态。
- chatContent. setCaretPosition(int length)：插入符可跟踪更改，若组件的底层文本被更改，则此位置会随之移动。

6. 集合类 TreeMap 相关

用 TreeMap < String，Socket >存储当前所有在线用户的用户名和 Socket。

11.7.4 总结提高

(1) 重复使用的代码尽量独立成方法。
(2) 根据课程设计要求准备项目文档。
(3) 做 PPT 准备课程设计的汇报。

11.8 通用管理信息系统框架

11.8.1 项目任务

1. 总体目标

本课程面向设计开发一个管理信息系统的基本需求，着重介绍 Java 技术实现，不针对具体业务逻辑。

2. 具体功能要求

- 用户登录：要求用户输入用户名和密码，如图 11-52 所示。如果用户名和密码均正确，显示登录成功，转向综合管理界面；否则显示用户名或密码不正确，请重新输入！
- 用户注册：要求用户输入用户名、密码、出生日期等信息，单击"确定"按钮可以注册，如图 11-53 所示。

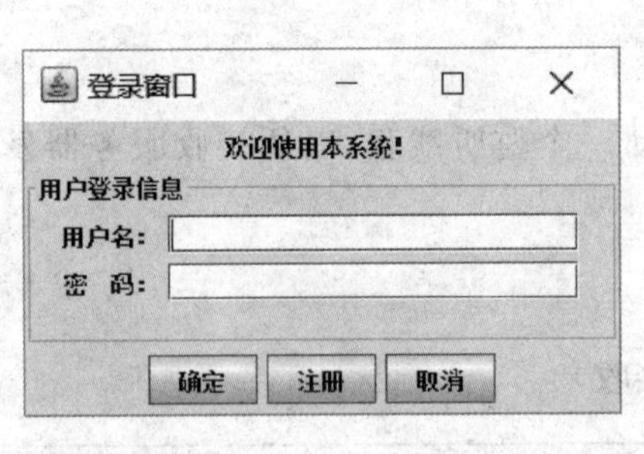

图 11-52 用户登录窗口

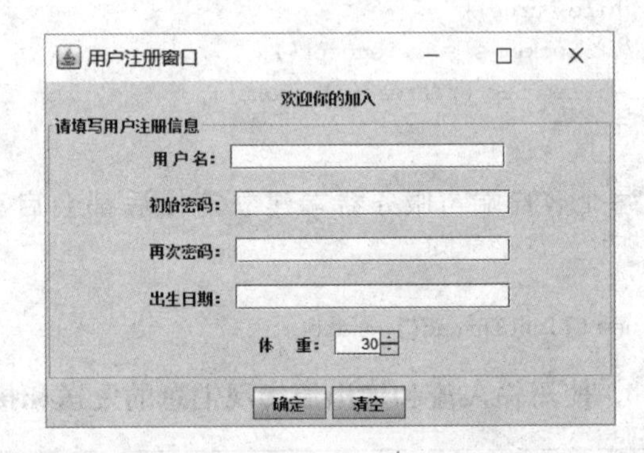

图 11-53 用户注册窗口

- 综合管理界面：要求具有菜单栏、工具栏和状态栏，采用多文档窗口形式，如图 11-54 所示。
- 信息增加、删除、修改、显示的界面：要求在一个窗口中实现信息的浏览、增加、修改、删除、排序等功能，如图 11-55 和图 11-56 所示。

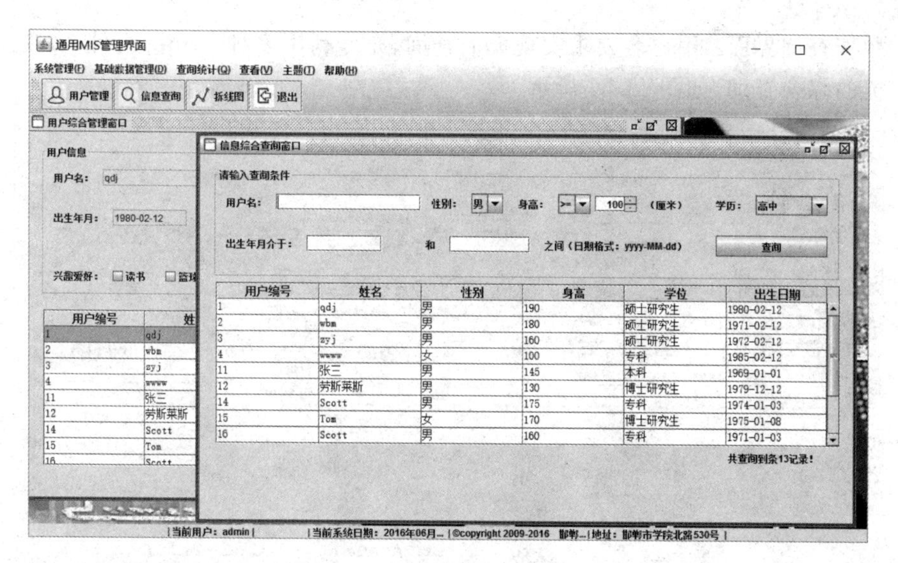

图 11-54　通用管理信息系统 MDI 界面

信息综合管理界面

操作提示：所有操作均针对选中行！

角色编号	角色名称	备注
1	系统管理员	拥有全部系统权限
2	部门经理	拥有本部门的管理权限
3	技术工程师	拥有本岗位的操作权限
4	前台接待	
5	客户	2222
111	111	1111

角色编号：111　角色名称：111　备注：1111

增加　修改　保存　删除

图 11-55　信息综合管理窗口一

用户综合管理窗口

用户信息

用户名：qdj　性别：◉男 ○女

出生年月：1980-02-12　学历：硕士研究生　身高：190

兴趣爱好：☐读书 ☐篮球 ☐游泳 ☐攀岩 ☐书法 ☐其他爱好

增加用户　修改用户　保存信息　删除用户

用户编号	姓名	性别	身高	学位	出生日期
1	qdj	男	190	硕士研究生	1980-02-12
2	wbm	男	180	硕士研究生	1971-02-12
3	zyj	男	160	硕士研究生	1972-02-12
4	wwww	女	100	专科	1985-02-12
11	张三	男	145	本科	1969-01-01
12	劳斯莱斯	男	130	博士研究生	1979-12-12
14	Scott	男	175	专科	1974-01-03
15	Tom	女	170	博士研究生	1975-01-08
16	Scott	女	160	专科	1971-01-03

共查询到条13记录！

图 11-56　信息综合管理窗口二

- 数据查询界面：用户名要求实现模糊查询、充分利用多种 Swing 组件，实现方便、快捷的综合查询，如图 11-57 所示。

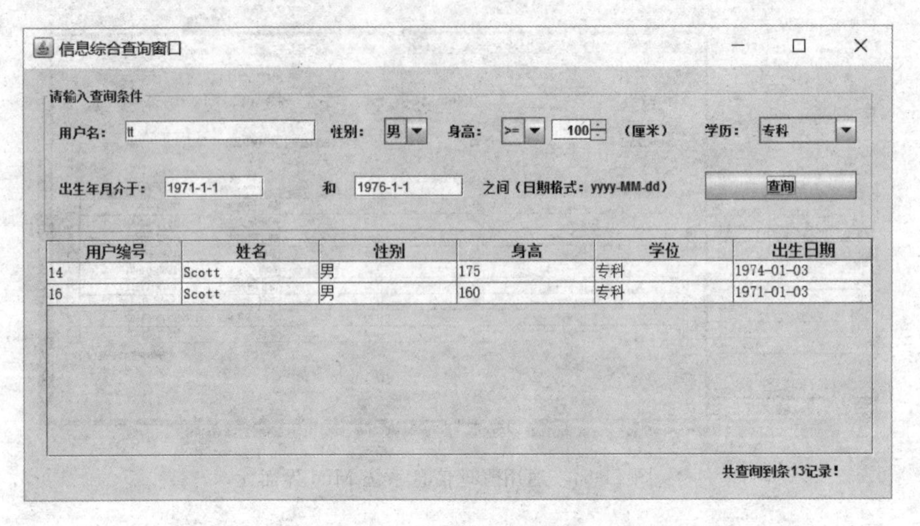

图 11-57 信息综合查询窗口

- 数据统计界面：要求实现饼形图、条形图和折线图等常用统计图形，将数据库表中的数据经过初步加工后直观地显示给用户，如图 11-58 所示。

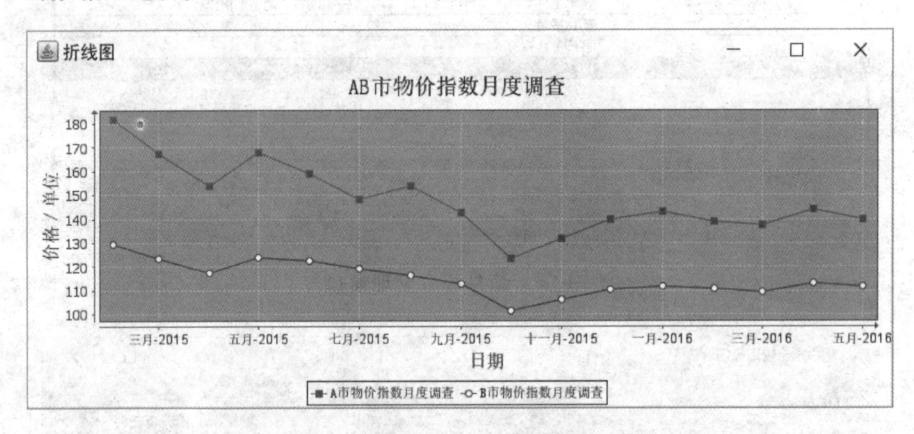

图 11-58 查询统计结果的折线图呈现

- 帮助文档：以 HTML 形式实现，要求能够在 Swing 窗口中显示 HTML 内容。

11.8.2 项目设计

1. 技术方案

(1) IDE 环境：Eclipse，请参考第 12 章。

(2) swing 技术：简单界面要求手工 swing 编程实现，复杂界面建议借助 Eclipse swing 插件 Window Builder Pro 完成，请参考 7.4 节。

(3) MDI(Multiple Document Interface)：多文档界面，可以在一个窗口中的有限空间里提供同时使用多个子窗口的功能。swing 中提供了 JDesktopPane 和 JInternalFrame 即可实现 MDI 的效果。请参考 JDK 的 demo/jfc/metaworks 例子。

2. Java 工程结构

通用管理信息系统工程结构如图 11-59 所示。

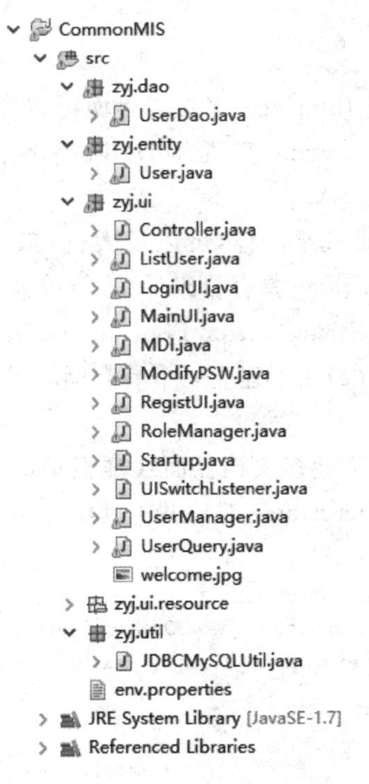

图 11-59　通用管理信息系统工程结构

3. 菜单、工具栏和状态栏设计

作为应用程序最常见的功能组织方式，庞大的菜单要求具有组织分类科学、容易查找、描述准确等特点。综合管理界面一般包括以下元素，如图 11-60 所示。

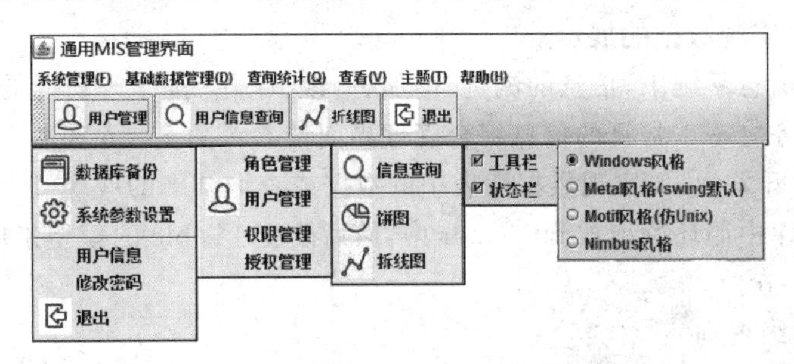

图 11-60　通用 MIS 系统中的下拉菜单和工具栏列表

- 下拉式菜单：菜单项包括图标、文字、快捷键等信息。
- 工具栏：放置了最常用的菜单项。
- 状态栏：包含当前用户、当前系统日期、版权声明、地址等信息，如图 11-61 所示。

|当前用户：admin|　|当前系统日期：2016年05月16日|　|©copyright 2009-2016 邯郸学院|　|地址：邯郸市学院北路530号|

图 11-61　状态栏信息

11.8.3 项目做中学

请参考相关章节,现将有关技术实现的重点和难点以及容易发生错误、容易忽略的地方进行补充说明。

1. MDI 的 swing 实现

MDI(Multiple Document Interface)多文档界面可以在一个窗口有限空间里提供多个文档同时编辑使用的功能。swing 实现 MDI 风格界面的基础是 JInternalFrame 和 JDesktopPane。

JInternalFrame 和 JFrame 几乎一样,可以最大化、最小化、关闭窗口以及加入菜单栏等,唯一的区别在于 JInternalFrame 是轻量组件,不能单独出现,必须依附在顶级容器中。

public JInternalFrame (String title, Boolean resizable, boolean closable, boolean maximizable, boolean iconifiable)用于建立一个具有标题且可以改变大小、关闭、最大化、最小化的内部窗口。

JInternalFrame 类是一个创建多文档界面或虚拟桌面的容器,用来管理多个重叠的内部窗体。用户可以创建 JInternalFrame 对象并将其添加到 JDesktopPane 中进行管理。

关键代码如下:

```
01  final JDesktopPane desktopPane = new JDesktopPane();
02  JInternalFrame jif = new JInternalFrame("xxxxxx", false, true, true,
03  true);
04  desktopPane.add(jif);
05  jin.setVisible(true);
06  try{
07        jif.setSelected(true);
08  } catch (PropertyVetoException e) {
09        e.printStackTrace();
10  }
```

2. 用 JTable 实现数据的展示

在一个管理信息系统中,信息的浏览、增加、修改、删除、排序等功能的实现是软件开发人员最基本的任务之一。常见的信息综合管理界面请参考图 11-55 和图 11-56。

在 Java 软件开发中,要实现数据库表中的数据或查询结果的展现,JTable 显然是首选。首先从数据库中循环读取放到 Vector 中,然后改变 JTable 的模型来展现数据,具体编程请参考 7.4.11 节。

3. 数据的高级查询

图 11-57 所示的窗口利用 JTable 和相关数据输入组件,如 JTextFeild、JComboBox、JCheckbox、JRadioButton 等。常见的综合查询界面请参考图 11-57。

信息综合查询具体编程实现的重点是 SQL 查询语句的构建。假设在用户表中查询满足下列条件的用户:用户名包含指定关键字(模糊查询),性别用下拉式列表实现(男、女),身高≤(≥、<、>、=)指定值,学历用下拉式列表实现(专科、本科、硕士研究生、博士研究生、其他),出生年月介于日期 1 和日期 2 之间。用户不输入数据则不列入查询条件或按默认值。关键代码如下:

```
01  String sql = "select * from users where 1 = 1 ";
02  if(!"".equals(username)){
03          sql = sql + "and username like '%" + username + "%'";
04  }
05  sql = sql + "and sex = '" + sex + "'";
06  sql = sql + "and degree = '" + degree + "'";
07  sql = sql + "and height" + oper + height;
08  if(!("".equals(begin) || "".equals(end))){
09          sql = sql + " and birthDate between '" + begin + "' and '" + end + "'";
10  }
```

4. 用 JFreeChar 制作图表

JFreeChart 是一款基于 Java 的多功能图表类库，并且是完全开源免费的。用 JFreeChart 可以绘制饼状图、柱状图、散点图、时序图、甘特图等多种图表，生成的图表还能以 PNG 和 JPEG 格式的图片输出，功能十分强大，能够满足绝大多数企业应用开发的需求。

在 Java Applicatoin 中用 JFreeChart 制作图表的主要步骤如下：

(1) 下载 jfreechart-1.0.17.zip，获得 JFreeChart 的相关 Jar 包 jfreechart-1.0.14.jar 和 jcommon-1.0.17.jar，下载网址为"https://sourceforge.net/projects/jfreechart/files/"。

(2) 将 jfreechart-1.0.14.jar 和 jcommon-1.0.17.jar 复制到 JavaProject 中并添加到 BuildPath，这样就可以开始在 Java Project 中进行 JFreeChart 应用编程。

(3) 运行 JFreeChart 1.0.17 Demo Collection 演示程序，运行界面如图 11-62 所示。读者可以阅读相关源代码迅速掌握 JFreeChart 应用编程。

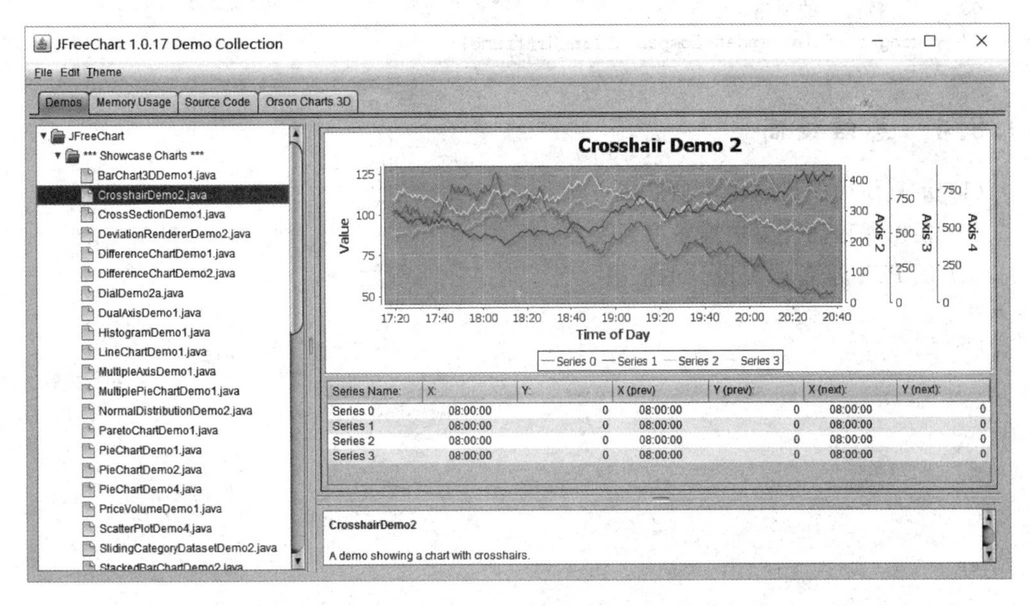

图 11-62　JFreeChart 1.0.17 Demo Collection 演示程序

这里只讨论在 Java Project 中应用 JFreeChart 时的注意事项。

(1) 图表样式的设置：由于 JFreeChart 组件的版本、操作系统平台、JDK 的设置等因素，在使用 JFreeChart 组件时可能会出现中文乱码的现象。在制图前要创建主题样式并制定样式中的字体，通过 ChartFactory 的 setChartTheme()方法设置主题样式。

(2) JFreeChart 组件根据不同图表类型的要求提供相关的数据集，绘制图表的数据一般来自数据库表的查询结果。

(3) JFreeChart 组件的绘制结果可以是图片，可以是 ChartFrame，也可以是 ChartPanel。在 Java Project 开发过程中建议采用 ChartFrame 或 ChartPanel，然后生成独立的 Frame 或 Panel 加入到 swing 界面中。

5. GUI 皮肤的切换

swing 是 Sun 公司推出的，绝大多数控件都是由 Graphics2D 绘制的一种轻量级 GUI 方案。其所有的轻量级控件都继承自 JComponent 类，采用 MVC 设计架构。swing 利用 LookAndFeel 机制来绘制这些控件。LookAndFeel(皮肤或样式)是一种批量管理 swing 控件外观的机制。

Oralce 官方正式推出的 LookAndFeel 在 JDK 1.7 版本中已经增加到了 4 套，即 MetalLookAndFeel(swing 默认)、WindowsLookAndFeel(Windows 风格)、MotifLookAndFeel(仿 Unix 风格)、NimbusLookAndFeel(Nimbus 风格，最为美观)。

关键代码如下：

```
01  //重新设置平台的显示模式
02  try {
03        UIManager.setLookAndFeel(lnfName);
04  } catch (Exception e1) {
05        e1.printStackTrace();
06  //更新窗口的风格
07  SwingUtilities.updateComponentTreeUI(frame);
```

11.8.4 总结提高

(1) 重复使用的代码尽量独立成方法。

(2) 根据课程设计要求准备项目文档。

(3) 做 PPT 准备课程设计的汇报。

第12章 在 Eclipse 中进行 Java 应用开发

目前流行的 Java 开发环境有 **Eclipse**、**NetBeans**、**MyEclipse**、**IntelliJ**、**JBuilder**、**JDeveloper** 等，但 Eclipse 无疑是 Java 应用开发的首选 IDE 环境。

Eclipse 是一个开放源码、基于 Java、跨平台、跨语言、功能完整、技术成熟、可扩展的集成开发环境。Eclipse 包含了一个基础框架和一个标准的插件集合。当然，用户通过开发插件或向 Eclipse 增加插件来实现更加强大、更加丰富的功能。通过安装不同的插件 Eclipse 可以支持不同的计算机语言，例如 C++和 Python 等。

Eclipse 最初是由 IBM 公司开发的替代商业软件 Visual Age for Java 的下一代 IDE 开发环境，2001 年 11 月贡献给开源社区，现在 Eclipse 由非营利软件供应商联盟 Eclipse 基金会管理。Eclipse 项目由 IBM 发起，围绕着 Eclipse 项目已经发展成为一个庞大的 Eclipse 联盟，有 150 多家软件公司参与到 Eclipse 项目中，其中包括 Borland、Rational Software、RedHat 及 Sybase 等。

Eclipse 平台由多种组件组成，例如平台核心（Platform Kernel）、工作台（WorkBench）、工作区（WorkSpace）、团队组件（Team Component）以及说明组件（Help）。

12.1 Eclipse 的下载和安装

1. 下载 Eclipse

Eclipse 的下载地址为“http://www.eclipse.org/downloads/”。

Eclipse Neon(4.6)要求 JDK 1.8 以上，在前面安装了 JDK 1.7，因此建议下载 Eclipse Mars(4.5)或 Eclipse Luna(4.4)。

根据安装方式的不同，Eclipse 分为安装版和解压缩版，建议用户选择解压缩版。根据面向对象的不同，Eclipse 在标准版的基础上包含了不同功能的插件集，形成了以下版本。

- Eclipse IDE for Java EE Developers：面向 Java EE 开发者。
- Eclipse IDE for Java Developers：面向 Java 开发者，其下载页面如图 12-1 所示。
- Eclipse IDE for C/C++Developers：面向 C/C++开发者。
- Eclipse for PHP Developers：面向 PHP 开发者。
- Eclipse IDE for RCP and RAP Developers：面向 Eclipse 插件开发。

根据自己计算机的操作系统和 CPU 类型选择下载链接，然后再选择一个镜像下载即可。

提示：MyEclipse 是 Eclipse 的衍生版本，是在 Eclipse 的基础上加上自己的插件开发而成的功能强大的企业级集成开发环境，主要用于 Java、Java EE 以及移动应用的开发。MyEclipse 的功能非常强大，简洁易用，提供了企业应用开发的几乎所有解决方案，对主流

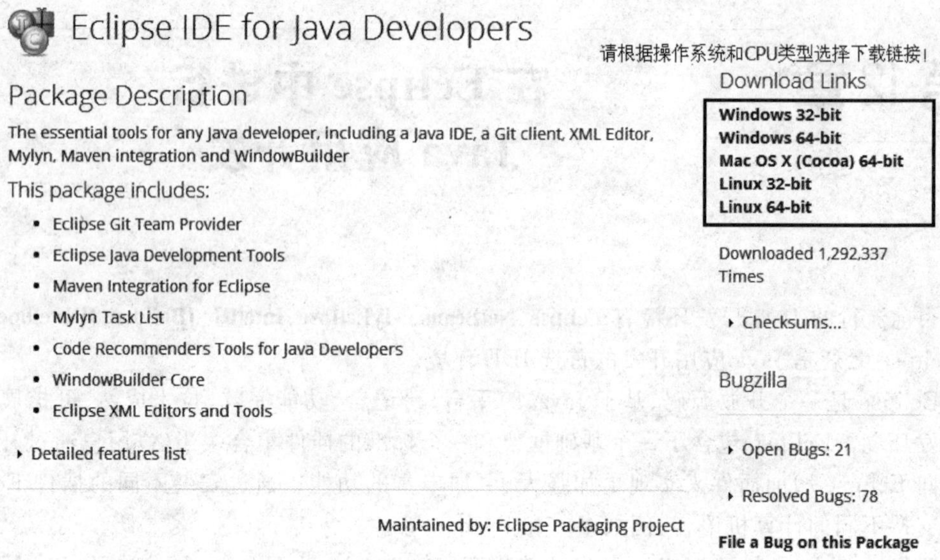

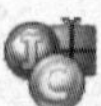

Eclipse IDE for Java Developers
请根据操作系统和CPU类型选择下载链接！
Package Description
The essential tools for any Java developer, including a Java IDE, a Git client, XML Editor, Mylyn, Maven integration and WindowBuilder
This package includes:
Eclipse Git Team Provider
Eclipse Java Development Tools
Maven Integration for Eclipse
Mylyn Task List
Code Recommenders Tools for Java Developers
WindowBuilder Core
Eclipse XML Editors and Tools
Detailed features list
Download Links
Windows 32-bit
Windows 64-bit
Mac OS X (Cocoa) 64-bit
Linux 32-bit
Linux 64-bit
Downloaded 1,292,337 Times
Checksums...
Bugzilla
Open Bugs: 21
Resolved Bugs: 78
File a Bug on this Package
Maintained by: Eclipse Packaging Project

图 12-1　Eclipse IDE for Java Developers 下载页面

技术支持充分，但 MyEclipse 是一个商业收费软件。

2. 安装 Eclipse

将下载文件 eclipse-java-mars-1-win32.zip 解压缩到指定文件夹，然后双击 eclipse.exe 即可启动 Eclipse，如图 12-2 所示。Eclipse 每次启动时要求选择一个工作空间或直接进入默认的工程空间。

Java - JavaSE/src/Test.java - Eclipse
菜单栏
工具栏
编辑窗口
包浏览器
Java Project
控制台输出
Package Explorer
Test.java
AddressBook
src
entity
Person.java
ui
AddressBook.java
address.ini
JavaSE
MyNoteBook
MyVedioPlayer
public class Test {
public static void main(String[] args) {
String s_a="AA01234A01234aa01234aA01234Aa01234aa";
boolean f_case=true;
boolean f_down=false;
String s_b="aa";
if(f_case){
s_a=s_a.toLowerCase();
}
if(f_down){
int n=s_a.indexOf(s_b);
int start=0;
while(n!=-1){
System.out.println(n);
System.out.println(s_a.substring(n, n+s_b.length()));
start=n+s_b.length()-1;
n=s_a.indexOf(s_b,start);
}
Problems
Javadoc
Declaration
Console

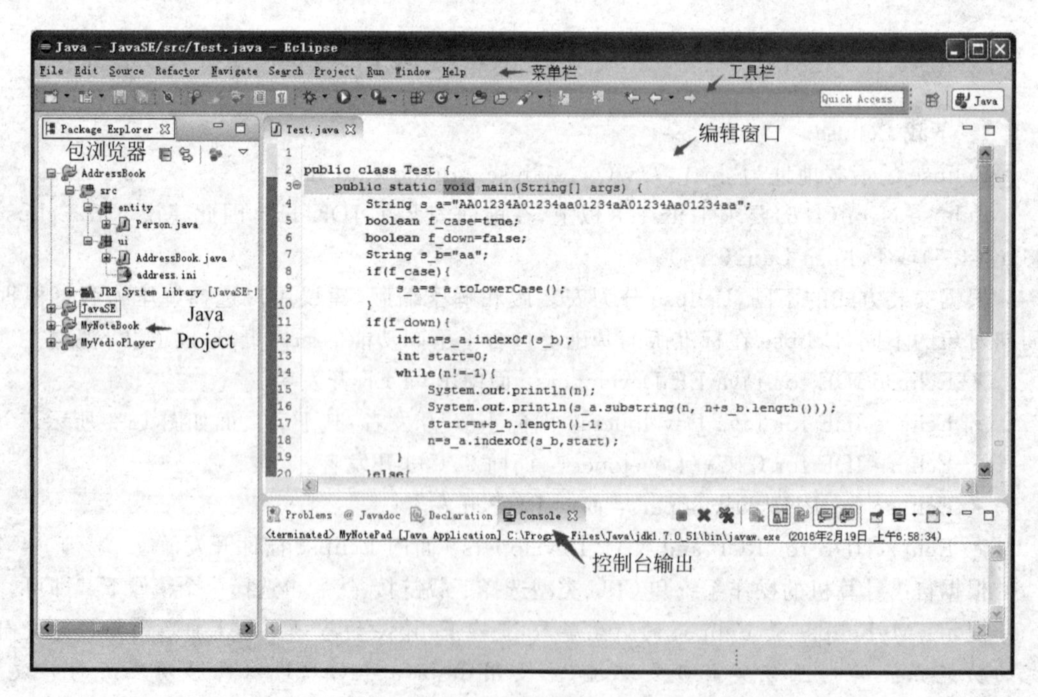

图 12-2　Eclipse IDE 工作台界面

12.2 Eclipse 的基本概念

Eclipse 的基本概念主要包括 Workspace、Perspective、View、Project 等，分别介绍如下。

1. Workspace（工作空间）

工作空间负责管理使用者的资源。一个 Workspace 对应磁盘上的一个文件夹，一个 Workspace 可以存放多个 Project。一个 Workspace 文件夹中存放了一套 Eclipse 环境参数（在 Windows 下的 Preferences 配置）。Workspace 中的所有 Project 将继承这个配置，当然每个 Project 也可以在此基础上配置自己的参数。

2. Perspective（透视图）

一个透视图保存了当前的菜单栏、工具栏按钮以及视图的大小、位置、显示与否的所有状态。在不同的透视图中可以进行不同的工作内容。不同的 Eclipse 版本中预定义了执行某特定工作的多个视图，并以定义好的方式排列。Eclipse 的常见透视图有 Java 透视图（default）、Debug 透视图，如图 12-3 所示，以方便软件开发人员的工作。用户可以在 Window|Open Perspective 中进行不同透视图之间的切换。用 Window|Reset Perspective 来重置当前透视图到默认设置。

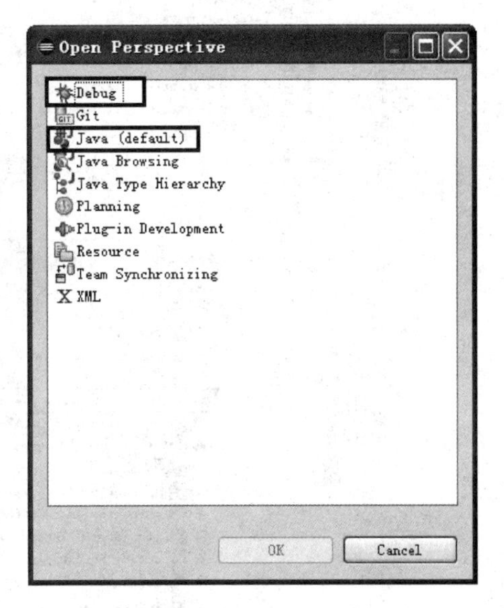

图 12-3 Eclipse 透视图

MyEclipse 定义了十几种透视图，如 Debug、Java、MyEclipse Java Enterprise、MyEclipseUML 等。

3. View（视图）

视图是显示在主界面中的一个单独的小窗口，可以移动、最大化、最小化、还原、调整大小和位置、显示/关闭。Eclispe 有很多视图和菜单，用户要重点掌握常用的 View（Console、Outline、Package Explorer 等）内容，其他视图用时再学，要触类旁通。

用户必须掌握的视图操作如下：

(1) 视图的移动、最大化、最小化、还原和关闭。

(2) 显示/关闭一个视图：Window|Show View，如图 12-4 所示。

4. Project（项目）

Project 是现代软件开发的基本形式。以 Project 为中心的代码管理和开发形式是现代软件工程的通用做法。在 Eclipse 集成开发环境中有适合各种应用场合的项目类别。在 Java 学习中 Java Project 是最基本、最主要的形式，了解 Eclipse Project 结构是 Java 初学者的基本要求。

Eclipse 是以 Project 的形式来管理软件项目文件的，主要包括配置文件（*.ini 等）、源文件（*.java）、包、资源文件（图片、声音等）、属性文件（*.properties）、编译生成的目标文件（*.class）、系统运行库（*.jar）、第三方扩展库（*.jar）等，如图 12-5 所示。

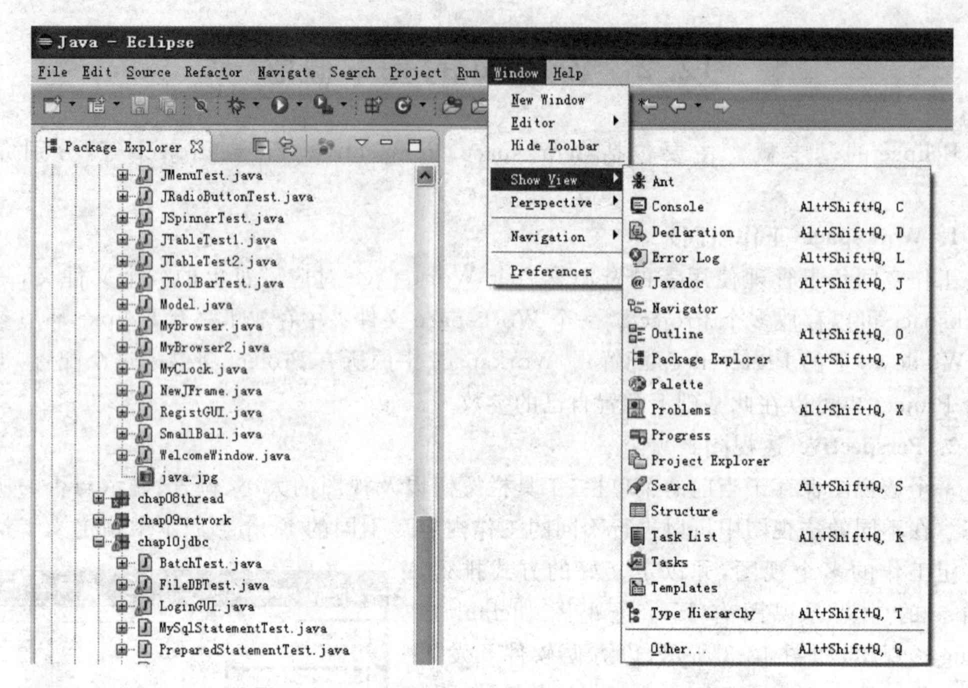

图 12-4　Show View 窗口

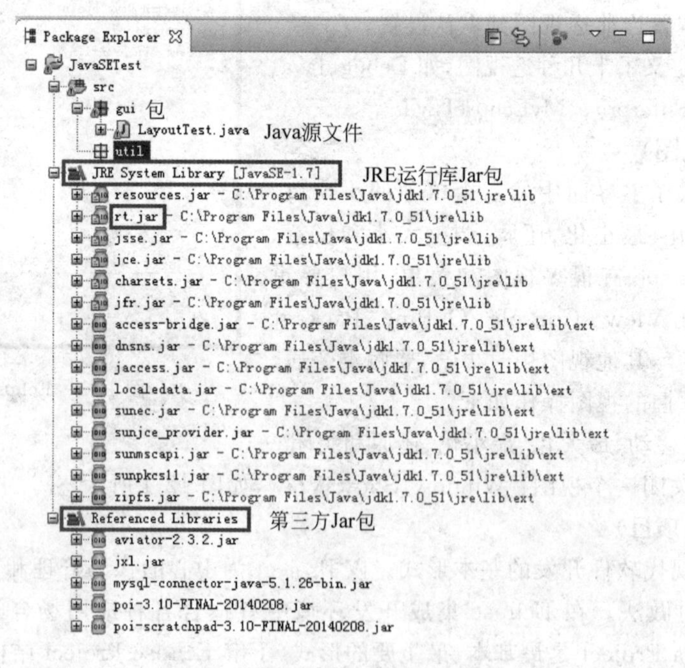

图 12-5　Java Project 文件夹结构

5. BuildPath(构建路径)

JVM/JDK 的环境变量 classpath 和 Eclipse 工程的 BuildPath 基本上是同一概念，它们都是要解决 JVM 类加载器去哪里加载类文件的问题。JVM 可以去系统运行库(JRE)、

第三方的功能扩展库、工作空间中的其他工程甚至外部的类文件去加载类文件。一般将第三方 Jar 包复制到工程文件夹中，然后右击，选择 BuildPath|Add to BuildPath 把指定的 Jar 包加入到 BuildPath 中，或用 remove from BuildPath 将指定的 Jar 包从 BuildPath 中删除。

6. 编辑窗口(Editor)

编辑窗口一般出现在工作台(WorkBench)的中央。当打开 Java 源程序、HTML、XML、JavaScript、Properties 属性文件等资源时，Eclipse 会选择最适当的编辑器在编辑窗口中打开文件。

12.3 Eclipse 开发环境的设置

Eclipse 拥有一整套环境变量以满足不同的需求，用户可以在 Eclipse 默认环境设置的基础上进行针对性的修改。在用 Eclipse 进行开发之前，请在喜好设置菜单“Window|Preferences”中确认以下环境变量的设置。

1. 字符集编码设置

Eclipse 的字符集编码默认读取操作系统的设置，中文 Windows 操作系统一般默认为 GBK。请通过 Window|Preferences 命令，在 General|Workspace 界面中将工作空间的字符编码设置为 UTF-8。工作空间中的工程默认继承所在工作空间设置的字符集编码。

2. JDK 和 JRE 版本设置

计算机上可能安装了多套 JDK 和 JRE 版本。在 Eclipse/MyEclipse 中编程时，JRE 的版本一定不能低于编译器的版本，否则会出现 Bad version number 错误提示。

(1) JDK 编译器设置：Window|Preferences|Java|Compiler|1.7。

(2) JRE 设置：Window|Preferences|Java|Install JREs|jre1.7。

3. 代码的快速输入

Eclipse 提供了内容助手(Content Assist)来加快程序员输入 Java 代码的速度，以提高编程效率。用户可以通过 Window|Preferences|Java|Editor|Content Assist 设置代码的自动提示功能：

(1) 触发代码提示的时间设置：Auto Activation delay：200ms—>100ms。

(2) 触发代码提示的字符：在 Auto Activation triggers for java 框中的“.”后面加上“abcdefghijklmnopqrstuvwxyz(,.”。例如输入以上字母自动提示类、方法、参数等；输入 sout 回车自动替换为 System.out.println()；输入 main 回车自动替换为 public static void main(String[] args) {}等。

4. 设置自动生成代码模板

Window|Preferences|Java|Code Style|Code Templates|Comments |Types。

5. 追踪 JDK 源码

在编辑窗口的 Java 代码中的一个类或方法名上按住 Ctrl 键单击，然后单击 Attach Source 按钮，指定 JDK 源码文件 src.zip 的位置，如图 12-6 所示。src.zip 一般在 JDK 安装文件夹中。

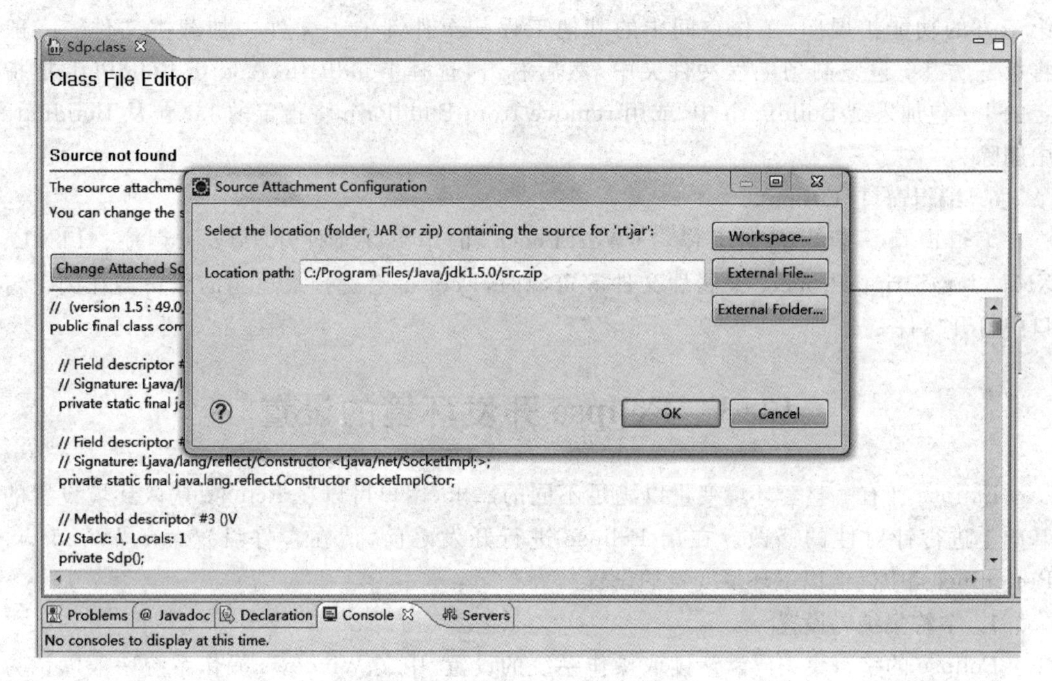

图 12-6　附加源文件配置窗口

6. 设置颜色和字体

选择 Window|Preferences 命令，通过 General|Appearance|Colors and Fonts 可以设置 Eclipse 组件的颜色、字体、大小等。

12.4　Eclipse 常用操作

1. 切换工作空间

选择 File|Switch Workspace 命令。

2. 新建一个工程

选择 File|New Project|Java Project 命令。

3. 修改工程的属性

在工程上右击，选择 Properties 命令。注意 CharSet、BuildPath、Compiler、Installed JREs 等选项的设置。

4. 在工程中新建一个包

选择 File|New Package 命令。

5. 在当前包中新建一个类

选择 File|New Class 命令。

6. 在当前包中新建一个接口

选择 File|New Interface 命令。

7. 直接粘贴源代码

直接粘贴源代码到一个工程中，首先选择工程 src 下的一个包，然后按 Ctrl＋V 组合键,Eclipse 自动完成当前包下类的创建。

8. 运行 Java 应用程序

选中一个类,然后选择 Run|Run as|Java Application 或直接单击工具栏中的运行按钮,可以运行 Java 类。要求当前类的 main 方法必须按"public static void main(String[] args)"格式书写,否则会出现 none applicable。另外,通过 Run|Run Configurations 可以输入命令行参数。

9. Eclipse 工程的导入

将一个 Project 导入到当前 Workspace,注意选中 Copy projects into workspace 选项,也可以直接在资源管理器中选中项目文件夹复制,然后在 Eclipse 中选择当前 Workspace 右击粘贴。

10. Eclipse 工程的导出

在工程上右击,选择 Copy 命令,然后在资源管理器中选择要输出的文件夹,粘贴即可。

11. Jar 包的生成

在工程上右击,选择 Export|Java|JAR file。

12.5 Eclipse 常用编辑技巧

1. 常用快捷键

- Ctrl+Shift+O:自动快速引入包。
- Ctrl+S:存盘。
- Ctrl+C:复制。
- Ctrl+X:剪切。
- Ctrl+V:粘贴。
- Ctrl+D:删除当前行。
- Ctrl+/:将选中行注释或取消注释。
- Ctrl+Z/Ctrl+Y:撤销/重复。
- Ctrl+F:查找。
- F2:将选中的工程(类、包、接口)改名。
- Ctrl+Shift+F:将选中的代码格式化。
- Ctr+F11:运行。

2. 设置行号

设置行号可以方便用户对程序的阅读和调试。在编辑窗口左侧右击,选择 Show Line Number。

3. 快速导入包

选择 Source|Organize import 命令,其快捷键为 Ctrl+Shift+O。

4. 将选中的代码格式化

选中代码,然后选择 Source|Format 命令,即可将选中的代码格式化为指定的风格,其快捷键为 Ctrl+Shift+F。

5. 自动生成代码

在光标处右击或在 Source 菜单中选择以下命令。

- Override/Implement Methods：覆盖或实现方法。
- Generate Getters and Setters：生成当前类属性的 Getter 和 Setter 方法。
- Generate Delegate Methods：为当前类中的属性生成委派方法。
- Generate toString()：自动生成当前类的 toString()方法，形式如“类名[属性 1=属性 1 值…]”。
- Generate Constructors using Fields：用指定的属性生成构造方法。
- Generate Constructors from Superclass：从父类生成构造方法。

6. 自动代码包围

在光标处右击或在 Source 菜单中选择 Surrond with 可以弹出如图 12-7 所示的菜单。用户需重点掌握 Try/catch Block 命令。

```
Try/catch Block
1 do (do while statement)
2 for (iterate over array)
3 if (if statement)
4 runnable (runnable)
5 synchronized (synchronized block)
6 try (try catch block)
7 while (while loop with condition)
Configure Templates...
```

图 12-7 Surrond with 菜单

7. 代码重构改名

选择标识符(接口名、类名、方法名或变量名)，然后选择 Refactor|Rename 命令，改名后按回车即可将所有涉及本标识符的代码自动批量改名。

8. 代码重构提取方法

选中一段代码，然后选择 Refactor|extract Method 命令，可以将一段代码独立成一个方法，并在当前位置生成调用方法语句。

9. 将局部变量提升为属性

选中一个局部变量，然后选择 Refactor|Convert local variable to Field 命令，可以将一个局部变量提升为属性。

10. 帮助文档的生成

在工程上右击，选择 Export|Java|javadoc 命令。

12.6 Eclipse 中程序的调试技巧

1. 从 Java 透视图切换到 Debug 透视图

从 Java 透视图切换到 Debug 透视图，如图 12-8 所示。

2. 调试程序

选择 Run|Debug 命令开始调试。

3. 添加/删除断点

在 Editor 编辑窗口的左侧栏中双击添加断点，再次双击删除断点。当然，也可以通过选择 Run|Toggle Breakpoint 命令设置。

4. 调试工具栏

Debug 工具栏如图 12-9 所示。

- Resume：重新开始执行 Debug，直到遇到下一个断点，其快捷键为 F8。
- Suspend：暂停调试。

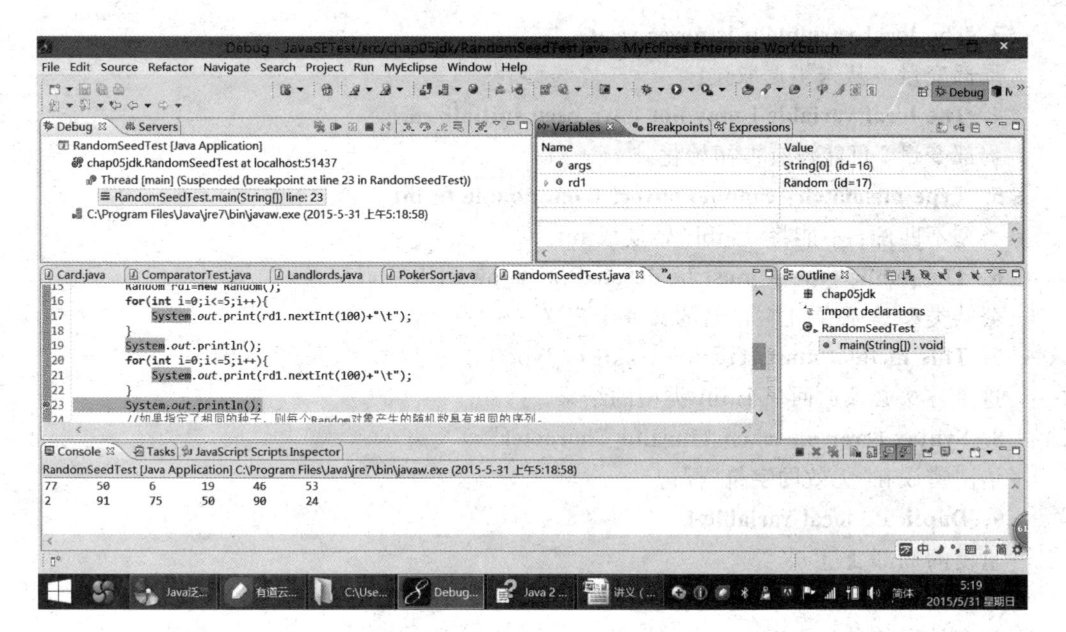

图 12-8 Debug 透视图

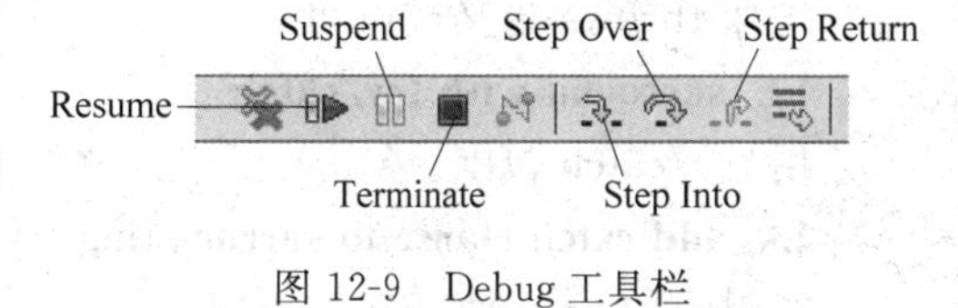

图 12-9 Debug 工具栏

- Terminate：中止调试进程，其快捷键为 Ctrl+F2。
- Step Into：进入当前方法，其快捷键为 F5。
- Step Over：单步执行，其快捷键为 F6。
- Step return：退出当前方法，返回调用层，其快捷键为 F7。

5. 查看变量或表达式的值

查看变量或表达式的值，如图 12-10 所示。

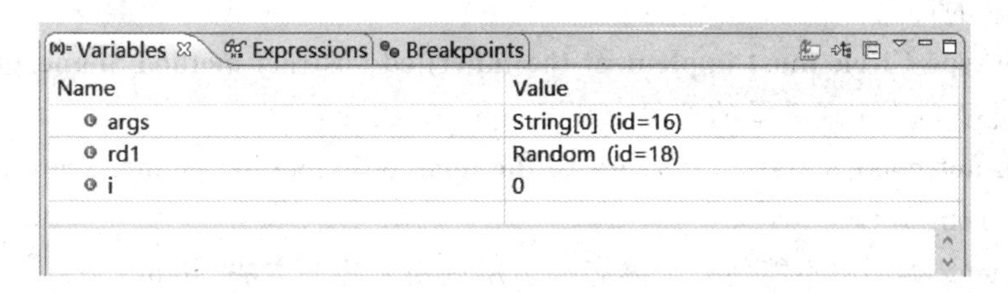

图 12-10 查看变量或指定表达式的值

12.7 Eclipse 常见提示错误

1. The declared package "zyj. chap02ang" does not match the expected package "zyj. chap02lang"

已声明的包 zyj. chap02ang 和预期的包 zyj. chap02lang 不匹配。

2. i cannot be resolved

i 不能被解析。

3. The local variable n is never read

局部变量 *n* 从未被读取过。

4. The local variable i may not have been initialized

局部变量 *i* 可能没有被初始化。

5. Type mismatch：cannot convert from double to int

类型不匹配：不能将 double 转换成 int。

6. The public type A must be defined in its own file

公共类型 A 必须在它自己的文件中定义。

7. This method must return a result of type int

这个方法必须返回一个 int 类型的结果。

8. Syntax error on token "Invalid Character"

语法错误在“无效的字符”标记。

9. Duplicate local variable i

重复的局部变量 *i*。

10. Unhandled exception type IOException

没有处理的异常 IOException 类型。

11. add throws declaration

增加 throws 定义或声明。

12. surround with try/catch

用 try/catch 包围。

13. add catch clause to surrounding try

在周围的 try 增加 catch 子句。

14. Workbook cannot be resolved to a type

Workbook 不能被解析为一个类型。

15. Unreachable code

不能到达的代码。

16. The type Circle must implement the inherited abstract method Shape. getArea()

Cricle 类型必须实现继承的抽象方法 Shape. getArea()。

17. Can not make a static reference to the non-static method js(int) from the type JieCheng

在 JieCheng 类型中不能使一个静态的引用调用非静态方法 js(int)。

18. Constructor call must be the first statement in a constructor

构造器调用必须是构造方法中的第一个语句。

19. Can not reduce the visibility of the inherited method from A

不能减少从 A 类继承的方法的可见性。

20. Override/Implements Methods

覆盖或实现方法。

21. Generate Construtor using Fields

用字段生成构造方法。

本章内容的详细讲解视频可扫描二维码观看。

附录 A　怎样才算掌握了 Java

A.1　Java 知识结构模型

根据国内各大招聘网站对 Java 软件工程师的要求，现将 Java 知识结构模型总结如图 A-1 所示。

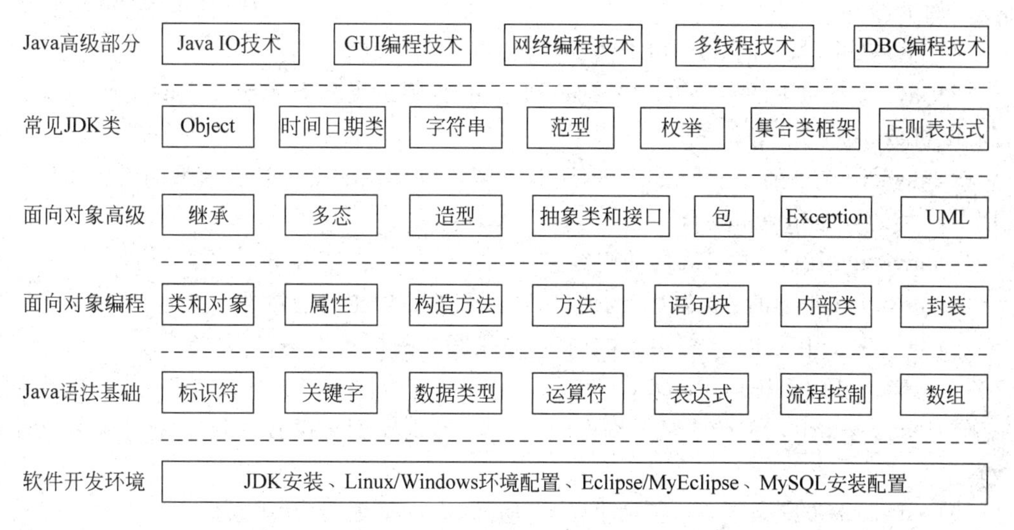

图 A-1　Java 知识结构模型

1. Java 语法和算法

(1) 程序阅读能力：能看懂 Java 程序或 JDK 源码。

(2) 企业级代码编写能力：掌握基本的数据结构和算法，能将自己解决问题的思路迅速地翻译成规范的 Java 代码，要求可读性第一、效率第二的原则，要求加入文档注释。

(3) 程序调试能力：指利用单步执行、设置断点、查看表达式的值等程序调试技巧，根据 Info、Warning、Error、Exception 等信息能够迅速地准确定位错误并修正。Java 错误分为语法错误、逻辑错误、设计错误等。

(4) 系统地做一些 SCJP 考试题是非常有必要的。

2. 掌握 Java 编程、IDE 方面的常用英文专业词汇

程序员有一定的英文阅读能力。

3. 掌握常用的 JDK 命令和参数

JDK 常用命令有 java、javac、javadoc、jar、javap、native2ascii 等，每个命令及其选项后都

涉及到相关的知识和概念。

4. IDE 集成开发环境的使用

程序员必须熟练使用两种以上的 IDE 集成开发工具，例如 Eclipse、NetBeans、JCreator、JBuilder 等；必须熟悉使用 ant 完成工程管理的常用任务，例如工程编译、生成 Javadoc、生成 Jar、版本控制、自动测试。

5. 能够熟练地查阅 Java API 文档

Java 拥有经过十几年积累的、JCP 引导下世界顶级软件公司倾力打造的、经过无数项目验证和测试的 JDK API。JDK API 庞大、复杂而完备，同时发布了规范、方便、快捷的 Java API 文档，可以帮用户迅速地查询到包、类、接口、方法等相关的信息和细节，学会查阅 Java API 帮助文档是一个 Java 软件工程师必备的素质。

编写 Java 程序的过程就是大量阅读 API 文档、调用 Java API 的过程，就是 Ctrl＋C 和 Ctrl＋V 的过程，程序员必须对 JDK API 有一定的了解，否则不可能熟练地运用 Java。详细要求如下：

(1) java.lang 包下的 80％以上类的灵活运用。

(2) java.util 包下的 80％以上类的灵活运用，特别是集合类体系、正则表达式、Zip 以及时间、随机数和 Timer 等。

(3) java.io 包下的 60％以上类的使用，理解 I/O 体系的基于管道模型的设计思路以及常用 I/O 类的特性和使用场合。

(4) java.math 包下的 100％的内容。

(5) java.net 包下的 60％以上的内容，对各个类的功能比较熟悉。

(6) java.text 包下的 60％以上的内容，特别是各种格式化类。

(7) java.sql 包熟练运用 JDBC。

(8) java.security 包下的 40％以上的内容，如果对于安全没有接触，则根本不可能掌握 Java。

(9) java.awt 的基本内容，包括事件、监听器、布局管理器、常用组件等。

(10) javax.swing 的基本内容，和 AWT 的要求类似。

(11) javax.xml 的基本内容，熟悉 SAX、DOM 以及 JDOM 的优缺点，并且能够使用其中一种完成 XML 的解析及内容处理。

6. Java 单元测试

采用 Junit 编写测试用例完成代码的自动单元测试。

A.2 SCJP 与 SCJD

对于 Java 程序员，Sun 公司推出了下面两项认证。

- SCJP(Sun Certified Java Programmer)：测验 Java 程序设计概念及能力，内容偏重于 Java 语法及 JDK 的内容。
- SCJD(Sun Certified Java Developer)：进一步测试用 Java 开发应用程序的能力，考试者必须先完成一个程序的设计方案，再回答与此方案相关的一些问题。

相对于 SCJD 来说，SCJP 更侧重于测验考试者的 Java 程序设计概念及能力，内容偏重于Java语法及JDK的内容，其对应的最主要的学习课程是SL-275。2010年Sun公司被Oracle公司收购，SCJP改为OCJP，SCJD改为OCJD。

SCJP要求用户具备以下能力：

(1) 使用Java编程语言创建Java应用程序和Applets。

(2) 定义和描述垃圾搜集、安全性和Java虚拟机(JVM)。

(3) 描述和使用Java语言面向对象的特点。

(4) 开发图形用户界面(GUI)，利用Java支持的多种布局管理。

(5) 描述和使用Java的事件处理模式。

(6) 使用Java语言的鼠标输入、文本、窗口和菜单窗口部件。

(7) 使用Java的例外处理来控制程序执行和定义用户自己的例外事件。

(8) 使用Java语言先进的面向对象特点，包括方法重载、方法覆盖、抽象类、接口、final、static和访问控制。

(9) 实现文件的输入/输出(I/O)。

(10) 使用Java语言内在的线程模式来控制多线程。

(11) 使用Java的Sockets机制进行网络通信。

SCJP考试的其他信息如下。

(1) 考试方式：全英文试题，以计算机作答，在授权的Prometric考试中心参加考试。

(2) 价格：SCJP 150＄(1250￥)，SCJD 250＄(2100￥)。

(3) 考试题型：复选、填空和拖曳匹配。

(4) 题量：59道。

(5) 及格标准：61%。

(6) 时限：120分钟。

A.3 Java设计模式

工程化的东西有现成的套路可循，设计模式就是解决Java常见问题的比较固定的模板或方法，在JDK源码、编程、框架技术中大量应用，用户在阅读项目文档时可以看到。在Java EE应用开发中有大量的框架，如SSH等，在拦截器、反射技术、AOP、面向接口编程等概念的背后处处有设计模式的身影。用户要了解原理必须阅读源码，但不了解设计模式无法理解原理。

在3G开发中现成的框架很少，需要用户自己编程实现，了解设计模式更是必要条件。

在Java中共有3类，23种设计模式。

(1) 创建型模式(工厂方法、抽象工厂、建造者模式、单态模式、原型模式)。

(2) 结构型模式(适配器模式、桥接模式、组合模式、装饰模式、外观模式、享元模式、代理模式)。

(3) 行为型模式(责任链模式、命令模式、解释器模式、迭代器模式、中介者模式、备忘录模式、观察者模式、状态模式、策略模式、模板方法、访问者模式)。

读者可以自行查找相关资料或视频学习。

附录 B　JDK 文档

B.1　JDK 文档简介

Java 类库（Class Library）又被称为 Java 应用程序编程接口 API（Application Programming Interface）。类库主要由编译器厂商、独立软件供应商等以 Jar 文件和文档的形式提供。Java 类库一般采用 C++，部分采用 Java 语言开发。JDK 1.6 的核心的 API 有近 202 个 Package，3777 个 Class、Interface 或 Enumeration 枚举，平均每个类有 12 个左右的方法。当然，用户可以不关心这些类、接口等具体是怎么实现的，但是必须知道怎么使用。

Sun 公司的开发人员在开发之初就编写了详细的文档注释，然后用 javadoc.exe 直接生成了 JDK API 帮助文档（HTML 版）来帮助开发者掌握这些基础类的使用。通过 API 文档来了解类库中类和方法的使用是一个程序员必须掌握的技巧。

JDK API 帮助文档中文版由 Sun 中国技术社区组织翻译，在英文词典的帮助下能很好地阅读开发帮助文档是一个程序员必须具备的素质。

开发 Java 应用程序就像搭积木一样，Java 应用程序通常由类（Class）组成，而类通常由一些称为方法（Method）的程序段组成，方法负责执行任务并在任务完成后返回一些信息。在编写程序时用户可以自己编写类和方法，也可以引用 JDK API 提供的类和方法。在使用 Java 语言编程时，通常要使用下列类型的元素构建程序：JDK API 类库中的类和方法、自己创建的类和方法，以及其他人创建的类和方法。通常，用 JDK API 中的类和方法替代自己编写的类和方法能够有效地改进程序的性能。除了 JDK API 中的类库以外，在 Internet 上还有很多可重用的软件组件扩展类库可供用户下载。

rt.jar、src.zip 和 JDK API 文档之间的关系如下。

- rt.jar：按包结构组织的 *.class。
- src.zip：按包结构组织的 *.java。
- JDK API 文档：按包结构组织的使用说明。

B.2　JDK 文档的组织

JDK 文档的导航栏如图 B-1 所示。

Overview Package Class Use Tree Deprecated Index Help　　Java™ Platform Standard Ed. 6
PREV NEXT　FRAMES NO FRAMES All Classes

图 B-1　JDK 文档的导航栏

- Overview：概括。
- Package：可能包括 Interfaces、Classes、Enums、Exceptions、Errors、Annotation

Types 等。

• Class：类。
• Use：用法。
• Tree：相关类、接口、注解、枚举的层次结构。
• Deprecated：已经过时不推荐使用的类、接口、注解、枚举、异常、成员变量和常量分类列表。
• Index：按 26 个字母索引的列表。
• Help：单击跳转到相应帮助页。

B.3 信息检索方法

(1) 在"目录"(以 java. lang. Math 类为例)选项卡中定位到 Java 2 SE 6 Document|api|java|lang 的 Math 类下，如图 B-2 所示，然后就可以查阅 Math 类的信息了。

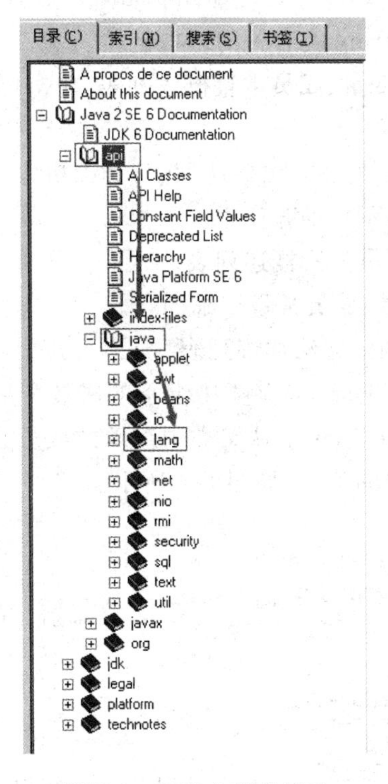

图 B-2 JDK 文档的目录

(2) 在索引页中输入要查找的关键字(类名、接口名或方法名)，在这里输入"String"，即可定位到指定页中。

B.4 JDK 文档的主要内容

(1) JDK 文档提供的类或包的信息，如图 B-3 所示。

• Since：JDK 1.0，本类或包从 JDK 的哪个版本开始提供。

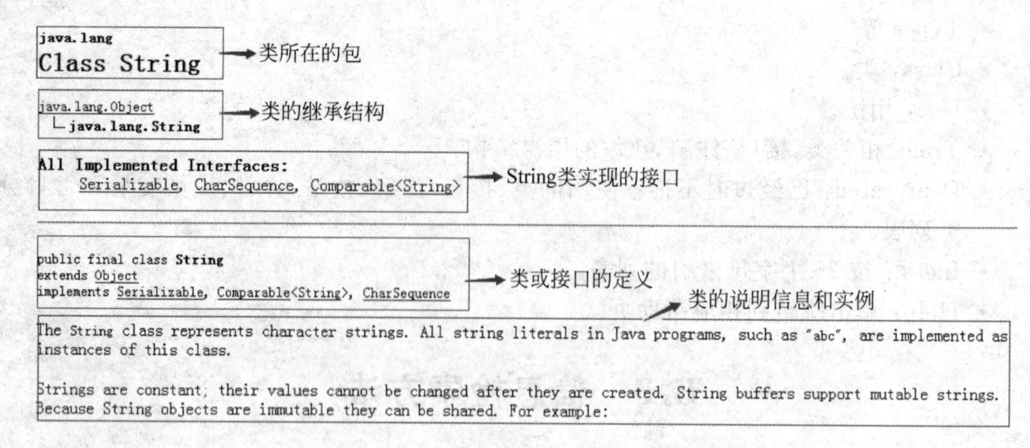

图 B-3　JDK 文档中类或接口的信息

- See Also：Object. toString（ ）、StringBuffer、StringBuilder、Charset、Serialized Form。其提供了与 String 类有关的一些链接。
- Filed Summary：成员变量、成员常量概述列表，单击可跳转到成员变量、成员常量详细列表。
- Constractor Summary：构造方法概述列表，其中粗体 Deprecated 表示该方法随着版本的更新已经被淘汰，不再推荐使用。
- Method Summary：成员方法概述列表。
- Field Detail：成员变量、成员常量详细列表。
- Constructor Detail：构造方法详细列表。
- Fields inherited from class：从父类中继承的成员变量、成员常量链接。
- Methods inherited from class：从父类中继承的成员方法链接。

（2）JDK 文档提供的方法的信息，如图 B-4 所示。

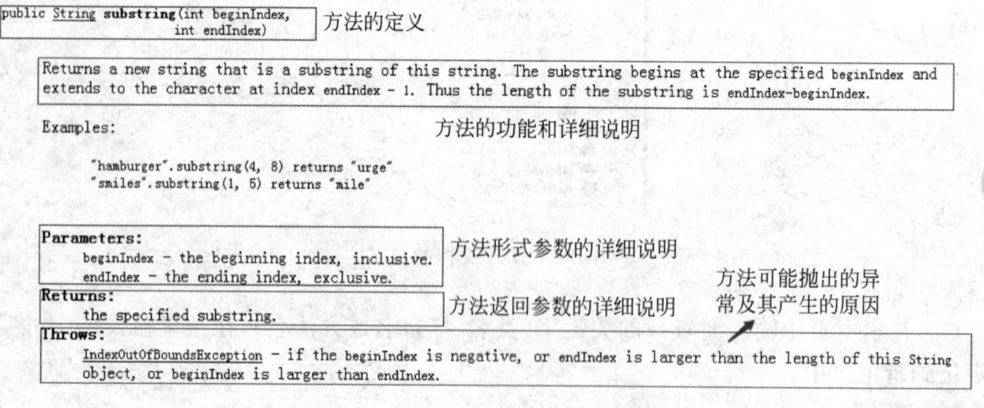

图 B-4　JDK 文档中方法的信息

（3）常量信息。

关于如何使用 JDK 文档的讲解视频，可扫描二维码观看。

附录C JDK 1.5～1.7 的新特性

C.1 JDK 1.5 的新特性

1. 泛型

泛型提供了一种把集合元素类型(或者说是集合的类型)通知给编译器的方法,所以在编译的时候可以进行类型检查。一旦得知集合的元素类型,编译器就可以检查加入集合的元素类型是否正确。当从集合中取出元素的时候自动添加相应的转换代码,详见 5.6 节。

2. foreach

foreach 循环得加入简化了集合的遍历。

3. 自动拆箱装箱

8 种基本数据类型对应 8 个包装类,把将基本类型转换成对应的包装类叫“装箱”,反之叫“拆箱”。所有这些拆/装箱的工作很麻烦,并且增加了代码的复杂度。JDK 1.5 的自动装箱和拆箱功能把这些操作都自动化了,解决了这些麻烦,同时降低了代码的复杂度,详见 2.2.5 节。

4. 枚举

枚举类型使代码更具可读性,理解清晰,易于维护。枚举类型是强类型的,从而保证了系统安全性,而以类的静态字段实现的类似替代模型不具有枚举的简单性和类型安全性,详见 5.5 节。

5. 静态导入

静态导入语句(Static import)避免了在引用静态成员时必须列举类名,详见 3.4.3 节。

6. 可变参数

一个方法的形式参数个数不能固定,以前用数组解决传递 0～n 个数参数的问题,现在可以直接使用可变参数这个新特性了。

注意:

(1) 只能出现在形式参数列表的最后。

(2) 位于变量类型和变量名之间。

```
01  public class VarArgumentTest {
02      public static int sum( int [ ]ia){
03          int s = 0;
04          for ( int i = 0;i < ia.length;i++){
05              s = s + ia[i];
06          }
```

```
07            return s;
08        }
09        public static int suma( int ...n){
10            int s = 0;
11            for ( int i = 0;i < n.length;i++){
12                s = s + n[i];
13            }
14            return s;
15        }
16        public static void main(String[ ] args) {
17            System. out .println(sum( new int [ ]{1,2,3}));
18            System. out .println(suma(1,2,3));
19        }
20    }
```

7. 元数据(Metadata)

元数据从 Metadata 一词译来,所谓元数据是指用来描述数据的数据,更通俗一点就是描述代码间的关系,或者代码与其他资源(例如数据库表)之间内在联系的数据。

注解(Annotation)相当于一种标记,Java 编译器、JVM、开发工具和其他程序可以使用反射技术来读取相关元素(包、类、字段、构造方法、方法、局部变量等)上的注解,决定进行的操作。注解用来创建文档、跟踪代码中的依赖性,甚至执行基本编译时检查。Struts、Spring、Hibernate、EJB 3.0 等 Java 框架技术大量地应用注解来减少配置(XML 文件、Properties),让注解替代配置。

注解是以"**@注解名**"在 Java 源代码中存在的。

Metadata 大致上可以被划分为 3 类:

(1) 信息只在编译的阶段存在(源代码层次)。

(2) 信息保存在 class 文件中,但是在运行时无法获取。

(3) 信息可以在运行时获取。

8. 多线程并发工具库(Concurrency)

从 JDK 1.5 开始,Concurrency 并发库提供了一个功能强大、高性能、高扩展、线程安全的开发库,方便程序员开发多线程的类和应用程序。Concurrency 并发库的类、接口集中存储在 java. util. concurrent、java. util. concurrent. atomic 和 java. util. concurrent. locks 包中,主要包含以下特性:

- 线程池;
- 线程安全的集合;
- 信号机 semaphores;
- 全新的任务调度框架;
- 任务同步工具;
- 原子变量;
- 锁。

详见 8.5 节。

C.2 JDK 1.6的新特性

1. Desktop类和SystemTray类

前者可以用来打开系统默认浏览器浏览指定的URL,打开系统默认邮件客户端给指定的邮箱发邮件,用默认应用程序打开或编辑文件(例如用记事本打开以.txt为扩展名的文件),用系统默认的打印机打印文档;后者可以用来在系统托盘区创建一个托盘程序。

2. 使用JAXB2来实现对象与XML之间的映射

通常把对象与关系数据库之间的映射称为ORM(Object Relationship Mapping),其实也可以把对象与XML之间的映射称为OXM(Object XML Mapping)。JAXB(Java Architecture for XML Binding)可以将一个Java对象转变成为XML格式,反之亦然。

原来JAXB是Java EE的一部分,从JDK 1.6开始,Sun将JAXB 2.0放到了Java SE中。JAXB2(JSR 222)用JDK 5.0的新特性Annotation来标识要做绑定的类和属性等,这就极大地简化了开发的工作量。

3. StAX

StAX(JSR 173)是JDK 6.0中除了DOM和SAX之外的又一种处理XML文档的API。

4. 使用Compiler API

现在可以用JDK 1.6的Compiler API(JSR 199)去动态编译Java源文件,Compiler API结合反射功能就可以实现动态地产生Java代码并编译执行这些代码,有点动态语言的特征。

5. 轻量级Http Server API

JDK 1.6提供了一个简单的Http Server API,据此用户可以构建自己的嵌入式Http Server,它支持Http和Https协议,提供了HTTP 1.1的部分实现,没有被实现的部分可以通过扩展已有的Http Server API来实现。

6. 插入式注解处理API

插入式注解处理API(JSR 269)提供了一套标准API来处理Annotations(JSR 175)。JSR 269用Annotation Processor在编译期间而不是在运行期间处理Annotation,Annotation Processor相当于编译器的一个插件,所以称为插入式注解处理。

7. 用Console开发控制台程序

在JDK 6.0中提供了java.io.Console类专门用来访问基于字符的控制台设备。如果程序要与Windows下的cmd或者Linux下的Terminal交互,就可以用Console类。

8. 对脚本语言的支持

对于此内容这里不再赘述。

9. Common Annotations

Common Annotations原本是Java EE 5.0(JSR 244)规范的一部分,现在Sun把它的一部分放到了JDK 1.6中。

C.3 JDK 1.7 的新特性

1. 自动资源管理

Java 中的某些资源是需要手动关闭的，例如 InputStream、Writer、Connection、ResultSet 等。这个新的语言特性允许 try 语句本身申请更多的资源，这些资源作用于 try 代码块，并自动关闭。

2. 改进的通用实例创建类型推断

类型推断是程序员的一个特殊的烦恼，下面的代码：

```
Map<String,List<String>> anagrams = new HashMap<String,List<String>>();
```

经过类型推断后变成：

```
Map<String, List<String>> anagrams = new HashMap<>();
```

这个<>被称为 diamond(钻石)运算符，这个运算符从引用的声明中推断类型。

3. 数字字面量的下画线支持

很长的数字可读性不好，在 JDK 1.7 中可以使用下画线分隔长 int 以及 long 型数据了，例如：

```
int one_million = 1_000_000;
```

运算时先去除下画线，例如：

```
1_1 * 10 = 110
```

4. 在 switch 中使用 String

```
01   …
02   Strings = "";
03   switch (s){
04        case "quux":processQuux(s); break ;
05        case "foo":
06        case "bar":processFooOrBar(s); break ;
07        case "baz":processBaz(s); break ;
08        default :processDefault(s); break ;
09   }
10   …
```

5. 二进制字面量

从 JDK 1.7 开始，用户可以使用 0b 前缀创建二进制字面量，例如：

```
int binary = 0b1001_1001;
```

6. 简化可变参数方法调用

当程序员试图使用一个不可具体化的可变参数并调用一个 * varargs * (可变)方法时，编辑器会生成一个“非安全操作”的警告。

JDK1.7 将警告从 call 转移到了方法声明(methord declaration)的过程中，这样 API 设计者就可以使用 vararg，因为警告的数量大大减少了。

参考文献

[1] 传智播客高教产品研发部. Java 基础入门. 北京:清华大学出版社,2014.
[2] 周绍斌,王红,等. Java 语言程序设计教程. 大连:东软电子出版社,2012.
[3] 李刚. 疯狂 Java 讲义. 2 版. 北京:电子工业出版社,2012.
[4] JDK1.7 英文在线文档. http://docs.oracle.com/javase/7/docs/api/
[5] 极客学院. http://www.jikexueyuan.com/path/java
[6] 传智播客. http://www.itcast.cn/
[7] 达内教育. www.tedu.cn
[8] 竞考网. http://www.jingkao.net/

图书资源支持

感谢您一直以来对清华版图书的支持和爱护。为了配合本书的使用，本书提供配套的资源，有需求的读者请扫描下方的“书圈”微信公众号二维码，在图书专区下载，也可以拨打电话或发送电子邮件咨询。

如果您在使用本书的过程中遇到了什么问题，或者有相关图书出版计划，也请您发邮件告诉我们，以便我们更好地为您服务。

我们的联系方式：

地　　址：北京海淀区双清路学研大厦 A 座 707

邮　　编：100084

电　　话：010－62770175－4604

资源下载：http://www.tup.com.cn

电子邮件：weijj@tup.tsinghua.edu.cn

QQ：883604（请写明您的单位和姓名）

资源下载、样书申请

书圈

用微信扫一扫右边的二维码，即可关注清华大学出版社公众号“书圈”。